U0341754

————低碳绿色炼铁技术丛书————

# 高炉炉缸安全长寿
# 理论与实践

张建良　焦克新　刘征建　王振阳　刘彦祥　著

北　京
冶 金 工 业 出 版 社
2022

# 内 容 提 要

本书分 10 章，系统阐述了高炉炉缸安全长寿技术。通过采用优质耐火材料、高效冷却设备以及合理的炉缸炉底结构，建立良好的炉缸炉底传热系统，保证在耐火材料热面形成稳定的保护层，有效隔离耐火材料与铁液的直接接触，由高热阻的保护层降低炉缸热量损失，保障高炉安全长寿低碳高效冶炼。

本书可供冶金工程相关科研人员、工程技术人员、教学人员、管理人员阅读参考。

**图书在版编目 ( CIP ) 数据**

高炉炉缸安全长寿理论与实践/张建良等著. —北京：冶金工业出版社，2022. 4

（低碳绿色炼铁技术丛书）

ISBN 978-7-5024-9103-1

Ⅰ. ①高… Ⅱ. ①张… Ⅲ. ①高炉—炉缸—安全技术—研究 ②高炉—炉缸—寿命—研究 Ⅳ. ①TF573

中国版本图书馆 CIP 数据核字（2022）第 050474 号

**高炉炉缸安全长寿理论与实践**

| | | | | |
|---|---|---|---|---|
| **出版发行** | 冶金工业出版社 | | **电　话** | （010）64027926 |
| **地　址** | 北京市东城区嵩祝院北巷 39 号 | | **邮　编** | 100009 |
| **网　址** | www.mip1953.com | | **电子信箱** | service@ mip1953.com |

责任编辑　刘小峰　美术编辑　彭子赫　版式设计　孙跃红
责任校对　石　静　李　娜　责任印制　窦　唯
北京捷迅佳彩印刷有限公司印刷
2022 年 4 月第 1 版，2022 年 4 月第 1 次印刷
710mm×1000mm　1/16；28.25 印张；553 千字；436 页
定价 270.00 元

**投稿电话　（010）64027932　投稿信箱　tougao@cnmip.com.cn**
**营销中心电话　（010）64044283**
**冶金工业出版社天猫旗舰店　yjgycbs.tmall.com**
（本书如有印装质量问题，本社营销中心负责退换）

# 序

2021年中国生铁产量达8.68亿吨，占世界生铁总产量（13.27亿吨）的65.4%以上。高炉作为最大的单体高温高压反应器，是钢铁生产工序流程中资源和能源的主要消耗体，保障高炉安全冶炼事关人民福祉和经济社会发展大局，是现代高炉发展的必然需求。随着中国高炉大型化进程的不断发展，大型高炉对高炉安全长寿冶炼的需求更加迫切，实现大型高炉的安全长寿冶炼是保障高炉稳定顺行低碳冶炼的基本前提。同时，高炉安全长寿技术的进步也推动了高炉炼铁技术的进步，是高炉炼铁技术进步的动力之一。

2007年12月至2018年底，北京科技大学炼铁新技术研究团队配合莱钢进行了125m³高炉解剖研究，取得了丰硕的成果；2009年4月，我们接受美钢联（US Steel）技术中心主任斯特华先生（Mr. George Stewart）邀请，在大量研究工作基础上，与鞍钢专家合作，成功处理了该公司Gary厂14号高炉炉缸烧穿事故，这些工作在国内外业界享有盛誉；与此同时，我们先后与宝钢、武钢、首钢、鞍钢、河钢、本钢、太钢、包钢、沙钢、建龙、柳钢、莱钢、湘钢、兴澄特钢、方大特钢等中国钢铁企业合作进行了高炉破损调查工作；大量研究工作和现场实际调查，使我们对于高炉尤其炉缸安全长寿有了比较深入的认识。

基于数十座高炉破损调查及取样研究工作，通过实验研究、数值模拟、现场勘查，运用物理化学、传输原理等基本原理，本书提出了诸多具有现实意义的理论和模型，如炉缸炭砖脆化及溶蚀机理、炉缸保护层形成及溶解机理、死料柱渣铁焦交互作用及元素迁移行为、炉缸冷却系统冷却能力及供水均匀性评价模型、炉缸炭砖侵蚀速率方程、铁液黏度预测模型、铁液对流换热系数方程、渣铁滞留模型、气隙状态评估与灌浆模型、含钛物料护炉效果及经济性评价模型、高炉有害元素循环富集模型等，可为高炉炉缸安全长寿理论增添色彩。

作为一部高炉炉缸长寿的专著，本书抓住高炉炉缸侵蚀本质，理论联系实践，提出以控制耐火材料热面石墨碳保护层形成稳定为核心的炉缸自修复创新理念，从提高铁液碳饱和度促进铁液渗碳和降低耐火材料热面温度促进铁液析碳两个层面调控保护层的形成，隔离开耐火材料与铁液的直接接触，实现高炉炉缸安全长寿。

本书利用医学中的内稳机制、自耦合机制及稳态偏移概念解读了高炉运行中的系列问题，从系统论角度阐述了高炉炉缸安全长寿技术，为高炉安全长寿打开新视角，以此抛砖引玉之立，以期引起学界讨论。

需要提及的是，德国亚琛工业大学古登纳教授（Prof. Dr. -Ing. H. W. Gudenau），自20世纪80年代以来，一直和我们交流欧洲炼铁技术和高炉长寿的进展；同时，与日本有山达郎教授经常互访，交流了许多宝贵的资料并进行了深入的探讨；此外，与美钢联、日本新日铁公司、JFE公司、德国蒂森克虏伯公司、韩国浦项公司等国外业界同仁进行的许多交流，丰富了我们的认识。

本书的出版，希望有助于炼铁工作者深入研究探讨高炉安全长寿技术，进一步实现低碳炼铁，为实现碳达峰、碳中和的目标作出更大的贡献！

杨天钧

2022 年 3 月

# 前　　言

　　近年来，中国在大型高炉设计体系、核心装备、工艺理论、智能控制等关键技术方面取得了重大进步，高炉长寿也取得了显著进展。宝钢、武钢、首钢等企业的多座高炉寿命达到 15 年以上，其中宝钢 3 号高炉达到了近 19 年，创中国高炉长寿纪录。然而，目前中国有 900 余座在役高炉，随着高炉冶炼强度的不断攀升，每年都有上百座高炉需要安全维护，增加了燃料消耗和护炉成本，面临着严峻的安全低碳冶炼挑战。国内外发生的多起高炉炉缸烧穿等严重事故，造成重大经济损失甚至人员伤亡，极大阻碍了高炉安全长寿冶炼的发展进程。初步估算，高炉平均寿命由 10 年增加到 15 年，一座 $4000 m^3$ 级高炉可降低 $CO_2$ 排放量为 550 万吨。保障高炉安全长寿并进一步挖掘传统高炉维护过程的降碳潜力，可助力 "碳达峰、碳中和" 双碳战略，也是推进中国钢铁工业低碳绿色发展的关键环节。

　　高炉安全长寿是集设计、操作、维护和监测为一体的系统工程，没有哪一项独立技术能够确保高炉安全长寿运行。实现高炉安全长寿，不仅要有优异的设计水平，还要保证严格的施工，生产中保证合理的操作，炉役末期采取合理的维护措施，才能使高炉达到真正的安全长寿。本书基于对二十余座不同容积、不同原燃料结构、不同地域的高炉开展实地高炉炉缸破损调查及解剖研究工作，深入高炉内部，打开高炉黑匣子，围绕高炉炉缸由外到内的各种共性现象，运用冶金基本原理，对高炉炉缸内部的现象进行深入剖析。本书阐述了高炉炉缸炭砖破损机理、保护层的形成与溶解机理以及内部渣铁焦的演变行为，并从保护层形成特点和高炉炉缸维护角度，提出了以控制石墨碳保护层的形成稳定为核心的维护理念,开发了高炉炉缸三维监控预警平台,研发了调控石墨碳保护层形成稳定的系列技术,从而完善高炉安全长寿基础理论,为保障高炉稳定顺行和强化冶炼提供技术支撑。

本书是一部系统介绍高炉炉缸安全长寿的专著,旨在通过采用优质耐火材料、高效冷却设备以及合理的炉缸炉底结构,建立良好的炉缸炉底传热系统,保证在耐火材料热面形成稳定的保护层,有效隔离耐火材料与铁液的直接接触,由高热阻的保护层降低炉缸热量损失,保障高炉安全长寿低碳高效冶炼。本书共分10章,第1章综述了高炉炼铁工艺及发展趋势,介绍了高炉安全长寿面临的挑战以及国内外高炉安全长寿技术的发展现状。第2章从高炉炉缸结构设计角度出发,系统论述了炉缸内衬结构设计,并针对高炉炉缸传热问题,讨论了冷却系统的冷却能力、供水模式的优化,分析了炉缸温度场、流场、应力场分布。第3章详细介绍了高炉破损调查常用的研究方法,剖析了 $1000 \sim 5000 m^3$ 高炉炉缸的破损特征及侵蚀炉型,揭示了炉缸耐火材料热面四类保护层的特征,以及炉缸内部渣铁焦的形貌特征,力图将高炉炉缸内部情况全面地展现出来,为高炉炉缸安全长寿理论奠定基础。第4~6章基于数十座不同容积、原燃料条件、地域高炉炉缸的破损调查,全面阐述了高炉炉缸炭砖破损机理、保护层形成溶解机理和死料柱物相演变行为。其中,第4章对比介绍了高炉炉缸耐火材料种类和应用现状,针对高炉炉缸炭砖破损原因,深入分析了炭砖溶蚀机理、炭砖脆化机理以及炉缸铁液与炭砖间的传热行为,建立了高炉炉缸耐火材料冶金性能评价新方法,为高炉炉缸耐火材料的优化和评价提供参考和借鉴。第5章首次提出了高炉炉缸保护层,针对不同类型的高炉炉缸保护层,系统阐明了保护层的物相组成、微观形貌、物理性能等特征,从热力学和动力学方面明确了各类保护层的形成与溶解机理。第6章明晰了高炉炉缸死料柱的空隙度和焦炭粒度变化规律,全面诠释了死料柱中渣铁焦的微观物相以及各相间的交互作用。第7章为高炉炉缸安全长寿调控技术，介绍了高炉炉缸保护层析出诊断技术，从保护层形成特点和高炉炉缸维护角度，提出了控制石墨碳保护层的形成稳定以实现高炉炉缸的安全长寿，论述了调控保护层形成的铁液碳饱和度调控技术、炉缸气隙量化评估和灌浆技术，稳定保护层存在的铁口维护技术与含钛物料高效维护技术，以及有害元素管控技术。第8章综述了高炉炉缸炉底监控技术、高炉炉缸侵蚀可视化技术，对控制保护层形成稳定所开发的高炉炉缸活性监控系统、高炉炉缸耐火材料热面温度监控系统以及高炉炉缸保护层监控预警系统进行了介绍。第9章首次从系统论角度阐述了高炉安全长寿技术，诠释了高炉炉缸安全长寿自修复、安全长寿维护原则以及中医思维在高炉维护中的应用。第10章介绍了近年来国内外具有里程碑意义的高炉炉缸长寿技术应用实践和国内典型高炉炉缸破损调查实践案例。

在本书完稿之际，作者要特别感谢：

（1）高炉解剖及高炉炉缸破损调查研究由北京科技大学与美国USS公司Gary厂、宝钢、武钢、首钢、鞍钢、河钢、本钢、太钢、包钢、沙钢、建龙、柳钢、莱钢、湘钢、兴澄特钢、方大特钢等多家企业共同完成，研究工作的顺利进行离不开企业领导、技术人员、现场工作人员的大力支持与热情帮助。夜以继日的实地勘察彰显炼铁情怀，在此表示衷心的感谢！

（2）本书凝聚了课题组多年科研成果。第4章收录了邓勇博士的部分研究成果，第5章收录了刘彦祥博士的部分研究成果。与此同时，本书还得到了李克江、王翠、徐润生、张磊、杜申等老师的诸多支持，在此表示深深的感谢！

（3）课题组研究生参与本书策划、统筹和大量的编辑工作，付出了辛勤的劳动；马恒保、高善超、高天路、郭子昱、冯光祥、孟赛、周振兴等研究生同学参与了许多资料收集、翻译和编辑工作。同学们多次召开读书会、研讨会，许多思想的火花为本书增加了光彩，对于同学们的辛勤劳动，在此专致谢忱！

（4）王筱留教授、刘云彩、项仲庸、吴启常、沙永志、李维国、汤清华、张华等专家长期给予指导，炼铁界诸多同仁给予协助和宝贵建议，在此表示诚挚的感谢！

（5）20世纪80年代，作者师从德国亚琛工业大学古登纳教授（Prof. Dr. -Ing. H. W. Gudenau）和杨天钧教授，对于高炉炼铁以及安全长寿技术经常进行深入的探讨，受益匪浅，在此也表示深深的感谢！

感谢国家自然科学基金资助项目（51874025，52174296）的支持！感谢国家应急管理部冶金工业安全风险防控重点实验室的大力支持！

由于作者水平所限，书中难免有不足之处，恳请广大读者批评指正。

作者谨识
2022 年 3 月

# 目　　录

# 1 国内外高炉安全长寿研究进展

钢铁产业是国民经济的重要支柱产业，为我国经济的快速增长奠定了基础。进入 21 世纪之后，随着经济和工业技术的高速发展，我国生铁产量从 2000 年的 1.30 亿吨，增加到 2021 年的 8.69 亿吨，保持高速增长。尽管非高炉炼铁技术也在不断发展和进步，但高炉生铁产量仍占世界生铁总产量的 95% 以上，高炉仍是目前最高效、低耗的主要炼铁设备。随着钢铁工业日趋激烈的竞争及高炉的大型化发展，保障高炉安全长寿有着重要的意义和作用。世界各国为保障高炉运行安全，从设计、施工、操作、维护及监控等方面开发了许多新技术和新工艺，取得了显著效果。

## 1.1 高炉安全长寿概况

### 1.1.1 高炉炉型及工艺流程

图 1-1 为高炉炼铁工艺流程图。高炉炼铁具有庞大的主体和辅助系统，包括高炉本体、原燃料系统、上料系统、送风系统、渣铁处理系统和煤气处理系统。高炉作为炼铁工艺流程的主体冶炼设备，占建设总投资的 15% ~ 20%。

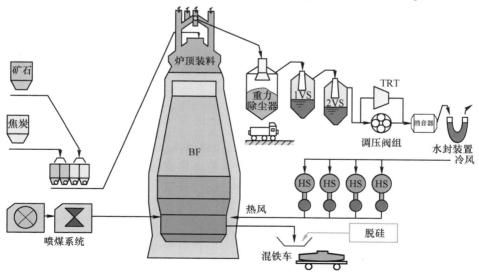

图 1-1 高炉炼铁工艺流程图

　　高炉冶炼是在炉料与煤气流的逆向运动过程中完成各种复杂的化学反应和物理变化。高炉是一个密闭容器，除了装料、出铁、出渣及煤气之外，操作人员无法直接观察炉内反应过程的状况，只能凭借仪器间接观察。高炉生产过程是连续的，机械化和自动化水平较高。现代高炉内型如图1-2所示。高炉本体是由耐火材料砌筑成竖式圆筒形，外有钢板炉壳加固密封，内嵌冷却设备保护。高炉内部工作空间的形状称为高炉内型，高炉内型由下至上依次为：炉缸、炉腹、炉腰、炉身、炉喉五个部分，该容积的总和为高炉有效容积，反映高炉的生产能力。

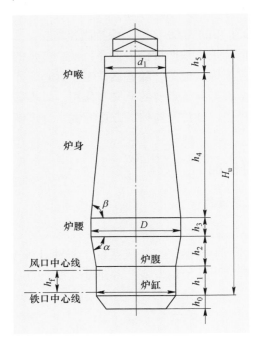

图 1-2　现代高炉内型图

## 1.1.2　未来高炉发展的趋势

　　（1）高炉大型化。近年来，随着中国炼铁技术的进步、钢铁行业供给侧改革的推进及产业结构的不断调整，高炉大型化成为我国高炉发展的趋势。高炉大型化的发展，对高炉的稳定顺行和安全长寿提出了更高的要求，高炉安全长寿是现代化大高炉的必然需求和追求目标，安全长寿就意味着经济效益的提高[1,2]。

　　高炉长寿化有利于：1）最大化提高高炉的能量利用效率；2）降低高炉大中修所消耗的巨额费用；3）降低因停炉给生产造成的巨大经济损失；4）减少对有关生产工序结构失调的影响；5）高炉连续化生产，使一代炉役期间的燃料比降低，污染物排放减少、生产成本降低，促进清洁生产；6）是高炉大型化、高效化的重要技术支撑；7）是高炉生产稳定顺行、低耗的重要保证。

根据《高炉炼铁工程设计规范》要求：新建高炉的寿命应大于 15 年，高炉一代炉役期间，单位高炉容积的产铁量应达到或大于 1.0 万~1.5 万吨。欧洲高炉长寿标准：寿命应达到 15~20 年，单位炉容产铁量应在 1.5 万吨/立方米以上。表 1-1 为我国有效容积 $4000m^3$ 以上高炉及投产日期。

**表 1-1 我国有效容积 4000m³ 以上高炉及投产日期**

| 高炉编号 | 公司及炉号 | 有效容积/m³ | 投产日期 | 备 注 |
|---|---|---|---|---|
| 1 | 宝钢 1 号 | 4966 | 2009-02-15 | 第三代 |
| 2 | 宝钢 2 号 | 4706 | 2020-11-22 | 第三代 |
| 3 | 宝钢 3 号 | 4850 | 2013-10-16 | 第二代 |
| 4 | 宝钢 4 号 | 4747 | 2014-11-12 | 第二代 |
| 5 | 武钢 8 号 | 4096 | 2009-08-01 | 第一代 |
| 6 | 首钢京唐 1 号 | 5500 | 2020-05-08 | 第二代 |
| 7 | 首钢京唐 2 号 | 5500 | 2019-07-30 | 第二代 |
| 8 | 首钢京唐 3 号 | 5500 | 2019-04-26 | 第一代 |
| 9 | 马钢 A 号 | 4000 | 2021-12-09 | 第二代 |
| 10 | 马钢 B 号 | 4000 | 2007-05-24 | 第一代 |
| 11 | 沙钢 5800 | 5800 | 2009-10-20 | 第一代 |
| 12 | 太钢 5 号 | 4350 | 2020-10-05 | 第二代 |
| 13 | 太钢 6 号 | 4350 | 2013-11-07 | 第一代 |
| 14 | 迁钢 3 号 | 4000 | 2010-01-08 | 第一代 |
| 15 | 鞍钢鲅鱼圈 1 号 | 4038 | 2018-08-13 | 第二代 |
| 16 | 鞍钢鲅鱼圈 2 号 | 4038 | 2021-12-02 | 第二代 |
| 17 | 本钢新 1 号 | 4747 | 2017-09-16 | 第二代 |
| 18 | 梅钢 5 号 | 4070 | 2012-06-02 | 第一代 |
| 19 | 安钢 3 号 | 4747 | 2013-03-19 | 第一代 |
| 20 | 包钢 7 号 | 4150 | 2014-05-27 | 第一代 |
| 21 | 包钢 8 号 | 4150 | 2015-10-12 | 第一代 |
| 22 | 宝钢湛江 1 号 | 5050 | 2015-09-25 | 第一代 |
| 23 | 宝钢湛江 2 号 | 5050 | 2016-07-15 | 第一代 |
| 24 | 山钢日照钢铁 1 号 | 5100 | 2017-12-18 | 第一代 |
| 25 | 山钢日照钢铁 2 号 | 5100 | 2019-04-11 | 第一代 |

（2）绿色低碳。为践行科学发展观和绿色发展理念，炼铁工作者从技术、工艺、生产和操作等方面不断创新，围绕高炉高效生产和降低燃料比展开一系列

研究。由于高炉炼铁是非常复杂的系统工程，要实现既高产又低耗，必须进一步从高炉炼铁的内在本质出发，调整高炉操作制度改善炉内煤气流分布及活跃炉缸内部状态，在保障高炉安全冶炼条件下，进一步挖掘传统高炉炼铁工艺的降碳潜力，最大程度地降低燃料比。

1）优化布料制度，提升煤气利用率。为提高能源的利用效率，必须充分利用炉内煤气的热能和化学能。合理的气流分布是炉况稳定顺行的基础，更是提高煤气利用率的基础。通过布料制度调整，控制炉腹煤气量，充分利用软熔带焦窗的煤气通过能力，缩小高温区域，扩大块状带区域，达到提高煤气利用率的目的。

2）合理的送风制度，优化风口回旋区初始煤气流分布。煤气初始分布的关键是控制好燃烧带大小，通过调控风速、鼓风动能、小套伸入炉内长度和倾角等达到合适的燃烧带环圈面积与炉缸面积比，控制死料柱大小，改善炉缸活跃状态。

3）优化造渣制度，提高炉渣流动性。改善炉渣流动性，降低高炉死料柱中渣铁滞留率，提高间接还原比例。

4）合理的热制度，降低铁液带出热量。降低高炉铁液显热及铁液中 Si 和 Mn 的含量，是降低燃料比的重要措施。

（3）安全长寿。高炉安全生产的核心是构建合理操作炉型的永久性炉衬。在长期的炼铁生产实践中，炼铁工作者逐渐认识到，高炉长寿是集设计、操作、维护和监测为一体的系统工程，没有哪一项独立技术能够确保实现高炉安全长寿运行。实现高炉长寿，不仅要有合理的设计，还要保证严格的施工，生产中还要保证合理的操作，炉役末期要采取合理的维护措施，才能使高炉达到真正的长寿。因此，高炉安全长寿运行的必要条件包括：

1）合理的高炉设计。首先是采用合理的冷却结构使高炉在一代寿命中操作炉型保持稳定，这是高炉一代寿命中保持高产、优质、低耗和长寿的基础；其次是提升高炉耐火材料的质量，高炉不同部位的工作条件不同，炉衬侵蚀机理不同，因此对耐火材料质量的要求也不同，提升耐火材料质量的目的是尽量在整个炉役中使耐火材料的侵蚀减少到最低限度。

2）合理的操作制度。高炉操作直接影响高炉一代炉役寿命，通过布料制度、冷却制度、送风制度、渣铁制度及热制度调控高炉内部煤气流分布及炉缸内部状态，保障高炉稳定顺行。

3）合理的维护措施。高炉进入炉役末期，为保障高炉冶炼安全，针对炉缸侧壁温度升高现象，通过调控炉内煤气流分布、活跃炉缸中心、控制边缘气流在适当范围达到高炉稳定顺行，做到低耗、稳产、高产和高炉长寿。此外，通过控制产量、添加含钛物料护炉、灌浆等技术保障炉缸安全。

4）完善高炉监测系统。通过对高炉操作内型、耐火材料热面温度的智能监测，依据监测诊断结果优化高炉操作，控制煤气流合理分布，保障高炉炉体的侵蚀处于受控状态，实现高炉操作稳定顺行和炉体长寿。

### 1.1.3 高炉安全长寿是系统工程

高炉能否长寿主要取决于以下因素的综合效果：

（1）高炉大修设计或新建时采用的长寿技术，如合理的炉型、优良的设备、高效的冷却系统、优质的耐火材料；

（2）良好的施工水平；

（3）稳定的高炉操作工艺管理和优质的原燃料条件；

（4）有效的炉体维护技术。

这四者缺一不可，但第一项是高炉能否实现长寿的基础和根本，是高炉长寿的"先天因素"。如果"先天因素"不好，通过改善高炉操作和炉体维护技术等措施实现长寿将变得十分困难，而且还要以投入巨大的维护资金和损失产量为代价。因此，提高高炉的设计和建设水平，是实现高炉长寿的根本所在。现代高炉采用先进的设计及优质的耐火材料后，高炉寿命得到了大幅度的提升。但是，在实际生产中，由于原燃料性能和质量的变化、设备出现故障、操作人员失误等，使得高炉事故及炉况失常时有发生，成为高炉长寿的重大障碍之一。

## 1.2 高炉安全长寿面临的挑战

### 1.2.1 国内外长寿高炉业绩

现代高炉正朝着炉容大型化、生产高效化的方向不断发展，高炉长寿的重要性日益显现，高炉能否长寿对钢铁企业的正常生产秩序和企业总体经济效益影响巨大，高炉的长寿意味着经济效益的提高。另一方面，高炉长寿也是钢铁工业减少资源和能源消耗、减轻地球环境负荷、走向可持续发展的一项重要措施。我国高炉的大型化和高炉长寿技术应用和推广已是我国钢铁工业走向新型工业化道路的必然选择。

高炉长寿的目标一般包含：高炉一代寿命（不中修）在 20 年以上；一代寿命内平均有效容积利用系数 2.0t/（m³·d）以上；一代寿命单位炉容产铁量 1.5 万吨/立方米以上。

#### 1.2.1.1 国外长寿高炉业绩

国外于 20 世纪 70 年代出现的一批 4000m³ 级大型高炉，包括作为宝钢 1 号高炉样板的新日铁君津 3 号高炉，限于当时的技术条件，目标寿命多为 6 年左右。世界各国为了尽量延长高炉寿命，从设计、施工、操作和维护等方面开发了许多新技术和新工艺，取得了显著的效果，高炉寿命得到了长足的发展。国外先进高炉一代炉役（无中修）寿命可达 15 年以上，巴西图巴朗 1 号高炉（4415m³）、日本川崎公司和歌山 4 号高炉（2700m³）、仓敷厂 2 号高炉（2857m³）及千叶 6 号高炉（4500m³）都取得了 20 年以上的实绩。国外部分大型高炉寿命指标见表 1-2。

**表 1-2 国外部分大型高炉寿命指标**

| 高炉名称 | 有效容积/m³ | 开停炉时间 | 一代寿命/年 | 单位炉容产铁量/t·m⁻³ |
|---|---|---|---|---|
| 图巴朗 1 号 | 4415 | 1983-11~2012-04 | 28.4 | 21272 |
| 和歌山 4 号 | 2700 | 1982-02~2009-07 | 27.4 | 14850 |
| 和歌山 5 号 | 2700 | 1988-2~2015-07 | 27.4 | — |
| 汉博恩 9 号 | 2132 | 1987-12~2012-01 | 25.1 | 18762 |
| 汉堡 9 号 | 2200 | 1987~2012 | 25.0 | 18136 |
| 神户制钢 3 号 | 1845 | 1983-04~2007-11 | 24.6 | — |
| 仓敷 2 号 | 2857 | 1979-03~2003-08 | 24.4 | 15600 |
| 施韦尔根 2 号 | 5513 | 1993-01~2014-06 | 21.7 | 14148 |
| 千叶 6 号 | 4500 | 1977-06~1998-03 | 20.8 | 13386 |
| 汉博恩 9 号 | 2132 | 1988~2006 | 18.0 | 15000 |
| 光阳 1 号 | 3800 | 1983-04~2002-03 | 16.9 | 11316 |
| 光阳 2 号 | 3800 | 1988-07~2005-03 | 16.7 | 13555 |
| 广畑 4 号 | 2548 | — | 16.3 | — |
| 霍格文 6 号 | 2678 | 1986~2002 | 16.0 | 12696 |
| 大分 2 号 | 5245 | 1998-12~2003-02 | 15.2 | 11826 |
| 霍格文 7 号 | 4450 | 1991~2006 | 15.0 | 11034 |
| 大分 1 号 | 4158 | — | 13.4 | — |
| 鹿岛 3 号 | 5050 | 1976-09~1990-01 | 13.3 | 9535 |
| 名古屋 1 号 | 3890 | 1979-03~1992-01 | 12.8 | 9230 |
| 京滨 1 号 | 4052 | 1976-11~1989-07 | 12.7 | 8384 |
| 福山 4 号 | 4288 | 1978-02~1990-02 | 12.0 | 8092 |
| 水岛 3 号 | 4040 | 1978-06~1990-02 | 11.7 | 7619 |
| 鹿岛 1 号 | 3180 | 1979-02~1990-08 | 11.5 | 8519 |
| 京滨 2 号 | 4052 | 1979-07~1990-06 | 10.9 | 7704 |
| 君津 3 号 | 4063 | 1971-09~1982-06 | 10.8 | 7906 |
| 君津 4 号 | 4930 | 1975-10~1986-07 | 10.8 | 7709 |
| 八幡 4 号 | 4250 | 1978-07~1988-12 | 10.4 | 7218 |

| 高炉名称 | 有效容积/m³ | 开停炉时间 | 一代寿命/年 | 单位炉容产铁量/t·m⁻³ |
|---|---|---|---|---|
| 福山 5 号 | 4617 | 1972-11~1982-10 | 9.9 | 7709 |
| 浦项 3 号 | 3800 | 1978-12~1988-09 | 9.8 | 7158 |
| 名古屋 3 号 | 3240 | 1973-12~1984-08 | 9.7 | 2212 |
| 迪林根 5 号 | 2631 | 1985-12~1993-05 | 8.4 | 7754 |
| 福山 3 号 | 3233 | 1975-01~1982-02 | 7.1 | 7680 |

#### 1.2.1.2 国内长寿高炉业绩

随着新型设备、设计理念不断在高炉上应用，以及冶炼操作水平和长寿技术的不断发展，国内出现了一批寿命达到 15 年以上的长寿高炉，如宝钢 3 号（4350m³）高炉连续运行了近 19 年。当代高炉设计在总结高炉长寿技术实践的基础上，集成应用了先进的高炉高效长寿综合技术，设计合理的高炉内型，采用无过热冷却体系和纯水（软水）密闭循环冷却技术，优化高炉炉缸炉底内衬结构，设置完善的高炉自动化监测与控制系统，实现高炉生产的稳定顺行、高效长寿[3]。国内部分大型高炉寿命指标如表 1-3 所示。我国高炉一代炉役（无中修）平均寿命一般为 8~10 年，部分大型高炉实现 10~15 年的长寿目标，与高炉长寿设计目标还存在一定差距。且在世界范围内，高炉长寿的目标尚未完全实现，高炉的稳定、顺行及安全生产仍旧是冶金工作者努力的重要方向。

**表 1-3 国内部分大型高炉寿命指标**

| 高 炉 | 容积/m³ | 开炉时间 | 停炉时间 | 寿命/年 | 单位炉容铁产量/t·m⁻³ | 利用系数/t·(m³·d)⁻¹ |
|---|---|---|---|---|---|---|
| 宝钢 3 号（第一代） | 4350 | 1994-09 | 2013-08 | 19.0 | 15700 | 2.26 |
| 武钢 1 号 | 2200 | 2001-05 | 2019-10 | 18.5 | — | — |
| 首钢 3 号 | 2536 | 1993-06 | 2010-12 | 17.6[①] | 13991 | 2.18 |
| 首钢 1 号 | 2536 | 1994-08 | 2010-12 | 16.4[①] | 13328 | 2.23 |
| 武钢 5 号（第一代） | 3200 | 1991-01 | 2007-05 | 15.6 | 11097 | 1.95 |
| 首钢 4 号 | 2100 | 1992-05 | 2007-12 | 15.6 | 12560 | 2.21 |
| 宝钢 2 号（第一代） | 4063 | 1991-01 | 2006-08 | 15.2 | 11612 | 2.09 |
| 太钢 5 号（第一代） | 4350 | 2006-10 | 2020-06 | 13.7 | 10798 | 2.16 |
| 宝钢 2 号（第二代） | 4706 | 2006-12 | 2020-08 | 13.7 | 10640 | 2.13 |
| 马钢 2 号 | 2500 | 2003-01 | 2017-08 | 13.7 | 11234 | 2.26 |
| 本钢 7 号 | 2850 | 2005-09 | 2017-08 | 11.9 | 9350 | 2.15 |
| 宝钢 1 号（第二代） | 4063 | 1997-05 | 2008-09 | 11.2 | 9092 | 2.22 |
| 宝钢 1 号（第一代） | 4063 | 1985-09 | 1997-04 | 10.5 | 7950 | 2.07 |

①首钢 1 号、3 号高炉因搬迁而停炉，如不搬迁，还可继续生产，寿命将会更长。

### 1.2.2 典型短寿高炉案例

我国自 1958 年武钢 1 号高炉首次使用炭砖炉缸及炭砖——高铝砖综合炉底以来，这种结构迅速推广到全国各大中型高炉，到 1986 年 3 月以前的 28 年中，所有这种结构的高炉，没有发生过一次炉缸或炉底烧穿事故，高炉多因炉身的毁坏而停炉。为延长高炉寿命，采用中修停炉更换炉缸以上的砖衬及冷却设备，但随着高炉生产不断强化，炉缸的侵蚀情况又重新恶化。我国高炉烧穿事故近年频发，每年有 10% 左右的高炉发生烧穿事故，大型高炉烧穿的案例逐渐增多，高炉达不到预期寿命。据不完全统计，2010 年以来，国内就有数十座高炉发生高炉烧穿事故，而且其中有不少高炉烧穿发生在炉役初期，部分高炉甚至在开炉不到一年的时间内发生烧穿，大多数烧穿时间为开炉后 1~4 年。

近年来我国部分高炉烧穿案例如表 1-4 所示。烧穿主要集中在炉腹及炉缸等高热负荷部位，烧穿的高炉大多数没有征兆，为突发事故。烧穿高炉的冶炼强度远大于 20 世纪 90 年代以前的高炉，且开炉达产速度较快。

表 1-4　近年来国内部分高炉烧穿案例

| 高炉名称 | 炉容/m³ | 开炉时间 | 烧穿时间 | 烧穿位置 |
|---|---|---|---|---|
| B 钢 | 4747 | 2008-10 | 2017-09 | 炉缸烧穿 |
| A 钢 3 号 | 3200 | 2005-12-28 | 2008-08-23 | 铁口下 2.2m，渣铁炉料超 2000t |
| B 钢 | 2850 | 2004-09 | 2008-02-01 | 高炉在炉腹 8~9 号风口 2~3 层冷却板之间发生烧穿事故 |
| A 钢 2 号 | 2800 | 2007-06-28 | 2015-06 | 炉身中下部 8~9 段铸铁冷却壁损坏较多，铁口烧穿 |
| FN 钢 | 1280 | 2008 | 2008 | 开炉 4 个月渗铁 20t |
| YC1 号 | 1250 | 2009-12-25 | 2010-08-07 | 1~2 号冷却壁界面处 |
| S 钢 1 号 | 2500 | 2004-03-16 | 2010-08-20 | 1~2 号冷却壁界面，500mm×700mm |
| AG1 号 | 3200 | 2003-03 | 2011-02 | 休风压浆 |
| TTG6 号 | 2800 | 2009-06-19 | 2012-02-05 | 2 号铁口水平和垂直均为 1.6m |
| Sh 钢 | 1080 | 2009 | 2010-11 | 炉缸 |
| JJG 钢 | 1080 | 2009-11-08 | 2012-04-30 | 距铁口 1.4m 的 2、3 段冷却壁 |
| PJJG3 号 | 1780 | 2008-12-26 | 2012-10-26 | 与铁口成 90° 下 1.5m 处 |
| SDJY2 号 | 1350 | 2008 | 2012-08 | 铁口右下方 |
| TGCHH | 1780 | 2009 | 2012-10-28 | 铁口下陶瓷垫上表面 |
| SDNN1 号 | 1080 | 2008 | 2012-09 | 开炉 4 年停炉大修 |
| KGRX 钢 | 1080 | 2011-06 | 2012 | 投产一年炉缸破损严重 |
| H 钢 1 号 | 1080 | 2011-12-23 | 2014-09-28 | 7~8 号风口上方第六段冷却壁及其周围炉壳烧穿，大量煤气喷出 |

除中国以外，近年来国外高炉烧穿事故也时有发生，部分高炉炉缸炉底烧穿案例如表 1-5 所示。炉缸是高炉本体的重要部位，作为一个高温高压反应容器，承担着直接还原反应、高温熔融、频繁的渣铁作业等任务，承受着最剧烈的高温反应、冲刷和侵蚀破坏，并且由于其不能中修换衬，所以炉缸安全已成为限制高炉一代炉役寿命的关键环节。

**表 1-5　国外部分高炉炉缸炉底烧穿案例**

| 企　业 | 炉　号 | 炉缸直径/m | 烧穿时间 |
|---|---|---|---|
| US Steel Gary | 14 | 12.0 | 2009-04 |
| Arcelor Mittal-Sicatsa | 1 | 9.0 | 2007-06 |
| Corus Port Talbot | 4 | 11.5 | 2006-11 |
| Tata-Corus Port Talbot | 4 | 11.5 | 2006-11 |
| TKS Schwelgen | 1 | 13.6 | 2006-11 |
| Azovztal, Ukraine | 3 | 9.4 | 2006-08 |
| Carsid Marcinelle | E | 10.0 | 2006-07 |
| HKM | A | 10.3 | 2006-07 |
| Arcelor-Gijon | — | 10.0 | 2006-07 |
| Azovztal | 3 | 9.4 | 2005-08 |
| Arcelia Gijon | A | 12.5 | 2004-08 |
| Mittal Vanderbijlpark | C | 10.0 | 2004-02 |
| Salzgitter | B | 11.2 | — |
| Dillingen | 5 | 12.0 | — |
| HKM-Germany | A | 10.3 | 2000-07 |

### 1.2.3　高炉长寿的限制性环节

高炉长寿的限制性环节主要为高炉炉缸炉底寿命和炉腹、炉腰及炉身下部寿命[4-7]。20 世纪末期，我国高炉普遍采用球墨铸铁冷却壁作为炉腹、炉腰及炉身下部的冷却设备。但是，球墨铸铁冷却壁因其材质特性和铸造工艺存在固有的缺陷，使得冷却壁的冷却能力大大下降，难以适应高热负荷区域的工况。因此，球墨铸铁冷却壁的寿命普遍较短。随着对冷却壁传热研究的深入，人们逐步意识到延长高炉炉腹、炉腰及炉身下部寿命的根本出路是建立"无过热"的冷却体系。铜冷却壁具有良好的导热性和抗热震能力，是一种"无过热"冷却设备，被认为是解决高炉炉腹、炉腰及炉身下部长寿问题的最佳冷却设备。自 2000 年以来，铜冷却壁在中国大型高炉广泛应用，依靠其极高的导热性及良好的冷却，形成渣皮作为永久工作内衬。在炉身耐火材料结构的设计中，采用了薄内衬炉身。薄壁高炉的诞生延长了炉身寿命，节约了大量的优质耐火材料，实现了高效与长寿的统一。

炉缸是高炉储存高温渣铁的区域，其耐火材料在高温渣铁的冲刷、渗透和溶蚀作用下发生侵蚀。20 世纪 50~80 年代，随着高炉强化冶炼，我国高炉炉缸炉底寿命一般为 3~5 年，最长的也不超过 8 年，炉缸炉底寿命成为制约高炉长寿的重要因素[8]。高炉炉缸炉底烧穿是高炉炼铁生产中最严重的安全事故，事故的不可预知性及危害的严重性给企业带来重大的生命财产损失，甚至会终止高炉一代炉役的生产。炉缸炉底烧穿事故不同于风口以上部位炉体烧穿或其他设备事故，上部炉体烧穿事故可通过短期检修恢复生产，而且能够做到修旧如新，高炉总体产能不会降低。而一旦发生炉缸炉底烧穿事故，有的情况下会诱发重大的爆炸事故，毁坏一座生产车间，有的情况下高炉不能继续生产，只能大修或重建。即使有的高炉烧坏不太严重或可以抢修，但新一代炉役大修的代价也很大。

## 1.3　高炉安全长寿技术进展

### 1.3.1　欧洲高炉长寿技术

#### 1.3.1.1　欧洲高炉炉缸设计

欧洲高炉大部分炉缸死铁层深度大于炉缸直径的 20%（见表 1-6），且有逐渐加深的趋势，认为适当加深死铁层深度可以降低铁液环流强度[9]。

表 1-6　欧洲高炉死铁层深度

| 高　炉 | 死铁层深度/m | 炉缸直径/m | 死铁层深度占炉缸直径/% |
|---|---|---|---|
| 贝斯女王高炉 | 2.25 | 8.50 | 26.5 |
| 肯布拉港 6 号高炉 | 2.85 | 11.80 | 24.2 |
| 玛丽女王高炉 | 1.98 | 8.33 | 23.8 |
| 塔尔伯特港 4 号高炉 | 2.51 | 10.80 | 23.2 |
| 安妮女王高炉 | 2.45 | 8.97 | 27.3 |
| 维多利亚女王高炉 | 2.45 | 8.97 | 27.3 |
| 德雷卡高炉 | 2.50 | 14.00 | 17.9 |
| 萨尔茨吉特 B 高炉 | 3.1 | 11.2 | 27.68 |
| 艾默伊登 6 号高炉 | 1.9/2.4 | 11.0 | 17.27/21.80 |

通过部分高炉的实际运行结果发现，要防止炉缸出现异常侵蚀，实现较长炉缸寿命，只加深死铁层是不够的，还要有合适的耐火砖衬相匹配。德国萨尔茨吉特 B 高炉的案例很能说明问题。

该高炉炉缸死铁层深度为 3.1m，炉底使用大块微孔炭砖，其下为石墨层；炉缸侧壁使用大块炭砖，风口之下的大块炭砖与炉皮间使用捣打层，耐火材料砖衬的最初厚度为 1.2m，铁口区域砖衬厚度为 2.5m。该炉役经过 11 年、1900 万吨铁液的生产，炉缸损坏严重，出现了"蒜头状"侵蚀。并且停炉后测量发现，耐火材料砖衬厚度仅剩 50mm，主要原因是所用炭砖易受化学侵蚀，形成了脆化带。

新一代炉役炉缸改用高导热薄壁结构，侧壁使用 NMA 炭砖，厚 0.9m；铁口区使用 NMD 炭砖，厚 1.8m。炉底石墨层上部使用尺寸为 750mm×4752mm 的大块炭砖，使用大块炭砖的目的是减少接缝处理，该砖导热性中等，弹性模量较低。大块炭砖外围紧靠炉皮砌一圈 NMA 炭砖，既可代替捣打料，又可作防止铁液浸到炉皮的屏障。在大块炭砖与 NMA 之间，使用特殊处理的捣打石墨，这种石墨受热易膨胀，并且导热性随温度升高而增大。炉底上层使用 200mm 厚的高铝砖，以保护炭砖。

### 1.3.1.2 欧洲高炉典型炉缸结构

欧洲大部分高炉炉缸耐火材料都选用微孔或者超微孔炭砖，欧洲两种典型的炉缸结构如图 1-3 所示。第一种是炉缸侧壁下部由微孔炭砖砌成，上部采用不定形炭砖，靠炉皮使用高导热石墨砖，炉底采用不定形炭砖，再下面是石墨砖。第二种炉缸侧壁采用微孔炭砖，内衬为陶瓷杯，炉底上面使用三层黏土砖，再下面为炭砖。

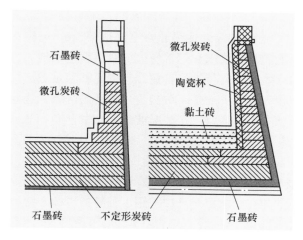

图 1-3 欧洲高炉典型炉缸结构

欧洲炼铁专家建议，为保证炉底和炉缸结构完善，在设计时需进行深入分析。因为微孔炭砖或超微孔炭砖、陶瓷等新型耐火材料具有较高的弹性模量和热膨胀系数，会向炉皮施加较大负荷，所以应根据具体情况进行模型分析，形成较好的结构设计。同时，对所用炭砖进行科学检验，如使用温度为1550℃、含碳为3%的铁液对炭砖进行侵蚀检验。

蒂森克虏伯钢铁公司施韦尔根2号高炉于1993年大修时，炉缸采用了陶瓷杯结构，陶瓷侧壁厚400mm，陶瓷侧壁倾斜度为20°，侧壁陶瓷杯冷面砌筑为微孔炭砖，炉缸侧壁与炉底过渡区使用莫来石砖，炉底上三层为黏土砖。在高炉运行11年、生产了4000万吨铁液后，部分炉底耐火材料仍保持完好，但铁口下方的炉缸侧壁部分出现了过早磨损。同时，得出如下经验：莫来石砖具有很好的抗铁液侵蚀性，黏土砖的使用将磨损转移到炉底中心；侧壁陶瓷杯正常使用寿命为5~6年，进一步延长炉缸使用寿命，需靠炭砖与冷却系统的配合。

奥钢联林茨A高炉于1994年大修期间，在炉缸炉底最下两层砌了微孔炭砖，上层砌普通炭砖。在炉底边部区域砌石墨砖，以加强冷却，利于形成渣皮。炉缸侧壁包括铁口区，使用微孔炭砖，紧挨冷却壁区域则使用石墨砖。

蒂森克虏伯和安赛乐米塔尔的不莱梅高炉都选择了陶瓷杯，并对陶瓷杯的热机械应力进行了研究，以确定膨胀缝以及炉缸底部与侧壁过渡区的炭砖尺寸。

### 1.3.1.3　炉缸冷却技术

为保证高炉长寿，新建高炉的炉缸大都使用铜冷却壁冷却。因为冷却系统不仅要能处理常态炉况的传热，还要能够应对炉况急剧波动情况下的峰值热负荷，有时峰值热负荷要超过$100kW/m^2$。当剩余内衬厚为300mm时，表面温度达1300℃时使用喷水冷却是不够的，因其传热能力不可能超过$50kW/m^2$。当剩余内衬厚为100mm时，理论上需要传热能力超过$90kW/m^2$的冷却系统，而铸铁冷却和箱式冷却均不能满足此要求。随着耐火材料磨损速度增大，内衬变薄，要求冷却系统传热能力增大，研究得出只有铜冷却壁能够满足炉缸长寿的要求。

高炉炉腹、炉腰和炉身下部是高炉热负荷较高的区域，这些部位寿命的长短不取决于正常操作状态，而是取决于炉况波动而致的热负荷急剧波动等极限工作条件。炉况波动时热负荷的峰值往往超过正常值的10倍以上，而且炉腹热负荷峰值超过炉腰和炉身部位。艾默伊登高炉曾发现，炉腹热负荷有大于$500kW/m^2$的情况。高热负荷使内衬处于高温状态，高温波动易使内衬耐火材料劣化，导致剥落。

塔塔克鲁斯高炉却在艾默伊登高炉采用了独特的冷却系统，即铜冷却板配石墨/半石墨整体式设计。艾默伊登高炉曾在炉腹、炉腰和炉身下部测出温度波动达150℃/min的情况，并认为各种耐火材料中，只有石墨和半石墨耐火材料能够适应这种温度波动。

艾默伊登6号和7号高炉炉腹、炉腰和炉身下部设计类似。从炉腹往上，内衬的热面使用碳化硅砖，越往上碳化硅砖密度越大；冷面使用机加工的铜冷却板和机加工的石墨砖结合砌筑的内衬，具有最佳冷却能力；炉腹处组合使用半石墨砖和石墨砖。冷却板长度为 500mm，两排冷却板之间的距离约为 300mm。

艾默伊登高炉内衬技术尤其适用于炉料结构中球团比例较高的高炉。美国的 LTV、加拿大的多发斯科与阿尔戈马、意大利的 Piombino、斯洛伐克的 VSZ 等使用 100%球团炉料的高炉都采用了艾默伊登式冷却系统和内衬设计。内衬耐火材料的剥落不仅与耐火材料本身有关，还与高炉所用炉料结构有关，艾默伊登曾在实际高炉中测出不同炉料结构的温度波动值：烧结矿比例超过 90%时温度波动为 50℃/min；烧结矿和球团矿各占 50%时温度波动为 150℃/min；球团矿比例超过 70%时温度波动为 150℃/min。

### 1.3.2 日本高炉长寿技术

#### 1.3.2.1 高炉冷却壁更换技术

在高炉本体内侧安装冷却壁以防止高温烧穿炉皮。冷却壁持续暴露在几百度至上千度的炉内高温下，任何冷却水管的破损都会导致向炉内漏水。为了防止炉内漏水，破损的冷却壁不得不停止通水。水不流通的冷却壁不能承受炉内严酷的热负荷，慢慢损耗，变为炉皮裸露在炉内的状态，使炉皮发生龟裂。从炉皮的龟裂部位喷出包括 CO 的高温气体，有可能造成人员伤害。而且，炉皮龟裂导致强度降低，不耐炉内煤气及原料的压力而喷破，大量高温煤气和原料飞散到周围，有可能导致重大事故。1982 年点火的和歌山 4 号高炉，从 1986 年左右就开始出现冷却壁破损，所以开发了当时在日本尚无先例的生产中高炉休风中冷却壁更换技术。

一般在冷却壁热面有炉内原料，为了更换冷却壁需要将原料下降到规定的高度，即降料面操作。在冷却壁更换施工结束之后，再把原料高度恢复到通常的炉料高度，提高送风量。对于在经验操作中不能进行规范操作的非稳定操作，如果操作错误，就有可能引起炉内非稳定气流形成和设备损坏等事故。图 1-4 为冷却壁更换操作上的技术开发要点。

#### 1.3.2.2 缓和炉缸炉底侵蚀技术

基于和歌山 4 号高炉的炉底结构，对各种高炉操作条件进行精确分析，结果显示，死料柱焦炭高度对炉缸砖衬侵蚀有很大的影响。图 1-5 为死料柱焦炭高度对炉缸砖衬侵蚀的影响。从图中可知，死料柱上浮时，在侧墙部位出现无焦层及铁液流集中的现象，热负荷上升，砖衬侵蚀加剧。

采用填充层内应力场推测模型，计算死料柱焦炭下沉高度（从出铁口到死料柱焦炭下端的距离），结果显示与实际高炉炉缸砖残余厚度有良好的相关性，如图 1-6 所示。死料柱焦炭下沉高度是炉缸温度变化的主要因素。在通常的设计及每天的操作管理中，通过控制（送风量、氧量和焦比等）死料柱的高度，确立了炉缸热负荷控制技术。

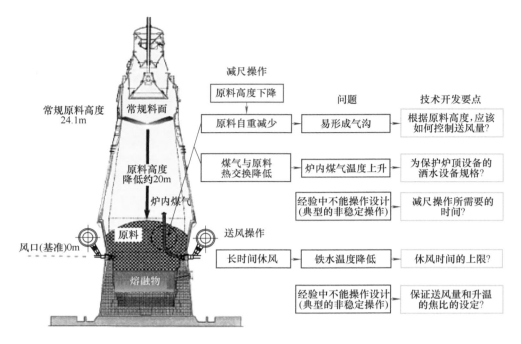

图 1-4　冷却壁更换操作上的技术开发要点

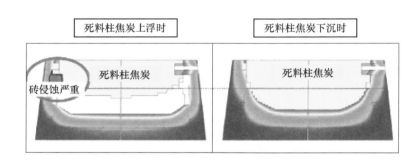

图 1-5　死料柱焦炭高度对炉底侵蚀的影响

### 1.3.3　国内高炉长寿技术

近年来，我国高炉炼铁技术迅猛发展，高炉大型化、高效化、长寿化进程加快，并已取得令人瞩目的技术成就。高炉长寿是现代大型高炉的重要技术特征，在我国大型高炉炼铁技术进步中，其作用尤为突出[11-14]。我国高炉长寿技术主要体现在以下几个方面。

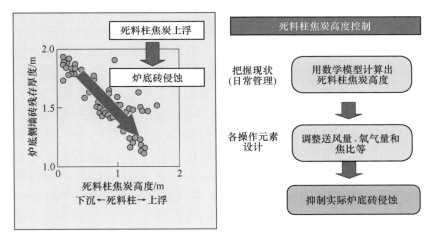

图 1-6　死料柱焦炭高度与炉缸砖残余厚度的相关性分析

### 1.3.3.1　高炉炉型设计

（1）加深死铁层深度[15,16]。加深死铁层深度是抑制炉缸异常侵蚀的有效措施。死铁层加深避免了死料柱直接沉降在炉底上，加大了死料柱与炉底之间的铁流通道，有助于提高炉缸透液性，减轻铁液环流，延长炉缸炉底寿命。近些年新设计高炉死铁层深度占炉缸直径比值达到20%以上。

（2）适当增加高炉炉缸高度[17]。高炉在大喷煤操作条件下，炉缸风口回旋区结构将发生变化。适当加高炉缸高度，不仅有利于煤粉在风口前的燃烧，而且还可以增加炉缸容积，以满足高效化生产条件下的渣铁存储，减少在强化冶炼条件下出现的炉缸"憋风"的可能性。近年我国已建成或在建的大型高炉都有炉缸高度增加的趋势，高炉炉缸容积为有效容积的16%~18%。

（3）加深铁口深度[18-20]。铁口是高炉渣铁排放的通道，铁口区的维护十分重要。研究表明，适当加深铁口深度，对于抑制铁口区周围炉缸内衬的侵蚀具有显著作用，铁口深度一般为炉缸半径的45%左右，可以减轻在铁口区附近形成的铁液涡流，延长铁口区炉缸内衬的寿命。

（4）减小炉腹角[17,18]。降低炉腹角有利于炉腹煤气的顺畅排升，从而减小炉腹热流冲击，而且还有助于在炉腹区域形成比较稳定的保护性渣皮，保护冷却器长期工作。现代大型高炉的炉腹角一般在80°以内，部分高炉炉腹角已降低到75°。

### 1.3.3.2　炉缸炉底内衬结构

长寿炉缸炉底的关键是必须采用高质量的炭砖并辅之合理的冷却[21]。通过技术引进和消化吸收，我国大型高炉炉缸炉底内衬结构设计和耐火材料应用已达到国际先进水平。以美国 UCAR 公司为代表的"导热法"（热压炭砖法）炉缸设计体系已在本钢、首钢、宝钢、包钢、湘钢等企业的大型高炉上得到应用；以法国 Savoie 公司为代表的"耐火材料法"（陶瓷杯法）炉缸设计体系在首钢、梅山、宝钢、鞍钢等企业的大型高炉上也得到推广应用。日本大块炭砖——综合炉底技术在宝钢、武钢等企业的大型高炉上也取得了实绩。"导热法"和"耐火材料法"这两种看来似乎截然不同的设计体系，其技术原理的实质却是一致的，即通过控制 1150℃ 等温线在炉缸炉底的分布，使炭砖尽量避开 800~1100℃ 脆变温度区间。导热法采用高导热、抗铁液渗透性能优异的热压小块炭砖，通过合理的冷却，使炭砖热面能够形成一层保护性渣皮或铁壳，并将 1150℃ 等温线阻滞在其中，使炭砖得到有效的保护，免受铁液渗透、冲刷等破坏[22]。"陶瓷杯法"则是在大块炭砖的热面采用低导热的陶瓷质材料，形成一个杯状的陶瓷内衬，即所谓"陶瓷杯"，其目的是将 1150℃ 等温线控制在陶瓷层中。这两种技术体系都必须采用具有高导热性且抗铁液渗透性能优异的炭砖。将两种设计体系组合在一起也不失为一种合理的选择，首钢 1 号高炉（2536m³）采用热压炭砖——陶瓷杯组合炉缸内衬技术，其炉缸安全运行 16.4 年。随着微孔炭砖、超微孔炭砖的相继问世，大块炭砖——综合炉底技术得到进一步发展，但采用此种结构的炉缸炉底须长期进行护炉操作。另一种值得关注的现象是高炉炉底和炉缸壁设计厚度都呈减薄趋势，个别大型高炉的炉底厚度已经减薄到 2400mm，炉缸壁厚度仅为 800mm。

### 1.3.3.3 耐火材料

我国大型高炉用新型耐火材料的开发与研究已取得显著进展。用于炉缸炉底的高导热半石墨炭砖、微孔炭砖、超微孔炭砖、树脂结合高性能炭砖等已相继研制成功，并在大型高炉上使用。塑性相结合刚玉、微孔刚玉以及 SIALON 结合刚玉等新型陶瓷杯材料也陆续问世。SIALON 结合刚玉、SIALON-SiC、高导热石墨砖、烧成微孔铝炭砖等一系列用于风口区以上的耐火材料也得到广泛应用。此外，基于已有的高炉陶瓷杯材料和炭砖的生产使用经验，将碳组分合理地引入到耐火材料中，进行陶瓷材料与炭素材料的复合，制备新型高炉陶瓷杯用碳复合砖[23]，在国内高炉上也获得了广泛的应用。

### 1.3.3.4 铜冷却壁

20 世纪 70 年代末期，德国 GHH 公司和蒂森公司合作率先在高炉上应用了铜冷却壁，取得了令人满意的效果。高炉铜冷却壁具有高导热、抗热震和耐高热流冲击等优越性能，越来越多地应用于国内外大型高炉的关键部位，为高炉高效长寿起到了重要的作用。

我国对铜冷却壁的研究始于 20 世纪 90 年代中期。采用铜冷却壁的技术原理是依靠铜冷却壁优异的导热性、抗热震性和耐高热流冲击性，在其热面能够形成比较稳定的保护性渣皮。即使渣皮瞬间脱落，也能在其热面迅速地形成新的渣皮保护冷却壁，这种特性是其他常规冷却器所不能比的。我国研制出多种不同形式的铜冷却壁，有轧制铜板钻孔铜冷却壁、铜管铸造铜冷却壁、Ni-Cu 合金管铸造铜冷却壁、铸造坯锻压钻孔铜冷却壁和连铸铜冷却壁等。近些年也有利用爆炸焊接复合方式制备铜钢复合冷却壁，兼具铜冷却壁的高导热性能，又具备铸铁冷却壁的高抗变形能力。

### 1.3.3.5 软水密闭循环冷却技术

高炉冷却系统对于高炉正常生产和长寿至关重要[24-27]。20 世纪 80 年代末期，我国高炉开始采用软水密闭循环冷却技术，经过不断地改进和完善，软水密闭循环冷却技术已日趋完善，并成为我国大型高炉冷却系统的主流发展模式。软水密闭循环冷却技术使冷却水质得到极大改善，解决了冷却水管结垢的致命问题，为高效冷却器充分发挥作用提供了技术保障。该系统运行安全可靠，动力消耗低，补水量小，维护简便。近年来，我国高炉软水密闭循环冷却技术进行了许多优化和改进：（1）根据冷却器的工作特点，分系统强化冷却，单独供水；（2）根据高炉不同部位的热负荷情况，在垂直方向上分段冷却，如炉缸、炉底设为一个冷却单元，炉腹、炉腰和炉身下部设为一个冷却单元；（3）为便于系统操作和检漏，采用圆周分区冷却方式，在高炉圆周方向分为 4 个冷却区间；（4）软水串联冷却，软水经炉底、冷却壁后，分流一部分升压再冷却风口、热风阀等。

### 1.3.3.6 炉体维护技术

用含钛物料护炉，是由于在高温条件下还原生成 TiC、TiN 或 Ti(C,N) 等高熔点化合物，沉积在炉缸炉底，形成保护层[24]。我国高炉已成功应用了含钛物料护炉技术，钒钛矿、含钛球团等护炉剂在高炉长寿实践中都取得了很好的效果[28]。我国高炉炉体快速修补技术已经得到推广应用。炉衬遥控喷补、压浆等炉衬修补技术已成为现阶段延长高炉风口以上区域寿命的重要技术措施。微型冷却器、冷却壁水管再造等冷却壁修复技术也日渐成熟。

## 1.4 小结

（1）高炉炼铁作为目前世界上最经济高效的炼铁工艺，其炉容大型化、绿色低碳及安全长寿成为高炉未来发展的趋势，其中高炉的安全长寿是钢铁行业的经济高效、绿色低碳发展的基础。

（2）随着炼铁技术的提升，中国出现一批寿命达到 15 年以上的长寿高炉，但与国外长寿高炉及长寿目标还存在一定差距，高炉安全长寿仍是限制我国高炉经济高效发展的重要环节，深入研究高炉安全长寿技术，有望进一步提高高炉安全长寿水平。

（3）高炉长寿是一项集合设计、操作、维护及监控的系统工程。欧洲高炉采用的长寿技术包括加深死铁层深度、优化炉缸结构及炉缸冷却技术；日本高炉长寿技术主要为冷却壁更换技术和抑制炉缸砖衬侵蚀技术；国内高炉长寿技术主要为炉型设计优化、炉缸炉底内衬结构优化、冷却系统优化及炉体维护技术等。

## 参 考 文 献

[1] 张寿荣，于仲洁. 武钢高炉长寿技术 [M]. 北京：冶金工业出版社，2009.

[2] 张福明，程树森. 现代高炉长寿技术 [M]. 北京：冶金工业出版社，2012.

[3] Liu Z J, Zhang J L, Zuo H B, et al. Recent progress on long service life design of chinese blast furnace hearth [J]. ISIJ International, 2012, 52 (10): 1713-1723.

[4] Van Laar R, Van Callenfels E S, Geerdes M. Blast furnace hearth management for safe and long campaigns [J]. Iron & Steelmaker, 2003, 30 (8): 123-130.

[5] Jiao K X, Zhang J L, Hou Q F, et al. Analysis of the relationship between productivity and hearth wall temperature of a commercial blast furnace and model prediction [J]. Steel Research International, 2017, 88 (9): 1600475.

[6] 焦克新，左海滨，邢相栋，等. 高炉炉缸粘滞层物相及形成机理研究 [J]. 东北大学学报（自然科学版），2014，35 (7): 987-991.

[7] 邹忠平，项钟庸，欧阳标，等. 高炉炉缸长寿设计理念及长寿对策 [J]. 钢铁研究，2011，39 (1): 38-42.

[8] 宋木森. 延长高炉炉缸炉底寿命的探讨 [C] //全国炼铁生产技术会议暨炼铁学会年会，北京：中国金属学会，2010：799-805.

[9] 胡俊鸽，郭艳玲，周文涛，等. 欧洲高炉长寿技术发展现状 [J]. 世界钢铁，2012，12 (3): 39-43.

[10] 项钟庸. 国外高炉炉缸长寿技术研究 [J]. 中国冶金，2013，23 (7): 1-10.

[11] 杨天钧，张建良，刘征建，等. 低碳炼铁 势在必行 [J]. 炼铁，2021，40 (4): 1-11.

[12] 杨天钧，张建良，刘征建，等. 关于新形势下炼铁工业发展的认识 [J]. 炼铁，2020，39 (5): 1-9.

[13] 杨天钧，张建良，刘征建，等. 近年来炼铁生产的回顾及新时期持续发展的路径 [J]. 炼铁，2017，36 (4): 1-9.

[14] 周渝生，曹传根，甘菲芳. 高炉长寿技术的最新进展 [J]. 钢铁，2003 (11): 70-74，8.

[15] 李恒旭，赵正洪，车玉满，等. 大型高炉炉缸合理死铁层深度理论分析 [J]. 炼铁，2013，32 (2): 30-33.

[16] 魏红超，雷鸣，杜屏，等 . 高炉炉缸死铁层深度优化设计 [J]. 钢铁，2021，56（4）：24-30.

[17] Guo Z Y, Zhang J L, Jiao K X, et al. Research on low-carbon smelting technology of blast furnace - optimized design of blast furnace [J]. Ironmak Steelmak, 2021, 48 (6): 685-692.

[18] 张福明，党玉华 . 我国大型高炉长寿技术发展现状 [J]. 钢铁，2004（10）：75-78.

[19] 姜华，金觉森，傅思荣，等 . 解决传热问题是高炉炉缸实现稳定长寿的核心 [J]. 炼铁，2017，36（6）：16-21.

[20] 汤清华 . 关于延长高炉炉缸寿命的若干问题 [J]. 炼铁，2014，33（5）：7-11.

[21] 赵瑞海，邹忠平，项钟庸 . 高炉炉缸配置设计与长寿的探讨 [J]. 炼铁，2013，32（4）：17-21.

[22] 卢正东，顾华志，董汉东，等 . 武钢高炉炉缸长寿设计探讨 [J]. 炼铁，2018，37（5）：28-31.

[23] 赵永安，校松波 . 新型高炉陶瓷杯用碳复合砖的研制与应用 [J]. 炼铁，2008（4）：53-55.

[24] 焦克新，张建良，刘征建，等 . 关于高炉炉缸长寿的关键问题解析 [J]. 钢铁，2020，55（8）：193-198.

[25] 左海滨，王筱留，张建良，等 . 高炉炉缸长寿与事故处理 [J]. 钢铁研究学报，2012，24（8）：21-26，31.

[26] 窦力威 . 高炉炉缸安全几个相关问题的探讨 [J]. 炼铁，2018，37（5）：12-16.

[27] 张福明 . 延长大型高炉炉缸寿命的认识与方法 [J]. 炼铁，2019，38（6）：13-18.

[28] 张建良，罗登武，曾晖，等 . 高炉解剖研究 [M]. 北京：冶金工业出版社，2019.

# 2　高炉炉缸结构及热量传输

合理的高炉炉缸内衬结构及高效的热量传输是影响高炉寿命的重要因素，高炉一代炉役寿命主要取决于高炉内衬的寿命。随着高炉容积不断增大、产量逐步提高、原燃料质量不断下滑，高炉对炉缸结构提出了更高的要求。探索和分析高炉炉缸内衬结构和传热效果，采取更加合理的炉缸结构及更加先进的冷却设备保证炉缸热量传输的稳定与高效，减少高炉炉缸异常侵蚀，是延长高炉炉缸寿命的重要技术手段[1]。

## 2.1　高炉炉缸内衬结构

### 2.1.1　典型高炉炉缸结构设计

国内大型高炉炉底、炉缸结构主要分为两种类型：全炭砖结构和"炭砖+陶瓷杯"复合结构。针对传统炉缸结构在长寿上的局限性，对炉缸关键设计参数进行了优化，在新的技术与理论支撑下开发了新的炉缸结构[2-6]。

#### 2.1.1.1　传统高炉炉缸结构

A　全炭砖结构

全炭砖炉缸结构指炉缸部位全部采用炭砖砌筑，又可分为大块炭砖砌筑与小块炭砖砌筑两种结构。近年来，随着炭砖技术的发展、高炉冶炼条件越来越苛刻，热压小块炭砖的结构形式已越来越少见，采用大块炭砖砌筑的形式已成主流。在大块炭砖结构中，炭砖和冷却设备间设置有一条吸收耐火材料受热膨胀的捣料缝，缝厚80mm左右，其捣料缝材料的选择、施工质量的控制、烘炉温度的大小及工作温度的控制是该结构成功的关键。大块炭砖尺寸较大，所承受的热应力很大，容易导致炭砖环裂的产生，随着炭砖的耐压强度和导热性能提高后，这一缺陷得到缓解。大块炭砖结构炉墙的侵蚀特点是：开炉初期炉墙侵蚀速度快，厚度呈台阶式减薄，当炉墙厚度减薄到一定程度，炉墙建立了热平衡体系，炭砖热面形成了稳定的渣铁凝固层，则炉缸炭砖的侵蚀速度大幅度减小，甚至不侵蚀。捣料缝的良好传热性能和抗水性能、烘干强度、炉缸不漏水和尽量少的气隙是该炉缸结构实现安全长寿的重要保证。从国内外使用实践来看，大块炭砖炉缸结构的平均寿命可达到15年以上。大块炭砖结构耐火材料详细配置如图2-1（a）所示，典型的大块炭砖应用实例是宝钢 1 号高炉（4063m³）第一代炉役。

热压小块炭砖结构的炉底部位采用炭砖，在炉底满铺砖与冷却壁之间砌一环热压小块炭砖 NMA，炉缸侧壁"象脚形"侵蚀区以及铁口区采用热压小块炭砖 NMD，炉缸侧壁的其余部位采用热压小块炭砖 NMA，耐火材料配置如图 2-1（b）所示，典型的应用实例是宝钢 3 号高炉（4350m³）和天钢 3200m³ 高炉。热压小块炭砖炉缸结构是靠优良的传热体系，在炉缸、炉底形成稳定的凝固层，保护砌体不被侵蚀，从而实现炉缸的安全长寿。热压小块炭砖导热性良好，砌筑于炉缸时不会出现环裂，无需设置单独的膨胀缝。但该结构砖缝较多，且砖缝较宽，胶泥未固化好被气蚀或腐蚀是小块炭砖结构过早失效的主要原因。特别是追求快速达产，导致工期缩短、施工质量无法保证，为炉缸留下安全隐患。

**B　炭砖+陶瓷杯结构**

目前，国内高炉炉缸炉底耐火材料结构除少部分采用全炭砖结构以外，大部分高炉炉缸炉底均采用"炭砖+陶瓷杯"的结构。该方案是在全碳炉缸结构基础上增设陶瓷材料，以减少渣铁直接与炭砖接触的时间，从而达到炉缸安全长寿的目的。"陶瓷杯"结构的应用部位主要分为炉缸陶瓷杯壁、炉底陶瓷垫，一些高炉不采用陶瓷杯只采用陶瓷垫结构，一些高炉则综合采用陶瓷杯与陶瓷垫。炉缸陶瓷杯壁经过近些年的发展，已逐渐形成"镶嵌杯"结构和"自由杯"结构两种形式。

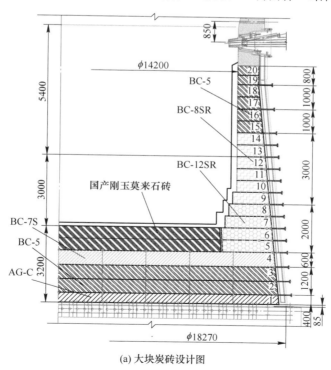

(a) 大块炭砖设计图

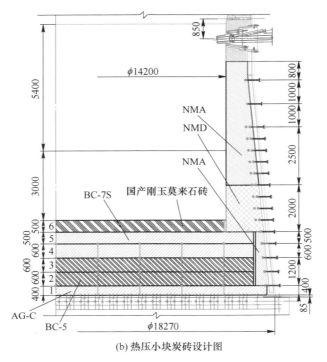

(b) 热压小块炭砖设计图

图 2-1　全炭砖结构设计图

（1）"镶嵌杯"结构。镶嵌杯结构的特点是风口组合砖压在陶瓷杯上，在陶瓷杯和风口组合砖之间设有缓冲层用于吸收陶瓷杯的膨胀。镶嵌杯又分为全镶嵌杯结构和半镶嵌杯结构，如图 2-2 所示。"镶嵌全杯"结构为风口组合砖和陶瓷杯壁热面平齐，陶瓷杯壁内表面线即为高炉炉缸内型线；"镶嵌半杯"结构为风口组合砖覆盖部分陶瓷杯壁，陶瓷杯壁内表面线向高炉炉缸的内面凸出。高炉无论采用"镶嵌全杯"还是"镶嵌半杯"结构，陶瓷杯材料及炭砖均会受热膨胀，而由于两者的膨胀系数不同将发生异常膨胀，进而导致风口组合砖上翘变形，造成风口设备变形损坏，影响高炉正常生产，同时也会间接导致高炉炉壳上涨，影响高炉炉缸炉底的使用寿命。

（2）"自由杯"结构。自由杯结构的特点是风口组合砖与陶瓷杯完全脱开，炉缸侧壁炭砖与风口组合砖热面平齐，陶瓷杯壁完全处于高炉炉缸内型线内。"自由杯"结构同样可以分为"自由全杯"和"自由半杯"两种结构形式。如图 2-3 所示，"自由全杯"结构为陶瓷杯壁覆盖至高炉风口组合砖的下沿；"自由半杯"结构为陶瓷杯壁覆盖至炉缸中下部区域。高炉采用"自由杯"结构时，风口组合砖与陶瓷杯壁不直接接触，陶瓷杯壁受热膨胀对风口组合砖的影响较小。"自由半杯"结构已能够对炉缸薄弱环节进行覆盖，达到了对炉缸的保护作用，

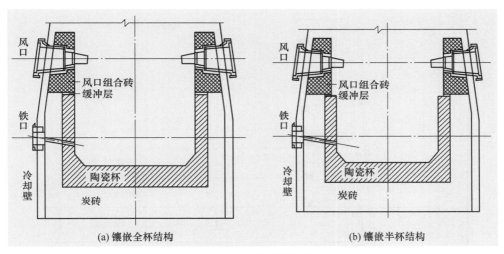

(a) 镶嵌全杯结构　　　　　　　　(b) 镶嵌半杯结构

图 2-2　炉缸镶嵌杯结构

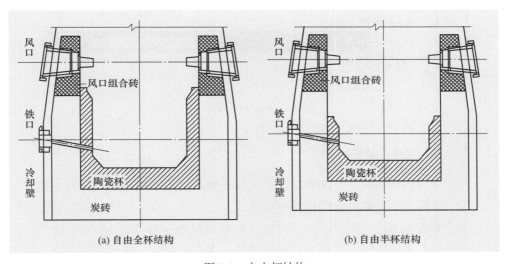

(a) 自由全杯结构　　　　　　　　(b) 自由半杯结构

图 2-3　自由杯结构

因此"自由半杯"结构对于高炉炉缸的长寿是较为合理和经济的陶瓷杯壁结构形式。

（3）炉底陶瓷垫结构。国内少部分高炉的陶瓷杯结构仅配置陶瓷垫，不配置陶瓷杯壁。对于"导热型"炉缸结构而言，通过炉缸侧壁炭砖将热量导出，从而降低炭砖热面温度促进炭砖热面形成凝固层，达到高炉炉缸安全长寿的目的，因此，仅在炉底部位采用陶瓷垫结构。如宝钢 2 号高炉（图 2-4）仅在炉底砌筑 464mm 陶瓷垫，炉缸侧壁采用小块炭砖砌筑，未采用陶瓷杯结构。

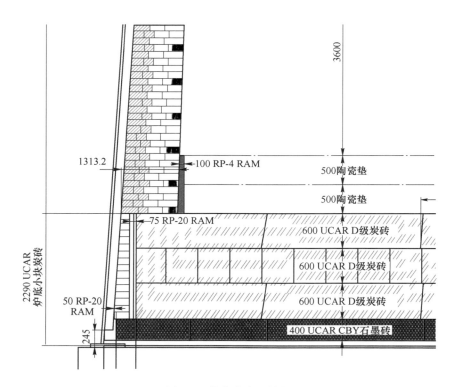

图 2-4　炉底陶瓷垫结构

### 2.1.1.2　石墨墙炉缸结构

对于炉缸传热而言，不同温度下炉缸陶瓷垫及炭砖的导热系数较为明确，工作温度一旦确定，导热系数不会发生较大变化。相反，捣打料导热系数会随烧结温度的变化而发生较大变化。炉缸侧壁捣打料处温度一般低于 150℃，处于捣打料不能良好烧结的温度，因此捣打料的导热系数一般较低，导致热量不能及时传导至冷却器，进而导致炉缸热面温度过高，造成炉缸耐火材料的异常侵蚀。如图 2-5 所示，传统炉缸结构的热量传输依次经过炭砖、捣打料，最终由冷却壁导出，而石墨墙炉缸结构依次经过炭砖、捣打料、小块炭砖及冷却壁导出，捣打料向炉缸热面迁移后有利于捣打料烧结温度的提高，从而提高捣打料的导热系数。另外，小块炭砖尺寸小，可直接顶砌冷却壁，大块炭砖砖缝少，抗铁液渗透性好。同时，炉缸从热端到冷端热导率依次增大，强化了炉缸的传热效果，有利于炉缸内侧自保护凝固层的形成。目前，武钢四座高炉炉缸均采用石墨墙结构砌筑，炉缸服役状况良好。

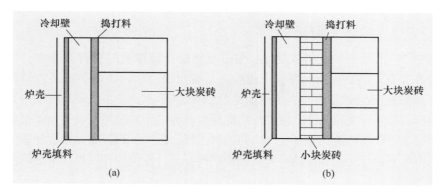

图 2-5　传统炉缸传热模型(a)及石墨墙炉缸传热模型(b)

### 2.1.1.3　新型碳复合砖结构

基于陶瓷杯和炭砖的高炉炉缸生产和使用经验,将碳组分合理地引入到氧化物材料中,并采用树脂结合剂形成碳结合,实现陶瓷材料与碳素材料的复合,同时采用微孔化工艺保留制品内部的微孔结构,结合炭砖和陶瓷杯材料各自的优点,制备复合型耐火材料——碳复合砖。如图 2-6 所示,碳复合砖炉缸炉底结构的具体结构为高导热石墨炭砖+微孔炭砖+碳复合砖+刚玉莫来石结构。碳复合砖实现了兼具炭砖的高导热性能与陶瓷材料的抗渣铁侵蚀性能,对于炉缸安全长寿具有实际意义[7-10]。

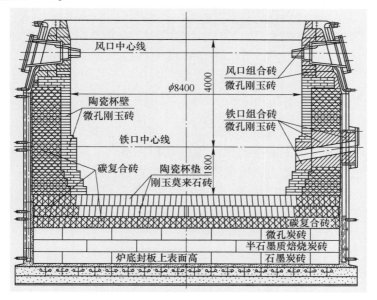

图 2-6　碳复合砖炉缸结构

#### 2.1.1.4　整体浇注炉缸结构

如图 2-7 所示的炉缸整体浇注，是基于传统砌砖修复的一种新技术。炉缸浇注一般在原有炉缸耐火材料基础上进行，旨在对侵蚀量较小的炉缸进行修复，从而在保障炉缸安全的条件下，尽可能地延长炉缸寿命。浇注炉缸结构的特点在于紧贴炭砖直接进行支模浇注，浇注的陶瓷杯与炭砖之间无缝隙结合，使炉缸结构更加紧密，且不存在传统陶瓷杯与炭砖间的填充层，减少了热阻层，使浇注炉缸整体传热效率得到保证，达到传热平衡，保护炉衬安全，避免多种隐患等问题的发生。

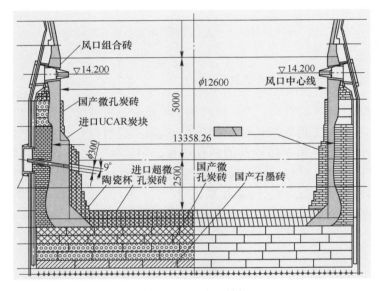

图 2-7　炉缸浇注结构

#### 2.1.1.5　几种典型结构分析

（1）全炭砖结构。采用大块炭砖结构，可以延长高炉寿命，有效减少砌筑工程量，有利于施工工期的短期化。特别是 BC-7S、BC-8SR 和 BC-12SR 炭砖具有优良的抗渣铁侵蚀能力、抗碱侵蚀能力和抗铁液渗透能力，BC-8SR 和 BC-12SR 还具有很高的导热能力，BC-12SR 各项综合指标更加完善，将更有利于保证炉缸炉底的安全。然而，由于大块炭砖尺寸大和多种因素的共同作用，其受到的热应力较大，从而产生环裂的倾向较大。

相反，采用热压小块炭砖的初衷是其有较高的导热性，以在炉缸炉底耐火材料热面容易形成稳定的渣铁凝固层，保护砌体不被侵蚀。而且热压小块炭砖与冷却设备之间无需捣料层，避免形成间隙而增加砌体热阻，影响热量传出。同时，热压小块炭砖单块体积小，在炉缸形成多层环状配置，在特制胶泥配合下，可以有效吸收炭砖自身的热膨胀，从而使作用于每块炭砖上的热应力大大减小，有效避免了炉缸砌体环裂现象的发生。但是，小块炭砖对砌筑质量要求较高，工期较长，导致其并未在国内高炉上广泛应用。

（2）炭砖+陶瓷杯结构。近年来，陶瓷杯复合炉衬结构在国内发展很快，得到了普遍应用[11]。陶瓷杯方案的初衷是利用陶瓷材料的保温性能好，炉缸热损失小，炉缸热量充沛，同时陶瓷杯抗铁液冲刷能力强，侵蚀需要一定的时间，有利于节能、降硅和稳定操作。一般认为正常冶炼条件下的陶瓷杯寿命为3~5年，陶瓷材料最终将侵蚀殆尽，此后炉缸抗铁液侵蚀的优势逐步消失。

因此，陶瓷杯复合炉衬结构的主要优点为：1）陶瓷质耐火材料具有较好的抗铁液溶蚀性，能克服炭砖抗铁液溶蚀差的缺点，可以减缓或消除炉缸"象脚形"侵蚀；2）陶瓷杯能够阻止碱金属的侵入，缓解碱金属对炭砖的破坏；3）陶瓷质耐火材料导热系数比炭砖低，对炉缸铁液有保温作用，能提高铁液温度，降低炼铁能耗；4）高炉检修短期休风时，炉缸残存铁液的温度降低速度较慢，有利于高炉快速复风。另外也应该看到，陶瓷杯结构砌筑工程量大，施工工期相对较长，投资较高。

大型预制块结构陶瓷杯的不足之处在于其材料未经过炉缸长期工作温度的充分烧透，在开炉后的使用过程中，内部可能因发生晶型转变而产生膨胀或开裂，影响其使用寿命。

（3）碳复合砖结构。炉缸碳复合砖结构具有以下技术优势：1）既具有炭砖的高导热优良性能，又保持了陶瓷杯高温抗侵蚀的特点；2）碳复合砖耐高温铁液、熔渣侵蚀，即使"陶瓷杯壁"保护层消蚀，碳复合砖本身也可减缓铁液的侵蚀冲刷；3）碳复合砖和陶瓷杯壁微孔刚玉砖采用规格尺寸相同的小块砖，两者之间可紧贴组合砌筑，结构更稳定；4）与炭砖+陶瓷杯结构相比，应力场分布较为分散，减弱了热应力的破坏作用，且不存在炭砖与陶瓷杯的接触面，结构更加合理。

（4）石墨墙结构。石墨墙炉缸结构从冷却壁端至炉内热面，依次砌筑小块炭砖、炭捣料和大块炭砖。小块炭砖尺寸小，可直接顶砌冷却壁；大块炭砖砖缝少，抗铁液渗透性好。同时，炉缸从热端到冷端热导率依次增大，强化了炉缸的传热效果。

（5）浇注炉缸结构。炉缸浇筑技术具有如下优点：1）与拆除炭砖重新砌筑相比，维修工期短，造价低，能最大程度地保留残余合格炭砖，对于局部区域侵蚀严重的炭砖可采用高导热浇注料进行针对性修复。2）浇注衬整体性好，能与炭砖界面紧密贴合，不存在传统陶瓷杯与炭砖间所具有的间隙捣打料，避免了因气隙而造成的"间隙热阻"问题，使炉缸整体传热效率得以提高。同时，1150℃

铁液凝固等温线推移至浇注陶瓷杯内部，炭砖得以有效保护。炉缸的浇注维修不仅从根本上保障了炉缸的安全及寿命延长，而且减少了炉缸热损。3) 对于风口区域，清净渣铁后即可进行浇注，整体浇注的风口衬里能有效避免砖缝的影响，降低风口窜煤气的风险，同样能最大限度利用残余砖衬，减少耐火材料消耗。

### 2.1.2 高炉炉缸死铁层深度设计

高炉炉缸死铁层位于炉底以上、铁口以下的液态渣铁区域。炉缸出铁时死铁层区域铁液会环绕中心死焦堆流动，并对炉缸侧壁进行冲刷，导致炉缸侧壁减薄。铁液环流是造成炉底炉缸象脚状侵蚀的主要原因，而死铁层深度及死料柱形态又是影响铁液环流的关键因素。因此，合理的高炉死铁层深度设计对于高炉的安全长寿具有重要意义[12-14]。

#### 2.1.2.1 合理死铁层深度的探讨

目前制约我国高炉安全长寿的限制性环节主要在炉缸区域，炉缸侵蚀与高炉死料柱状态有直接关系，死料柱一般呈现坐落炉底和浮于铁液等两种状态。死铁层深度过浅，高炉死料柱两种状态均有可能出现。若死料柱坐落炉底，铁液无法从炉底通过，只能绕死料柱沿炉壁流动，这种情况会造成炉缸侧壁严重的环流侵蚀[15-19]。若死料柱浮起，随着出铁过程的进行，铁液液面的下降，死料柱无法始终浮起，最终仍会坐落炉底，这种情况下的铁液环流侵蚀依旧严重，此时，死铁层深度的重要性得以凸显。适宜的死铁层深度能够保证死料柱始终浮于铁液中，铁液从炉底和死料柱周边流动，一定程度上能够减轻铁液对炉缸侧壁的环流侵蚀。

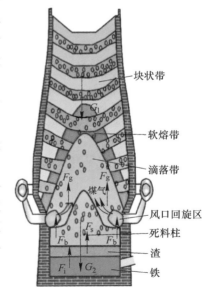

图 2-8 高炉死料柱受力图

高炉合理的死铁层深度可以通过高炉死料柱受力分析模型计算得出。高炉炉缸死料柱主要受重力 $G$、煤气浮力 $F_g$、渣层浮力 $F_s$、铁液浮力 $F_i$ 及炉壁摩擦力 $F_b$ 等多个力作用，死料柱受力状态如图 2-8 所示。

（1）重力 $G$。高炉死料柱重力分为两部分，分别为块状带与软熔带重力 $G_1$ 和滴落带与死料柱的焦炭重力 $G_2$。

$$G_1 = \rho_m g \Delta V \tag{2-1}$$

$$G_2 = \rho_C g V_H (1 - \varepsilon_d) \tag{2-2}$$

图中标注：块状带、软熔带、滴落带、煤气、风口回旋区、死料柱、渣、铁式中，$\rho_m$ 为块状带混合密度，$\rho_m = \dfrac{(1-\varepsilon)(m_O + m_C)}{\dfrac{m_O}{\rho_O} + \dfrac{m_C}{\rho_C}}$，$kg/m^3$；$\varepsilon$ 为块状带孔隙率，$m_O$ 和 $m_C$ 分别为铁矿比和焦比，$kg/t$；$\rho_O$ 和 $\rho_C$ 分别为矿石和焦炭的密度，$kg/m^3$；$\Delta V$ 为块状带体积和软熔带体积，$\Delta V = V - V_H - V_T - NV_{RW}$；$V$ 为高炉有效容积，$m^3$；$V_H$ 为铁口至风口段体积，近似 $V_H = Ah_H$，$m^3$；$h_H$ 为铁口到风口中心线距离，$m$；$A$ 为炉缸横截面积，$A = \dfrac{\pi D^2}{4}$，$m^2$；$D$ 为炉缸直径，$m$；$V_T$ 为炉喉空区所占体积，近似 $V_T = \dfrac{\pi d_T^2 h_T}{4}$，$m^3$；$d_T$ 为炉喉直径，$m$；$h_T$ 为料线深度，$m$；$V_{RW}$ 为单个回旋区体积，近似 $V_{RW} = \dfrac{\pi}{6} d_{RW}^3$；$d_{RW}$ 为回旋区深度，$m$；$N$ 为风口数量；$\varepsilon_d$ 为死料柱孔隙度。

（2）煤气浮力 $F_g$：

$$F_g = \left( p_{bl} - p_{top} - \xi \frac{\rho_g v_t^2}{2} \right) A \tag{2-3}$$

式中，$p_{bl}$ 为鼓风压力，$Pa$；$p_{top}$ 为炉顶压力，$Pa$；$\xi$ 为风口处鼓风损失系数，通常取 $\xi = 1.1$；$\rho_g$ 为煤气密度，$kg/m^3$；$v_t$ 为风口处鼓风风速，$m/s$。

（3）渣层浮力 $F_s$：

$$F_s = \rho_s g A h_s (1 - \varepsilon_d) \tag{2-4}$$

式中，$\rho_s$ 为炉渣密度，$kg/m^3$；$h_s$ 为渣层厚度，$m$。

（4）铁液浮力 $F_i$：

$$F_i = \rho_i g A h_i (1 - \varepsilon_d) \tag{2-5}$$

式中，$\rho_i$ 为铁液密度，$kg/m^3$；$h_i$ 为铁液高度，$m$。

（5）炉壁摩擦力 $F_b$：

$$F_b = 2\rho_m V \frac{u^{0.5} d^{0.25} g^{0.15}}{A^{0.25}} \tag{2-6}$$

式中，$u$ 为炉料下降速度，$m/s$；$d$ 为炉料平均粒径，$m$。

（6）死铁层深度 $h_死$：

$$h_死 = h_i + h_浮 \tag{2-7}$$

式中，$h_浮$ 为死料柱浮起高度，$m$。

将式（2-1）~式（2-6）代入 $G - F_g - F_b - F_s - F_i = 0$ 及式（2-7）中，可得到死铁层深度计算公式：

$$h_死 = \frac{\rho_m g \Delta V + \rho_C g V_H (1 - \varepsilon_d) - F_g - F_b - F_s}{(\rho_i - \rho_C)(1 - \varepsilon_d) g A} + h_浮 \tag{2-8}$$

为保证死料柱始终浮于铁液中，模型建立在高炉排尽渣铁（$F_s = 0$）和死料柱坐落在炉底上（$h_浮 = 0$）条件下。结合我国高炉生产实际及操作经验，对不同立方级高炉死铁层深度范围进行计算，结果如图2-9所示，死铁层深度随着高炉容积的增大呈现增加的趋势。结合高炉破损调查情况可知，死铁层深度过浅时，死料柱沉坐炉底或偶尔略微浮起，导致高温铁液主要集中于炉缸炉底交界处，因较大的铁液流量和壁面剪切力，交界处炭砖无法形成稳定的黏结层而逐渐被侵蚀，整体呈现象脚状；死铁层深度过深时，死料柱浮起，在底部形成一个较大的无焦区，铁液在底部交界处的流动大幅度减少，而炉缸侧壁的铁液流量大幅度增加，导致出铁口和底部之间的侧壁区域局部被大量侵蚀，炉底中部少量侵蚀，整体呈现宽脸状。死料柱始终浮于炉底之上且不会过度浮起，可明显减轻炉缸炉底交界处铁液的环流强度，以及侧壁的铁液流量，对炉缸侧壁侵蚀较小，较易出现国内理想的锅底状侵蚀，因此以上计算结果为目前国内不同立方级高炉适宜的死铁层深度选取提供了参考。

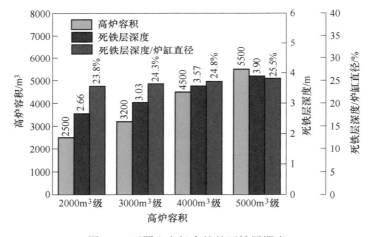

图2-9　不同立方级高炉的死铁层深度

### 2.1.2.2　国内外死铁层深度变化趋势

如图2-10所示，我国2000~5000m³高炉的平均死铁层深度占炉缸直径的比例在19.7%~23.3%之间（对应死铁层深度在2.1~3.5m之间），且死铁层深度占炉缸直径的比例随高炉容积的增加呈现升高的趋势。但相较于国外高炉而言，我国大型高炉死铁层深度相对较浅。

我国高炉炉缸呈现不同形式的侵蚀炉型，以象脚型侵蚀和锅底型侵蚀为主，宽脸型侵蚀在我国高炉中占比很少，国外部分高炉出现过。例如，湘钢3号高炉（1080m³）死铁层深度为1.7m，死铁层深度占炉缸直径的比例为21.2%，其炉

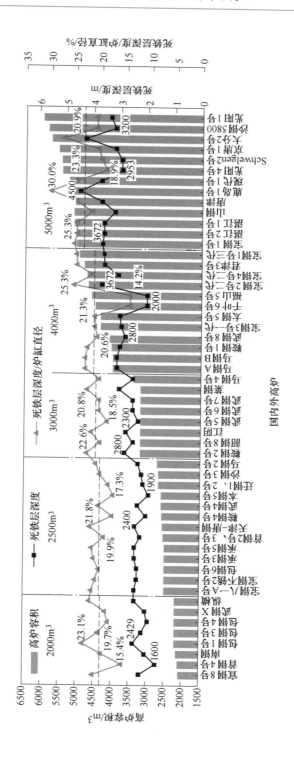

图2-10 国内外部分不同立级高炉死铁层深度相关数据

缸象脚部位及炉底中心部位侵蚀较为严重，整体侵蚀炉型为锅底型侵蚀；迁钢 1 号高炉（2650m³）死铁层深度为 2.1m，死铁层深度占炉缸直径的比例为 18.2%，其表现出明显的象脚状侵蚀；宝钢 3 号高炉（4350m³）死铁层深度为 2.98m，死铁层深度占炉缸直径的比例为 21.4%，炉缸总体呈现象脚状侵蚀；太钢 5 号高炉（4350m³）死铁层深度为 3.0m，死铁层深度占比为 21.1%，其 1 号铁口方向呈现象脚状侵蚀，整体呈现锅底状侵蚀。

近年来，日本高炉死铁层深度变大的趋势非常明显[20]。新日铁 2002 年大修的君津 3 号、4 号高炉炉缸直径分别为 14.5m 和 15.2m，死铁层深度分别为 3.58m 和 3.758m，均为炉缸直径的 24.7%；大分 2 号高炉炉缸直径为 15.6m，死铁层深度为 4.294m，为炉缸直径的 27.5%，其整体侵蚀形貌为宽脸型侵蚀。另外，欧洲高炉也有加深死铁层的趋势。炉缸侵蚀形貌与死铁层深度占比存在密切联系，合理的死铁层深度决定着高炉炉缸的侵蚀状态，为高炉炉缸安全长寿奠定一定的基础。

### 2.1.3　高炉炉缸炉底封板设计

高压操作的高炉炉底均设置炉底封板，其作用是防止煤气泄漏。然而，国内高炉出现炉底跑煤气现象并不罕见，同时，一些高炉也出现了炉底板上翘的现象。从目前统计的情况来看，炉缸炉底开裂导致煤气泄漏的原因主要体现在高炉碱金属负荷过高、设计施工不合理等。因此，对于高炉炉底封板的设计优化也是实现高炉炉缸安全长寿的重要一环。

#### 2.1.3.1　炉底封板结构

目前主流的炉底水冷方式有冷却水管置于炉底封板以上，和冷却水管置于炉底封板以下两种。如图 2-11 所示，在炉底封板以上设置冷却水管有炉壳不包住基墩和炉壳包住基墩的两种设计方式。炉壳包住基墩又分为炉底封板设置在耐热基墩上部或下部两种方式。同样地，如图 2-12 所示，在炉底封板下面设置冷却水管也有炉壳不包住基墩和炉壳包住基墩两种方式。

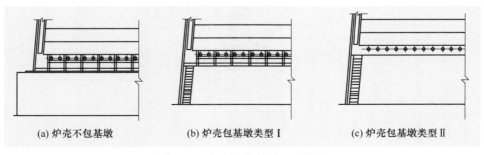

(a) 炉壳不包基墩　　　(b) 炉壳包基墩类型 I　　　(c) 炉壳包基墩类型 II

图 2-11　水冷管在封板以上结构

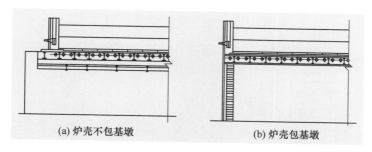

(a) 炉壳不包基墩          (b) 炉壳包基墩

图 2-12 水冷管在封板以下结构

冷却水管置于炉底封板以下会导致炉底冷却效果较差，冷却水管置于炉底封板以上可以增强炉底冷却效果，然而，一旦水管发生破裂会导致炉底渗水、炭砖被水蒸气氧化等问题，甚至造成炉底烧穿的事故。图 2-11 与图 2-12 所示的几种炉底封板结构，在高炉冶炼强度较低或原燃料条件较好的情况下，可以满足高炉安全生产，但随着高炉冶炼强度提高、原料条件变差后，高炉炉底封板会出现诸多的问题。其中，炉壳不包住基墩的结构在高炉上涨时容易造成炉底封板上翘，给炉缸炭砖带来严重的损坏；炉壳包住基墩的结构在发生炉底煤气泄漏时，无法及时发现泄漏点，即使发现泄漏点也无法进行有效的处理。

### 2.1.3.2 炉壳上涨及炉底封板上翘原因的分析

在国内，高炉炉缸窜煤气、炉壳上涨、炉底封板上翘问题也多有发生。例如，某钢铁厂高炉停炉大修 11 次，其中 7 次是由于炉壳上涨导致，3 座 1580m³ 高炉在投产 6 年半后开始炉壳上涨；国内某 4000m³ 高炉第一代炉龄炉壳上涨 180mm 左右；某钢企有 6 座高炉存在炉壳上涨情况，其中 1800m³ 高炉投产 6 年后开始炉壳上涨。

炉壳上涨后炉缸总体变化为：整个炉壳上涨，炉底封板开裂，并球面变形，炉底各层炭砖间隙内有碱金属，炉底炭砖整体球面变形。炉缸耐火材料基本处于松动状态，钢结构处于变形破坏状态。炉壳上涨侵蚀后的高炉炉缸如图 2-13 所示。一般认为，炉底封板上翘和炉壳上涨主要由以下几方面导致：（1）碱金属侵蚀；（2）炭砖和陶瓷杯（垫）线膨胀；（3）炉底封板强度较差。

高炉炉壳上涨的主要原因是：随着高炉炉衬薄壁化，由于内衬侵蚀、冷却壁磨损，作用于炉壳的恒荷载减小，荷载效应值变小，方向朝上，炉底封板在盲板力的作用下球面变形，炉壳上涨。高炉炉壳上涨的具体过程应为：炉底封板变形，炉内耐火材料变形，耐火材料之间出现缝隙，有害元素富集，炉壳越涨越高。

高炉炉底封板上翘的主要原因是：随着高炉大型化、炉衬薄壁化、炉顶压力的提高，炉内压力作用于炉顶封罩、炉身等处向上的力通过增大炉壳对炉底封板

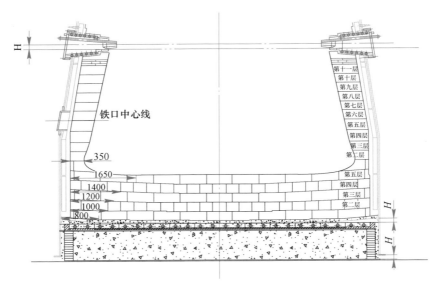

图 2-13　炉壳上涨后高炉炉缸侵蚀

边缘造成上升的力，炉衬薄壁化后作用于炉壳的向下的重力减小，并随炉役延长，内衬侵蚀冷却壁磨损而变小，难以抵消炉内压力造成对炉底封板边缘的上提力，而高炉大型化后炉底封板直径变大，且刚度不够，抵抗形变的力不足，从而发生弹性变形和塑性变形而产生边缘上翘。在提升力的持久作用下，炉底封板将发生塑性变形，休风时盲板力消失，提升力随之降低，但降到一定值时停止下降。随着休风时间延长，由于在炉体重力持续作用下塑性变形的抗力变小，所测得的提升力又开始下降，复风后测得的提升力又上升，但由于塑性变形的抗力存在，炉内耐火材料砌体相互挤压也有抗变形作用，提升力不会立即回到原水平，而是慢慢上升到原水平。

### 2.1.3.3　炉底封板上翘判定

高炉壳体结构上的荷载可分为恒荷载、活荷载、偶然荷载三类。恒荷载包括壳体及其设备重力；活荷载包括炉顶料重、炉料摩擦力、铁液压力、气体压力、耐火材料膨胀作用、煤气上升管膨胀反力、壳体内外温差时的应力；偶然荷载包括高炉坐料时产生的荷载。

活荷载为炉内气体压力对炉底封板边缘的向上提升力。炉内气体作用于高炉轴向的力，分为向上和向下一对力，轴向向下的力（炉底板的"盲板力"）作用于炉底板上，使炉底封板紧贴于基墩，无法向下位移。而轴向向上的力作用于炉顶封罩、炉身内壁，使炉壳承受一个纵向向上的提升力，炉壳直径越大、炉内压力越大，纵向的提升力越大。这个力大到超过自立式高炉炉壳及其附属物的重力

（恒荷载）与炉底板抗形变力之和时，炉壳就会受到一个向上位移的力，在这个提升力持续作用下炉底封板会发生变形，使炉壳向上位移，带动炉底板边缘上翘，而炉底板中心在炉内气体向下的力和渣铁重力等作用下仍紧贴于基墩。

炉内气体压力产生的提升力与热风压力、炉顶压力、炉壳直径、导出管开孔尺寸等有关。炉内气体产生的炉壳所在圆的单位周长上纵向力：

$$N_1 = Pr_0^2/2r_q \tag{2-9}$$

炉内气体产生的提升力：

$$Q_{1k} = 2N_1\pi r_q \tag{2-10}$$

式中，$P$ 为炉内压力，Pa；$r_0$ 为炉壳初始内径；$r_q$ 为与炉底封板连接的炉壳内径。

高炉开炉后，炉壳受热后承受膨胀应力，导致炉底封板径向和炉壳周向膨胀，如果炉底板径向膨胀量大于炉壳周向膨胀量的 $1/\pi$ 倍（周向膨胀量约24mm），则可能造成少量的边缘上翘。

炉壳受热膨胀力 $Q_{2k}$ 与 $\Delta D/\Delta L$ 正相关。温度变化所引起的伸长量：

$$\Delta L = \alpha(t_2 - t_1)L \tag{2-11}$$

式中，$\Delta L$ 为温度变化引起的伸长量，mm；$L$ 为固定点之间的距离，m；$\alpha$ 为材料的线膨胀系数，mm/（m·℃）；$t_2$ 为炉壳的最高工作温度，℃；$t_1$ 为炉壳安装或停运时的最低温度，℃。

炉壳周向热应力：

$$\sigma T = \alpha E\Delta T/2/(1 - \nu) \tag{2-12}$$

炉底封板上翘是各种复杂因素综合作用的结果，正常生产时炉壳受到的向上提升力包括炉内气体压力产生的向上提升力、炉缸侧壁耐火材料膨胀导致的纵向膨胀力以及炉底封板受热后的膨胀应力等。炉壳上升需要克服的阻力有炉壳以及固定在炉壳上的设备和耐火材料的重力、炉底封板抗形变力等。

因此，最终传递给炉底封板边缘的向上提升力应为：

$$S = Q_{1k} + F + Q_{2k} - G_k - Q_P \tag{2-13}$$

式中，$Q_{1k}$ 为炉内气体提升力；$F$ 为炉缸侧壁耐火材料膨胀导致的纵向膨胀力；$Q_{2k}$ 为炉壳受热膨胀力；$G_k$ 为高炉重力；$Q_P$ 为抗形变力。若 $S$ 为负值，炉底封板不会上翘；若 $S$ 为正值，炉底封板可能上翘。

### 2.1.3.4 炉底封板的优化设计

为解决炉底封板结构存在的问题，提高炉缸生产安全性，设计了新型抗涨防漏型双层封板结构和炉缸煤气阻止装置，如图2-14所示。新型炉底封板结构可以很好地解决炉底板上翘的问题，为高炉炉

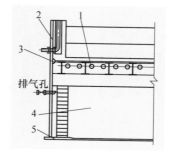

图 2-14　新型炉底封板结构
1—冷却水管；2—炉壳；3—上封板；
4—基墩；5—下封板

缸安全长寿提供有力保障。新型炉底板结构采用上、下双层炉底封板形式，上封板与炉壳采取柔性连续密封焊接，不仅起到密封炉内煤气的作用，而且防止炉底冷却水管漏水浸入炉底炭硅造成对炉底的灾难性破坏；下层封板与炉壳端口连续密封焊接，作为防止炉内煤气泄漏的第二道防线；而且上、下封板与炉壳三者之间形成箱体，箱体及其内部密实的混凝土基墩形成整体刚性体。

高炉生产过程中一旦有害元素随煤气环流在各种缝隙中沉积形成体积膨胀时，由于新型炉底炉缸底部刚性体具有强大的抗膨胀力，将会挤压炉缸炉底内部，使各种缝隙越来越小，煤气环流也就越来越小，继而有害元素在各种缝隙中的沉积元素越来越小，避免有害元素的沉积膨胀，从而防止炉底封板上翘和煤气泄漏问题的发生。同时，由于炉底水冷管上部有一层柔性封板，即使发生炉底水冷管泄漏，炉底炭砖也不会造成损坏。此外，两层封板间设置一定数量的泄压阀门，用于烘炉和日常生产时的泄压操作。

对于正常生产过程中的炉缸发生炉底封板上翘的问题，一般通过增加辅助压紧装置进行维护。某钢厂高炉炉底封板上翘后导致炉底冷却能力下降，为恢复炉底水冷管的冷却效果，在高炉基础上，沿炉底封板一周采用化学植筋的方式预埋锚栓，通过压板扣住炉底板并在空隙中填充高导热灌浆料，并在炉底 H 梁位置设置辅助压紧装置，利用炉底 H 型钢梁的拉力来平衡炉壳上涨力，从而增加抑制炉底封板上翘的力，如图 2-15 所示。同时对炉底板下部进行浇注填料，实施防止回落的措施，较好地解决了炉壳上涨及炉底封板上翘的问题。

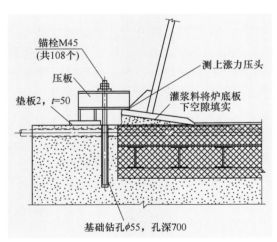

图 2-15　抑制炉底封板上翘措施

### 2.1.4　铁口结构和深度设计

对于铁口区耐火材料结构，为延长高炉出铁口寿命，必须选用适应出铁口条件的高质量耐火材料，提高砌筑质量和砌体结构强度。出铁口耐火材料必须具备下列特性：（1）耐热震性好；（2）耐剥落性优良；（3）抗铁液溶蚀、冲刷性好；（4）耐碱性好；（5）抗渣性好；（6）耐氧化。传统铁口区采用的楔形砖或直形砖的单块砖四周是平滑的面，用它们砌成的砖环其实是各为一体的并合环，砌体的稳定性差，当砌体的某一局部砖衬受损时，将导致相邻砖衬随之塌落。

如图 2-16 所示，高炉铁口耐火材料应用较好的有以下几种结构：UCAR 热压小块炭砖结构；组合砖结构；组合砖+浇注料结构。UCAR 热压小块炭砖结构采用 UCAR 砖满砌，最后使用钻孔工具进行钻孔形成铁口。而组合砖技术是由几种简单几何体相贯而形成的复杂几何体结构，可实现砌体整体性、稳定性，国内大型高炉的铁口区通常采用半石墨化-碳化硅组合砖。

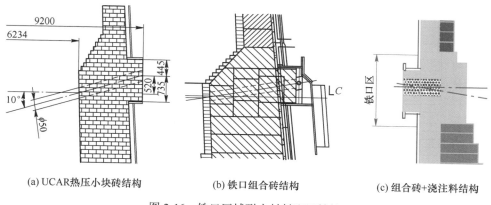

(a) UCAR热压小块砖结构    (b) 铁口组合砖结构    (c) 组合砖+浇注料结构

图 2-16　铁口区域耐火材料配置结构

适当加厚铁口区炉缸内墙侧壁，可以有效保证出铁口深度并抵御铁液流动对铁口周围炉缸内墙侧壁的冲刷。为延长铁口的使用寿命应采用倾斜铁口，角度在 8°~15° 之间，铁口直径在 $\phi40~60mm$ 之间为宜，出铁时一般将出铁速度控制在 5~8t/min，有利于延长炉缸寿命。

（1）铁口深度。研究表明，铁口深度对炉缸侧壁剪切应力数值大小及最大剪切应力出现位置均有显著影响。铁口深度由 3.4m 增至 3.8m，铁口下方侧壁最大剪切应力由 $2.184×10^{-2}Pa$ 降低至 $7.349×10^{-3}Pa$，侧壁最大剪切应力出现位置随铁口深度的增加而降低。增加铁口深度有利于减缓铁液环流对侧壁的冲刷蚀损，保持足够的铁口深度是减缓铁液环流、降低炉缸侧壁冲刷蚀损的有效技术措施之一。

（2）铁口倾角。当高炉炉缸的铁口倾角分别为 11°、13°、15° 及 17° 时，所对应的最大剪切应力分别出现在铁口平面以下 1.495m、1.522m、1.553m 及 1.583m 处，随铁口倾角的增加，铁口下方最大剪切应力的位置逐渐降低。

（3）铁口直径。随着铁口直径的增加，侧壁剪切应力数值从 $3.546×10^{-3}Pa$

增大到 $2.257×10^{-2}$ Pa，当铁口直径达到 130mm 时，侧壁最大剪切应力已非常接近临界剪切应力值 $3.50×10^{-2}$ Pa。因此，作为生产维护的重要内容，炮泥的质量需要引起操作者的重视。

### 2.1.5 高炉炉缸耐火材料砌筑

#### 2.1.5.1 炉底砌筑

炉底砌筑前先进行找平层施工，即在炉底铺设炭素捣打料找平，并采用水平仪对表面测量检查，对不合格点进行修补、磨平直至合格。之后进行炉底炭砖的铺设，铺砖流程按照下砖—砌筑捣料—铲平修整—开电偶槽进行，铺砖过程应采用砖缝控制技术，保证砖缝小于 1mm。每层满铺炭砖全砌完后，开始填捣炭砖与冷却壁之间的炭素捣打料，最后捣打成型的炭素层要低于炭砖上表面 50mm，便于上层炭砖的施工。

炭砖的铲平研磨是构造炉衬过程减少气隙，提高炉衬抗铁液侵蚀能力，是高炉安全长寿运行的关键环节。在炉底满铺炭砖砌筑及炭素捣打料施工完成后，首先粗找研磨，对炭砖与炭砖间错台、棱角处进行研磨，相对平整光滑后，在高炉炉底画出网格，分区域用精密水准仪测量 60~100 点，标出与理论标高的标高差。在分好的区域内，首先研磨误差超过 2mm 的局部点，再用长钢靠尺沿砖列线向前检查，并操作铲平机沿钢靠尺检查的方向做"S"形路线向前移动，边研磨边检查，反复细致，直到区域内表面平整度达到要求为止。研磨铲平后平整度达到 0.1mm，SGL 炭砖的砌筑平整度要求为 0.5mm。SGL 炭砖砌筑也应遵循炉底满铺炭砖砌筑的流程及方法，使干砌 SGL 炭砖的砖缝 ≤0.5mm，更为精密。砌筑 SGL 炭砖要勤检查砖层砌筑中心线与出厂标记中心线，保证每块炭砖位置准确，砌筑时操作要点为：就位、抄平、靠实、验缝。

#### 2.1.5.2 陶瓷杯底砌筑

陶瓷杯底采用斜压防漂浮自锁结构，微孔刚玉砖采用湿砌方式砌筑在环形炭砖内侧，如图 2-17 所示。陶瓷杯底砌筑与下层炭砖列纵向中心线交错成 30°角，并与铁口中心线交错成 30°角砌筑。陶瓷杯底砌筑时首先借助于导向靠尺，砌筑时应先砌筑成对顶角的两个 90°区域，砌筑初步成型后可拆除导向靠尺，四区同时砌筑加快砌筑速度。砌筑时每排砖先干排验缝，再依次用沾浆法砌筑，要密切注意和随时检查砖的垂直度，防止产生"下部外斜"现象及顶面出现较大错台。

#### 2.1.5.3 炉缸环炭砌筑

炉缸环炭有两种砌筑方式：（1）将环炭一次砌筑到顶再砌筑陶瓷杯壁；（2）环炭与陶瓷杯壁交替同时砌筑。无论哪种砌筑方式，环炭的放射缝必须合

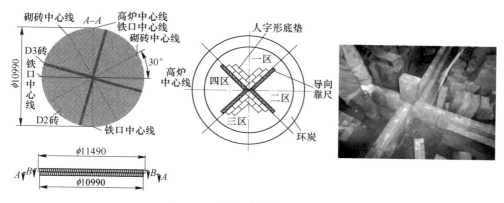

图 2-17　炉底陶瓷杯底砌筑图

格。环炭砌筑前应先在满铺炭砖表面进行内边线、铁口中心线、标高控制线的标记；砌筑过程遵循炉缸中心线向两侧同时进行，根据炭砖编号砌筑，砌筑过程与预摆和验缝同时进行；砌筑至每侧 8~10 块炭砖时应对炭砖进行加力，并检查缝隙大小；砌筑至 3~4 块炭砖时应进行预摆，检查砖缝是否达到要求，砌筑时，将 3~4 块合门炭砖同时向炉壳方向后退 40~50mm，待合门砖砌上后，用木楔楔入靠冷却壁的捣料层内，将两边后退的炭砖顶回，使合门炭砖的放射缝合格。

### 2.1.5.4　铁口砌筑

铁口部位炭砖优先砌筑，再向两侧砌筑，接口位置应位于两个铁口中间区域，炭砖砌筑按照国家标准执行。为确保铁口中心线的准确，以铁口炭砖位置定位开孔中心，铁口炭砖砌筑前应进行标高的复测。如图 2-18 所示，可用激光水平尺结合铁口框中心定位出铁口炭砖砌筑中心，砌筑 IN1R 砖，反复检查砖缝直到调整合格为止，然后砌筑本层环炭，确保铁口炭砖位置固定。再砌筑外环 IN2 砖及内环 IN3 砖，此处要求铁口通道内不能有错台，铁口中心允许偏差 0.5mm，完成后砌筑本层环炭再砌筑 IN4、IN5 砖，然后填捣好与冷却壁间填料。3 个铁口要同步砌筑，做好成品保护。

### 2.1.5.5　陶瓷杯壁砌筑

陶瓷杯壁砌筑要在外环环炭砌筑完成后进行，可以用沾浆法砌筑，也可以双面打灰砌筑，灰浆饱满度 ≥98%。陶瓷杯砖砌筑必须与环炭靠严靠实，减少气隙。陶瓷杯壁砌筑不设置膨胀缝，同层同步错缝砌筑，"合门"点不多于 4 点，均匀分布。"合门"砖如需加工，必须用切砖机加工后研磨，每块砖加工后尺寸不小于原砖的 2/3。

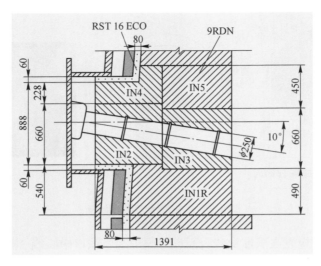

图 2-18  铁口砌筑图

#### 2.1.5.6  风口组合砖砌筑

砌筑风口组合砖前要把风口中套安装完成，砌筑前应按所放中心线干摆 30 个风口的组合砖下半圆，确认刚玉组合砖大块中心与风口中套中心是否有偏差，偏差可用中套与组合砖之间间隙调节，也应尽量保持中套与组合砖之间间隙。确认第一个风口组合砖位置无误后，每隔一个风口开始砌筑，砌筑时均应从中心向两侧进行，与冷却壁之间间隙用刚玉质捣打料填实，所有组合砖均按组装图先将下半环砌完，同时应注意控制整个下半环上表面的平整度，下半环砌完后，相邻风口的水平中心线必须在一个水平面上。填充下半环风口组合砖与风口大中套间的缓冲泥浆，再砌筑上半环组合砖，并浇注浇注料。

#### 2.1.5.7  缝隙处理

**A  各处缝隙填料**

冷却壁勾缝填料根据竖缝及环缝的宽度尺寸剪切相应尺寸的薄铁皮支模固定，制作专用的勾缝工具，勾缝时先自下而上、由里到外逐层逐段勾填竖缝，然后由里往外勾填环缝，勾缝必须填料密实，表面平整光滑，勾缝用料在使用过程中应保持清洁，严禁混入杂物。冷却壁与炉壳之间及炉底封板下缝隙采用溶胶结合莫来石质浇注料压力灌浆。风口与 RTCr 铸铁冷却壁壁体之间的缝隙采用铁屑填料；风口组合砖上部与铜冷却壁下端面间的缝隙采用 SiC 质缓冲料填充。

**B  炭素捣打料**

炭砖与冷却壁间填料施工随着炭砖的砌筑交替进行，必须严格按照工艺要求分层捣打合格，此部位施工优良可减少气隙，提高炉衬使用寿命。捣打时，可采用风镐带活动锤头，铺料厚度不超过150mm，压缩比不小于40%。

C　炭砖缺陷处理

高炉用炭砖在出厂前均要经严格检查符合质量要求再出厂，在倒运及砌筑过程中应做好保护，防止损坏。按国家规范GB/T 10326—2016《定形耐火制品尺寸、外观及断面的检查方法》要求，对于缺角缺棱不大于15mm的局部用炭油+同材质炭粉填充砌筑，每层不超过两处。缺角缺棱达到和超过15mm时应使用备用炭砖。

## 2.2　高炉炉缸冷却系统

高炉炉缸冷却系统是高炉不可或缺的重要组成部分，冷却系统在高炉安全长寿生产中扮演着举足轻重的角色[21,22]。当前，对于高炉冷却系统设计参数的选取，以及高炉实际生产过程中对提高冷却强度的操作策略仍然存在着不同的观点。在高炉炉役末期，增大冷却水量提高冷却强度是高炉操作者采取的常用手段之一，而部分学者认为，加大冷却水量对提高冷却强度作用有限，并不能有效起到减缓高炉侵蚀的目的。此外，目前对冷却系统冷却强度的表征尚没有统一的标准，冷却水量、冷却水温差、热流强度、冷却水进水温度等参数只是冷却系统的过程参数，并不能作为冷却强度的指标参数，高炉冷却壁的设计参数与高炉操作过程中采取的相关措施对冷却系统冷却强度的影响也没有充分的认识。

### 2.2.1　炉缸炉底冷却系统设计

#### 2.2.1.1　炉底冷却系统

随着炭砖的使用，高炉炉底开始进行冷却，炉底冷却的作用是将炉底的热量带走，使炉底1150℃等温线的位置尽可能向上推移，以延长炉底寿命。现代高炉普遍采用水冷炉底，大部分高炉采用纯水或软水密闭循环冷却系统。近30年来，为了强化炉底冷却、抑制炉底侵蚀、延长炉底使用寿命，炉底冷却结构主要进行了以下的创新和改进：

（1）改善冷却水质，提高冷却效率，采用纯水或软水密闭循环冷却系统。高炉串联软水密闭循环冷却系统将炉底冷却串联在整个冷却回路中，由于炉底的热负荷不高，冷却水温较低，这种串联冷却的模式也可以满足炉底冷却的要求。图2-19（a）所示为传统的采用开路工业水冷却的炉底水冷管布置结构，图2-19（b）所示为采用软水密闭循环冷却的炉底水冷管布置结构。

（2）将传统的折返型冷却水管布置改进为直通式，增大冷却水管管径，消除冷却死区，提高冷却效果和冷却均匀性。国内部分高炉炉底冷却器配置见表2-1。

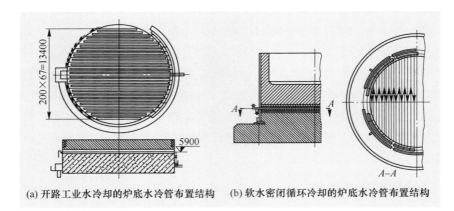

(a) 开路工业水冷却的炉底水冷管布置结构　　(b) 软水密闭循环冷却的炉底水冷管布置结构

图 2-19　炉底水冷管布置图

**表 2-1　国内部分高炉炉底冷却器配置**

| 序号 | 高炉 | 炉号 | 炉容 | 炉底冷却 |
|---|---|---|---|---|
| 1 | 迁钢 | 1、2 | 2600 | 水冷管 |
| 2 | 莱钢 | 3 | 3200 | 不锈钢管 |
| 3 | 韶钢 | 8 | 3200 | 水冷管 |
| 4 | 迁钢 | 3 | 4000 | 水冷管 |
| 5 | 马钢 | A、B | 4000 | 水冷管 |
| 6 | 宝钢 | — | — | 大多采用不锈钢管 |
| 7 | 太钢 | 5 | 4350 | 不锈钢管 |
| 8 | 湛江 | 1、2 | 5050 | $\phi 89mm$ 的不锈钢管 |
| 9 | 京唐 | 1 | 5576 | 水冷支管 |

（3）提高冷却水管的传热性能，炉底冷却水管之上采用高导热碳质捣料或石墨砖，增加炉底的综合传热性能，适当缩小冷却水管的中心间距，优化冷却水管的安装位置，为炉底炭砖提供可靠的冷却。图 2-20 所示为典型的炉底冷却水管的布置结构。

（4）改进冷却水管材质，使用优异的耐蚀不锈钢无缝管，适当增加水管壁厚，减少冷却水管的连接焊缝，不再在高炉内设置 U 形弯头，而采用直通式的结构或在高炉以外进行水管串联，改善与炉壳的连接和密封，提高炉体密封性，以满足一代炉役寿命的要求。冷却水管与炉壳可采用冷却壁进出水管与炉壳的连接方式，采用波纹补偿器密封结构，在炉壳开孔较大的区域还应对炉壳进行加强处理，防止出现局部应力过高。

（5）炉底冷却水管在高度方向上的安装位置存在两种方式。一种方式是将

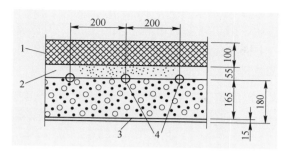

图 2-20　炉底冷却水管的布置结构

1—石墨砖；2—高导热碳质捣打料；3—炉底钢板；4—冷却水管

炉底冷却水管设置在炉底钢板之上、炉底碳质找平层之下，其主要目的是为了能够对炉底炭砖提供直接的冷却，减少更多的接触热阻。目前，为了改善炉底的温度分布，使1150℃等温线尽量推向高炉内部，大型高炉一般在炉底满铺炭砖之下设置一层高导热的石墨砖。另一种方式是将冷却水管设置在炉底钢板以下（图2-21），其原因是认为炉底冷却水管在炉底满铺炭砖之下承受着很高的压应力，容易出现侵蚀或破损，而且在一代炉役期间基本无法进行更换，一旦出现泄漏等问题还会破坏炭砖，引起更严重的后果。同时，这种结构也存在较多问题，一是设计结构复杂，施工过程要求安装精度高，高炉炉底直径越大，冷却水管的安装难度越大；二是不利于为炉底炭砖提供高效的冷却。

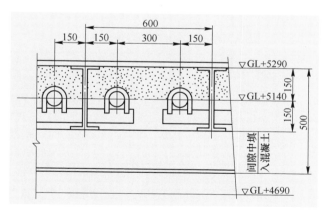

图 2-21　冷却水管设置在炉底钢板之下的结构

### 2.2.1.2　炉缸冷却系统

炉缸冷却壁为光面铸铁冷却壁，其结构和炉腹以上的镶砖冷却壁有很大的区别[23]。一般采用灰铸铁或低合金耐热铸铁，单排管结构，热面不设燕尾槽，采用软水密闭循环冷却的冷却壁的冷却水管，国内多数高炉基本均采用由下至上的垂直布置方式，防止由于管道弯曲而不利于气泡上浮，但也有用卧式冷却壁的案例。如表 2-2 所示，宝钢 3 号高炉使用的弧形卧式 10 进 10 出水管形式的铸铁冷却壁，其优点为冷却壁冷却比表面积大，炉壳开孔强度好。

**表 2-2　宝钢、鞍钢高炉冷却壁及冷却比表面积比较**

| 炉　号 | 冷却壁方式 | 管径及间距/mm | 冷却比表面积 | 热面冷却比表面积 | 备　注 |
|---|---|---|---|---|---|
| 鞍钢 3 号，一代 | 立式 4 进 4 出 | 50×260 | 0.604 | 0.302 | 2.8 年烧穿 |
| 宝钢 3 号，一代 | 卧式 10 进 10 出 | 60.3×145 | 1.31 | 0.66 | 19 年寿命 |
| 宝钢 3 号，二代 | 卧式 10 进 10 出 | 70×160 | 1.374 | 0.68 | 2013 年至今 |
| 宝钢 4 号，一代 | 立式 4 进 4 出 | 50×230 | 0.683 | 0.342 | 9 年寿命 |
| 宝钢 4 号，二代 | 卧式 10 进 10 出 | 70×160 | 1.374 | 0.68 | 2014 年至今 |

　　保护以炭砖为核心的炉缸炉底内衬、减缓其侵蚀破损成为炉缸炉底冷却器的核心功能[24,25]。目前国内外不少高炉在炉缸"象脚状"侵蚀区采用了铜冷却壁，旨在提高该位置冷却能力，延长炉缸寿命。在高炉开炉初期，炉缸炉底炭砖相对完好的条件下，采用铜冷却壁对炉缸温度场的分布并不产生根本性的变化，一旦炭砖出现明显侵蚀后，特别是在炉役中后期，铜冷却壁优异的传热性能将发挥作用。传热计算表明，在相同残余炭砖厚度的条件下，采用铜冷却壁所黏结的凝固层厚度要比采用铸铁冷却壁黏结的凝固层要厚，说明铜冷却壁对炭砖的保护作用已经显现。国内不同立级高炉炉缸冷却器配置见表 2-3。

**表 2-3　国内部分高炉炉缸冷却器配置**

| 序号 | 高炉 | 炉号 | 炉容/m³ | 炉缸冷却器 |
|---|---|---|---|---|
| 1 | 柳钢 | 4 | 2000 | HT150 灰口铸铁光面冷却壁 |
| 2 | 武钢 | 1 | 2200 | 光面低 Cr 球墨铸铁冷却壁 |
| 3 | 昆钢 | 新区 1 号 | 2500 | 光面低铬铸铁冷却壁 |
| 4 | 韶钢 | 7 | 2500 | 双排蛇形水管灰口铸铁光面冷却壁 |
| 5 | 迁钢 | 1、2、3 | 2600/4000 | 光面灰铸铁冷却壁 |
| 6 | 武钢 | 5，二代 | 3200 | 光面球磨铸铁冷却壁、铸造铜冷却壁 |
| 7 | 武钢 | 7、8 | 3200/3800 | 低铬光面冷却壁、铸造铜冷却壁 |
| 8 | 莱钢 | 3 | 3200 | 铸铁冷却壁、铜冷却壁 |
| 9 | 韶钢 | 8 | 3200 | 灰铸铁光面冷却壁 |
| 10 | 马钢 | A、B | 4000 | 光面双层水管灰口铸铁（HT200）冷却壁 |
| 11 | 太钢 | 5 | 4350 | 热铸铁光面冷却壁 |
| 12 | 宝钢 | 3，一代 | 4350 | 低铬铸铁新式横型冷却壁 |
| 13 | 宝钢 | 2，二代 | 4706 | 铸铁冷却壁+铜冷却壁 |
| 14 | 宝钢 | 4，一代 | 4747 | 光面灰铸铁冷却壁、铜冷却壁、铸铁冷却壁 |

| 序号 | 高炉 | 炉号 | 炉容/m³ | 炉缸冷却器 |
|---|---|---|---|---|
| 15 | 宝钢 | 4，二代 | 4747 | 铸铁冷却壁+铜冷却壁 |
| 16 | 宝钢 | 3，二代 | 4850 | 铸铁冷却壁 |
| 17 | 宝钢 | 1，三代 | 4966 | 光面灰铸铁冷却壁 |
| 18 | 湛江 | 1、2 | 5050 | 铸铁冷却壁（横型布置） |
| 19 | 京唐 | 1 | 5576 | 光面铜冷却壁 |

铁口部位采用铜冷却壁已成为高炉设计共识问题，如太钢 5 号、6 号高炉均使用 DC 的 MTT 铁口铜冷却壁（美国生产），铁口区域铜冷却壁使用稳定，5 号高炉使用 13 年，6 号高炉使用 6 年（在役）。宝钢 1 号、2 号高炉、鲅鱼圈 1 号、2 号高炉等均使用铜冷却壁，目前运行正常。

### 2.2.2 高炉炉缸冷却能力评价

#### 2.2.2.1 高炉冷却能力评价

高炉炉缸冷却系统的目的在于将炉缸内部产生的热量以冷却水升温的形式带走，防止热量在炉缸内的集聚，从而形成尽可能低的温度梯度，降低耐火材料热面温度，从而最大限度地降低耐火材料的侵蚀。然而，目前对炉缸冷却效果的定义并不明确，对冷却效果的评价体系尚未建立，因此提出了冷却强度及冷却效率指标对炉缸实际冷却效果进行评估[26-29]。冷却强度是指冷却水系统能否将热量带走，冷却水系统实际带走的热量与冷却水系统理想状态下（如图 2-22 所示，理想状况为无限平面冷却）

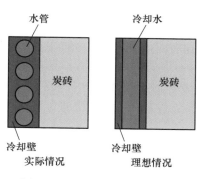

图 2-22　炉缸实际冷却与理想热量传递示意图

带走的热量的比值即为冷却系统的冷却强度，如式（2-14）所示。

$$I = \frac{Q_{\text{actual}}}{Q_{\text{ideal}}} \times 100\% \qquad (2\text{-}14)$$

式中，$I$ 为冷却强度，%；$Q_{\text{actual}}$ 为冷却水系统实际带走的热量，J；$Q_{\text{ideal}}$ 为冷却水系统带走的理想热量，J。

高炉炉缸冷却要降低耐火材料热面温度，因此，冷却效果由耐火材料的热面温度来体现。在特定的炉缸结构条件下，耐火材料热面温度与冷却壁的热面温度是对应的。冷却效率越高，则冷却壁的热面温度越低。因此冷却效率定义为冷却壁热面实际最高温度与冷却壁热面理想状态下（冷却水为无限大平板）的最高温度的比值，如式（2-15）所示。

$$\eta = \frac{T_{actual}}{T_{ideal}} \times 100\% \qquad (2\text{-}15)$$

式中，$\eta$ 为冷却效率，%；$T_{actual}$ 为实际冷却壁热表面温度，℃；$T_{ideal}$ 为理想冷却壁热表面温度，℃。

根据式（2-14）和式（2-15）可知，提高冷却效率及冷却强度的方法为增加冷却水带走的热量，并使冷却壁热面温度降低。一般可采用增大冷却比表面积、增加冷却水速、降低进水温度及增加冷却水量等方法增加冷却水实际带走热量，降低冷却壁热面温度。

#### 2.2.2.2　炉缸冷却强度

高炉冷却系统的首要目的是将炉缸的热量带走，冷却系统必须具有足够的冷却水量。在不同的工况条件下，冷却系统应该具有临界水量。当冷却水量大于临界水量时，继续提高冷却水量的意义不大。

图 2-23 给出了不同冷却水量条件下，冷却壁不同冷却比表面积对冷却系统热流强度和冷却强度的影响规律。从图 2-23（a）中可以看出，随着冷却比表面积的增大，冷却系统的热流强度增大，而随着冷却水流量的增加，冷却系统的热流强度变化不明显。从图 2-23（b）中可以看出，在不同的冷却水量和不同的冷却比表面积条件下，冷却强度均处于较高的水平，在 88%~99% 之间。可见冷却系统在炉缸热量的排出方面具有很大的作用。然而，在冷却壁比表面积计算范围内，冷却水量从 1500m³/h 提高到 5500m³/h 对冷却强度的影响不大。冷却水量提高 3.7 倍，冷却强度仅仅增加 0.5%，可见，继续提高冷却水量对冷却系统的影响很小。

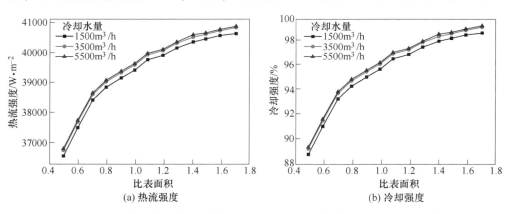

图 2-23　不同冷却水量下不同冷却比表面积的平均热流强度和冷却强度

而在同一冷却水量条件下，冷却强度随冷却比表面积的变化非常显著，当冷却比表面积较小时，冷却强度的增长速率较大，而当冷却比表面积较大时，冷却强度的增加逐渐变缓。冷却比表面积从 0.5 提高到 1.1 时，冷却强度增加

13.1%，可见提高冷却比表面积对提高冷却强度有较大的影响。而冷却比表面积由 1.1 增加到 1.7 时，冷却强度仅增加 2.1%。因此，进一步的增加冷却比表面积一方面对冷却系统的结构设计提出了更高的要求，另一方面对冷却强度的提高影响较小。提高冷却系统冷却强度的关键在于冷却系统结构的优化，对于冷却比表面积的提高，可通过增大水管直径，增加水管数目，减小冷却水管间距，变圆形管为椭圆管等方式进行改进。通过以上计算分析，建议冷却壁冷却比表面积在 1.1 以上，冷却强度应达到 97% 以上。

由此可见，冷却系统优化设计在于提高冷却壁冷却比表面积，高炉生产中在于提高冷却水量。

### 2.2.2.3 炉缸冷却效率

高炉冷却系统冷却效果的体现不在于冷却水温差或是热流强度，冷却系统作用效果的好坏可以由耐火材料热面最高温度或冷却壁热面最高温度来评价。之所以用最高温度，是因为只有最大限度地降低温度才能尽可能地降低耐火材料的侵蚀。冷却效率的高低就是降低冷却壁热面温度能力的大小。

图 2-24 给出了不同冷却壁冷却比表面积条件下，不同冷却水速工况下冷却壁热面最高温度及冷却效率。其中理想状态下冷却壁的热面最高温度为 281℃，相应的冷却效率为 100%。从图 2-24（a）可以看出，冷却壁热面最高温度随冷却水速的增加和冷却比表面积的增大而降低。而在水速一定的条件下，冷却比表面积由 0.7 提高到 1.1，冷却壁热面温度可降低 86℃。从图 2-24（b）中可以看出，在冷却水流速一定的条件下，增大冷却比表面积，可以大大地提高冷却效率。从计算数据来看，当冷却比表面积由 0.7 分别提高到 1.1 和 1.5 时，冷却效率分别提高了 17.8% 和 29.2%。可见，冷却比表面积对提高冷却效率起到了重要的作用。

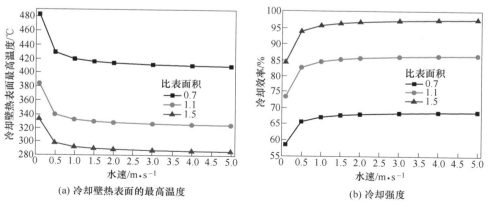

(a) 冷却壁热表面的最高温度    (b) 冷却强度

图 2-24　冷却壁热表面的最高温度和冷却效率随不同水速及比表面积变化

在同一冷却比表面积条件下，随着冷却水速的增加，冷却效率先增大后变化幅度减缓。当冷却水速较小时，提高冷却水速能较大幅度地提高冷却效率。如冷却比表面积为 1.1 时，冷却水速由 0.1m/s 提高到 1.5m/s 时，冷却效率提高了 12.1%。然而，当冷却水速达到 1.5m/s 以上时，冷却效率几乎不再随水速的增加而发生改变。可见，冷却水速的大小对冷却效率的提高是有限的，大水速并不等于高冷却效率。

### 2.2.3 高炉炉缸供水模式的研究

多座高炉冷却系统水管水量实际测量结果显示，大部分高炉炉缸供水呈现不均匀现象，使得炉缸周向冷却出现非均匀分布的问题[30]。冷却水的不均匀分布会导致一系列问题，如：炉缸周向凝固层厚度不均匀；炉缸凝固层析出不易调控，最终导致炉缸周向耐火材料的非均匀侵蚀，给高炉安全生产带来巨大隐患。而大多数高炉炉缸不具备水量定向调控功能，只能采取提高整体水速的方法加强炉缸冷却，然而起到的效果却微乎其微，反而增加了水资源的浪费，并加剧了炉缸周向非均匀侵蚀的发生，不利于高炉炉缸安全长寿。

#### 2.2.3.1 管间脉动导致的炉缸非均匀供水

高炉供水模式一般为"一串到顶"模式，其冷却水管排布如图 2-25（a）所示，冷却水由炉缸进入直到炉顶出水。这种水管排布方式会导致管间脉动的发生，虽然管间脉动并不能导致总流量及上下环管压降的变化，但会导致并联的水管进口流量发生周期性震荡，不利于炉缸周向的均匀冷却。研究表明，炉缸局部热流密度增加及水流速过低均会导致管间脉动的发生。如图 2-25（b）所示为并联水管管间脉动过程示意图。炉缸局部热流密度增加导致冷却水中蒸汽与水体积的波动增大，进而引起管间脉动。另一方面，并联进水口流速较低时会导致阻滞流体流动的蒸汽体积增大，因而增加了管间脉动的发生。

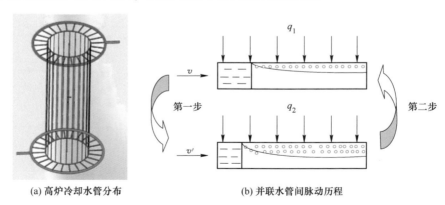

(a) 高炉冷却水管分布　　　(b) 并联水管间脉动历程

图 2-25　高炉炉缸冷却水管

由于炉缸周期性排铁过程会导致铁液流动发生变化，导致部分区域热流密度增加，因此炉缸管间脉动不可避免的发生。以炉缸周向冷却水管中冷却水的最大速度与最小速度差值与进口速度之比，定义炉缸周向供水不均匀度 $K$，对炉缸冷却水均匀性进行评价，其表达如下：

$$K = \frac{\Delta v}{v_0} \times 100\% = \frac{v_{max} - v_{min}}{v_0} \times 100\% \qquad (2\text{-}16)$$

式中，$K$ 为不均匀度；$\Delta v$ 为最大和最小速度的速度差，m/s；$v_0$ 为冷却水的进口速度，m/s；$v_{max}$ 为炉缸周向冷却水管中冷却水的最大速度，m/s；$v_{min}$ 为炉缸周向冷却水管中冷却水的最小速度，m/s。

通过比较不同供水方式下的不均度 $K$ 就可以比较其供水方式的优良性。从式（2-16）中可知，不均匀度和炉缸周向冷却水管中冷却水的最大和最小速度以及进口速度有关，和速度差成正比，和进口速度成反比。降低炉缸周向供水不均匀度需要降低速度差和进口速度的比值，因此在进口速度相同的情况下，只需要降低速度差即可，即在炉缸周向冷却水管中，冷却水的最大和最小速度相差越小，其均匀度就越高，其不均匀度就越低。

### 2.2.3.2　高炉炉缸供水均匀性分析

图 2-26 所示为不同进水口个数与不同进水口角度的炉缸供水模型。在模型中，冷却水通过外面大环管进入 24 根横向衔接管并把水量分配到内部细环管上，最后进入壁体的细管中。

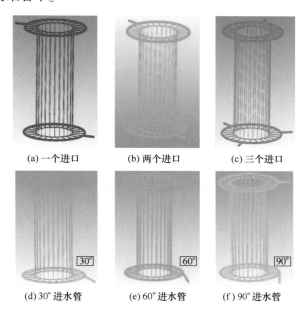

(a) 一个进口　　　　　(b) 两个进口　　　　　(c) 三个进口

(d) 30° 进水管　　　　(e) 60° 进水管　　　　(f) 90° 进水管

图 2-26　不同进口数与进口角度的物理模型

不同进水管个数及不同进水管角度的流场结果如图 2-27 所示。随进水管个

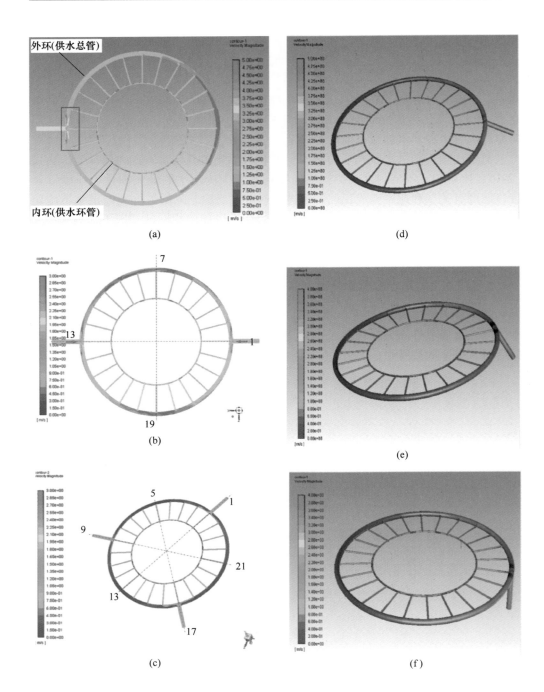

图 2-27 不同进水口参数下流场分布云图

（a）~（c）不同进水口个数的流场分布云图；（d）~（f）不同进水口角度的流场分布云图

数与进水管角度的增加，速度云图中最大水速与最小水速差距趋于平衡，通过模型评价冷却水均匀性，如表 2-4 所示。随着进口数增加，不均匀度逐渐减小，内外环之间的不均匀度差异也在减小，炉缸平均水速得到提高，说明增加进口数可以降低炉缸周向供水不均匀度。对比不同角度进水管的平均速度发现，随着进口角度的增加，炉缸平均水速得到增加，炉缸周向供水均匀性逐渐增加，增加进水口角度可以改善炉缸周向供水均匀性。

表 2-4 不同进水条件下的炉缸周向供水不均匀度对比

| 进水口个数/角度 | | 基 本 项（m/s） | | | 不均匀度/% |
|---|---|---|---|---|---|
| | | 最大速度 | 最小速度 | $\Delta v$ | |
| 一个进口 | 内小环 | 1.34 | 0.51 | 0.83 | 46 |
| | 外大环 | 1.71 | 0.42 | 1.29 | 72 |
| 两个进口 | 内小环 | 1.70 | 0.94 | 0.76 | 42 |
| | 外大环 | 1.98 | 0.79 | 1.19 | 66 |
| 三个进口 | 内小环 | 1.55 | 0.10 | 0.55 | 31 |
| | 外大环 | 1.73 | 1.08 | 0.65 | 36 |
| 进口角度 0° | | 1.71 | 0.42 | 1.29 | 72 |
| 进口角度 30° | | 1.52 | 0.50 | 1.02 | 57 |
| 进口角度 60° | | 1.45 | 0.50 | 0.95 | 53 |
| 进口角度 90° | | 1.43 | 0.56 | 0.87 | 48 |

注：0°进口角度为正常一个进口案例。

### 2.2.3.3 高炉炉缸均匀供水调控

以某 1580m³ 高炉炉缸结构为例，如图 2-28 所示分别为炉缸原始供水模型及优化后的模型。优化后模型与原模型对比改变了进水口角度及进水口位置，并在支管上增加阀门以定点调控冷却水量。

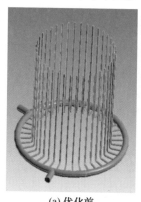

(a) 优化前        (b) 优化后

图 2-28 优化前后炉缸供水结构模型

改进前后冷却水支管流量计算结果如图 2-29 所示。冷却水支管水流量存在最大 30% 左右的偏差，其中 10~14 号支管（9 号热电偶）、29~34 号支管（5 号热电偶）附近水流量明显偏小，说明该处冷却强度低于其他部位，炉缸冷却强度在周向分布上存在不均匀性，证明了炉缸耐火材料热面局部温度过高与冷却水量分布不均存在相关性。优化后冷却水量分配虽然存在轻微波动，但较原设计更加均匀，特别是主管入口处，冷却水量明显增加，冷却水支管流量偏差从原设计的约 30% 左右降至 10% 左右，明显改善了冷却水支管的水量分配。

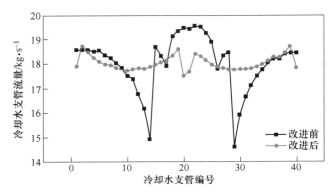

图 2-29　改进前后冷却水支管流量分布

### 2.2.4　高炉炉缸供水策略

#### 2.2.4.1　炉缸全炉役时期界定

高炉炉役时期根据高炉炉缸炉底侵蚀状态和砖衬剩余厚度进行划分。根据热电偶温度计算出高炉炉缸炭砖厚度，由炭砖厚度定义高炉的炉役时期，厚度大于 950mm（陶瓷杯未损坏）定义为前期，炭砖厚度 500~950mm 之间为炉役中期，厚度小于 500mm 为炉役后期，特护时期厚度 300mm。

以某高炉全炉生产过程中炉缸侧壁残余厚度变化为例（图 2-30），高炉全炉役时期可划分为：炉役前期 5 年，炉役中期 3 年，炉役后期 3 年，特护时期 1 年。炉役前期，有较厚镶砖保护，壁体安全，冷却水流速小；炉役中期，冷却水流速应适当提高；炉役后期，水流速继续升高；炉役末期，水流速较大。

#### 2.2.4.2　炉缸全炉役时期供水策略

一般而言，炉缸进水总管对侧存在冷却水流速降低现象。以某厂高炉为例（图 2-31），以进水量 4700m³/h 的炉役初期为例，炉缸最低安全水速为 1.2m/s，当水速大于 1.2m/s 为安全区（高速区），水速小于 1.2m/s 为薄弱区（图中矩形区域）。

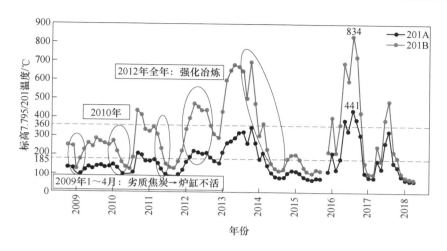

图 2-30　热电偶变化趋势及炉役时期划分

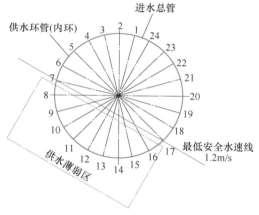

图 2-31　供水薄弱区示意图

图 2-32 所示为内环水速与对应的最低安全水速对比图。从下至上四条折线分别代表炉役前期、中期、后期以及末期的内环水速；由下至上四条水平线分别代表炉役前期、中期、后期以及末期的最低安全水速，其值分别为 $v_{\mathrm{mix}}^1 = 1.20\mathrm{m/s}$、$v_{\mathrm{mix}}^2 = 1.47\mathrm{m/s}$、$v_{\mathrm{mix}}^3 = 1.74\mathrm{m/s}$ 和 $v_{\mathrm{mix}}^4 = 2.01\mathrm{m/s}$。每个时期在对应最低安全水速线下的区域为供水薄弱区，只有让薄弱区的最小速度大于最低安全水速才能保证高炉安全。

图 2-33 为供水薄弱区随进水量的变化关系图。在冶炼强度稳定的情况下，可以认为每个炉役阶段的最低安全水速基本保持不变；当供水量小的时候，薄弱区很大，高炉不安全；当进水量变大后，供水薄弱区越来越小。

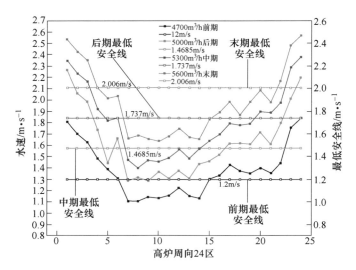

图 2-32　内环水速与对应的最低安全水速对比图

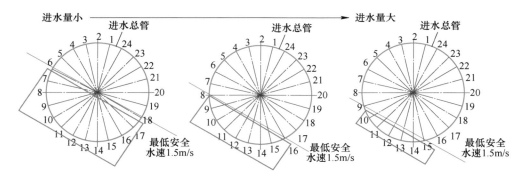

图 2-33　供水薄弱区随与进水量变化的关系图

　　因此，对于炉缸供水应采取非精确供水策略，即在薄弱区域未知的情况下，一般采用非精确供水，至少保证薄弱区的最小速度大于最低安全水速，满足最薄弱点的供水需求，整体提高周向水量，这种方法能有效保证高炉安全，缺点是高速区的水速更高，造成软水资源浪费。为了解决此矛盾，采用精确控制阀门法，其核心是提高薄弱区水速的同时，适当降低高速区的水速，从而实现均匀供水、节能降耗的要求，达到高炉炉缸安全长寿的目标。

## 2.3　高炉炉缸热量传输

　　对于高炉炉缸状态的稳定和长寿出现的问题，多定位或归结在炉缸结构设计、材料品质、施工质量、冷却装置及方式、操作维护及维修改善等方面。深入剖析这些方面后不难发现，这些目标的核心都是从不同角度，直接或间接地力求改善炉缸结构的传热问题，包括传热效果和冷却效果[31-33]。因此，在设计和建设阶段，全面分析、系统配置和优化炉缸结构整体传热效果，对在役高炉系统地辨析、诊断和改善炉缸的传热状态，是实现高炉炉缸安全长寿的核心。

### 2.3.1 高炉炉缸传热计算

#### 2.3.1.1 高炉炉缸传热计算

为计算炉缸炉底砖衬残余厚度，需推导一维稳态传热方程与冷却壁水温差之间的关系。热流强度计算公式为：

$$q = \frac{w \Delta t c}{A} \times 1000 \qquad (2\text{-}17)$$

式中，$q$ 为热流强度；$w$ 为水量；$\Delta t$ 为冷却壁进出水温差；$c$ 为水的比热容；$A$ 为冷却壁面积。

在知道某块冷却壁进出水温差的基础上，由式（2-17）即可计算出该块冷却壁的热流强度。而对于一维稳态导热，热流强度与温度梯度的关系为：

$$q = -\lambda \frac{\partial T}{\partial x} \qquad (2\text{-}18)$$

式中，$\lambda$ 为材质的导热系数；$T$ 为温度场分布函数；$x$ 为导热方向上的长度。

式（2-18）中的负号表示传热的方向与温度梯度的方向相反，而 $\partial T / \partial x$ 可由 $\Delta t / \Delta x$ 近似表示，则转化为：

$$q = -\lambda \frac{\Delta t}{\Delta x} = \lambda \frac{T_2 - T_1}{\Delta x} \qquad (2\text{-}19)$$

式中，$T_2$ 为材质热面温度；$T_1$ 为材质冷面的实测温度值；$\Delta x$ 为砖衬残余厚度。

由于在一维传热状态下，沿传热路径上所有位置热流强度相等，即沿 $x$ 方向所有传出的热量均由冷却壁带走，因此，式（2-17）及式（2-19）中 $q$ 值相同。则可得出根据水温差及炭砖冷面温度计算炉缸炉底炉衬残余厚度的公式：

$$q = \frac{T_{HM} - T_W}{\dfrac{1}{\alpha_1} + \sum \dfrac{L_i}{\lambda_i} + \dfrac{1}{\alpha_2}} \qquad (2\text{-}20)$$

式中，$T_{HM}$、$T_W$ 分别为铁液温度、冷却水温度，℃；$\alpha_1$、$\alpha_2$ 分别为冷却水与管壁对流换热系数、铁液与壁面对流换热系数，W/(m$^2$·℃)；$L_i$ 分别为管壁、冷却壁、捣打料、炭砖、陶瓷杯等材质的径向长度，m；$\lambda_i$ 分别为管壁、冷却壁、捣打料、炭砖、陶瓷杯等材质的导热系数，W/(m·℃)。

根据式（2-20），已知冷却壁进出水温差、冷却壁面积、所计算材质两端温度以及冷却水流速，即可计算得出材质的剩余厚度。此公式可以用于计算冷却壁厚度、冷却壁与炭砖之间捣打料厚度以及炉缸炉底炭砖厚度。

### 2.3.1.2 膜态沸腾

在炉缸正常生产时，冷却水处于欠热水状态，冷却水温度远低于沸腾温度，但在局部热流强度较高的情况下，即可形成核态沸腾和膜态沸腾，造成冷却壁冷却效果降低。如图 2-34 所示，由于局部、短时间的热流强度极高，管壁表面上局部过热，达到膜态沸腾。膜态沸腾一旦形成，在水管壁内表面就形成一层汽膜，而汽膜的导热系数为 0.025W/(m·K)，相当于形成了一层绝热层，热量便不能有效被冷却水带走，导致热量在炉墙内积聚，耐火材料损坏。

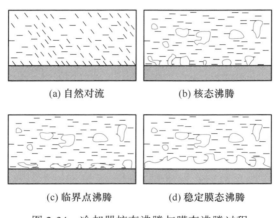

(a) 自然对流    (b) 核态沸腾

(c) 临界点沸腾    (d) 稳定膜态沸腾

图 2-34　冷却器核态沸腾与膜态沸腾过程

研究发现，每种液体都会有一个自然沸腾的温度，当液体接触了远超其沸点的物体时，有一部分液体会发生剧烈沸腾，但是很快这种沸腾就被抑制，沸腾液体变成气体形成一层液体的蒸汽层，它会隔绝在液体和高温物之间，起到很好的隔热效果，这就是莱顿-弗罗斯特效应。

由于冷却水与管壁直接接触，在管壁与冷却水间容易形成温度边界层，为有效防止膜态沸腾发生，需控制冷却水管内表面温度在水的沸腾温度以下。另一方面，在冷却壁局部热流强度较高的部位，冷却水管内需有足够的水速将管壁表面的汽膜带走，从而防止汽膜停滞在管壁表面。临界水速由准数方程 Dittus-Boelter 结合牛顿冷却公式推导得出：

$$v_{临界} = \nu \left[ \frac{q d^{0.2}}{0.023(t_{壁} - t_{水}) \lambda Pr^{0.4}} \right]^{1.25} \tag{2-21}$$

式中，$v_{临界}$ 为冷却水管壁表面形成汽膜的临界水速，m/s；$\nu$ 为冷却水运动黏度系数，$m^2/s$；$q$ 为冷却系统热流强度，$W/m^2$；$t_{壁}$、$t_{水}$ 分别为水管壁内表面、冷却水进水温度，℃；$\lambda$ 为冷却水导热系数，W/(m·℃)；$Pr$ 为普朗特数。

当铁液直接与高导热耐火材料接触，冷却壁热流强度会突然升高，在较大的热流强度下局部冷却水可快速升温，进水温度升高。经过计算，当冷却壁在瞬时条件下的热流强度为 $200kW/m^2$，冷却水进水温度为 40℃ 时，冷却水流速只需大于 $0.75m/s$ 即可有效防止膜态沸腾的发生。当冷却水温度达到 60℃ 时，临界冷却水流速为 $1.03m/s$，随着冷却水被继续加热，所需的临界水流速也逐渐增大，因此，增加冷却水流速可有效缓解膜态沸腾导致的冷却能力降低。

由此可见，在高炉正常生产过程中，保持较低水流速已能够满足防止膜态沸腾要求，但炉缸耐火材料热面凝固层因面临强烈铁液冲刷消失后，局部热负荷明显升高时，炉缸冷却强度出现明显不足，炉缸局部水温差可能异常升高，因而会诱发膜态沸腾及结垢等现象的发生。因此，在实际生产中应关注水温差变化，采用提高冷却壁比表面积至 1.1 以上，炉缸周向冷却薄弱环节的冷却水速增大至 $1.5m/s$ 以上，降低进水温度等措施，有效提高临界热流强度来预防膜态沸腾的发生。这也是实践过程中将增大冷却水量作为护炉的一种措施的原因。

### 2.3.2 高炉炉缸温度场数值模拟

#### 2.3.2.1 数学模型及物理模型建立

温度场计算数学模型为三维传热模型，应力场计算模型为热应力模型。模拟稳态条件下冷却壁的温度场分布，热面考虑高温煤气的对流换热和煤气及炉料的辐射换热，冷却壁壁体与镶砖、填料等部分之间传热过程为导热。冷却水与冷却壁壁体之间为强制对流换热，大气与炉壳之间为自然对流换热。

热面边界的换热微分方程为：

$$\lambda(T)\frac{\partial T}{\partial N}\bigg| = \alpha_f(T_f - T) \qquad (2-22)$$

式中，$\alpha_f$ 为综合换热系数；$T_f$ 为热面煤气温度；$\partial T/\partial N$ 为边界面法向温度梯度。

模型内部为三维无内热源稳态传热，传热控制微分方程为：

$$\frac{\partial}{\partial x}\left(\lambda(T)\frac{\partial T}{\partial x}\right) + \frac{\partial}{\partial y}\left(\lambda(T)\frac{\partial T}{\partial y}\right) + \frac{\partial}{\partial z}\left(\lambda(T)\frac{\partial T}{\partial z}\right) = 0 \qquad (2-23)$$

冷却水与冷却壁壁体之间换热微分方程为：

$$\lambda(T)\frac{\partial T}{\partial N}\bigg| = \alpha_w(T - \overline{T}_w) \qquad (2-24)$$

式中，$\alpha_w$ 为冷却水与壁体之间对流换热系数；$\overline{T}_w$ 为冷却水平均温度。

大气与炉壳之间自然对流换热微分方程为：

$$\lambda(T)\frac{\partial T}{\partial N}\bigg| = \alpha_\gamma(T - T_a) \qquad (2-25)$$

式中，$\alpha_\gamma$ 为大气与炉壳之间对流换热系数；$T_a$ 为大气温度。

当物体温度发生变化，物体由于膨胀而产生线应变 $\alpha T$，其中 $\alpha$ 为材料的线膨胀系数，$T$ 为弹性体内任一点的温度变化值。当物体各部分的热变形不受任何约束，则虽有变形但并不会引起应力。应力分量和应变分量的关系可由下式计算：

$$
\begin{cases}
\varepsilon_x = \dfrac{1}{E}\left[\sigma_x - \mu(\sigma_y + \sigma_z)\right] + \alpha(T - T_0) \\[2mm]
\varepsilon_y = \dfrac{1}{E}\left[\sigma_y - \mu(\sigma_x + \sigma_z)\right] + \alpha(T - T_0) \\[2mm]
\varepsilon_z = \dfrac{1}{E}\left[\sigma_z - \mu(\sigma_x + \sigma_y)\right] + \alpha(T - T_0) \\[2mm]
\gamma_{xy} = \dfrac{1}{G}\tau_{xy}, \quad \gamma_{yz} = \dfrac{1}{G}\tau_{yz}, \quad \gamma_{xz} = \dfrac{1}{G}\tau_{xz} \\[2mm]
G = \dfrac{E}{2(1 + \mu)}
\end{cases}
\tag{2-26}
$$

式中，$\sigma_i(i = x,\ y,\ z)$ 为 $x,\ y,\ z$ 方向上的热应力；$\varepsilon_i(i = x,\ y,\ z)$ 为 $x,\ y,\ z$ 方向上的热应变；$\gamma$ 为切应变；$\tau$ 为切应力；$E$ 为杨氏模量；$G$ 为切变模量；$\mu$ 为材料泊松比；$\alpha$ 为材料热膨胀系数。

如果物体各部分的温度不均匀，或表面与其他物体相联系，即受到一定的约束，热变形不能自由进行，将产生应力。冷却壁壁体的温度梯度大，且有定位销和螺栓的约束，会产生较大的温度应力。

应力分量与外力之间的关系——平衡微分方程：

$$
\begin{cases}
\dfrac{\partial \sigma_x}{\partial x} + \dfrac{\partial \tau_{yx}}{\partial y} + \dfrac{\partial \tau_{zx}}{\partial z} = 0 \\[2mm]
\dfrac{\partial \tau_{xy}}{\partial x} + \dfrac{\partial \sigma_y}{\partial y} + \dfrac{\partial \tau_{zy}}{\partial z} = 0 \\[2mm]
\dfrac{\partial \tau_{xz}}{\partial x} + \dfrac{\partial \tau_{yz}}{\partial y} + \dfrac{\partial \sigma_z}{\partial z} = 0
\end{cases}
\tag{2-27}
$$

应变分量与位移分量关系——几何方程：

$$
\begin{cases}
\varepsilon_x = \dfrac{\partial u}{\partial x}, \quad \varepsilon_y = \dfrac{\partial u}{\partial y}, \quad \varepsilon_z = \dfrac{\partial u}{\partial z} \\[2mm]
\gamma_{xy} = \dfrac{\partial u}{\partial x} + \dfrac{\partial u}{\partial y}, \quad \gamma_{yz} = \dfrac{\partial u}{\partial y} + \dfrac{\partial u}{\partial z}, \quad \gamma_{xz} = \dfrac{\partial u}{\partial z} + \dfrac{\partial u}{\partial x}
\end{cases}
\tag{2-28}
$$

#### 2.3.2.2 高炉炉缸炉底温度场分布

高炉炉缸温度场分布如图 2-35 所示。对于全炭砖炉缸炉底砖衬，因其导热系数较高，炉缸砖衬内温度梯度小，温度分布较为均匀，有利于避免砖衬环裂的发生。而炭砖+陶瓷杯炉缸炉底结构，1150℃和800℃等温线均处于陶瓷杯内部，使炭砖处于安全工作温度区间内，但陶瓷杯和炭砖的导热系数差别较大，陶瓷杯内部温度较为集中，温度梯度较大。

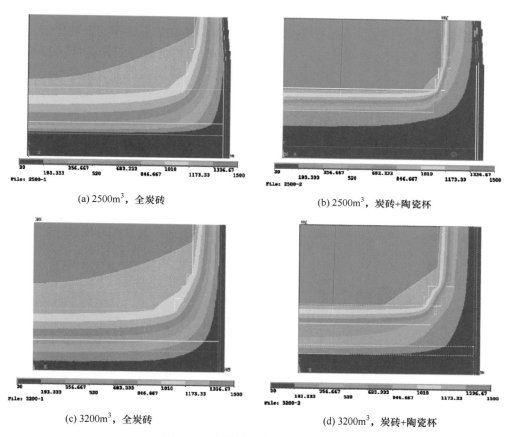

(a) 2500m³，全炭砖　　　　　　　　　　(b) 2500m³，炭砖+陶瓷杯

(c) 3200m³，全炭砖　　　　　　　　　　(d) 3200m³，炭砖+陶瓷杯

图 2-35　高炉炉缸炉底温度场分布

　　传统的全炭砖炉缸炉底结构延长高炉寿命的关键在于铁液与炭砖之间形成凝固层，但此方法对炭砖的导热系数要求较高，如果炭砖导热系数达不到要求，炉缸炉底无法形成凝固层，加剧侵蚀并造成热损失过大。即使全炭砖炉缸炉底结构可以使得接近炭砖热面的铁液温度降低至1150℃凝固温度下，凝固层也不易结厚及稳定存在，另一方面，炉缸炉底炭砖温度在形成凝固层之前很容易达到脆化温度，威胁高炉炉缸安全。

　　对于传统的炭砖+陶瓷杯复合炉缸炉底结构，延长高炉寿命的关键是在铁液与炭砖之间设置耐高温陶瓷砖材料作为"人造保护壳"，但由于陶瓷砖的低导热系数，严重抑制了炉缸炉底的冷却作用，冷却系统作用被减弱，即使炉缸炉底采用高导热的炭砖，也很难使铁液在陶瓷杯热面形成保护层，因此，陶瓷杯始终承受高温铁液的冲刷，高炉寿命的延长则是以陶瓷杯不可逆转的消耗为代价。

目前上述两种炉缸炉底内衬结构都有取得高炉安全长寿的成功案例，实践表明，两种炉缸炉底设计体系总体上是合理可靠的。但从传热学的角度分析仍存在一些技术缺陷，需要进一步的优化改进。合理发挥炉缸炉底冷却系统的作用，保证炉缸炉底凝固层的形成和稳定存在，是优化改进炉缸炉底结构设计的根本出发点。

### 2.3.3 高炉炉缸流场分布

#### 2.3.3.1 不同铁口出铁对炉缸流场影响

对于内型非规则圆形及铁口非对称分布的炉缸而言，不同出铁口出铁对炉缸流场有不同的影响。图 2-36 所示为小块炭砖结构炉缸在不同铁口出铁条件下，距离炉缸底部 174mm，522mm 和 870mm 处的铁液流动速度云图。从图中可以看出，在 1~2 号铁口之间和 2~3 号铁口之间都存在一定区域且狭长的速度带，越靠近

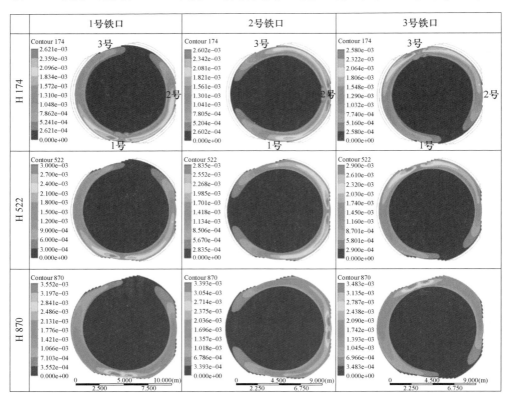

图 2-36　不同铁口出铁条件下炉底铁液速度(m/s)云图

炉底越明显，说明铁液对出铁口两侧区域有冲刷作用，且越靠近炉底，速度越快，冲刷效果越明显。而1~3号铁口之间速度分布更均匀，这是由于设计炉型时，铁口区域比周边更厚的砌筑结构导致的。

取炉缸中心处以及沿$x$轴正方向（朝向铁口方向），$x$轴负方向，和$y$轴正方向与炉缸中心处等距1000mm的四条竖线，以及靠近死料柱边缘距离炉缸中心4400mm的三条竖线，共计16条路径上的速度分布绘制到图2-37中。

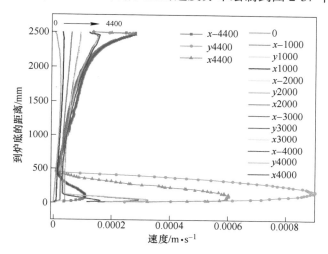

图2-37 不同铁口出铁条件下炉缸铁液流动特性

由于速度入口由UDF指定，自炉缸中心到死料柱边缘处线性增长，而后保持不变匀速，因此在距离炉底2500mm位置附近，随着距离炉缸中心距离的增加，铁液速度增快。在自上而下的速度分布中，速度整体呈现减小的趋势，在死料柱上部距离炉底1500~2500mm范围内，边缘速度明显高于中心；在死料柱下部距离炉底1000mm以内的范围内，死料柱边缘和中心速度差异不大，说明铁液更多地从死料柱的上部流向周边无焦区域。

在死料柱边缘浮起位置处（0~500mm区域），铁液流速迅速增高，并且从图2-37中可以看出，在垂直铁口的$y$轴方向流速最快，铁口下方其次，铁口对侧下方流速最慢。该位置的铁液对死料柱和炉底均会有比较明显的冲刷作用，从而形成炉底的"象脚状"侵蚀[34-37]。

#### 2.3.3.2 死铁层深度对炉缸流场的影响

图2-38模拟了不同死铁层深度条件下，距离炉缸中心5100mm位置垂直方向上的速度分布。从图中可以看出，随着死铁层深度增加，这条直线上炉缸中下部位置处的铁液流速均呈现减小趋势。在铁液日产量不变的条件下，炉缸体积增大

使铁液流动有效行程增加，导致速度减小，因此随着炉缸侵蚀的发生，炉缸体积增大，整体铁液流速有减小趋势，在炉缸侵蚀成因上不能仅考虑铁液流动冲刷。

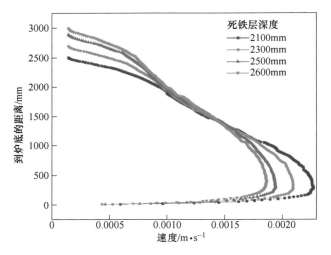

图 2-38 不同死铁层深度对铁液流动的影响

### 2.3.3.3 铁口参数对炉缸流场的影响

炉缸出铁时铁液流动会对炉缸侧壁耐火材料产生冲刷作用，造成炉缸侧壁减薄，因此，合理的铁口参数及出铁制度对延长炉缸使用寿命具有积极作用[38-41]。目前多数高炉拥有 2~4 个铁口，两个铁口交替出铁，而个别高炉采用双铁口出铁，由于出铁制度的不同导致了高炉炉缸周向侧壁侵蚀的不同。另外，铁口直径、铁口深度等均对炉缸侵蚀有重要影响。

A 出铁模式

如图 2-39 所示，随着出铁铁口数量的增多，单个铁口的铁液流量减少，渣量增大，见气时间缩短；双铁口出铁时，两铁口夹角不同时，渣铁排放速率差异不大，但对侧出铁时随着出铁的进行，铁液流速略有降低；三铁口如果存在同时出铁，渣铁排放速率快，当轮换两两铁口出铁时，视为双铁口出铁情况。

随着出铁过程的进行，渣铁界面变化过程如图 2-40 所示。初始状态，假设渣铁界面水平，随着出铁的进行，铁口出渣铁界面弯曲下移，渣逐渐接近铁口并开始排出；随着渣量的不断加大，铁液在渣铁界面张力的作用下，能够继续排出，液面呈现下凹状态；随着渣的大量排出，渣的上表面发生弯曲，煤气向铁口区域接近并从铁口排出。

多座高炉的破损调查结果显示，铁口下方 1.5m 附近是炉缸侵蚀最为严重的部位，该位置铁液流动速度如图 2-41 所示。出铁前期，铁液流动速度慢，随出

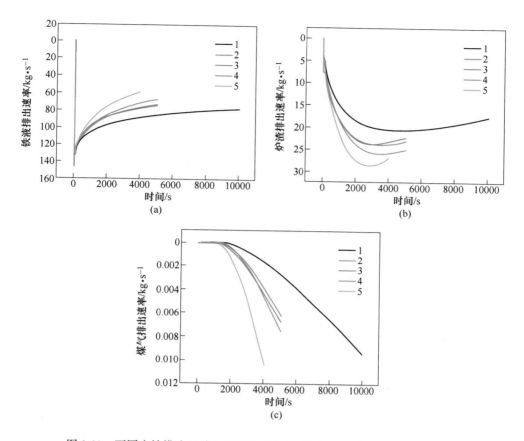

图 2-39 不同出铁模式下单个铁口铁液(a)、炉渣(b)、煤气(c)排出速率

1—单铁口；2—双铁口（77°）；3—双铁口（103°）；4—双铁口（180°）；5—三铁口

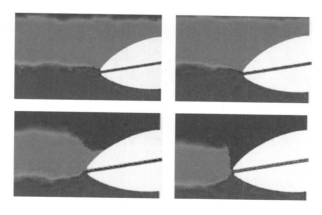

图 2-40 典型渣铁液界面

铁时间的增加，该位置铁液流速达到一定水平后基本维持。对比双铁口不同夹角出铁发现，铁口夹角较小时，铁口附近铁液流速较快。当铁液液面高于铁口时，上部铁液可以直接流经铁口流出，因此铁口下方死铁层中铁液流速较小；随着出铁的进行，铁口附近渣铁界面下移，铁口中心线下方铁液在炉内压力和液位差的作用下流经铁口排出，因此炉缸下部铁液流动速度有所增大，且铁口夹角越小，形成的液位差更大。因此，当渣铁界面下降后，随着炉缸中下部铁液的排出，增大了对铁液炉缸内部的冲刷。

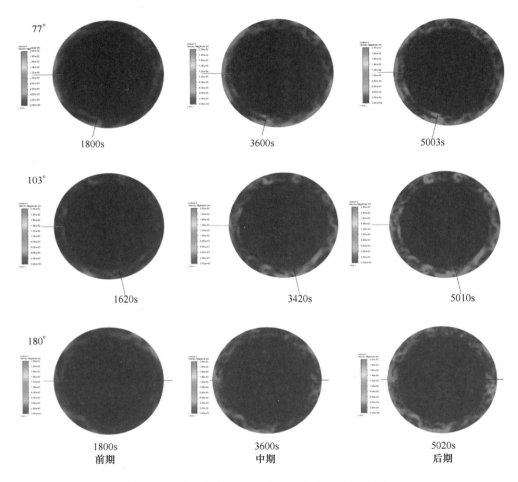

图 2-41　铁口下方 1.5m 截面速度云图（双铁口）

**B　铁口直径**

从图 2-42 中可以看出，当铁口直径为 80mm 时，出铁过程渣铁排出速率明显高于铁口直径为 65mm 时；且随着出铁的进行，铁液排出速率明显减慢。因此当铁口直径较大时，出铁前期铁液流速较快，对铁口的冲刷较强，可能导致铁口深度迅速变小；而相对来说，铁口直径较小时铁液流速更稳定。

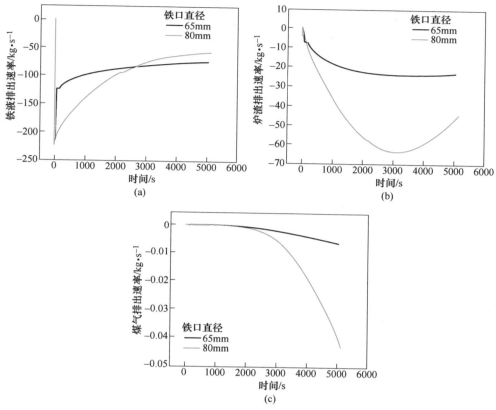

图 2-42 不同铁口直径下铁液(a)、炉渣(b)、煤气(c)排出速率

当铁口直径为 80mm 时，铁口下方 1.5m 处的流场分布如图 2-43 所示。可以看出，当铁口直径较大时，该位置前期铁液流速较快，后期铁液流速减慢。这是由于铁口直径较大，前期铁口上方与铁口下方铁液都有明显排出趋势，导致了前期炉缸内部偏下部区域铁液流速也较快，后期随着渣铁液面下降，炉缸中下部铁液向上经铁口排出，铁液流速减慢。

当铁口直径较大时，前期出铁口两侧区域铁液流速较快，对炉缸侧壁形成冲刷；后期铁液流速减慢后，铁液分布左右不均匀。这是由于前期铁液流速较快导致的炉缸内部铁液波动，造成铁液两侧分布不均，结合炉料分布导致的滴落带分布不均匀等情况，可能会加剧局部位置的进一步侵蚀。因此，较大的铁口直径一方面引起出铁前期铁液排出速度较快，严重冲刷铁口及铁口下方两侧位置，另一方面引起炉缸内部铁液波动，造成炉缸侵蚀不均匀。

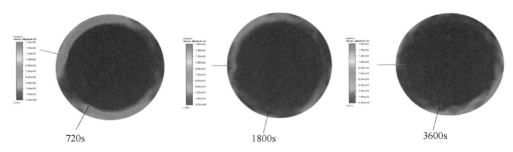

720s　　　　　1800s　　　　　3600s

图 2-43　铁口下方 1.5m 截面速度云图（铁口直径 80mm）

C　铁口深度

从图 2-44 可以看出，随着铁口深度变浅，渣铁排出速率增快，见气时间缩短。尤其是铁口深度为 3200mm 时，开始出铁速度最快，之后出铁速度下降速率也较快。这是由于当铁口深度变浅时，深入高炉炉缸内部铁口中心线上移，将导

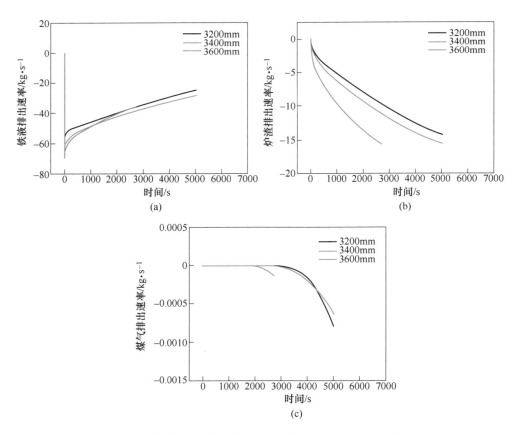

(a)

(b)

(c)

图 2-44　不同铁口深度下铁液（a）、炉渣（b）、煤气（c）排出速率

致渣铁液面与内部铁口中心线距离缩小，相应的铁液压力减小，因此随着出铁的进行，铁液流速有减小的趋势。

在实际生产中，随着渣铁排放的进行，铁液对深入炉缸内部铁口的冲刷会形成喇叭状开放式铁口，且铁口直径会有所扩大，铁口深度越浅冲刷效果越明显，但这个变化过程在模拟中无法实现，要结合铁口深度、铁口直径变化综合考虑。

### 2.3.4 高炉炉缸应力场分布

#### 2.3.4.1 小块炭砖内衬结构应力场分布

小块炭砖内衬结构的应力场分布如图 2-45 所示。耐火材料形变量最大的位置位于炉底陶瓷垫位置，炉底中心区域耐火材料在铁液、料柱等向下作用力的共同作用下，将产生下沉趋势，这是导致部分高炉边缘炉底板上翘的原因之一。如图 2-46 所示，炉缸内部耐火材料热应力分布最大的位置位于铁口下方炉缸炉底交界位置，耐火材料热应力 53MPa 左右，大于小块炭砖的常温耐压强度 35MPa，因此热应力是导致炉缸侵蚀的重要原因之一。由于最大热应力分布在炉缸炭砖热面位置，超过耐火材料常温耐压强度的区域较少，因此在炉缸热面形成凝固层，从热应力角度分析，理论上具有对炉缸耐火材料形成保护的作用。

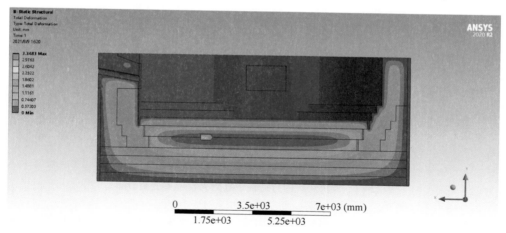

图 2-45 小块炭砖内衬结构炉缸耐火材料形变量分布

#### 2.3.4.2 大块炭砖内衬结构应力场分布

如图 2-47 所示，从整体形变看，大块炭砖结构形变量最大的区域仍位于炉

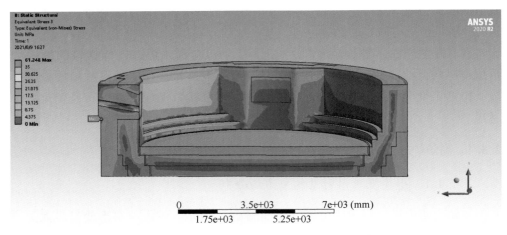

图 2-46　小块炭砖内衬结构炉缸等效应力分布

底中心区域，最大形变量 3.358mm，略高于小块炭砖结构的 3.350mm；热面最大应力 93.501MPa，明显高于小块炭砖结构的 53.356MPa。从形变量和热应力分布特征来看，与小块炭砖分布特征类似。

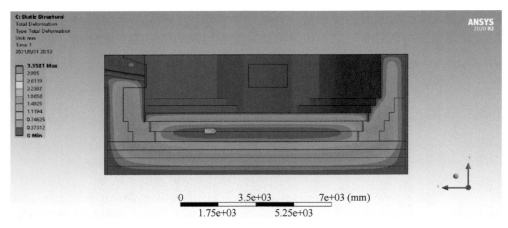

图 2-47　大块炭砖内衬结构炉缸耐火材料形变量分布

如图 2-48 所示，大块炭砖结构热应力较大。虽然大块炭砖耐压强度在 46.5MPa 范围，略大于小块炭砖砖耐压强度 35MPa，但从应力场分布可以看出，应力分布范围超过大块炭砖耐压强度的热应力分布范围也有所增大，即图 2-48 中应力场分布红色区域范围更广。这是由于大块炭砖替代原有小块炭砖结构，大块炭砖弹性模量明显高于小块炭砖，线膨胀系数与小块炭砖相差不大，导热系数明显较低，因此共同导致了热应力值的增大。

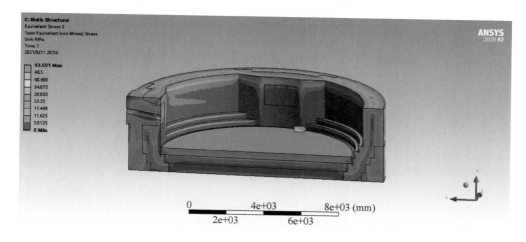

图 2-48　大块炭砖内衬结构炉缸等效应力分布

### 2.3.4.3　浇注炉型结构应力场分布

在侧壁小块炭砖及炉底陶瓷垫侵蚀后采用浇注料浇注，形成新的炉型。如图 2-49 所示，其整体分布特征与其他砌筑结构类似，整体形变量在 5.012mm 左右，高于小块炭砖以及大块炭砖结构，这是由于浇注料线膨胀系数较大，导致耐火材料容易受热膨胀。如图 2-50 所示，最大热应力 76.193MPa，介于小块炭砖以及大块炭砖结构两者之间。对比大块炭砖、小块炭砖，浇注料的线膨胀系数大，导热系数相对较小，对热应力值升高有促进作用，但弹性模量小，抑制热应力值升高。

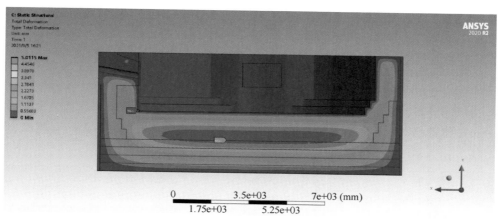

图 2-49　浇注炉型结构炉缸耐火材料形变量分布

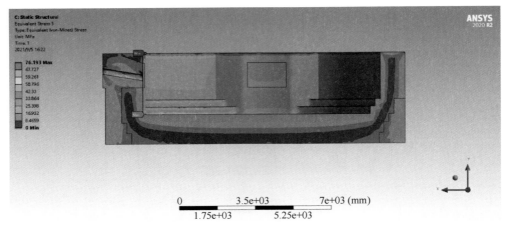

图 2-50 浇注炉型结构炉缸等效应力分布

#### 2.3.4.4 炉况变化对应力场的影响

A 产铁量对应力场的影响

如表 2-5 所示，铁液温度为 1500℃，铁液产量从 5600t/d 增加到 6200t/d、6800t/d 时，炉缸内部耐火材料最大形变量不变，耐火材料热面最大应力值均有一定程度增加，但变化不大，因此在正常生产时，铁液产量正常波动范围内对炉缸内部应力场分布影响较小。

表 2-5 铁液产量对应力场的影响

| 铁液产量/t·d⁻¹ | 最大形变量/mm | 耐火材料热面最大应力/MPa |
| --- | --- | --- |
| 5600 | 3.350 | 53.356 |
| 6200 | 3.350 | 53.801 |
| 6800 | 3.350 | 54.111 |

B 铁液温度对应力场的影响

如表 2-6 所示，对于不同铁液温度（1450℃、1500℃、1550℃）条件下炉缸应力场的分布，热应力分布特征不变，即整体分布情况和耐火材料热面最大应力分布点位置都不变，但最大形变量和热面最大热应力值随着温度升高略有增加。

表 2-6 铁液温度对应力场的影响

| 铁液温度/℃ | 最大形变量/mm | 耐火材料热面最大应力/MPa |
| --- | --- | --- |
| 1450 | 3.234 | 51.375 |
| 1500 | 3.350 | 53.356 |
| 1550 | 3.464 | 55.333 |

C 冷却条件对应力场的影响

如表 2-7 所示，高炉冷却系统影响高炉炉缸传热和耐火材料中温度场分布，将冷却水管等效为在炉缸外表面和炉底外表面对流换热，流体为 40℃ 的水。随着等效对流换热系数增大，最大形变量和耐火材料热面最大热应力基本保持不变，最大应力基本不变。

**表 2-7 冷却条件对应力场的影响**

| 对流换热系数/W·(m²·K)⁻¹ | 最大形变量/mm | 耐火材料热面最大应力/MPa |
| --- | --- | --- |
| 1500 | 3.348 | 53.338 |
| 2000 | 3.350 | 53.356 |
| 2500 | 3.350 | 53.366 |

## 2.4 小结

基于高炉炉缸热量传输，从炉缸内衬结构设计、冷却系统设计等方面系统论述了炉缸热量传输的影响因素，并针对炉缸结构、炉缸供水策略等方面提出了有效解决方案，为高炉炉缸安全长寿提供新的思路。

（1）从高炉炉缸设计出发，综述了传统炉缸内衬结构与新型炉缸内衬结构，对比了不同炉缸设计结构的优缺点，石墨墙结构、新型碳复合砖结构及浇筑炉缸结构的应用在一定程度上缓解了炉缸快速侵蚀，是解决炉缸异常侵蚀及寿命小于预期的潜在解决方案。同时对高炉炉缸关键设计参数，炉底封板及铁口结构等关键部位的优化方案进行对比，为高炉炉缸安全长寿提供方案。

（2）从高炉冷却本质和传热原理的角度出发，提出以炉缸冷却系统冷却强度和冷却效率为指标评价高炉炉缸冷却能力的新方法，从高炉冷却系统优化设计的层面分析了冷却比表面积和冷却水量对冷却系统冷却强度和冷却效率的影响规律。高炉冷却系统各水管之间的水量分配具有显著的不均匀性，基于高炉炉缸水量不均匀分配及存在冷却盲区的问题，建立了炉缸水量均匀性评价模型，探讨了不同进水口个数与不同进水口角度对炉缸冷却水分配均匀性的影响，采用优化供水结构及提升炉缸水量灵活调控冷却能力，建立了一套定向调控炉缸均匀侵蚀的供水调控技术。

（3）基于传热学理论及炉缸传热模型，对不同炉缸结构、炉缸状态及操作状况下的炉缸温度场、流场及应力场分布进行了探讨。铁口参数、出铁制度及死铁层深度对炉缸流场产生较大影响，从而加剧铁液环流，导致炉缸异常侵蚀。炉缸受热产生的形变量及应力分布可以很好地解释炉底板上翘及铁口下方异常侵蚀的现象。

## 参 考 文 献

[1] 项钟庸，王筱留. 高炉设计——炼铁工艺设计理论与实践 [M]. 北京：冶金工业出版社，2007.

[2] 程素森. 长寿高炉炉缸炉底的设计 [A]. 中国金属学会. 中国金属学会 2003 中国钢铁年会论文集（2）[C]. 中国金属学会，2003：5.

[3] 汤清华. 我国新建和大修高炉中存在的共性问题 [J]. 炼铁，2019，38（1）：1-5.

[4] 汤清华. 高炉炉缸结构上一些问题的探讨 [J]. 炼铁，2015，34（5）：7-11.

[5] 邹忠平，项钟庸，欧阳标，等. 高炉炉缸长寿设计理念及长寿对策 [J]. 钢铁研究，2011，39（1）：38-42.

[6] 张福明. 低碳高效高炉的设计研究 [J]. 中国冶金，2021，31（11）：1-8.

[7] 焦克新，张建良，赵永安，等. 碳复合砖在柳钢 5 号高炉炉缸的应用 [J]. 炼铁，2017，36（6）：22-26.

[8] 焦克新，赵永安，张建良，等. 安全长寿炉缸内衬结构在柳钢 1580m³ 高炉上的应用 [C] //2017 年全国高炉炼铁学术年会论文集（上），2017：459-465.

[9] 范筱玥，张建良，焦克新，等. 安全长寿炉缸炉底结构的设计优化 [C] //2019 年全国炼铁设备及设计年会论文集，2019：78-84.

[10] 吴启常. 炉缸长寿的关键在于耐火材料质量的突破 [A]. 中国金属学会. 2012 年全国高炉长寿与高风温技术研讨会论文集 [C]. 中国金属学会，2012：7.

[11] 左海滨，王筱留，张建良，等. 高炉炉缸长寿与事故处理 [J]. 钢铁研究学报，2012，24（8）：21-26，31.

[12] Peuer A. Computation of the erosion in the hearth of a blast furnace [J]. Steel Research, 1992, 63（10）：147-151.

[13] 李恒旭，赵正洪，车玉满，等. 大型高炉炉缸合理死铁层深度理论分析 [J]. 炼铁，2013，32（2）：30-33.

[14] 唐浩，邹忠平，许俊. 高炉适宜死铁层深度综述 [J]. 钢铁研究学报，2013，25（10）：1-4，19.

[15] 神原健二郎. 高炉解体研究 [M]. 刘晓侦，译. 北京：冶金工业出版社，1980.

[16] Shibata K, Kimura Y, Shimzu M, et al. Dynamics of dead-man coke and hot metal flow in a blast furnace hearth [J]. ISIJ International, 1990, 30（3）：208-215.

[17] 王平，别威，龙红明. 高炉炉缸内不同死料柱状况对铁水流场的影响 [J]. 安徽工业大学学报（自然科学版），2011，28（2）：103-109.

[18] 朱雯，金焱，祝俊俊，等. 高炉非稳态出铁过程中死料柱状态对铁水流场影响的数值模拟 [J]. 上海金属，2018，40（1）：61-66.

[19] Shinotake A, Ichida M, Ootsuka H, et al. Floating/sinking of deadman and liquid flow behavior in blast furnace hearth [J]. Nippon Steel Technical Report, 2006（94）：115-121.

[20] Inada T, Kasai A, Nakano K, et al. Dissection investigation of blast furnace hearth-Kokura No. 2 blast furnace（2nd Campaign）[J]. ISIJ International, 2009, 49（4）：470-478.

[21] 姜华，金觉森，傅思荣，等. 解决传热问题是高炉炉缸实现稳定长寿的核心 [J]. 炼

铁，2017，36（6）：16-21.

[22] 焦克新，张建良，左海滨，等．长寿高炉炉缸冷却系统的深入探讨［J］．中国冶金，2014，24（4）：16-21.

[23] 郭光胜，张建良，焦克新，等．冷却比表面积对高炉炉缸铸铁冷却壁传热的影响研究［J］．铸造，2016，65（6）：542-548.

[24] 洪军，左海滨，张建良，等．高炉冷却壁冷却能力影响因素分析［J］．武汉科技大学学报，2014，37（6）：440-443.

[25] Jiao K X, Zhang J L, Liu Z J, et al. Cooling phenomena in blast furnace hearth ［J］. J. Iron Steel Res. Int. , 2018, 25（10）：1010-1016.

[26] 焦克新，张建良，左海滨，等．长寿高炉冷却系统评析［C］//第九届中国钢铁年会论文集，2013：678-686.

[27] 宁晓钧，左海滨，张建良，等．大型高炉合理炉缸冷却制度［J］．北京科技大学学报，2012，34（2）：179-183.

[28] Jiao K X, Zhang J L, Liu Z J, et al. Cooling efficiency and cooling intensity of cooling staves in blast furnace hearth ［J］. Metallurgical Research & Technology, 2019, 116（4）：414. DOI: https：//doi. org/10. 1051/metal/2019003.

[29] Zhang H, Jiao K X, Zhang J L, et al. A new method for evaluating cooling capacity of blast furnace cooling stave ［J］. Ironmak. Steelmak. , 2019, 46（7）：671-681.

[30] Jiao K X, Zhang J L, Wang G W, et al. Investigation of water distribution features among pipes in BF hearth ［J］. Metallurgical Research & Technology, 2019, 116（1）：121.

[31] Luomala M J, Mattila O J, Härkki J J. Physical modelling of hot metal flow in a blast furnace hearth ［J］. Scandinavian Journal of Metallurgy, 2001, 30（4）：225-231.

[32] Shinotake A, Ichida M, Ootsuka H, et al. Liquid flow in blast furnace hearth concentrated on inner packed structure（blast furnace）［J］. Tetsu-to-Hagané, 2001, 87（5）：388-395.

[33] Chen A, Elsaadawy E, Lu W K. Physical modelling of 3D flow in the blast furnace hearth ［A］. AISTech 2006 Proceedings of the Iron and Steel Technology Conference ［C］. Hamilton, 2006, 1：123-131.

[34] 左海滨．高炉炉缸铁水流场的数值模拟［A］．中国金属学会．2014 年全国炼铁生产技术会暨炼铁学术年会文集（上）［C］．中国金属学会，2014：6.

[35] Huang C E, Shanwen D U, Cheng W T. Numerical investigation on hot metal flow in blast furnace hearth through CFD ［J］. Transactions of the Iron & Steel Institute of Japan, 2008, 48（9）：1182-1187.

[36] Guo B Y, Aibing Y U. CFD Modelling of liquid metal flow and heat transfer in blast furnace hearth ［J］. Transactions of the Iron & Steel Institute of Japan, 2008, 48（12）：1676-1685.

[37] 左海滨，洪军，张建良，等．高炉炉缸铁水流场的数值模拟［C］//2014 年全国炼铁生产技术会暨炼铁学术年会文集（上），2014：734-739.

[38] Nishioka K, Maeda T, Shimizu M. A three-dimensional mathematical modelling of drainage behavior in blast furnace hearth ［J］. Transactions of the Iron & Steel Institute of Japan, 2006, 45（10）：1496-1505.

［39］ Nouchi T, Sato M, Takeda K. Effects of operation condition and casting strategy on drainage efficiency of the blast furnace hearth (mathematical analysis, blast furance-3, advancement for sustainability and resource flexibility of the ironmaking processes) ［J］. ISIJ International, 2005, 45 (10): 1515-1520.

［40］ Chang C M, Cheng W T, Huang C E, et al. Numerical prediction on the erosion in the hearth of a blast furnace during tapping process ［J］. International Communications in Heat & Mass Transfer, 2009, 36 (5): 480-490.

［41］ Kumar S. Heat transfer analysis and estimation of refractory wear in an iron blast furnace hearth using finite element method ［J］. Transactions of the Iron & Steel Institute of Japan, 2005, 45 (8): 1122-1128.

# 3  高炉炉缸破损调查研究

高炉是一个密闭的黑箱，内部状况很难通过直接手段观察到，给高炉的安全低碳稳定生产带来了很大困难。高炉炉缸破损调查是最直接有效明确炉缸内部状态行为及物相演变的途径[1]。本章首先介绍了破损调查研究中常用的停炉、取样、扫描、数据分析等方法，其次对国内 1000~5000m³ 级高炉炉缸破损概况及现象特征（侵蚀炉型、保护层及内部渣铁焦形貌）进行归纳总结，明确高炉炉缸共性的破损特征及原因，进一步认识高炉炉缸状态及丰富高炉炉缸安全长寿理论。

## 3.1  高炉破损调查研究方法

### 3.1.1  高炉停炉方式

高炉大修进行停炉是开展高炉炉缸破损调查工作的基础，高炉停炉方式主要有填充法和空炉法两种。填充法是使用焦丁或硅石等代替正常炉料从炉顶装入，当其前沿部分下降到炉腹时即休风。焦丁来源方便，停炉后清除也较容易，但其吸热比硅石少，为降低炉顶温度，炉顶喷水则较多。硅石相较焦丁可以减少炉顶喷水，但清除费工。空炉法是在正常料面上装一层焦炭（其量约为炉缸容积的20%~30%），以保证停炉时矿石全部熔化完毕，当焦炭料面降到指定部位时即休风，可直接测量料面下降深度，或根据风量估算。降料线过程中，从炉顶喷水并逐步减少风量以控制炉顶温度，喷水力求均匀、适量，使之能及时汽化，以防水在炉内积存产生爆炸。

不论采用哪种停炉方式，在停炉操作开始之前一般需要进行一次休风，以安装炉顶喷水管、长探尺，更换损坏的风口、渣口等。而且停止装料前，需将各矿槽、焦槽、漏斗及运输带等全部空出，以利检修。此外，也会根据安全和厂区场地问题判断是否排放炉缸内部残余铁液。除以上两种停炉方法外，也有少量高炉因为安全及研究需要，采用全炉停炉的方法，即不降料线的方法进行停炉。

停炉时需要对高炉进行冷却，停炉冷却方式有打水急冷和喷吹惰性气体冷却两种。打水急冷方式停炉快，方便且经济，但会造成炉料和渣铁的再氧化，烧结矿粉化加剧，同时造成钾、钠元素的迁移和损失。喷吹惰性气体冷却方式可以克服打水急冷的缺点，但停炉时间会延长，造成炉内物料成分发生变化，炉内温度上移，而且成本较高。

### 3.1.2　钻芯取样

高炉钻芯取样是近几年高炉破损调查常用的系统取样手段，该方法可以有效直接获取高炉内部试样，尽可能保障高炉试样的完整性，从而还原高炉实际工况。图 3-1 所示为高炉炉缸获取的芯样。钻芯取样采用的钻头通常为金刚石钻头，其管径在 70~200mm 之间。

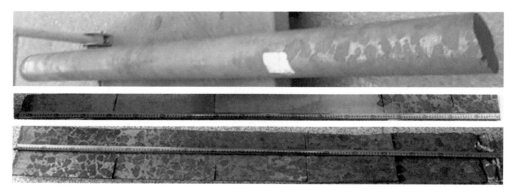

图 3-1　钻芯试样

### 3.1.3　三维激光扫描技术

随着现代科学技术的蓬勃发展，三维激光扫描技术被越来越多的用在工厂数字化、变电站数字化等方面。三维扫描技术又称"三维实景复制"技术，可对仪器周围环境进行全方位扫描。通过扫描获取周边环境所有的点位信息，以及被测物体表面的反射强度和颜色信息，生成三维的彩色点云，即可将周围环境数字化，存储在电脑中。与传统方法相比，该技术既可以节省作业工作时间，缩短工期，又可以将建筑、管道等信息全部记录下来，方便后期二维出图与三维建模。目前，在冶金工业中，三维激光扫描技术广泛应用于料面扫描和高炉扒炉或降料面后的炉型扫描，均具有良好的效果。图 3-2 所示为高炉破损调查工作的三维激光扫描现场。

图 3-2　高炉炉内数据采集现场

三维激光扫描技术瞬间可以产生大量可具观测的三维坐标数据数组，成为点云数据。三维激光扫描需要使用 SR3 配套后处理软件 PointStudio 将数据导入，如图 3-3 所示，在软件中完成数据获取、拼接、过滤、抽稀等一系列工作，建立高炉内部模型（图 3-4），输出相关剖面图，以及分层平面图，并和高炉原始结构设计进行对比[2]。

图 3-3　单站点云数据

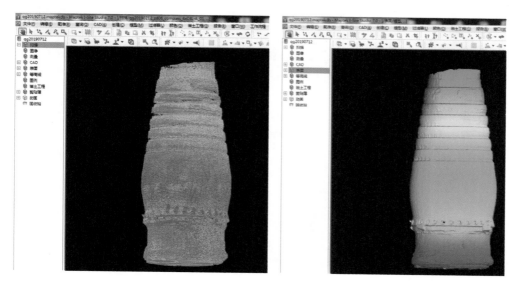

图 3-4　拼接、过滤、抽稀后点云数据和高炉三维模型

### 3.1.4　无人机拍摄

近年来，无人机技术发展迅速，在环境监测、地理测绘、交通巡查、农药喷洒等领域均有应用。高炉作为大型冶炼装置，常规的拍摄方法难以满足破损调查过程中的记录要求。无人机航拍影像具有高清晰、大比例尺、小面积、高现势性的优点，采用无人机拍摄方式，脱离传统拍照的局限性，能够更清晰、直观给出不同方位的影像。在莱钢 3 号高炉解剖过程中，对残铁表面进行人工打磨、盐酸清洗后，使用无人机俯视拍摄残铁上表面，为残铁图像处理提供了研究基础，同时也节省了大量的人力、物力[3]。图 3-5 和图 3-6 分别为无人机拍摄高炉炉身冷却板宏观形貌和炉缸炉底形貌。

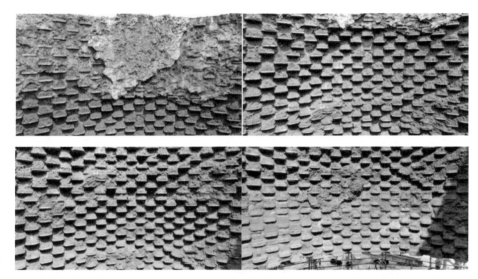

图 3-5　无人机拍摄高炉炉身冷却板宏观形貌

图 3-6　无人机拍摄炉缸残铁及炉底形貌

### 3.1.5 图像处理技术

图像处理技术通常用于破损调查后续的数据分析处理中，可以获得高炉下部死料柱空隙度及焦炭粒度在高度方向和径向方向上的变化规律，常用的处理软件为 Photoshop（PS）和 Image-pro-plus（IPP），图像处理过程如图 3-7 所示。

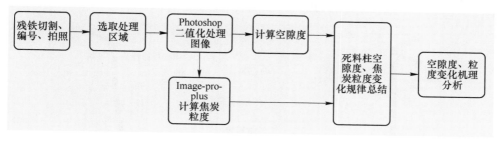

图 3-7 图像处理过程

PS 软件是一款数字图像处理软件，可从数字图像中获取死料柱的空隙度大小和分布规律，其主要过程为：（1）确定残铁拍摄的图片比例尺；（2）对残铁图片进行二值化处理；（3）根据像素计算空隙度大小。

Image-pro-plus 软件是一款图像处理、增强和分析软件，可对 Photoshop 处理完成后的二值化图像进一步处理，得到死料柱中焦炭的粒度大小和分布规律，其主要过程为：（1）按照实际尺寸建立二值化图像的标尺；（2）选取黑色焦炭部分进行涂色；（3）得到每个焦炭的面积并导出；（4）计算各个焦炭的粒度和百分占比。

## 3.2 高炉炉缸侵蚀特征及侵蚀炉型

目前我国有 900 余座在役高炉，每座高炉的原燃料水平、操作情况等条件各有所异，使得高炉炉缸侵蚀特征也有所不同，但通过数十座不同容积大小、不同地域的高炉炉缸破损调查发现，许多问题存在共性，以国内 $1000 \sim 5000 m^3$ 高炉为例，对高炉炉缸侵蚀特征、侵蚀炉型进行论述。

### 3.2.1 S 钢 5500m³ 高炉

#### 3.2.1.1 高炉概况

S 钢 1 号高炉于 2009 年 5 月 21 日开炉，设计炉容为 5500m³，2020 年 2 月 29 日停炉大修，高炉一代无中修炉龄达到 10 年 9 个月 8 天，共计产铁量 4468.17 万吨，单位容积产量 8123.9t/m³，运行期间平均利用系数 2.06t/（m³·d），焦比 320kg/t，煤比 156kg/t，燃料比 504kg/t。炉缸直径为 15.5m，死铁层深度 3.2m，炉缸高度 5.4m，共设 4 个铁口，42 个风口[4,5]。图 3-8 为 S 钢 1 号高炉炉缸炉底结构。高炉炉缸采用热压小块炭砖结合湿法喷涂造衬工艺的复合炉缸结构，以及全炭砖加陶瓷垫的炉底结构[5]。炉缸侧壁选用 UCAR 公司 NMA、NMD 热压小炭块，铁口中心线以下炭砖原始厚度数据为：铁口区域炭砖厚度为 2474.5mm、浇注料厚度为 230mm，非铁口区域炭砖厚度为 1371.6mm、浇注料厚度为 230mm。铁口中心线以上位置炭砖原始厚度数据为：炭砖厚度由 1371.6mm 逐渐减少至风口下方的 839.4mm、浇注料厚度为 230mm。

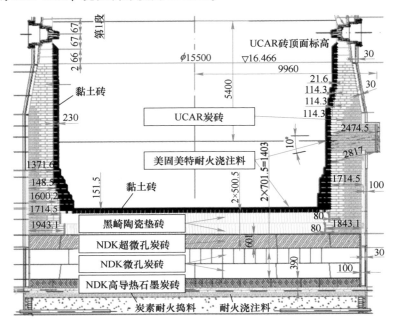

图 3-8　S 钢 1 号高炉炉缸炉底结构

S 钢 1 号高炉冶炼高硫铁液，其铁液 ［S］ 含量基本在 0.05% 以上[6]，在投产 4 年零 3 个月后，S 钢 1 号高炉炉缸侧壁局部温度达到 341℃（第一环热电偶插入炭砖深度为 100mm；第二环热电偶插入炭砖深度为 200mm；第三环热电偶插入炭砖深度为 300mm，炭砖顶砌水箱），高炉开始进行含钛物料护炉[7]。此后，炉缸侧壁温度又多次升高，2015 年 9 月 27 日最高温度达到 542℃，炉缸局部热电偶温度升高很快，炉缸侧壁炭砖被进一步侵蚀。2019 年 1~3 月，1 号铁口方向热电偶温度最高达到 609℃，最薄处砖衬仅剩 400mm 左右。

**3.2.1.2　炉缸侵蚀特征**

A　铁口以上区域

S 钢 1 号高炉破损调查中发现，风口区域炭砖平整，侵蚀较少，较好地保持着原始砌筑结构。图 3-9 为 1 号与 4 号铁口间的大门断面处炭砖形貌。

图 3-9 风口区域炭砖侵蚀及铁口间大门断面处炭砖形貌

B 铁口下方炭砖

在 1 号铁口区域,最薄弱炭砖区域位于铁口中心线下 2.4m,1 号铁口偏右 1.8m 处。图 3-10 所示为 41 号和 42 号风口下方炭砖残厚,41 号风口下方炭砖厚度为 300mm(铁口中心线下 2.5m),炭砖热面侵蚀主要呈现凹槽状,炭砖残余厚度较薄,没有发现明显的脆化现象。

图 3-10 41 号、42 号风口正下方炭砖侵蚀情况

如图 3-11 所示,位于 2 号铁口右侧 0.4m,铁口中心线下 2.76m 的区域炭砖最薄处不足 300mm。另外,位于铁口右侧 1.4m,铁口中心线下 1.838m 处的热电偶处炭砖实测厚度为 780mm。侵蚀严重区域的炭砖前端无明显脆化,热电偶位置炭砖前端发现部分裂纹。

图 3-12 为 3 号铁口泥包拆除前后炭砖形貌。位于 3 号铁口中心线正下方 2.303m、2.5m 处的炭砖最薄处分别为 870mm、790mm。

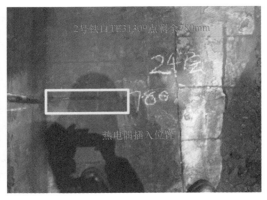

图 3-11　2 号铁口区域炭砖残厚

图 3-12　3 号铁口拆除泥包前后的炭砖原貌

如图 3-13 所示，位于 4 号铁口左侧 0.68m，炭砖最薄位置位于铁口中心线下 2.534m 处。另外，4 号铁口左侧 1.6m（29 号风口），铁口中心线下方 2.5m 处炭砖残余厚度也较薄。

C　非铁口区域

图 3-14 为非铁口区域炭砖侵蚀形貌。在高炉炉缸高度方向上，铁口中心线以下 2.0~2.5m，即 7~8 层炭砖区域，炭砖侵蚀相对较为严重，炭砖热面出现剥落的脆化炭砖，该部位的周向区域形成一道深浅不一的凹沟，即环形侵蚀，该区域处于热电偶的监控盲区，不易发现。另外，炉缸炭砖被一种环形缝分割为内外两部分，形成缝后阻碍炉缸热量传导，从而加速炭砖侵蚀，减少一代炉役寿命。

D　炉底区域

图 3-15 为炉缸底部陶瓷垫的侵蚀情况。炉底陶瓷垫第一层边缘侵蚀多，几

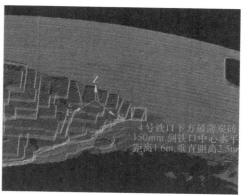

图 3-13  4 号铁口区域炭砖最薄处及 29 号风口下方炭砖厚度

图 3-14  非铁口区域炭砖侵蚀现象

乎侵蚀完全。越往中心处，陶瓷垫剩余越多，第二层陶瓷垫基本处于完好状态。
侧壁和底部交界处的陶瓷垫已经被完全侵蚀，使炭砖暴露在铁液中，受到铁液的
侵蚀。

图 3-15　炉底陶瓷垫侵蚀情况

### 3.2.1.3　侵蚀炉型

S 钢 1 号高炉炉缸侵蚀主要位于铁口区域，高度方向侵蚀主要位于铁口下方 1.14~2.30m 的区域；周向方向上炉缸侵蚀不均匀，严重区域主要位于铁口两侧或者铁口下方。其中，1 号和 4 号铁口区域炭砖侵蚀最为严重，2 号铁口区域最薄处炭砖厚度不足 300mm，3 号铁口区域炭砖厚度相对较厚为 790mm。如图 3-16 所示的炉缸纵向处侵蚀曲线，侵蚀严重部位处于第 7 层和第 8 层炭砖，整体上属于宽脸形侵蚀。

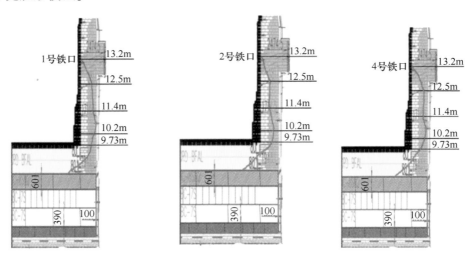

图 3-16　炉缸铁口区域纵向侵蚀曲线

### 3.2.2　T 钢 4350m³ 高炉

#### 3.2.2.1　高炉概况

T 钢 5 号高炉于 2006 年 10 月 13 日建成投产，2020 年 6 月 19 日停炉进行大修，至此高炉一代炉役（无中修）达到 13 年 8 个月，共运行 4996 天，共产生铁 4697.306 万吨，单位炉容产铁量为 10789.4t/m³，运行期间平均利用系数为 2.14t/(m³·d)，平均焦比为 330kg/t，平均燃料比为 514.74kg/t。高炉共设 38 个风口和 4 个铁口，风口以上至炉身中上部采用 54 层铜冷却板厚炉衬结构，炉身上部为镶砖冷却壁，炉缸为铸铁冷却壁，4 个铁口区域采用铜冷却壁。炉缸高度 5.4m，炉缸直径 14.2m，死铁层深度 3.0m[8]。T 钢 5 号高炉炉缸结构如图 3-17 所示。炉底结构为石墨砖 CBY（400mm）、三层 D 级大块炭砖（3×750mm）、两层陶瓷垫 CRD-BFAL（2×500mm），满铺 D 级大块炭砖与冷却壁间砌 NMA 热压小炭块。炉缸侧壁至风口组合砖下沿为美国 UCAR 公司的热压小炭块 NMA 和 NMD，风口和铁口区域分别采用日本黑崎窑业 ALM-SCI 风口组合砖和美国 UCAR 公司的 NMA+NMD 铁口组合炭砖结构。

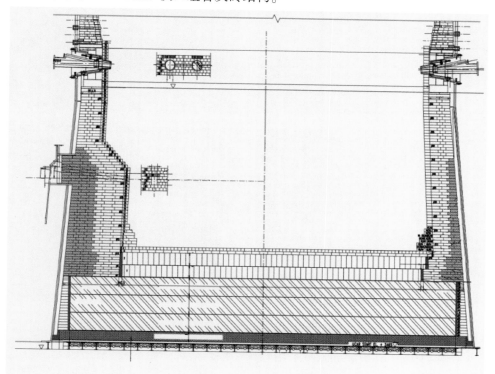

图 3-17　T 钢 5 号高炉炉缸炉底结构

　　T 钢 4350m³ 高炉开炉两年后，炉身中部冷却板区域出现炉衬温度和热负荷大波动现象，2010 年出现炉壳温度升高和烧红现象，并对高炉炉身实施硬质压入维护[9]。2013 年 3 月后，高炉炉缸侧壁温度多个方位呈现较快的上升趋势，通过采用钛矿护炉、堵风口、减产等一系列措施，稳定了高炉炉缸侧壁温度[10]。进入炉役后期，T 钢 4350m³ 高炉面临炉缸温度升高、冷却板损坏等问题，采取改善炉缸工作状况、合理调整操作制度、防止炉壳开裂、稳定炉体热负荷等措施，炉缸侧壁温度快速下降至 100℃ 左右，实现了高炉炉役后期的稳定生产[11]。

### 3.2.2.2　炉缸侵蚀特征

**A　铁口及铁口以上区域**

　　图 3-18 为 T 钢 4350m³ 高炉铁口及铁口以上区域炭砖侵蚀特征。可以看出，铁口附近炭砖相对完整，部分区域存在炭砖脆化现象。

图 3-18　炭砖脆化层宏观形貌

　　T 钢 4350m³ 高炉炉缸侧壁采用热压小块炭砖，炉缸侧壁热面炭砖呈现层状或片状的脆化状态，脆化层厚度普遍在 130~150mm 之间。脆化层的脱落会造成炭砖厚度迅速减薄，导致炉缸侧壁温度突然升高。图 3-19 显示了炉缸侧壁炭砖脆化层宏观形貌，炭砖脆化曲线位于炭砖侵蚀曲线内侧 200mm 处，残铁左侧存在明显白色脆化带，脆化带形状与残铁轮廓（即侵蚀曲线）相似。另外，2 号铁口区域炭砖内部富集黄色和白色有害元素，炭砖缝隙之间存在铁片，即渗铁层，主要出现在 2 号铁口下第 17 层左右炭砖缝隙中，渗铁位置为热面第一块炭砖的左右两侧和其冷面竖缝，最厚的铁片能到达 15mm，最薄的铁片仅有 2~3mm。

图 3-19　铁口区域炭砖侵蚀形貌

B　非铁口区域

图 3-20 所示为非铁口区域炭砖侵蚀特征。在炭砖侵蚀最严重区域，炭砖热面无脆化层，表面呈现凹槽状。炭砖热面脆化普遍存在于炉缸侧壁，呈现片状剥落。炭砖中存在有害元素的沉积，白色物质可能为碱金属化合物，碱金属使炭砖砌体产生较大的体积膨胀，导致炭砖失效，容易断裂。

3.2.2.3　侵蚀炉型

破损调查过程中发现，T 钢 4350m³ 高炉炉缸侧壁炭砖侵蚀主要集中在 23~28 层炭砖，即铁口下方 1.0~1.5m 处。同时，炭砖周向侵蚀存在明显不均匀性，铁口区域侵蚀较非铁口区域严重，而铁口区域主要集中在铁口两侧 1~2 个风口位置，图 3-21 为 29 层炭砖周向侵蚀情况。图 3-22 所示为炉缸侧壁和炉底交界处

图 3-20　非铁口区域炭砖侵蚀特征

炭砖的侵蚀情况。侵蚀较小，越往炉底中心部位，炉底炭砖侵蚀越严重。炉底侵蚀存在明显的不均匀现象，炉底陶瓷垫及大块炭砖均有不同程度的侵蚀。

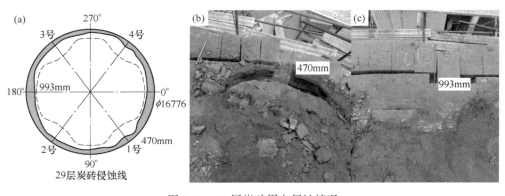

图 3-21　29 层炭砖周向侵蚀情况

　　图 3-23 所示为 T 钢 4350m³ 高炉炉缸侵蚀炉型，属于"偏心浅锅底"侵蚀。T 钢 4350m³ 高炉炉缸炭砖最薄残厚仅为 280mm，位于 240°方向，铁口下方

图 3-22　炉缸侧壁和炉底交界处侵蚀情况

1.52m，处于热电偶监控盲区。周向上，铁口之间的炉底第一层炭砖侵蚀最薄位置仅剩 270mm，3 号、4 号铁口之间第一层大块炭砖基本无侵蚀。

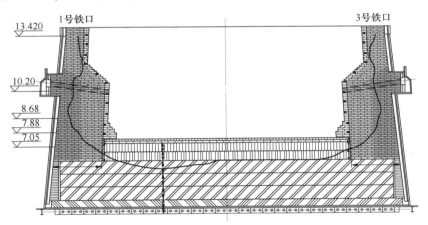

图 3-23　T 钢 5 号高炉炉缸侵蚀炉型图

### 3.2.3　X 钢 3200m³ 高炉

#### 3.2.3.1　高炉概况

3200m³ 高炉于 2009 年 9 月 25 日开炉投产，2018 年炉缸侧壁温度开始升高，2020 年炉缸侧壁温度持续升高，2020 年 5 月 9 号停炉，采用不放残铁方式进行大修，一代炉役为 10 年 7 个月，大修前单位炉容产铁量达到 9055.1t/m³，平均利用系数为 2.37t/(m³·d)，焦比 368.10kg/t，煤比 148.67kg/t，燃料比 516.68kg/t，在长寿方面处于国内中等偏上水平。高炉共 4 个铁口，32 个风口，炉缸炉底采用四段冷却壁，其中第二段冷却壁为铜冷却壁。炉缸高度为 4.9m，炉缸直径为 12.65m，死铁层深度为 2.75m[12]。炉缸炉底采用大块炭砖+陶瓷杯/垫结构，炉底铺设五层炭砖，第一层为石墨炭砖，第二层为半石墨炭砖，第三、第四层为微孔炭砖，第五层为超微孔炭砖，五层炭砖上部有两层陶瓷垫。炉缸侧壁 6~19 层炭砖为炉缸部位，采用均为超微孔炭砖。X 钢 3200m³ 高炉炉缸炉底结构如图 3-24 所示。

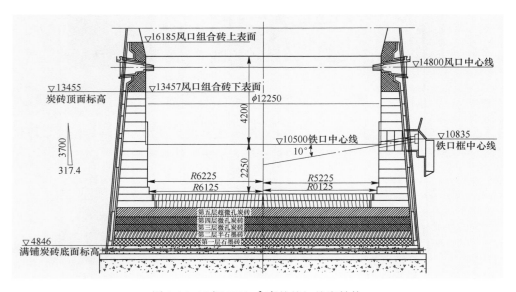

图 3-24 X 钢 3200m³ 高炉炉缸炉底结构

### 3.2.3.2 炉缸侵蚀特征

A 铁口以上区域

图 3-25 为 X 钢高炉 2 号铁口上方炭砖侵蚀特征。由于铁液冲刷、热冲击、渣铁以及有害元素等对炭砖热面进行侵蚀，在炭砖前端形成脆化现象，而炉缸波动会造成炭砖脆化层脱落加剧炭砖侵蚀。沿着径向，具有明显的分层现象，可分为炭砖原砖层、热面脆化层及保护层。

B 铁口区域

铁口区域炭砖侵蚀主要集中在铁口两侧区域，出铁过程中铁液冲刷导致铁口区域炭砖的异常侵蚀，如图 3-26 所示。炭砖热面存在黄绿色的有害元素，有害元素的侵入加剧了炭砖的侵蚀。X 钢高炉采用的是大块炭砖+陶瓷杯/垫结构，其炉缸侧壁大块炭砖普遍存在环裂/裂纹现象，如图 3-27 所示。炭砖环裂位置距离炭砖热面前端约 110mm。此外，在炭砖之间发现冷凝的金属锌片。

图 3-25 铁口以上区域炭砖侵蚀特征

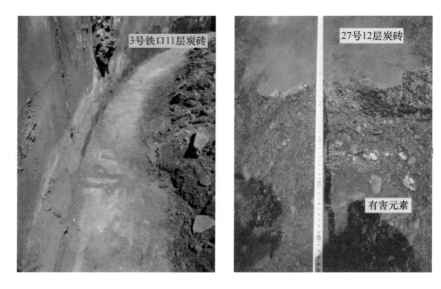

图 3-26　铁口区域炭砖侵蚀特征

图 3-27　铁口区域炭砖侵蚀特征

C 非铁口区域

图 3-28 为非铁口炭砖侵蚀特征。X 钢高炉炉缸非铁口区域炭砖侵蚀相对较轻,炭砖热面富集黄色有害元素。炉缸炉底交界处炭砖前端侵蚀成楔形,炭砖前端无脆化,主要由铁液环流冲刷所致。此外,残铁外表面富集一层白色有害元素。

图 3-28 非铁口区域炭砖侵蚀特征

D 炉底区域

相比炉缸中心,炉底陶瓷垫边缘侵蚀较为严重,如图 3-29 所示。炉缸中心上层陶瓷垫基本保持完整,而炉缸边缘位置,铁口区侵蚀较轻,陶瓷垫剩余230mm 左右,非铁口区域的上层陶瓷垫完全侵蚀,只剩下层陶瓷垫。

图 3-29 炉缸炉底交界处侵蚀形貌

### 3.2.3.3 侵蚀炉型

周向上，铁口区域侵蚀较为严重，如图 3-30 所示，在 1 号和 3 号铁口方向下方炭砖侵蚀最为严重，其中 1 号铁口两侧 1~2 个风口之间（28~29 号风口）9~10 层炭砖侵蚀为最严重区域，即铁口下方 1.35~2.35m。非铁口区域炭砖侵蚀相对较轻，其侵蚀严重位置主要位于 9~11 层，其厚度均在 600mm 以上。结合炉缸炉底侵蚀特征分析（图 3-31），X 钢高炉炉缸侵蚀位置主要位于 9~11 层炭砖之间，其中 1 号铁口侵蚀最为严重，为典型的蘑菇状侵蚀。

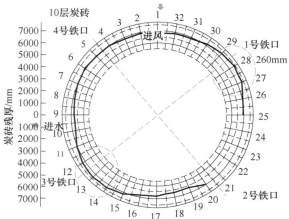

图 3-30　炭砖周向侵蚀曲线

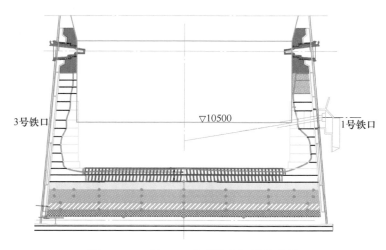

图 3-31　X 钢 3200m³ 高炉炉缸侵蚀曲线

### 3.2.4 Q 钢 2650m³ 高炉

#### 3.2.4.1 高炉概况

Q 钢 2650m³ 高炉于 2004 年 10 月 8 日开炉生产，2019 年 6 月 27 日停炉进行炉缸整体浇注修复，至此一代无中修炉龄达到 14 年 9 个月，炉缸浇注修复前单位炉容产铁量达到 11604t/m³，运行期间平均利用系数 2.29t/（m³·d），焦比 349.04kg/t，燃料比 511.76kg/t。高炉共设 30 个风口和 3 个铁口，炉缸高度 4.2m，炉缸直径 11.5m，死铁层深度 2.1m[13]。炉缸炉底交界区域使用美国 UCAR 公司的高导热 NMA 和 NMD 热压小块炭砖，风口和铁口区域分别采用法国 Sovie 的大块风口组合砖和美国 UCAR 公司的 NMA+NMD 铁口组合炭砖结构，炉底铺满两层国产高导热大块炭砖+两层国产微孔大块炭砖+三层陶瓷垫，其炉缸结构如图 3-32 所示。

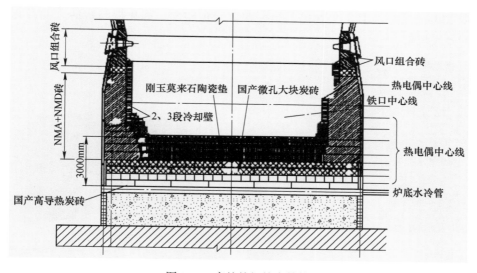

图 3-32　高炉炉缸炉底结构

2005 年 4 月以后，Q 钢 2650m³ 高炉炉缸冷却壁水温差逐步升高。2006 年 1 月开始炉缸侧壁温度逐步升高，2008 年 1 月炉缸侧壁热电偶温度最高温度达到 980℃，炉缸侧壁厚度明显减薄[14]，高炉采用常态化加钛护炉措施进行炉缸维护[15]。

#### 3.2.4.2 炉缸侵蚀特征

A　铁口以上区域

铁口中心线以上区域炭砖侵蚀形貌如图 3-33 所示。高炉炉缸铁口中心线以上区域炭砖总体保持完整，侵蚀较少。

图 3-33　铁口中心线以上区域炭砖侵蚀形貌

B　铁口区域

铁口区域炭砖热面普遍存在脆化现象，如图 3-34 所示。炭砖脆化层厚度普遍在 150mm 左右，且部分脆化层中存在黄绿色物质，脆化层与炭砖之间存在明显的分层现象。

图 3-34　铁口区域炭砖侵蚀特征

C 非铁口区域

图 3-35 为非铁口区域炭砖侵蚀特征。高炉侵蚀最严重区域位于非铁口区域，炭砖热面无明显脆化现象。有害元素的侵蚀主要分为两类：一类为进入炭砖内部的有害元素，为黄绿色和白色物质的碱金属，碱金属进入炭砖内部主要与炭砖中的 $SiO_2$ 和 $Al_2O_3$ 反应，造成炭砖出现粉化和脆化现象；另一类为有害元素 Zn、Pb 沿着炭砖缝隙凝固形成片状金属。

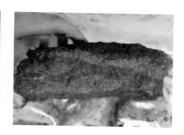

图 3-35 非铁口区域炭砖侵蚀特征

### 3.2.4.3 侵蚀炉型

周向方向上，Q 钢 2650m³ 高炉炉缸侵蚀最严重的部位为进风管（22 号风口）三叉口及对侧（4~5 号风口），周向侵蚀情况如图 3-36 所示。Q 钢 2650m³ 高炉侵蚀炉型如图 3-37 所示，侧壁侵蚀最严重区域位于两层陶瓷垫交接位置，为象脚型侵蚀，象脚区位于铁口标高下 2.1~3.0m，侵蚀最严重位置残厚 263mm，位于 24~25 号铁口间，铁口中心线下方 2.1m。炉底陶瓷垫第一层炭砖基本侵蚀完全，部分第二层陶瓷垫剩余约 220~280mm 左右。

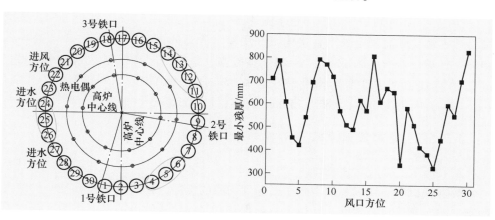

图 3-36 Q 钢 2650m³ 高炉周向侵蚀情况

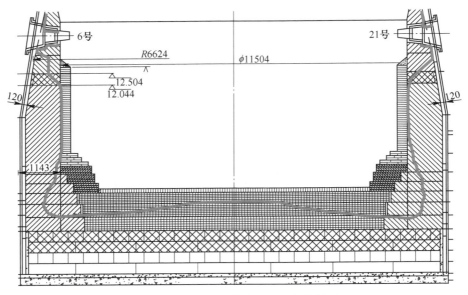

图 3-37　Q 钢 2650m³ 高炉炉缸侵蚀炉型

### 3.2.5　F 钢 1050m³ 高炉

#### 3.2.5.1　高炉概况

F 钢 1 号高炉有效炉容为 1050m³，共设 20 个风口，2 个铁口，于 2006 年 10 月 2 日建成投产。如图 3-38 所示，炉底采用两层半石墨炭砖+两层微孔炭砖+两层陶瓷垫结构，炉缸环炭采用微孔炭砖，炉缸高度为 6.406m，炉缸直径为 8.35m，死铁层深度为 1.7m，炉缸设计厚度为 0.850m。

2017 年 10 月高炉炉缸冷却壁水温急剧升高，尤其在 7、8 号风口方向，热负荷持续增加，因而决定采用直接休风并用冷水冷却的方法紧急停炉[16]。高炉无中修一代炉役寿命达到 11 年，冷却壁零破损，单位炉容产铁量达到 11996.43t/m³，达到 1050m³ 高炉长寿指标最好水平。高炉一代炉役平均利用系数为 3.2t/(m³·d)，焦比 350kg/t，煤比 155kg/t，燃料比 505kg/t[17]。

#### 3.2.5.2　炉缸侵蚀特征

A　铁口中心线以上区域

炉缸铁口中心线以上的炭砖主要受到炉渣的侵蚀，砌筑的陶瓷杯是一种致密的刚玉砖，其导热系数低，高炉主要利用其良好的抗渣铁溶蚀性能作为人造的保护层，以抵御炉役初期液态渣铁对炭砖的溶蚀和冲刷。破损调查发现，陶瓷杯已

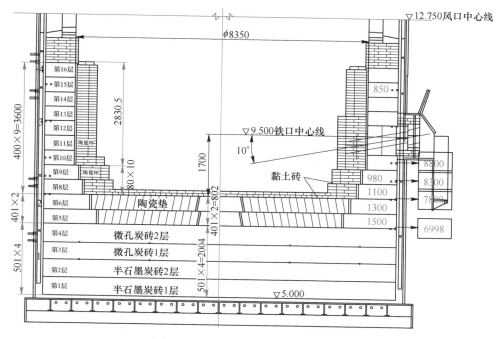

图 3-38  F 钢 1 号高炉炉缸炉底结构

经消失，铁口中心线以上炭砖主要靠挂渣代替陶瓷杯作用，起到对炭砖的保护作用。

图 3-39 为 F 钢 1 号高炉炉缸 2 号和 10 号风口下方炭砖表面形貌。炭砖风口到铁口部位侵蚀逐渐加剧，炭砖侧面比较平整，但其表面存在大量黄色的物相，说明有害元素已经渗透到炭砖径向的砖缝，但宏观上没有表现出对炭砖的破坏。炭砖热面有大量的黏结物，黏结物中也存在许多黄色和白色的物相。

图 3-40 为 19 号风口下方炭砖。炭砖表面除了黄色物相，在砖缝靠近捣料的部位，还存在一层铅皮。

铁口中心线以上炭砖原始厚度为 850mm，2 号风口以下 9~15 层炭砖厚度从 250mm 至 50mm 依次递减，在 9 层和 10 层炭砖之间的部位，炭砖厚度仅为 50mm，但该处炭砖已经严重粉化，失去了炭砖原有的作用，炭砖实际厚度近乎为零，如图 3-41 所示。另外，炭砖热面存在明显的有害元素富集。

B  铁口区域

北铁口附近的一块炭砖形貌如图 3-42 所示。炭砖冷面基本完整，热面在宏观上也没有出现脆化。稍微施加外力，炭砖从中间裂开，断面上发现大量白色和黄色矿物，各层脆化层厚度较薄。另外，在炭砖与保护层之间发现一层金属锌，如图 3-43 所示。

图 3-39  炉缸侧壁铁口及铁口中心线以上部分炭砖宏观侵蚀形貌

图 3-40  炉缸铁口中心线以上有害元素

图 3-41  铁口附近炭砖严重侵蚀位置及炉缸铁口中心线以上有害元素

C  非铁口区域

非铁口区域炭砖侵蚀特征如图3-44所示。非铁口区域下方的炭砖侵蚀较

图 3-42　北铁口附近残余炭砖

图 3-43　炭砖内部形成的脆化层及炭砖热面与保护层之间的一层金属夹层

严重，9 号风口正下方的炭砖残厚最薄处已不足 150mm，残余炭砖并未出现粉化现象。此外，炭砖内部存在明显裂纹，且炭砖内部存在黄绿色有害元素，裂纹和有害元素富集加剧了炭砖的侵蚀。将炭砖扒开后，在砖缝中间发现大量的铅皮。

### 3.2.5.3　侵蚀炉型

图 3-45 为 F 钢 1050m³ 高炉炉缸侵蚀炉型。整个炉缸呈现出典型的"象脚状"侵蚀，炉缸侧壁炭砖侵蚀最严重区域位于"象脚"处的第 7、8 两层炭砖，即铁口下方 0.9~1.7m，炉底中心侵蚀一层陶瓷垫。

高炉炉缸 7、8 两层炭砖侵蚀剖截面如图 3-46 所示。对于铁口区域，侵蚀严重区域集中在铁口附近 1~2 个风口之间，其中北铁口两侧 1 号、20 号风口，南铁口两侧 10 号、13 号风口下方侵蚀严重，局部位置铁液已侵蚀到冷却壁，其中 13 号风口与历史最高热流强度对应，由于末期强化护炉，形成了较厚的保护层。

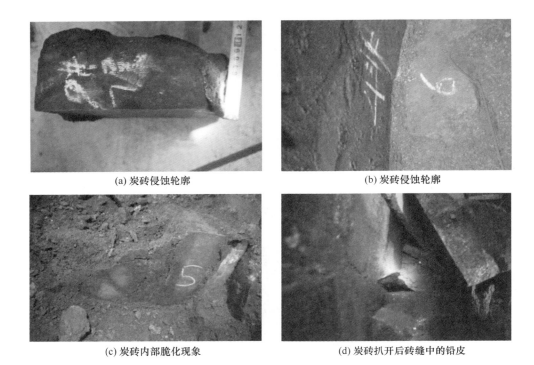

(a) 炭砖侵蚀轮廓　　　　　　　　　　　(b) 炭砖侵蚀轮廓

(c) 炭砖内部脆化现象　　　　　　　　　(d) 炭砖扒开后砖缝中的铅皮

图 3-44　非铁口区域炭砖侵蚀特征

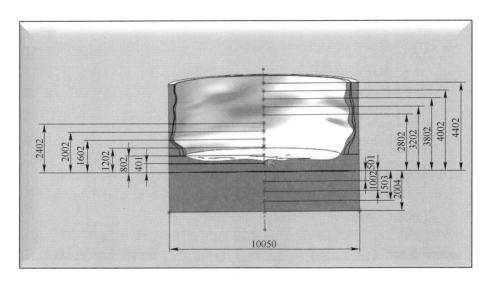

图 3-45　F 钢 1050m³ 高炉炉缸侵蚀炉型

对于非铁口区域，7号、8号风口下方已不足200mm，与停炉前热强度急剧升高相对应。

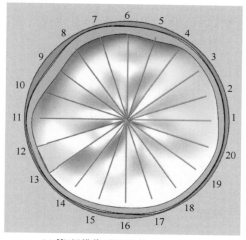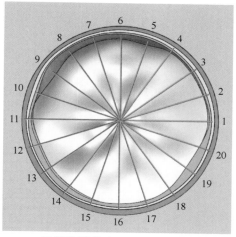

(a) 第7层横截面图(标高：3.0060m)      (b) 第8层横截面图(标高：3.4060m)

图3-46 高炉炉缸7、8两层炭砖侵蚀剖截面图

### 3.2.6 高炉炉缸典型侵蚀特征

基于国内外数十座不同容积、不同原燃料结构、不同区域的高炉炉缸破损调查研究，可将高炉炉缸侵蚀分为五种类型：象脚型侵蚀、锅底型侵蚀、鼠洞型侵蚀、宽脸型侵蚀及蘑菇型侵蚀，如图3-47所示[18-21]。由于炉底设计和生产操作的改善，国内外高炉炉缸已很少见到蘑菇型侵蚀。另外，可以明确炉缸侵蚀严重区域普遍位于铁口下方1~2m之间，铁口区域主要集中在铁口附近1~2个风口，非铁口区域主要集中在送风和送水总管位置或对侧。

#### 3.2.6.1 象脚型侵蚀

象脚型侵蚀特征在于向炉底垂直方向的侵蚀较少，而在炉底和侧壁交界的角部位置严重侵蚀，有的炉底中心部位反而有些隆起，形如象脚。在20世纪70年代初开炉的较多高炉均形成象脚型侵蚀，如日本JFE公司福山厂5号高炉（4617m³）、2号高炉（2828m³），京滨1号高炉（4052m³），日本神户钢铁公司加古川2号高炉（3850m³）、3号高炉（4500m³），日本川崎公司千叶3号高炉（1845m³），日本新日铁住金公司和歌山3号高炉（2150m³），鹿岛3号高炉（5050m³），芬兰罗德罗基公司1号、2号高炉（1000m³）。日本JFE公司福山厂5号高炉炉缸侵蚀特征如图3-48所示。

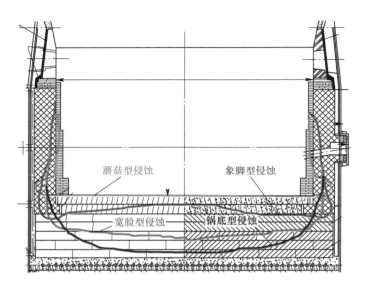

图 3-47 高炉炉缸侵蚀类型

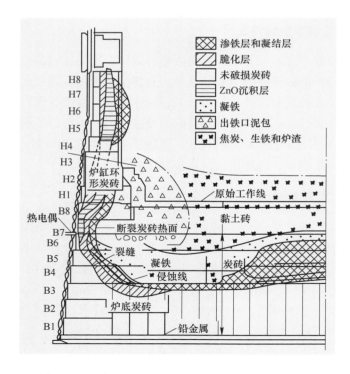

图 3-48 日本 JFE 公司福山厂 5 号高炉炉缸侵蚀特征

造成象脚型异常侵蚀的原因有：

（1）死料柱的透气性和透液性差，加剧炉缸内部铁液环流，使炉缸炉底呈象脚型侵蚀。1994 年鞍钢 2 号、7 号高炉大修，环缝中含有大量凝固的铁，炉底边缘与环砌炭砖接触的高铝砖在铁液侵入后，接缝和炭砖出现不同程度的侵蚀和漂浮，造成环状侵蚀。

（2）死料柱坐落在炉底中心，使炉底铁液流动停滞，温度下降，侵蚀程度较轻。

（3）铁液的渗入和碳的溶损加速异常侵蚀。

（4）若使用大块炭砖，炭砖尺寸过大，其承受的热应力相应增大。环裂缝出现后，裂缝造成的气体间隙或渣铁形成的裂缝热阻加速炭砖热端受铁液的化学侵蚀速度。

### 3.2.6.2 锅底型侵蚀

锅底型侵蚀的特点是向炉底垂直方向的侵蚀较多，在炉底形成类似锅底的侵蚀。由于铁液能从死料柱下方流出，因而有减轻炉缸铁液环流的作用，对侧壁侵蚀较少。君津 3 号第 1 代高炉（4063m$^3$）炉役从 1971 年至 1982 年，死铁层深度 1m，最终侵蚀后，死铁层深度约 4.5m，炉底残存炭砖厚度 1.4m，炉底中央宽阔的范围呈平坦状侵蚀。欧洲高炉也有锅底型侵蚀的情况，并发现锅底型侵蚀能够减弱铁液环流。小仓 2 号高炉炉缸炉底的锅底型侵蚀如图 3-49 所示。

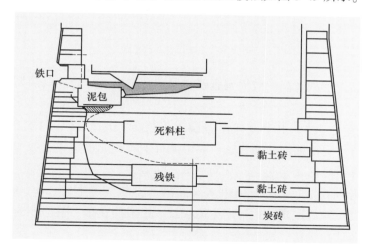

图 3-49 小仓 2 号高炉炉缸炉底

### 3.2.6.3 鼠洞型侵蚀

鼠洞型侵蚀的特点是在高炉炉缸侧壁形成局部侵蚀，且侵蚀较为严重，在炉缸侧壁形成类似老鼠洞形状的侵蚀，其侵蚀过程如图3-50所示。在高炉生产过程中，鼠洞型侵蚀往往是造成高炉烧穿的重要原因，由于热电偶监测存在盲区，鼠洞型侵蚀不易被发现，难以及时护炉或停炉保障高炉安全生产。

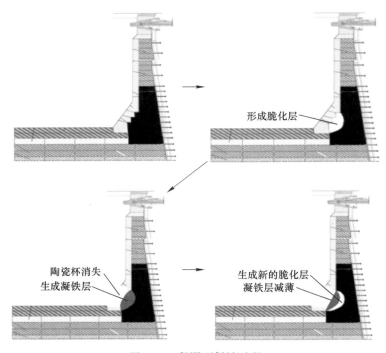

图 3-50　鼠洞型侵蚀过程

近些年高炉解剖及高炉破损调查研究发现，造成高炉炉缸鼠洞型侵蚀的主要原因有：

（1）水蒸气侵蚀。由于冷却设备漏水形成的"隐形水"与炭砖冷面接触，并沿着炭砖缝隙自冷面向热面渗透，高温条件下转化成水蒸气，并与炭砖发生水煤气反应，导致热面炭砖脆化，从而加剧炭砖侵蚀。

（2）脆化层形成。有害元素进入炭砖内部，与炭砖中的 $SiO_2$ 和 $Al_2O_3$ 形成钾霞石、白榴石，造成炭砖内部产生微裂纹，形成脆化层，甚至断裂。当铁液冲刷加剧，炭砖热面剥落，炭砖侵蚀加剧。

### 3.2.6.4　宽脸型侵蚀

20 世纪 80 年代后出现了"宽脸"型侵蚀，炉缸侧壁和炉底中心都有侵蚀，而主要影响高炉寿命的侵蚀位置仍然是炉缸侧壁，如大分2号高炉第1代（图3-51）和君津2号高炉等。

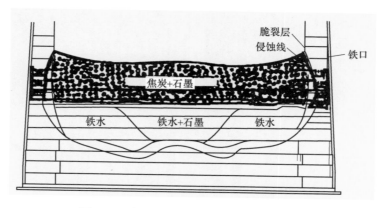

图 3-51  大分 2 号高炉炉缸宽脸型侵蚀[22]

### 3.2.7  高炉炉缸炭砖侵蚀原因

#### 3.2.7.1  高炉设计方面

（1）炉缸砖衬结构不合理。合理的炉缸结构是高炉长寿的基础。随着炭砖质量的提升，薄炉衬成为高炉发展的趋势，可大幅降低高炉建设费用，但过度减薄不利于高炉炉缸安全长寿运行。大块炭砖砌筑的炉缸环炭易于产生水平通缝，造成铁液和锌蒸气顺着缝隙渗入，冷凝在靠近冷却壁处，从而导致热电偶温度升高，影响对炉缸残余厚度的判断。同时，炉缸传热效率也直接影响高炉炉缸的安全性，传热体系中存在热阻，导致炉缸热量不能顺利导出，炉衬温度升高。此外，大块炭砖砌筑高炉为消除三角缝，在炭砖与冷却壁之间用炭捣料实现热量传递，而炭捣料的导热系数低或炭捣层不密实，易于形成热阻[23]。

（2）送风及进水均匀性。高炉设计工艺特点使高炉存在不均匀性，冷却系统的冷却水量和送风系统的热风风量在高炉周向方向的分配不均匀性是直接导致高炉存在不均匀侵蚀的主要原因。高炉热风总管三岔口下方或对侧往往是高炉进风量最多的地方，相比炉缸其他位置，这两个区域具有更高的热流负荷，其对应位置炭砖的侵蚀速率势必快于其他部位[24]。高炉冷却从炉缸部位一串到顶，冷却水总进水环管设置为单根或两根，在两根进水管的条件下，其角度也各不相同。但无论是单根还是两根进水总管，冷却水量在并行水管的周向方向上分配存在严重的不均匀性，如图 3-52 所示。单根水管的进水位置处水量最低，两根进水总管相间的位置及其对面的位置处水量最低，水量分配的不均匀程度可达到40%以上。如果在水量较低的条件下，因为水量分配不均导致高炉局部位置的冷却强度严重不足，大大降低了高炉炉缸的安全系数。

（3）耐火材料质量。目前，高炉炉缸部位采用的耐火材料主要包括 3 类：以

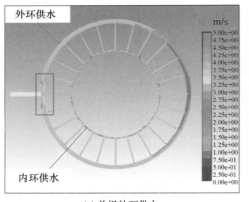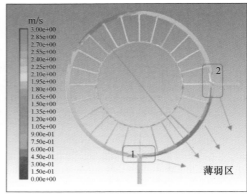

(a) 单根外环供水        (b) 两根外环供水

图 3-52 高炉冷却水量分配均匀度

碳素为基质的炭砖；以氧化铝为基质的刚玉质砖；碳素和氧化铝适当比例复合的碳复合砖。由于耐火材料主要受到高温渣铁的冲刷及碱金属侵蚀等，高炉炉缸选材时应注重耐火材料的热导率、铁液溶蚀指数、抗炉渣侵蚀以及微气孔率等重要指标[25]。

（4）冷却壁冷却比表面积。高炉炉缸冷却系统冷却能力不足是造成炭砖异常侵蚀重要原因，为炭砖提供可靠高效的冷却是延缓炭砖侵蚀的有效措施之一。目前，国内外大部分高炉炉缸采用铸铁冷却壁，而非铜冷却壁。在高炉铁口部位采用铜冷却壁加强冷却已成为高炉设计者的共识，少部分高炉在易发生象脚侵蚀的区域采用一整段铜冷却壁。但目前研究普遍认为，高炉炉缸应用铸铁冷却壁已完全能够满足炉缸的冷却需求，但铸铁冷却壁的冷却壁比表面积应控制在 1.2 以上。

（5）热电偶布置。合理的热电偶布置是全面掌握炉缸炉底侵蚀情况及判断异常发生的前提，热电偶数量及布置方式极大地影响了炉缸温度的监控效果。热电偶太少会导致出现较大盲区，炉缸侵蚀可能会在热电偶盲区扩展，从而造成炉缸安全隐患。热电偶过多会导致炉缸砖衬内孔隙增多，增加成本。另外，由于炉缸多呈象脚状侵蚀，象脚区域热电偶布置应格外注意。

### 3.2.7.2 原燃料质量方面

（1）粒度管控不足。高炉入炉原燃料的粒度组成影响着高炉炉缸死料柱的透气透液性。部分高炉入炉原燃料粒度管控较为宽泛，颗粒粒径小的焦炭进入高炉导致炉缸活跃程度变差，加剧炉缸边缘铁液冲刷。粉末及未燃煤粉含量的增加导致渣铁流动性变差，炉缸死料柱滞留率增加，也会加剧炉缸侧壁的侵蚀。

（2）有害元素循环富集。有害元素在高炉内的循环富集一方面恶化高炉死料柱透气透液性，另一方面有害元素钾、钠进入炭砖，会导致炭砖破裂，加剧炉缸边缘侵蚀。而硫在高炉中的流转会在焦炭表面形成 CaS 富集，抑制铁液渗碳进程，同时炉缸边缘形成的 CaS 团聚物也会进一步降低铁液流动空间，加剧铁液环流。

### 3.2.7.3　高炉操作方面

（1）高冶炼强度。2000 年以来，我国钢铁工业发展迅速，钢铁产量持续攀升，钢铁企业以规模经济效益为中心，低水平粗放型发展，盲目追求高利用系数，部分高炉超出设备能力强化冶炼，甚至以牺牲焦比和寿命为代价。

（2）铁口深度不足。炉缸铁口区耐火材料主要靠打入的炮泥形成的蘑菇状泥包来减缓侵蚀，维护好铁口状况，保证打泥量和铁口深度是确保炉缸安全长寿的关键技术。铁口深度不足和出铁时铁口喷溅，铁液极易从铁口通道渗入砖缝，加速炭砖侵蚀。适当地减少出铁次数和出铁时间，可减弱铁液环流。

（3）出铁制度不合理。大型高炉长期对侧出铁，形成"两备两用"的出铁模式，造成炉缸流场偏析严重，铁口环流冲刷剧烈，侵蚀异常严重，这是许多高炉炉缸侧壁破损的重要原因之一。同时，部分高炉出现出铁不均匀现象，也是造成铁口异常侵蚀的原因。

（4）风口及冷却壁漏水。风口及炉体冷却设备漏水渗透到炉缸炉底，引起炭砖氧化、粉化，造成炉缸炭砖"非接触性"破损。

（5）护炉不当。含钛物料护炉加入量不够，错过最佳补炉时机，且"时加时停"对已经侵蚀的内衬修补不及时，不能形成稳定的保护性再生炉衬，炉缸修补效果不理想。压浆压力过高或泥浆材质不合理，将已经很薄的残余砖衬压碎，或使泥浆从砖缝中压入炉内，与高温铁液接触，出现不良后果，进而导致炭砖渗铁或炉缸烧穿事故。

## 3.3　高炉炉缸保护层特征

数十座高炉炉缸破损调查证明，在炉缸耐火材料热面普遍存在不同形式的沉积层，正是由于这些沉积层在炉缸耐火材料表面的形成，从而将高温铁液与耐火材料隔离开，保证了炉缸的安全，因此，将这些不同形式的炉缸沉积层称之为炉缸保护层，主要有石墨碳保护层、富钛保护层、富渣保护层、富铁保护层[26,27]。

### 3.3.1　石墨碳保护层

高炉冶炼过程中，在炉缸侧壁位置及异常侵蚀位置普遍存在石墨碳的析出沉积，并将铁液与耐火材料相隔离，对炉缸耐火材料起到较好的保护作用。石墨碳层主要分为两类，一种为铁基体包裹的石墨碳析出相，另一种为炉渣包裹的石墨碳析出相，广泛分布于炉缸铁口中心线以下的炭砖热面。由于高炉炉缸侧壁传热体系的存在，高炉炉缸炭砖热面存在明显的温度梯度，热面温度低导致碳在铁液中的饱和度降低，从而析出石墨碳，而大量石墨碳的析出会导致炭砖热面铁液形成黏滞区，同时焦炭裹挟的高炉终渣和灰分相在上升过程中，在黏滞区停滞形成含渣石墨碳保护层。图 3-53 所示为高炉炉缸中的两种石墨碳保护层。其中，图 3-53（a）、（b）和（c）广泛分布于整个炉缸圆周侧壁，厚度在 100~250mm 之间，平均厚度 150mm，非铁口厚度区域较铁口区域更厚，石墨碳保护层呈现不同大小的亮白色颗粒，易破碎，表面粗糙、具有较强的颗粒感，质量相对较轻，保护层中的红色物质为铁锈。另一种石墨碳沉积层（图 3-53（d）、（e）和（f））一般分布于炉缸侧壁靠近炉底位置及异常侵蚀区，平均厚度约为 500nm，最厚部位可达 1000mm，呈现明显的亮白色，结晶十分完整，铁含量相对较高，且在大气环境下表现出"不锈"特征。

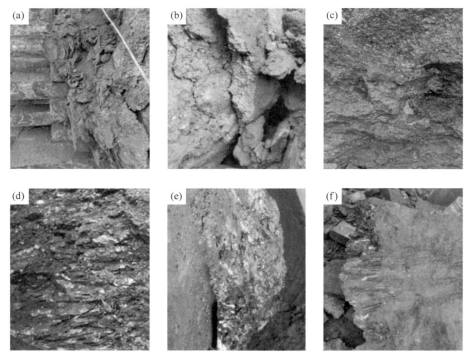

图 3-53  石墨碳保护层
（a）~（c）细小石墨碳颗粒保护层；（d）~（f）高结晶度石墨保护层

## 3.3.2  富钛保护层

在高炉炉役末期，为保证高炉的安全生产冶炼，常向高炉中加入含钛物料进行护炉，其技术原理就是含钛物料进入高炉后，经还原后形成高熔点化合物 Ti(C,N)，该物相不断集结、长大，沉积在炉缸炉底侵蚀较严重部位，与铁液形成黏滞层，阻碍铁液与耐火材料的进一步接触，进而对炉缸、炉底内衬起到一定的保护作用。

直至今日，国内外大多数高炉均进行含钛物料护炉保证冶炼安全，对多座进行过含钛物料护炉的高炉炉缸解剖研究发现，在象脚异常侵蚀区与炉底部位的耐火材料热面均存在大量的富钛保护层，在炉缸侧壁也存在一定的富钛保护层，如图 3-54 所示。在炉缸侧壁炭砖热面，局部存在富钛保护层，厚度在 100~500mm 之间。炉底陶瓷垫热面保护层具有明显的分层特征，下部亮黑色层为石墨碳保护层，上部暗紫色层主要为富钛保护层，最大厚度为 150mm，平均厚度约为 120mm，正是由于保护层的存在使得炉底侵蚀较轻。象脚侵蚀区域的富钛保护层厚度较厚，最大达 300mm，含有较多且分布规则的紫金色物相 Ti(C,N) 形成，晶体颗粒较大。

图 3-54　高炉炉缸富钛保护层形貌
(a)，(b) 炉缸侧壁；(c)，(d) 象脚侵蚀区；(e)，(f) 炉底

### 3.3.3　富渣保护层

富渣保护层表面粗糙，如图 3-55 所示，呈青色或者为深灰色，密度较小，并含有部分石墨相，分布区域较为有限，主要在炉缸侧壁下部以及炉缸炉底交界

处，但含量不大，厚度约 300mm。在高炉炉缸中，熔渣密度一般约为 $2.4g/cm^3$，远小于液态铁液密度（$7.0g/cm^3$），即渣相很难存在于铁口中心线以下位置。由于高炉风口鼓风的搅拌、出铁时的虹吸等作用，熔融炉渣可以到达铁口中心线以下部位。但较大的渣铁密度差使炉渣下降深度有限，很难达到炉缸异常侵蚀的象脚部位，因此炉渣对炉缸关键部位的保护作用较小。但是，不同高炉炉缸炉底调查结果表明，炉缸铁口中心线以下保护层中确实含有部分渣相。在铁口中心线以下部位，碳不饱和铁液与炉缸焦炭发生渗碳反应，焦炭中残留下来的灰分和焦炭孔隙中的渣相部分上浮造渣，而另一部分可以富集于炉缸侧壁。另外，炉缸耐火材料中含有的灰分随炭砖侵蚀而逐渐残留下来，与焦炭灰分相互作用形成富渣保护层。

图 3-55　富渣保护层宏观形貌

### 3.3.4　富铁保护层

图 3-56 为国内某高炉炭砖热面存在的富铁保护层。炭砖残余厚度仅剩 280mm，其热面为厚度 30mm 左右的富铁保护层。富铁保护层主要存在于炉缸侵蚀严重区域。随着高炉炉缸砖衬的逐渐侵蚀，炭砖厚度减薄，炭砖热阻减小，冷却系统与铁液之间的总热阻减小，耐火材料热面的温度随之降低，当其温度降低到铁液凝固温度时，高温熔融铁液即在耐火材料热面凝结，形成富铁保护层。富铁保护层的形成阻止了高温铁液与炭砖的直接接触，同时也阻止了碱金属等物质渗入炭砖，进而保护砖衬不受侵蚀。

### 3.3.5　保护层形成原因

#### 3.3.5.1　炉缸侧壁的冷却

炉缸侧壁保护层能否形成及稳定保护砖衬的关键在于砖衬表面温度，炉缸侧

图 3-56　炉缸 240°方向第 23 层炭砖热面富铁保护层(炭砖最薄区域)

壁的冷却传热过程如图 3-57 所示。现代高炉炉缸侧壁冷却系统的功能之一是将高温铁液传给砖衬的热量导出，使工作面温度达到或低于保护层形成温度。为形成稳定的保护层，需做好有关冷却的设计、建炉、护炉、生产维护等诸方面的工作。

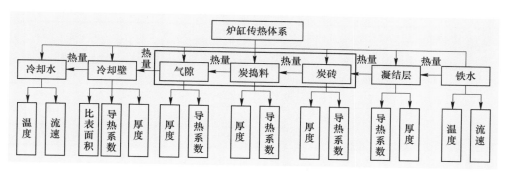

图 3-57　高炉炉缸侧壁冷却传热过程示意图

### 3.3.5.2　冶炼强度

长期以来，国内高炉炼铁以提高冶炼强度来追求高产，从而取得效益，这对高炉能耗和寿命带来很大的负面影响。高利用系数造成炉缸侧壁的铁液流量增加和铁液温度升高，铁液对侧壁的传热增加，热流增大。研究得出，高炉有效容积为 4300m³，炉缸直径 $d = 13.8$m 的条件下，利用系数分别为 1.6t/(m³·d)、2.0t/(m³·d)、2.4t/(m³·d) 时，炉缸内对应的铁液流速分别为 1.60mm/s、2.01mm/s、2.41mm/s，对流换热系数分别为 298W/(m²·K)、334W/(m²·K)、366W/(m²·K)，炉缸侧壁铁液温度分别为 1378℃、1401℃、1416℃。国外对冶炼强度与高炉寿命的关系进行了研究，发现一代高炉的平均利用系数提高时，高炉寿命相应缩短。国内高炉也是如此，在 20 世纪 50~80 年代，高利用系数生产下的国内高炉，寿命短的仅有 3~5 年，较长的也不超过 8 年。另外，维持与冶炼强度相适应的炉腹煤气量生产，可以使炉缸形成稳定的保护层来延长高炉寿命。

### 3.3.5.3　生铁成分

高炉内铁液和炉渣的形成和滴落过程影响着铁液成分，进而影响保护层的形成与稳定，生铁成分对保护层的影响主要是 [C]、[Si]，以及采用含钛物料护炉的 [Ti]。

（1）生铁含 [C]。碳不饱和铁液对炭砖的溶蚀是造成炉缸侧壁损坏的最为主要原因，生铁的饱和碳含量与铁液温度、微量元素含量有关，有如下关系：

$$[C]\% = 1.34 + 2.54 \times 10^{-3} t_{铁液} - 0.35[P] + 0.17[Ti] - \\ 0.54[S] + 0.04[Mn] - 0.30[Si] \tag{3-1}$$

高炉炉缸内的铁液是碳不饱和的，国外高炉炉缸铁液的碳饱和度在 93%~95%，而国内高炉炉缸铁液碳饱和度则在 90%~92%，个别达到 93%（例如宝钢 3 号高炉的铁液碳饱和度为 93%）。国外部分高炉铁液碳饱和程度如表 3-1 所示。

表 3-1　国外部分高炉铁液碳饱和程度

| 高炉 | 炉缸直径 /m | 铁液温度 /℃ | 铁液成分/% | | | | | [C]饱 /% | 碳饱和度 /% |
|---|---|---|---|---|---|---|---|---|---|
| | | | Si | Mn | S | P | C | | |
| D4 | 14.0 | 1487 | 0.29 | 0.16 | 0.034 | 0.080 | 4.67 | 4.97 | 94.0 |
| F2 | 11.2 | 1490 | 0.34 | 0.27 | 0.019 | 0.077 | 4.72 | 4.97 | 94.9 |
| PM2 | 4.6 | 1445 | 0.20 | 0.22 | 0.115 | 0.064 | 3.96 | 4.21 | 94.1 |
| S1 | 13.6 | 1480 | 0.33 | 0.24 | 0.034 | 0.070 | 4.47 | 4.94 | 90.4 |
| H9 | 10.2 | 1485 | 0.32 | 0.27 | 0.046 | 0.079 | 4.44 | 4.95 | 89.6 |
| T4 | 10.6 | 1510 | 0.57 | 0.65 | 0.021 | 0.069 | 4.63 | 4.95 | 93.3 |
| T5 | 14.0 | 1512 | 0.43 | 0.61 | 0.025 | 0.070 | 4.63 | 5.01 | 92.5 |
| AC | 11.2 | 1497 | 0.51 | 0.26 | 0.017 | 1.610 | 4.14 | 4.42 | 93.6 |
| I4 | 8.5 | 1485 | 0.6 | 0.57 | 0.036 | 0.066 | 4.54 | 4.88 | 93.1 |
| I7 | 13.0 | 1504 | 0.42 | 0.45 | 0.032 | 0.061 | 4.69 | 4.98 | 94.8 |
| R | 14.0 | 1495 | 0.36 | 0.29 | 0.032 | 0.081 | 4.67 | 4.97 | 93.9 |
| L1 | 7.5 | 1467 | 0.45 | 0.39 | 0.070 | 0.035 | 4.42 | 4.87 | 90.7 |
| O4 | 7.6 | 1451 | 0.43 | 0.37 | 0.057 | 0.031 | 4.50 | 4.85 | 92.1 |

在高炉开炉阶段，保护层没有完全形成时，裸露的炭砖与碳不饱和的铁液接触，造成溶蚀，往后的生产中很难弥补。高炉铁液的碳饱和度与金属铁滴滴落过

程，如通过强还原性气氛的风口燃烧带或通过死料柱，以及炉缸铁液与焦炭接触的时间有关。接触时间越短，铁液碳不饱和度越大。我国高炉冶炼强度高，所形成的铁液在炉内停留时间短，碳不饱和度较大，这是国内高炉炉缸铁液碳饱和度较低的原因。此外，碳含量低的铁液密度大，容易滴落进入炉缸下部象脚区域，如果与炭砖热面接触将溶蚀炭砖，如果与保护层接触，将保护层内的石墨碳溶解而渗碳，因此碳不饱和铁液也是造成炉缸寿命短的一个原因。

（2）生铁含［Si］。炉缸保护层的形成是通过冷却将靠近炉墙的铁液温度降低，析出石墨碳，随之铁液黏度增加。铁液含［Si］的影响表现在含［Si］高的铁液易于析出石墨碳，这从冶炼铸造生铁的实践中得以证实。因此，在护炉时要保持稍高的铁液含［Si］量，如在采用含钛物料护炉时要求铁液［Si］含量达到0.5%以上，以提高含钛物料护炉的效果。

（3）生铁含［Ti］。利用钛及其化合物 TiC、TiN 和 Ti（C，N）护炉是使它们形成紫铜色的钛保护层。由于钛是难还原元素，是高温下用碳直接还原出来的，而钛在铁液中的溶解度极低，高炉正常生产时钛的回收率仅在1%以下。铁液中含［Ti］也极少，对护炉是不起任何作用的，护炉时铁液中的钛实质上是溶解的 Ti 和悬浮于铁液中的 TiC、TiN 和 Ti（C，N）的总和，真正起护炉作用的是悬浮于铁液中的高熔点 TiC、TiN 和 Ti（C，N）化合物。一般护炉要求铁液中总含钛量达到0.08%~0.15%，在高炉处于濒危状态时，短时间内还应将总钛含量提高到0.20%~0.25%。按冶金热力学理论，钛比硅难还原，因此要到达护炉作用的钛含量，需要铁液中有一定的硅含量，理论分析和生产实践总结得出，［Si］应在0.5%以上，从而［Si］+［Ti］应达到0.6%~0.7%。钛化合物可与石墨等形成黏稠保护层，阻止炭砖进一步侵蚀。

### 3.3.5.4　炉缸状态

高炉冶炼正常进行时，要求有活跃的炉缸状态，其标志为炉缸具有充沛的高温热量和死料柱有良好的透气性和透液性[28,29]。充沛的高温热量表现为理论燃烧温度 $t_{理}=2200℃±50℃$，焦炭进入燃烧带时的温度 $t_c$ 达到 $0.75t_{理}$，炉缸具有储备热 630kJ/kg 生铁。与之相适应的铁液和炉渣温度在合适范围，即 $t_{铁液}=t_c-200±50℃$，$t_{渣}=t_c-150±50℃$。死料柱良好的透气性和透液性是由死料柱焦炭的空隙度和渣铁在死料柱中的滞留率决定的。生产中通过上下部调剂，将大块、性能好的焦炭装到中心，并减少中心部位的负荷，减轻中心部位焦炭的劣化，使到达炉缸死料柱中的焦炭保持有良好的粒度。通过精料工作和造渣制度的优化，减少渣量和改善滴落炉渣的性能，减少滞留时间和滞留率，可使炉缸煤气穿透死料柱，给死料柱带来高温热量，能减少滴落的铁液流向风口燃烧带，并加强炉缸内不同区域的渣铁交互作用，并在出铁过程中，铁液能通过死料柱流向铁口，减少死料柱周边铁液环流，为保护层的形成创造条件，也使已形成的保护层处于稳定状态。

#### 3.3.5.5 炉前出铁操作

高炉炉缸象脚型侵蚀与出铁有密切关系，良好的铁口状态是稳定保护层的重要内容。出铁过程中，铁液在炉缸内环流是决定象脚侵蚀的一个重要因素，特别需要重视炉缸内铁口通道周边形成的铁液环流区域，即圆周上铁口两侧第二个风口中心线两侧，且铁口中心线以下 1.0~1.5m 处也是炉缸漏铁和烧穿事故的频发处。出铁过程中炉缸内铁液环流示意图如图 3-58 所示。

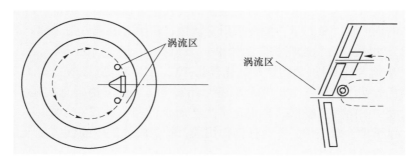

图 3-58　出铁过程中炉缸内铁液环流示意图

## 3.4　高炉炉缸内部渣铁焦形貌特征

### 3.4.1　T 钢 4350m³ 高炉炉缸渣铁焦宏观形貌

T 钢 4350m³ 高炉炉缸直径为 14.2m，死铁层深度为炉缸直径的 21%。高炉采取不放残铁的停炉方式，炉缸采用整体推移技术的大修方式，为炉内死料柱研究工作提供了良好的基础。图 3-59 为 T 钢 4350m³ 高炉炉缸残铁的宏观形貌，直径处于 13.74~16.17m 区间内。

图 3-59　炉缸残铁宏观形貌

图 3-60 和图 3-61 分别为炉缸中心、次中心的残铁。中心残铁高度为 3.7m，底部无焦区高度为 300mm。残铁在宏观上可分为三个区域，分别为渣焦区域、铁焦区域及无焦区。37 号残铁高度为 3.5m，38 号残铁高度为 3.4m，39 号残铁高度为 3.3m，40 号残铁高度为 3.3m，无焦区与铁焦区分界线整体呈现弧形上升趋势。

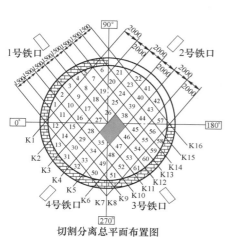

图 3-60　炉缸中心残铁宏观形貌图

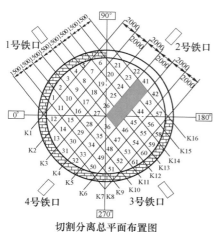

图 3-61　炉缸次中心残铁宏观形貌图

如图 3-62 所示，41 号残铁（炉缸边缘）整体呈现弧形，残铁内存在较为明显的渣-铁-焦粉混合区，且存在漂浮炭砖。从表 3-2 所示的混合区试样检测结果来

117

看，混合区富含大量有害元素，试样 2 中硫含量高达 4.502%，试样 3 中 $K_2O$、$Na_2O$ 含量分别高达 0.738% 和 0.519%。此外，炉缸残铁底部边缘为富石墨金属铁。

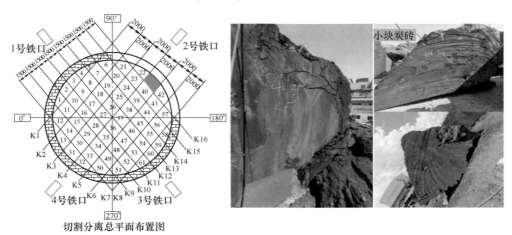

切割分离总平面布置图

图 3-62　41 号残铁宏观形貌图

**表 3-2　混合区试样检测结果**

| 试样名称 | 元素含量/% | | | | | | |
|---|---|---|---|---|---|---|---|
| 试样 1 | TFe | $SiO_2$ | CaO | MgO | $Al_2O_3$ | P | S |
| | 34.16 | 15.15 | 8.67 | 1.25 | 9.53 | 0.023 | 0.180 |
| | MnO | $TiO_2$ | C | $K_2O$ | $Na_2O$ | Zn | Pb |
| | 0.32 | 1.268 | 21.74 | 0.313 | 0.144 | 0.010 | <0.001 |
| 试样 2 | TFe | $SiO_2$ | CaO | MgO | $Al_2O_3$ | P | S |
| | 32.67 | 6.89 | 30.13 | 1.24 | 5.48 | 0.031 | 4.502 |
| | MnO | $TiO_2$ | C | $K_2O$ | $Na_2O$ | Zn | Pb |
| | 0.10 | 0.086 | 6.73 | 0.136 | 0.151 | 0.010 | <0.001 |
| 试样 3 | TFe | $SiO_2$ | CaO | MgO | $Al_2O_3$ | P | S |
| | 7.81 | 28.71 | 2.46 | 2.04 | 32.39 | 0.064 | 0.275 |
| | MnO | $TiO_2$ | C | $K_2O$ | $Na_2O$ | Zn | Pb |
| | 0.40 | 1.048 | 13.15 | 0.738 | 0.519 | 0.004 | 0.009 |

　　T 钢 4350$m^3$ 高炉炉缸残铁主要分为三个区域：无焦区、死料柱（铁-焦）及边缘渣-铁-焦粉混合区域，死料柱下部在炉缸中呈现倒圆台，其中无焦区最小厚度为 300mm，即 T 钢 4350$m^3$ 高炉死料柱漂浮高度为 300mm。图 3-63 和图 3-64 所示分别为炉缸残铁剖截面和高炉炉缸残铁及物相分布示意图。

图 3-63　炉缸残铁剖截面

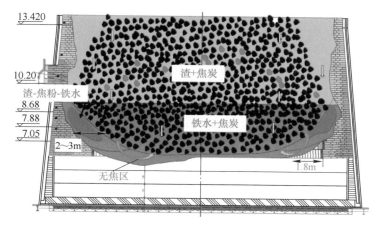

图 3-64　T 钢 4350m³ 高炉炉缸残铁及物相分布示意图

### 3.4.2　X 钢 3200m³ 高炉炉缸渣铁焦宏观形貌

X 钢 3200m³ 高炉炉缸直径为 12.65m，其死铁层深度占炉缸直径比为 21.74%。高炉采用不放残铁方式进行大修，18 号-2 号风口方向残铁剖截面如图 3-65 所示。炉缸残铁自上而下分为铁焦区和无焦区，沿着径向方向主要分为渣

图 3-65　X 钢高炉残铁剖截面宏观形貌

铁混合物和死料柱两个部分，炉缸残铁高度基本处于 2.3~2.5m 之间。

图 3-66 为高炉炉缸中心和边缘残铁剖截面宏观形貌。炉缸残铁边缘主要为渣焦混合相，其厚度约 1.0~1.8m。从炉缸边缘到炉缸中心，炉缸残铁中无焦区厚度从 1.5m 减至 1.0m。

图 3-66　X 钢 3200m³ 高炉中心和边缘残铁剖截面宏观形貌

停炉后，X 钢 3200m³ 高炉死料柱呈现"倒圆台"，其漂浮高度在 1.0~1.5m 之间。死料柱堆角处于炭砖侵蚀最严重区域，边缘渣铁的堆积会加剧炉缸边缘的铁液环流，同时也为炉缸内的有害元素的富集、迁移提供通道。图 3-67 为 X 钢 3200m³ 高炉炉缸残铁及物相分布示意图。

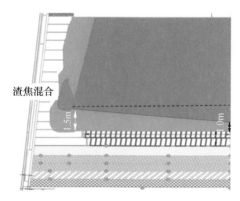

图 3-67　X 钢 3200m³ 高炉炉缸残铁及物相分布示意图

### 3.4.3　A 钢 2200m³ 高炉炉缸渣铁焦宏观形貌

A 钢 2200m³ 高炉炉缸直径为 10.6m，死铁层深度占炉缸直径为 19.8%。高炉采用空料线打水停炉操作，不放炉缸残铁。图 3-68 和图 3-69 为钻芯样品的剖面图。其中，径向样品长度 1840mm，左端为残铁边缘，与炉缸侧壁炭砖接触，存在一段长度 40mm 左右的深色区域，右端存在一段长度为 480mm 的铁焦混合物，是死料柱的外边缘位置。高度样品自残铁上表面向下钻取至炉缸底部，总长度 1720mm，其剖面形貌如图 3-69 所示，左侧对应炉底位置，死料柱与炉底间有一段 55mm 的无焦区，其形成原因是由于降料面、风口停风泄压等停炉操作导致死料柱浮起；右侧对应残铁顶部位置，有长度约 80mm 的容易断裂的渣铁焦物相。

图 3-68　径向样品剖面形貌(左侧为炭砖热面位置)

图 3-69　高度样品剖面形貌(左侧为炉底位置)

图 3-70 为靠近 1 号铁口位置的炉缸残铁断面形貌。可以看出，位于铁口中心线下方 660mm 的炉缸残铁上表面较为平整，其左上角位置残缺部分是松散的残余渣、焦物相。炉底位置明显的断面展示出了炉缸第一层陶瓷垫的剩余情况。死料柱边缘呈现出 35°的倾角，在铁口下方的一段距离内死料柱半径与炉缸半径相同，且从图 3-70 中可以看出该部分空隙度比下方炉底死料柱空隙度更小，焦炭分布更密集。炉缸中死料柱的形状呈现上大下小，在炉缸边缘位置浮起。

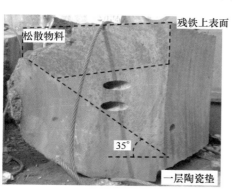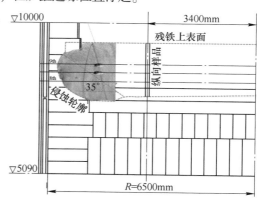

图 3-70　死料柱宏观形貌

### 3.4.4　高炉下部死料柱特征

基于数十座不同容积大小的高炉炉缸破损调查研究，可以总结归纳出以下几点高炉炉缸死料柱的共性特征：

（1）高炉炉缸死料柱主要呈"正锥形+倒圆台"结合形貌，普遍呈现漂浮状态。死料柱直径约占炉缸的80%，死料柱锥角集中在炉缸侧壁侵蚀严重区域，死料柱的肥大加剧铁液对侧壁的环流冲刷，不利于炉缸侧壁安全长寿。

（2）炉缸死料柱上部为300~500mm的渣焦。沿着高度方向，焦炭粒度逐渐下降，死料柱空隙度逐渐增加。沿着径向方向靠近炉缸中心，焦炭粒度逐渐增加，死料柱空隙度逐渐下降。

（3）碱金属K、Na以及S元素在死料柱边缘渣铁焦混合物中出现明显富集现象，为炉缸侧壁有害元素提供了来源。

## 3.5　小结

高炉炉缸破损调查研究为高炉炉缸安全长寿提供了有力的研究基础。本章基于数十座高炉炉缸破损调查工作，介绍了高炉破损调查的研究方法，明确了国内不同立级高炉炉缸的侵蚀特征、炭砖破损类型、炉缸保护层形式及渣铁焦物相分布状态。

（1）高炉炉缸主要有象脚型侵蚀、锅底型侵蚀、鼠洞型侵蚀、宽脸型侵蚀及蘑菇型侵蚀五种侵蚀类型，炉缸侵蚀严重区域集中在铁口中心线下方1~2m处，周向上主要集中在铁口两侧1~2个风口位置，非铁口则主要集中在送风、送水总管位置及对侧。

（2）高炉炉缸炭砖主要呈现炭砖脆化、有害元素富集、裂纹及渗铁等破损特征，高炉炉况波动时，将使失效的炭砖前端脱落，加剧炭砖的侵蚀。

（3）高炉破损调查证实，在炉缸耐火材料热面普遍存在不同形式的保护层，主要有石墨碳保护层、富钛保护层、富渣保护层、富铁保护层。保护层的形成能够有效地将高温渣铁与耐火材料隔离开，从而减缓炉缸耐火材料的侵蚀，保证炉缸安全。

（4）高炉炉缸死料柱普遍呈现漂浮状态，呈"正锥形+倒圆台"形貌，直径约占炉缸的80%，其锥角处于炉缸侧壁侵蚀严重部位。

**参 考 文 献**

[1] 张建良，罗登武，曾晖，等.高炉解剖研究［M］.北京：冶金工业出版社，2019.

［2］ Zhang L, Zhang J L, Jiao K X, et al. Measurement of erosion state and refractory lining thickness of blast furnace hearth by using three-dimensional laser scanning method ［J］. Metallurgical Research & Technology, 2020, 118（1）: 106-112.

［3］ 梁栋, 刘元意, 王学斌, 等. 基于图像处理的高炉炉缸死铁层中焦粒信息分析 ［J］. 钢铁, 2020, 55（8）: 169-174.

［4］ 张福明, 钱世崇, 张建, 等. 首钢京唐5500m³高炉采用的新技术 ［J］. 钢铁, 2011, 46（2）: 12-17.

［5］ 张卫东, 任立军, 沈海波, 等. 首钢京唐5500m³高炉长寿技术的应用 ［J］. 炼铁, 2010, 29（5）: 11-13.

［6］ 曹锋, 霍吉祥. 首钢京唐1号高炉铁液含硫高的分析 ［J］. 中国冶金, 2013, 23（10）: 22-25.

［7］ 马成伟, 王金印, 牛理国, 等. 首钢京唐1号高炉炉缸侧壁温度升高的护炉措施 ［J］. 炼铁, 2020, 39（1）: 28-31.

［8］ 尚秋丽. 太钢6号高炉炉本体的设计与改进 ［J］. 山西冶金, 2015, 38（1）: 72-75.

［9］ 杨志荣. 太钢高炉上下部操作炉型相互作用及其影响 ［J］. 钢铁, 2015, 50（1）: 31-36.

［10］ 王红斌, 李红卫, 唐顺兵, 等. 太钢5号高炉控制炉缸侧壁温度升高的措施 ［J］. 炼铁, 2015, 34（1）: 18-21.

［11］ 郑伟, 梁建华, 宋建忠, 等. 太钢5号高炉炉役后期稳定生产的措施 ［J］. 炼铁, 2019, 38（4）: 30-33.

［12］ 魏丽, 祁四清, 全强, 等. 兴澄特钢3200m³高炉本体长寿设计与研究 ［A］. 2012年全国高炉长寿与高风温技术研讨会论文集 ［C］. 2012: 149-153.

［13］ 钱世崇, 程素森, 张福明, 等. 首钢迁钢1号高炉长寿设计 ［J］. 炼铁, 2005（1）: 6-9.

［14］ 赵铁良. 迁钢1号高炉缸水温差异常的处理 ［J］. 炼铁, 2009, 28（1）: 12-16.

［15］ 万雷, 龚鑫, 郑敬先, 等. 迁钢高炉炉缸维护技术 ［J］. 炼铁, 2015, 34（5）: 11-14.

［16］ 王凯, 张建良, 焦克新, 等. 方大特钢1号高炉炉缸侵蚀形貌及原因 ［J］. 炼铁, 2019, 38（5）: 16-20.

［17］ 刘彦祥, 张建良, 焦克新, 等. 方大特钢1号高炉长寿技术分析 ［J］. 炼铁, 2018, 37（3）: 53-55.

［18］ 王宝海, 谢明辉, 车玉满. 鞍钢新3号高炉炉缸炉底破损调查 ［J］. 炼铁. 2012（6）: 20-24.

［19］ 车玉满, 王宝海, 谢明辉, 等. 高炉炉缸侵蚀特征及产生原因 ［J］. 炼铁. 2012（4）: 26-29.

［20］ 黄晓煜, 薛向欣. 我国高炉炉缸破损情况初步调查 ［J］. 钢铁. 1998, 33（3）: 1-3.

［21］ 项钟庸. 国外高炉炉缸长寿技术研究 ［J］. 中国冶金, 2013, 23（7）: 1-10.

［22］ Shinotake A, Nakamura H, Yadoumaru N, et al. Investigation of blast-furnace hearth sidewall erosion by core sample analysis and consideration of campaign operation ［J］. ISIJ International, 2003, 43（3）: 321-330.

［23］ 窦力威. 高炉炉缸安全几个相关问题的探讨 ［J］. 炼铁, 2018, 37（5）: 12-16.

［24］焦克新，张建良，刘征建，等．关于高炉炉缸长寿的关键问题解析［J］．钢铁，2020，55（8）：193-198.

［25］左海滨，王聪，张建良，等．高炉炉缸耐火材料应用现状及重要技术指标［J］．钢铁，2015，50（2）：1-6.

［26］张建良，焦克新，刘征建，等．长寿高炉炉缸保护层综合调控技术［J］．钢铁，2017，52（12）：1-7.

［27］王筱留，焦克新，祁成林，等．高炉炉缸炭砖保护层的形成机理及影响因素［J］．炼铁，2017，36（5）：8-14.

［28］马洪修，张建良，焦克新，等．高炉炉缸侵蚀特征及侵蚀原因探析［J］．钢铁，2018，53（9）：14-19.

［29］窦力威．高炉炉缸圆周工作状态对侧壁炭砖寿命的影响［J］．炼铁，2019，38（5）：6-10.

# 4 高炉炉缸炭砖破损机理研究

高炉炉缸破损调查研究发现，炉缸炭砖的破损不是单一因素的作用，而是多种因素共同作用的结果。炭砖的侵蚀原因主要包括熔体对碳的机械冲刷和化学侵蚀、有害元素对炭砖的破坏，以及热应力造成的炭砖断裂等。高炉炉缸部位采用的耐火材料分为定型与不定型两种，其中炭砖、碳复合砖、陶瓷杯等耐火材料为定型耐火材料，而浇注料、喷涂料等则称为不定型耐火材料[1]。本章对高炉炉缸常用耐火材料种类、组成和基本性质，包括化学组成、组织结构、力学性质、热学性质和使用性质等进行了阐述，并解析了高炉炉缸炭砖的破损机理。

## 4.1 高炉炉缸耐火材料类别及特性

### 4.1.1 高炉炉缸耐火材料种类与应用现状

#### 4.1.1.1 陶瓷质耐火材料

高炉炉缸用陶瓷质耐火材料一般为刚玉系耐火材料，根据不同的原料组成和生产工艺，陶瓷耐火材料可以进一步细分为刚玉砖、微孔刚玉砖、莫来石砖等，耐火材料中不同的化学成分直接影响了耐火材料的物相组成、微观形貌、微孔性能、物理性能和冶金性能。几种典型陶瓷质耐火材料成分如表4-1所示。

表4-1 几种典型陶瓷质耐火材料成分　　　（％）

| 名　称 | C | $Al_2O_3$ | $SiO_2$ | SiC | CaO | $K_2O$ | $Na_2O$ | $Fe_2O_3$ | $TiO_2$ | 合计 |
|---|---|---|---|---|---|---|---|---|---|---|
| 大块刚玉砖 | — | 88.57 | 6.35 | — | 0.65 | 0.23 | 0.02 | 0.21 | 2.40 | 98.43 |
| 大块莫来石砖 | — | 71.46 | 21.76 | — | 0.38 | 0.26 | 0.02 | 0.91 | 2.44 | 97.23 |
| 刚玉莫来石砖 | — | 69.12 | 23.45 | — | 0.7 | 0.87 | 0.18 | 1.88 | — | 96.20 |
| 微孔刚玉砖 | 2.17 | 83.26 | 8.37 | 4.87 | 0.22 | 0.05 | 0.16 | 0.48 | — | 99.58 |
| 塑性相刚玉砖 | 0.12 | 77.96 | 7.79 | 12.12 | 0.29 | 0.11 | 0.14 | 0.28 | — | 98.81 |

由表4-1可以看出，典型陶瓷类耐火材料的主要成分为 $Al_2O_3$，占总体含量的60%以上。除此之外，次级主要成分是 $SiO_2$，为增强耐火材料的微孔性能，会在砖中添加部分 SiC 或者是 C，使其与 $SiO_2$ 发生原位反应。

评价耐火材料微孔性能的三个常用指标分别为透气度、平均孔直径和小于 $1\mu m$ 的孔容积[2]。几种典型陶瓷质耐火材料微孔及物理性能指标如表4-2和表4-3

所示。炉缸耐火材料的抗侵蚀能力与其微孔性能有关。耐火材料微孔性能的提高有利于抵御或减缓部分侵蚀的发生，包括铁液的渗透，钾、钠、锌等有害元素的渗透侵蚀，二氧化碳和水蒸气的氧化侵蚀等。微孔性能的提高也有利于提高耐火材料的力学性能，抵御铁液冲刷带来的物理破坏，同时避免因热应力而导致的环裂现象发生。

表 4-2　几种典型陶瓷质耐火材料微孔性能指标

| 名　称 | 透气度/mDa | 平均孔直径/nm | 小于 1μm 的孔容积/% | 中间孔直径/nm |
|---|---|---|---|---|
| 大块刚玉砖 | — | 25.6 | 84 | 23.9 |
| 大块莫来石砖 | — | 41.4 | 79 | 38.4 |
| 刚玉莫来石砖 | 119 | 5569.6 | 0 | 6318.1 |
| 微孔刚玉砖 | 0.94 | 110.5 | 85 | 253.9 |
| 塑性相刚玉砖 | 29.38 | 1627.4 | 10 | 2458.4 |

表 4-3　几种典型陶瓷质耐火材料物理性能指标

| 名　称 | 常温体积密度/g·cm⁻³ | 常温耐压强度/MPa | 常温抗折强度/MPa | 常温显气孔率/% | 线膨胀系数/℃⁻¹ | 永久线变化率/% | 荷重软化温度/℃ | 蠕变/% |
|---|---|---|---|---|---|---|---|---|
| 大块刚玉砖 | 3.4 | 127.94 | 10.70 | 5.69 | $6.9\times10^{-6}$ | 0.36 | >1650 | -0.776 |
| 大块莫来石砖 | 2.76 | 110.75 | 12.41 | 7.2 | $4.6\times10^{-6}$ | 0.17 | 1625.3 | -3.424 |
| 刚玉莫来石砖 | 2.33 | 83.9 | 15.60 | 27.77 | $5.5\times10^{-6}$ | -0.85 | 1502.3 | -7.486 |
| 微孔刚玉砖 | 3.22 | 227.0 | 23.82 | 14.13 | $7.5\times10^{-6}$ | -0.17 | >1650 | 0.049 |
| 塑性相刚玉砖 | 3.04 | 135.2 | 12.32 | 17.02 | $6.8\times10^{-6}$ | 0.18 | >1650 | -0.104 |

#### 4.1.1.2　碳质耐火材料

炭砖是以无烟煤和石墨为主要原料，以沥青、焦油、树脂等为结合剂制成的耐高温中性耐火材料制品。炭砖的耐火度、导热性和导电性高，具有很好的抗渣性，但在氧化气氛中容易氧化。炭砖的种类很多，按石墨化程度、焙烧制度、添加剂种类等可分为高密度炭砖、微孔炭砖、超微孔炭砖、半石墨质块、石墨质块、高温模压炭块、自焙炭砖等。炭砖炉缸结构体现了"传热学"在高炉冷却系统中的应用，利用炭砖的高热导率将热量传递给冷却系统，从而降低炭砖热面温度并在炭砖和铁液间形成保护层，达到保护炉缸的目的[3]。

在实际生产过程中，由于开炉初期无法快速的形成保护层，炭砖会直接与铁液接触而发生剧烈的侵蚀。同时在高炉运行过程中，由于高炉操作、原燃料波动等因素，使得耐火材料热面形成的保护层难以稳定存在，导致炭砖不断侵蚀直至损毁。

国外几种炭砖的理化性能如表 4-4 所示。从国外高炉应用情况来看，炉缸侧壁都使用了微孔炭砖。塔塔克鲁斯艾默伊登倾向使用石墨和半石墨块，原因在于其具有丰富的炉皮喷水冷却经验，借助石墨良好的导热能力使热面铁液凝固。萨尔茨吉特 B 高炉新一代炉役炉缸采用高导热薄壁结构，炉底石墨层上部采用大块炭砖，大块炭砖的优势在于可以减少接缝处理，弹性模量较低。

表 4-4 国外几种炭砖的理化性能

| 性 能 | 日本 BC-5 | 日本 BC-7S | 日本 BC-8SR | 德国 5RDN | 德国 7RDN | 美国 NMA | 美国 NMD | 法国 AM-102 |
|---|---|---|---|---|---|---|---|---|
| 显气孔率/% | 15.60 | 13.99 | 10.02 | 14.08 | 15.05 | 18.86 | 12.46 | 17 |
| 透气度/mDa | 138.2 | 5.98 | 0 | 160.5 | 0.99 | 4.44 | 1.97 | 0.28 |
| 氧化率/% | 4.86 | 2.49 | 3.00 | 1.84 | 5.27 | 18.06 | — | 8.09 |
| 铁液溶蚀指数/% | 28.26 | 15.79 | 31.17 | 28.19 | 19.42 | 28.18 | | 13.46 |
| 平均孔径/μm | 6.27 | 0.234 | 0.083 | 6.82 | 0.121 | 1.083 | | 0.109 |
| <1μm 孔容积率/% | 10.96 | 76.33 | 88.20 | 15.27 | 76.08 | 53.40 | | 78.67 |
| 导热系数（600℃）/W·(m·K)$^{-1}$ | 12.57 | 12.4 | 18.15 | 18.04 | 18.95 | 16.1 | 65.77 | 14.0 |

### 4.1.1.3 复合型耐火材料

基于已有的高炉陶瓷杯和炭砖的生产及使用经验，将碳组分合理地引入到氧化物材料中并采用树脂结合剂形成碳结合，进行陶瓷材料与碳素材料的复合。同时，采用微孔化工艺保留制品内部的微孔结构，保留炭砖和传统陶瓷杯材料各自的优点，使这种材料既能发挥导热性而代替炭砖使用，又能发挥抗铁液溶蚀性、抗渣性、抗碱性好的优势作为陶瓷杯使用[4]。这种新型耐火材料称作碳复合砖。碳复合砖主要原料的理化性能指标如表 4-5 所示。

表 4-5 碳复合砖主要原料的理化性能指标

| 原料名称 | 粒度 | $Al_2O_3$/% | $Fe_2O_3$/% | 体积密度/g·cm$^{-3}$ |
|---|---|---|---|---|
| 电熔致密刚玉 | 1~5mm，-0.0469mm | ≥98.5 | ≤0.5 | ≥3.9 |
| 电熔棕刚玉 | 1~5mm | ≥95 | ≤0.5 | ≥3.9 |
| 天然鳞片石墨 | -0.15mm | 组分碳≥95% | 水 ≤0.5% | ≥1.9 |
| 炭黑 | -1μm | 组分碳≥98% | — | |
| 酚醛树脂 | 固体含量≥78%；残碳≥45%；黏度 40~60Pa·s | | | |

碳复合砖具有和传统陶瓷杯相近的抗铁液溶蚀性，铁液溶蚀指数达到了 0.87%~1.23%，克服了炭砖抗铁液溶蚀性差（>20%）的缺点；还具有良好的

抗氧化性能，氧化率为 0.5%~1.6%，并且在氧化后还保留有较高的强度。平均孔径小于 0.5μm，<1μm 孔容积大于 70%，透气度趋近于 0mDa，导热系数达 13W/(m·K) 以上。常见的碳复合砖化学成分如表 4-6 所示。

表 4-6　碳复合砖化学成分　　　　　　　　　　（%）

| $Al_2O_3$ | C | $SiO_2$ | $TiO_2$ | $Fe_2O_3$ | $Na_2O$ | $K_2O$ | SiC |
|---|---|---|---|---|---|---|---|
| 73.05 | 10.2 | 8.18 | 1.2 | 0.9 | 0.29 | 0.11 | 6.0 |

#### 4.1.1.4　不定型耐火材料

**A　浇注料**

浇注料是一种加水搅拌后具有良好流动性的新型耐火材料，既可直接浇注成衬体使用，又可用浇注或振实方法制成预制块使用。浇注料正在向低水泥（<1.0%）和超低水泥浇注料方向发展，以微粉和亚微粉级粉体取代部分或全部水泥，减少了浇注料的加水量，使浇注料的体积密度提高，从而改善了材料的强度、耐磨性、抗渣渗透性和抗渣侵蚀性。普通浇注料的类型包括焦宝石基浇注料、矾土基浇注料、莫来石基浇注料、刚玉基浇注料以及镁质浇注料。

**B　炮泥**

高炉用炮泥是炼铁过程中用来封堵高炉出铁口的不定型耐火材料，使用时用冶炼行业专业的设备——泥炮，以一定的压力将其压入出铁口。目前国外常用的炮泥基本上分为两大类，分别为焦油结合的炮泥和树脂结合的炮泥。因每天高炉出铁口要反复多次打开和堵塞，所以既要求出铁口炮泥易烧结（易堵口）、易开口，又要求其耐冲刷、抗侵蚀。侵蚀后铁口情况如图 4-1 所示。

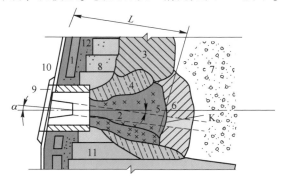

图 4-1　侵蚀后铁口情况

$L$—铁口深度；K—红点硬壳；$\alpha$—铁口角度

1—冷却壁；2—铁口孔道；3—炉墙渣皮；4—旧泥包；5—出铁时泥包被渣铁侵蚀变化；6—新增炮泥；7—焦炭块；8—炉墙砖；9—铁口泥套；10—炉皮；11—炉底砌砖；12—填料

C 铁沟料

使用初期的铁沟料一般以黏土、焦粉、沥青等材料为主，以焦油作结合剂，形成的铁沟料为 $Al_2O_3-C$ 质料系。这种材料强度低，且由于铁沟料中含有大量的焦粉而且没有防氧化剂，使得其抗氧化性差、大气污染严重。随着炼铁领域的技术进步，处理量增大、出铁速度增加，急剧缩短了出铁沟的使用寿命，迫使沟衬材料进行改革以适应高炉的发展。因此，在原配料的基础上，沟衬材料引入了碳化硅等有针对性改善使用性能的材料，结合剂也从单一的结合方式发展为多种结合方式及多种材料复合结合方式。

D 灌浆料

高炉灌浆也称为压入修补法，是高炉维护不可或缺的维护方法[5]。灌浆过程是通过在炉体钻出直通炉缸的孔洞，利用特殊压入设备在一定压力的条件下通过管道把特种耐火材料从炉外输送到指定的维修部位，达到填充间隙和修补炉衬的目的。此种方式的主要特点是可以借助测温等手段确定炉衬的薄弱部位或煤气泄漏区域，实施有效的修补。从维修的目的看，灌浆压入维修主要分两大类：

（1）充填式维修：压入设备把特定的耐火材料输送到指定的部位，包括耐火材料与耐火材料之间的间隙、耐火材料与金属件间的间隙等，达到充填修补间隙，以阻堵高温气体通过间隙流动的目的。

（2）造衬式维修：压入设备把特定的耐火材料从炉外穿过残留的炉衬，送到炉内，利用炉内炉料对残留炉衬的挤压，并在一定压力作用下发生移动的特点，使压入的耐火材料在残留炉衬与炉料之间形成修补层，从而达到修补炉衬的效果。

压入料黏结性强，导热性好，耐高温、耐侵蚀性及附着力强。压入料能够抵抗高炉生产工作期间炉料下料时的震动力，对防止煤气泄漏起到重要保护作用，是高炉等热工设备填充、密封及造衬的优选材料。

## 4.1.2 高炉炉缸耐火材料组分及形貌

### 4.1.2.1 耐火材料组分

表 4-7 为不同耐火材料的成分检测结果。可以看到，NMD、NMA 炭砖碳含量极高，其含量都达到 89% 以上，而 $Al_2O_3$ 含量较低，小于 0.5%，$SiO_2$ 含量为 7%~8%。9RDN 炭砖中碳含量略低，为 76.15%，$Al_2O_3$、$SiO_2$、SiC 等组分增多，三种组分总质量百分比大于 22%。三种类型炭砖除 C、$Al_2O_3$、$SiO_2$、SiC

四种组分外，其余杂质元素种类及含量相近，并无太大差距。而浇注料与前三种高碳耐火材料在化学组成上存在巨大差异，在实际检测中并未检测到碳元素的存在，而 $Al_2O_3$ 含量大于 70%，且浇注料 B 中含有一定含量的 SiC。

表 4-7 不同耐火材料化学组分 （%）

| 砖型 | 化 学 成 分 | | | | | | | | | |
|---|---|---|---|---|---|---|---|---|---|---|
| | C | $Al_2O_3$ | $SiO_2$ | SiC | $TiO_2$ | FeO | S | CaO | MgO | 碱锌氧化物 |
| NMA | 89.56 | 0.48 | 7.75 | — | 0.04 | 0.46 | 0.06 | 0.2 | 0.02 | 0.34 |
| NMD | 89.59 | 0.36 | 7.98 | — | 0.05 | 0.38 | 0.06 | 0.09 | 0.03 | 0.28 |
| 9RDN | 76.15 | 7.26 | 7.41 | 7.80 | 0.07 | 0.45 | 0.05 | 0.08 | 0.02 | 0.32 |
| 浇注料 A | — | 77.94 | 2.80 | | | 0.24 | | | | |
| 浇注料 B | — | 82.10 | 2.95 | 14.70 | | 0.25 | | | | |

### 4.1.2.2 耐火材料微观形貌

**A 9RDN 超微孔炭砖原砖微观形貌**

9RDN 炭砖原砖形貌如图 4-2 所示。由图 4-2（a）可以看到，碳基质及白色陶瓷质材料层和黑色碳骨料颗粒界限明显。由图 4-2（b）二次电子图像可知，9RDN 超微孔炭砖内部，微型孔隙偏多，尺寸处于 $20 \sim 70 \mu m$ 范围之间。由图 4-2（c）、（d）两幅 SEM 图像可知，在白色区域，陶瓷质材料在碳基质区域弥散分布，优化了单一陶瓷质材料聚集对炭砖导热性能的影响。局部碳基质及矿物质层呈条带状，隔离了不同位置的碳质骨料，这一物相分布形式可以有效隔断碳骨料与铁液的接触，减缓炭砖的溶蚀进程。

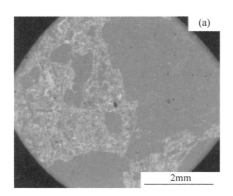
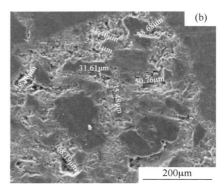

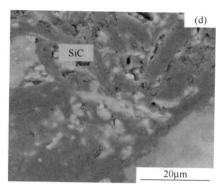

图 4-2　9RDN 炭砖原砖不同标尺下的微观形貌

　　9RDN 炭砖原砖的元素分布情况如图 4-3 所示。可以看到，该区域中 $Al_2O_3$、$SiO_2$、SiC 等陶瓷质添加剂与碳质基底交错分布，且陶瓷质添加剂与碳质基底交错界面存在较多裂缝、孔隙，而单一物相区域结构则较为致密。此外，在该区域中心部位，发现白色碳化钛化合物。

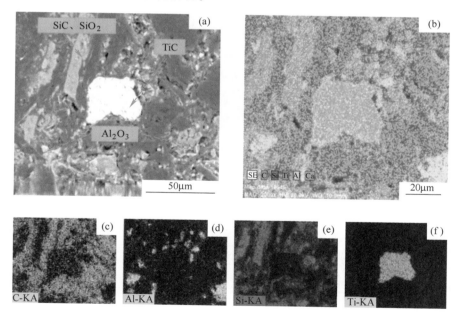

图 4-3　9RDN 炭砖原砖元素分布情况

B　NMA 炭砖原砖微观形貌

NMA 炭砖的显微形貌及元素分布情况如图 4-4 所示。由图 4-4（a）可知，该砖型主要成分为 C 和 $SiO_2$。此外，NMA 炭砖截面存在大量孔洞，最大孔径达到 395.5μm，明显大于 9RDN 炭砖。由于 NMA 炭砖所采用原料材质偏细，性质相近，因此，其表面并没有观察到明显裂缝的存在。图4-4（c）也表明该型号炭砖主要化学组分为 C 和 Si，几乎不含有 Al 元素，但存在一定量的 Fe 元素。

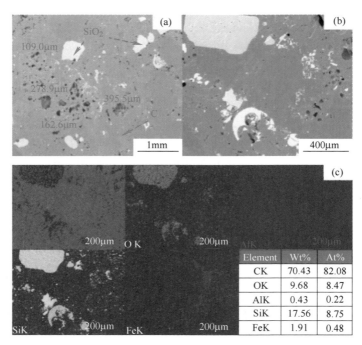

| Element | Wt% | At% |
| --- | --- | --- |
| CK | 70.43 | 82.08 |
| OK | 9.68 | 8.47 |
| AlK | 0.43 | 0.22 |
| SiK | 17.56 | 8.75 |
| FeK | 1.91 | 0.48 |

图 4-4　NMA 炭砖原砖显微形貌及元素分布情况

C　浇注料 A 微观形貌

浇注料 A 的显微形貌及元素分布情况如图 4-5 所示。由图 4-5 可知，浇注料在固结过程中形成一定量的浅气孔，该区域内最大孔径为 424.6μm，最小为 183.2μm，还存在部分偏小气孔。对图中局部区域进一步放大可见，浇注料主要含有 Si、$SiO_2$、$Al_2O_3$ 等陶瓷质矿物质，在 $Al_2O_3$ 基质中，也含有一定量的 Ti 元素。

浇注料是与炭砖在本质上存在差异的两类炉缸用耐火材料，其高氧化铝含量预示其抗铁液侵蚀能力是极强的。

通过对比三种耐火材料显微形貌可以得出，由于 9RDN 超微孔炭砖添加了碳颗粒，碳元素的分布存在偏聚现象，而 NMA 砖和浇注料整体分布较为均匀。

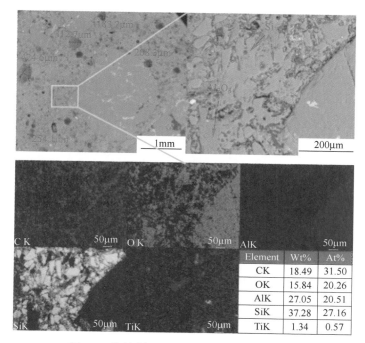

图 4-5　浇注料 A 显微形貌及元素分布情况

| Element | Wt% | At% |
|---------|-------|-------|
| CK | 18.49 | 31.50 |
| OK | 15.84 | 20.26 |
| AlK | 27.05 | 20.51 |
| SiK | 37.28 | 27.16 |
| TiK | 1.34 | 0.57 |

## 4.1.3　耐火材料各物理指标对比分析

不同耐火材料物理性能指标如表 4-8 所示。其中，显气孔率几乎影响耐火材料的所有性能，尤其是强度、热导率、抗溶蚀性等。一般来讲，气孔率增加，强度降低，热导率降低，抗溶蚀能力变差；体积密度直观地反映了耐火材料的致密程度，并对其他许多性质都有显著的影响，如显气孔率、强度、抗溶蚀性、耐磨性和抗热震性等；耐火材料的强度包括耐压强度与抗折强度，其主要影响炉缸力学稳定性；氧化率是指在 1100℃温度下，以二氧化碳为氧化剂，1h 内试样氧化失重的百分数。

表 4-8　不同耐火材料物理指标检测结果

| 性 能 指 标 | 耐火材料种类 | | | | |
|---|---|---|---|---|---|
| | NMA | NMD | 9RDN | 浇注料 A | 浇注料 B |
| 显气孔率/% | 18.8 | 15.0 | 17.6 | 14.1 | — |
| 体积密度/g·cm⁻³ | 1.66 | 1.85 | 1.81 | 3.08 | 3.03 |
| 常温耐压强度/MPa | 34.99 | 27.51 | 46.49 | 97.6 | 74.5 |
| 常温抗折强度/MPa | 11 | 11 | 14.23 | 5.5 | 6.6 |

| 性能指标 | | 耐火材料种类 | | | | |
|---|---|---|---|---|---|---|
| | | NMA | NMD | 9RDN | 浇注料 A | 浇注料 B |
| 氧化率/% | | 16.31 | 8.9 | 2.23 | — | — |
| 平均孔径/μm | | 1.167 | 3.581 | 0.173 | 2.69 | — |
| 静态弹性模量/GPa | | 2.529 | 2.162 | 4.413 | — | — |
| <1μm 孔容积/% | | 46.85 | 25.1 | 82.76 | 22.64 | — |
| 透气度/mDa | | 14.7 | 5.367 | 0.5 | 10.6 | — |
| 动态弹性模量/GPa | | 8.35 | 8.51 | 14.84 | — | — |
| 重烧线变化率/% | | +0.0 | — | +0.0 | +0.4 | — |
| 导热系数 /W·(m·K)$^{-1}$ | 常温 | 17.87 | — | 16.71 | 10.50 | — |
| | 600℃ | 15.60 | — | 15.65 | 6.27 | — |
| | 1200℃ | 14.17 | — | 13.26 | 6.20 | — |
| 线(热)膨胀系数 /℃$^{-1}$ | 室温~600℃ | $4.7×10^{-6}$ | — | $4.0×10^{-6}$ | $5.3×10^{-6}$ | — |
| | 室温~1200℃ | $4.5×10^{-6}$ | — | $4.3×10^{-6}$ | $6.2×10^{-6}$ | — |
| 断裂能/N·m$^{-1}$ | | 235.93 | 294.79 | 364.15 | 282.00 | 141.31 |
| 抗碱性 | | U | U | U | — | — |

透气度是指耐火材料允许气体在压差下通过的性能。透气度与贯通气孔的数量、大小、结构和状态有关,并随着耐火材料成型时的加压方向而异。耐火材料透气度超高,侵蚀性流体的流通能力超强,极大地加快了耐火材料的溶蚀速率,缩短炉缸寿命。

耐火材料受外力作用产生变形,在弹性极限内应力与应变成比例,此比值称为弹性模量。它表示材料发生单位应变时所产生的应力,也可认为是材料抵抗变形的能力。同样,该性能与生产过程中的热应力相关联。

重烧线变化率是指烧成的耐火制品再次加热到规定的温度,保温一定时间,冷却到室温后所产生的残余膨胀和收缩,这也是表达高温体积稳定性的一个方面,是耐火制品的一项重要质量指标。

耐火材料导热性能是否良好,关系着其砌筑炉缸热面铁液温度高低,以及整个炉缸截面热应力梯度的大小。耐火材料的高导热能力,会使表面耐火材料所承受的热应力变低,更有利于热面保护层的形成,减弱耐火材料的侵蚀。

耐火材料的热膨胀系数通常是指其平均热膨胀系数。即从室温升至试验温度,温度每升高 1℃ 试样长度的相对变化率。高炉炉缸砌筑过程中膨胀缝的预留与大小就是根据耐火材料的热膨胀系数来决定的。另外,耐火材料抗热震性与其热膨胀系数密切相关,热膨胀系数大则其抗热震性一般较差。

断裂能是指在材料内部由一个裂纹产生两个新的表面时，单位投影面积上所需要的能量。因此，可以认为材料的断裂能越高，其热震稳定性就越好。原因是裂纹在这种材料中的扩散很困难。表4-9给出了相同条件下不同耐火材料内部裂纹延伸临界温差值。

表4-9　不同耐火材料裂纹延伸计算结果

| 项　　目 | $\gamma_{eff}/N \cdot m^{-1}$ | $\mu$ | $\alpha/℃^{-1}$ | $E/GPa$ | $L/mm$ | $\Delta T_c/℃$ |
|---|---|---|---|---|---|---|
| NMA | 235.93 | 0.101 | $4.6×10^{-6}$ | 7.68 | 6 | 547 |
| NMD | 294.79 | 0.077 | $4.6×10^{-6}$ | 8.21 | 6 | 611 |
| SGL | 364.15 | 0.214 | $5.4×10^{-6}$ | 13.48 | 6 | 358 |
| 浇注料 A | 282.00 | 0.030 | $6.8×10^{-6}$ | 17.03 | 6 | 297 |
| 浇注料 B | 141.31 | 0.025 | $7.3×10^{-6}$ | 17.57 | 6 | 194 |

## 4.2　高炉炉缸炭砖溶蚀机理

### 4.2.1　高炉炉缸炭砖溶蚀现象

在破损调查时，对炉缸内破损炭砖进行取样，样品周向和高度方向位置如图4-6所示。图4-7为炭砖样品宏观形貌。样品热面有一层铁皮覆盖，说明停炉时铁液已经与炭砖直接接触。图4-8为铁液一侧至炭砖内部不同距离时炭砖的微观形貌。可以发现炭砖部分存在铁液渗透，且自炭砖热面至冷面可分为铁液区域、大量渗铁区域、少量渗铁区域和完好炭砖区域。

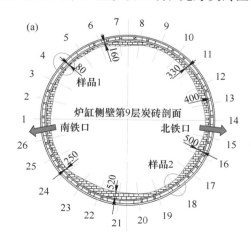

图 4-6　炭砖样品周向和高度方向位置

图 4-7　炭砖样品的宏观形貌

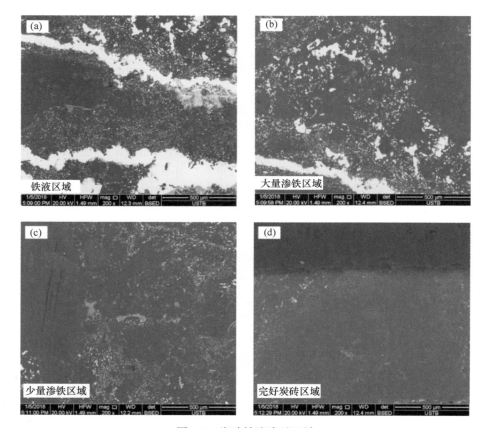

图 4-8　炭砖铁液渗透区域

由图 4-9 可知，当铁液直接与炭砖接触时，铁液会沿着炭砖孔洞渗透进入其内部，碳不饱和铁液渗入后发生渗碳反应使得炭砖孔洞变大导致炭砖侵蚀。铁液继续渗透，孔洞与孔洞相连形成铁液渗透通道。铁液在炭砖内部形成树枝状渗透，导致炭砖内部结构变得疏松进而加剧了铁液的侵蚀。

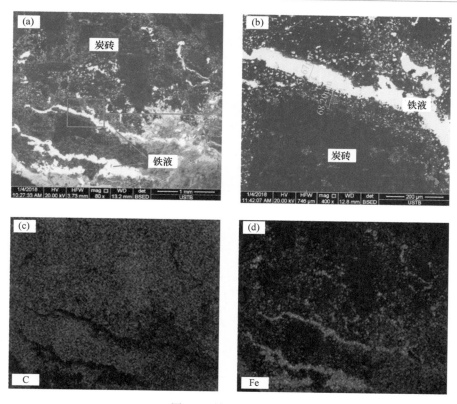

图 4-9 铁液渗透炭砖

## 4.2.2 高炉炉缸炭砖溶解反应热力学与动力学

### 4.2.2.1 炭砖溶解反应热力学

大量研究以及实验已经证明[6-8]，高炉炉缸铁液碳含量处于未饱和状态，国内某高炉铁液碳含量及铁液碳不饱和度趋势图如图 4-10 所示。

当高炉炉缸铁液直接与炭砖接触时会发生铁液渗碳反应。铁液渗碳反应可以通过如下两个化学反应表示：

$$C \Longrightarrow [C] \qquad \Delta G^{\ominus} = 22590 - 42.26T, \ kJ/mol \qquad (4-1)$$

$$C + 3Fe \Longrightarrow Fe_3C \quad \Delta G^{\ominus} = 10530 - 10.20T, \ kJ/mol \qquad (4-2)$$

由上述两个反应可知，渗碳反应是固体碳源中的碳溶解到铁液中，碳与铁原子反应生成渗碳体。上述化学反应的标准吉布斯自由能随温度的变化趋势如图 4-11 所示。反应（4-1）的标准吉布斯自由能，在实验温度范围内始终低于反应（4-2）的标准吉布斯自由能，这证明固体碳源中碳的溶解反应是渗碳反应的主导反应。

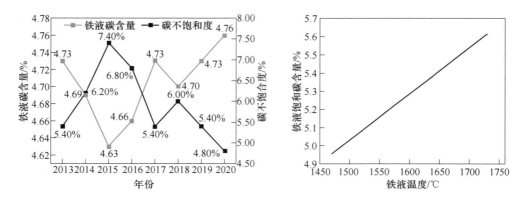

图 4-10　高炉铁液碳含量及铁液碳不饱和度趋势图

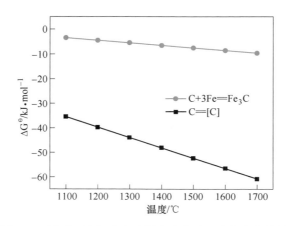

图 4-11　渗碳反应标准吉布斯自由能随温度的变化趋势

由冶金热力学理论中多元系铁液中活度系数的 Wagner 模型可知：

$$\lg f_C = e_C^C[C] + e_C^{Si}[Si] + e_C^{Mn}[Mn] + e_C^P[P] + e_C^S[S] + e_C^{Ti}[Ti] \quad (4-3)$$

进一步可以得到，溶解反应铁液中碳的浓度为：

$$\lg[C] = -\frac{1179.81}{T} + 2.21 - e_C^C[C] - e_C^{Si}[Si] - e_C^{Mn}[Mn] - e_C^P[P] - e_C^S[S] - e_C^{Ti}[Ti]$$

$$(4-4)$$

式中，$e_C^j$ 为铁液中的 $j$ 元素对碳元素的相互作用系数，其数值如表 4-10 所示。

表 4-10　铁液中元素的相互作用系数（1600℃）[9]

| 相互作用系数 | $e_C^C$ | $e_C^{Si}$ | $e_C^{Mn}$ | $e_C^P$ | $e_C^S$ | $e_C^{Ti}$ |
|---|---|---|---|---|---|---|
| 数值 | 0.14 | 0.08 | -0.012 | 0.051 | 0.016 | -0.041 |

由式（4-4）可知，影响碳溶解的因素有两个：

（1）温度。当铁液中各组分含量一定时，随着温度的升高，铁液中碳的溶解度增加，溶解速率增加。

（2）铁液中各组分质量百分数及元素间相互作用系数[10]。当 $e_C^i > 0$ 时，随着铁液中 $j$ 元素质量百分数的增加，碳的活度系数增加，导致铁液中碳的溶解度降低。当 $e_C^i < 0$ 时，随着铁液中 $j$ 元素质量百分数的增加，碳的活度系数降低，导致铁液中碳的溶解度增加。

### 4.2.2.2　炭砖溶解反应动力学

炭砖溶解反应可以分为两个连续的过程（图 4-12）：第一个过程是碳原子由固体结构分离出来到反应界面铁液一侧的铁原子的间隙位置。这个过程可以由下式表示：

$$C_{(s)} = [C]_*　\qquad (4\text{-}5)$$

式中，$[C]_*$ 为反应界面铁液一侧的碳浓度，%。

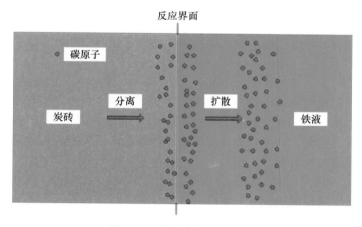

图 4-12　炭砖溶解两个过程

这个过程可以进一步分为三个步骤，如图 4-13 所示。第一步，碳原子从固体碳结构中分离；第二步，分离出来的碳原子在反应界面处的积累；第三步，碳原子由反应界面处被吸附至铁原子的间隙。其中，第一步分离反应的速率是正向反应速率和逆向反应速率之差，可以表示为：

$$J_r = Ak_r\left(a_C^s - \frac{a_C^*}{K}\right)　\qquad (4\text{-}6)$$

式中，$J_r$ 为碳的分离反应速率，g/s；$A$ 为固体碳与铁液的接触面积，$cm^2$；$k_r$ 为分离反应的速率常数，$g/(s \cdot cm^2)$；$a_C^*$ 为反应界面铁液一侧碳的活度。

溶解反应的第二个过程为碳原子由铁原子的间隙位置向铁液中扩散，可以由

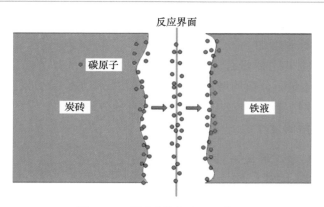

图 4-13　碳原子分离过程示意图

下式来表示：

$$[C]_* \Longrightarrow [C] \tag{4-7}$$

　　假定在反应界面处存在一层平衡的过渡层，在过渡层外的铁液没有碳浓度的梯度变化，且碳穿过过渡层时受扩散控制。假设在过渡层内存在稳态的条件，可以用菲克定律表示穿过过渡层时碳浓度的线性关系：

$$J_m = \frac{Ak_m\rho_m}{100}([C]_* - [C]) \tag{4-8}$$

式中，$J_m$ 为碳从反应界面向铁液扩散的传质速率，g/s；$k_m$ 为在铁液中的传质系数，cm/s；$\rho_m$ 为铁液的密度，g/cm$^3$。

　　对于溶解反应而言，可分为传质控速、界面化学反应控速以及传质和界面化学反应混合控速三种情况[11]。

　　（1）传质和界面化学反应混合控速。当溶解反应由传质和界面化学反应混合控速时，在反应界面的铁液一侧没有碳的积累，传质通量与界面处碳积累量相等，可以得到：

$$[C]_* = \frac{100k_r a_C^s + k_m\rho_m[C]}{100k_r \dfrac{f_C^*}{K} + k_m\rho_m} \tag{4-9}$$

　　将式（4-9）代入式（4-6）或式（4-8），可以得到包括传质和界面化学反应两个过程的碳溶解速率的表达式：

$$J_d = Ak_t\left(a_C^s - \frac{f_C^*[C]}{K}\right) \tag{4-10}$$

$$\frac{1}{k_t} = \frac{1}{k_r} + \frac{100f_C^*}{k_m\rho_m K} \tag{4-11}$$

式中，$k_t$ 为碳溶解反应总速率常数，g/(s·cm$^2$)；$f_C^*$ 为反应界面铁液一侧碳的活度系数。

由式（4-10）可以得到，整个溶解反应总的阻力、传质的阻力以及界面化学反应的阻力：

$$R_t = \frac{1}{k_t} \tag{4-12}$$

$$R_r = \frac{1}{k_r} \tag{4-13}$$

$$R_m = \frac{100 f_C^*}{k_m \rho_m K} \tag{4-14}$$

三者的关系为：

$$R_t = R_r + R_m \tag{4-15}$$

（2）传质控速。当溶解反应由传质控速时，传质的阻力远大于界面化学反应的阻力，即界面化学反应的速率远大于传质的速率，因此溶解反应在反应界面处即可达到平衡。界面中碳元素含量与其在铁液中的含量相等，则可以由平衡得到界面处碳的浓度：

$$[C]_* = [C] \tag{4-16}$$

$$f_C^* = f_C^{sat} \tag{4-17}$$

$$a_C^* = a_C^{sat} \tag{4-18}$$

将以上公式代入式（4-10）并且忽略界面化学反应的阻力，可以得到当传质控速时溶解反应的速率表达式：

$$J_d = \frac{A k_m \rho_m}{100 M}([C]_s - [C]) \tag{4-19}$$

由上式可知，当溶解反应由传质控速时，则溶解过程的驱动力为碳的浓度差，且受碳的传质系数和碳的饱和浓度的影响。碳的传质系数受温度、铁液成分和铁液搅拌速度的影响。而碳的饱和浓度受温度和铁液成分的影响。对式（4-19）进行积分可以得到：

$$\ln \frac{([C]_s - [C])}{([C]_s - [C]_0)} = \frac{A k_m}{V_m} t \tag{4-20}$$

式中，$[C]_s$ 为铁液饱和碳含量；$[C]_0$ 为铁液初始碳含量，%；$V_m$ 为铁液体积，$cm^3$；$t$ 为溶解反应时间，s。

（3）界面化学反应控速。当溶解反应由界面化学反应控速时，界面化学反应的阻力远大于传质阻力，即传质的速率远大于界面化学反应的速率，则式（4-21）所示的平衡很容易达到，则有：

$$[C]_* = [C] \tag{4-21}$$

$$f_C^* = f_C \tag{4-22}$$

$$a_C^* = a_C \tag{4-23}$$

将以上公式代入式（4-10）并且忽略传质的阻力，可以得到当界面化学反应控速时溶解反应的速率表达式：

$$J_d = Ak_r\left(a_C^s - \frac{a_C}{K}\right) \tag{4-24}$$

由以上公式可知，当溶解反应由界面化学反应控速时，反应的驱动力是活度差，由于固体的活度为 1，则反应速率受接触面积、分离反应速率常数、碳的活度及总反应的平衡常数影响。

### 4.2.3 炉缸铁碳界面反应过程影响因素

#### 4.2.3.1 炉缸铁碳界面反应传质系数计算模型

由热力学可知，铁碳界面的溶解反应为主要反应。前文提到，溶解反应由两个连续的过程组成：一是碳原子从固体结构中脱离进入铁液一侧的反应界面；二是碳原子从反应界面处向铁液中扩散。由溶解反应限制性环节分析可知，碳的传质过程对于反应影响较大，因此，有必要建立模型计算碳的传质系数，以明晰不同条件下溶解反应的限制性环节。

若铁碳界面的溶解反应由碳在铁液中的扩散控速，则传质速率可以表示为[6]：

$$n_D = \frac{\rho_L A}{1200} k_D([C]_s - [C]_b) \tag{4-25}$$

$$\frac{d[C]_b}{dt} = \frac{A}{V} k_D([C]_s - [C]_b) \tag{4-26}$$

采用旋转圆柱法进行炭砖溶解实验时，碳的溶解量与铁液碳的增加量应保持平衡：

$$-A\rho_s \frac{dr}{dt} = \frac{\rho_L V}{100} \frac{d[C]_b}{dt} \tag{4-27}$$

在碳的浓度轻微变化的短时间内，由式（4-26）和式（4-27）可以得到：

$$k_D = \frac{100\rho_s \Delta r}{\rho_L([C]_s - [C]_{bav})\Delta t} \tag{4-28}$$

式中，$n_D$ 为碳在铁液中的传质速率，$mol/(m^2 \cdot s)$；$\rho_L$ 为铁液的密度，$g/m^3$；$A$ 为固液接触面积，$m^2$；$k_D$ 为碳在铁液中的传质系数，$m/s$；$[C]_s$ 为铁液中碳的饱和溶解度；$[C]_b$ 为碳在铁液中的浓度，$\%$；$t$ 为反应时间，$s$；$V$ 为铁液的体积，$m^3$；$\rho_s$ 为圆柱试样的密度，$g/m^3$；$r$ 为圆柱试样的半径，$m$；$\Delta r$ 为圆柱试样半径的减小量，$m$；$[C]_{bav}$ 为铁液中碳初始和最终浓度的算术平均值，$\%$；$\Delta t$ 为反应时间差，$s$。

#### 4.2.3.2 硫钛交互作用对渗碳反应过程的影响研究

铁液硫钛交互作用对炭砖侵蚀速率的影响如图 4-14 所示。由图可知，随着铁液中硫含量的增加，炭砖的侵蚀速率逐渐上升，且当铁液硫含量[S]≤0.04%时，炭砖侵蚀速率上升缓慢，当铁液硫含量 [S]≥0.06%时，炭砖侵蚀速率上升明显。另一方面，当铁液中钛含量增加时，炭砖侵蚀速率会下降，但下降的幅度有差别。当铁液中钛含量为 0.05%时，炭砖的侵蚀速率都比较高，达到了 0.068g/(h·cm²)，这表明当铁液钛含量较低时，对炭砖保护作用不明显。当铁液中钛含量提高至 0.10%时，炭砖侵蚀速率有所降低，且对于 [S]≤0.04%的低硫铁液影响显著。因此，在实际生产中护炉时，建议将铁液钛含量控制在 0.10%以上。

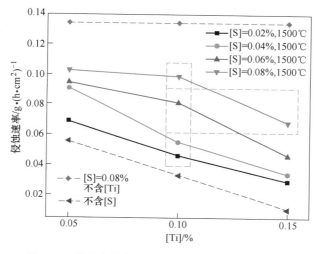

图 4-14 铁液硫钛交互作用对炭砖侵蚀速率的影响

当铁液中钛含量提高至 0.15%时，即便是铁液中 [S]≥0.06%，炭砖侵蚀速率下降都非常明显，这表明提高铁液钛含量至 0.15%时，可以有效弥补高硫铁液对炭砖侵蚀的影响。利用软件对铁液硫钛交互作用实验得到的数据进行拟合，得到 1500℃时，炭砖侵蚀速率随硫钛交互作用的定量关系为：

$$v = 0.07825 + 0.7[S] - 0.4525[Ti] \tag{4-29}$$

相关系数 $R^2 = 0.95$。

由上式可知，当铁液硫钛交互作用时，炭砖的侵蚀速率随铁液硫含量、钛含量而产生变化。铁液硫含量每升高 0.01%时，炭砖侵蚀速率升高 0.007g/(h·cm²)，而铁液钛含量每升高 0.01%时，炭砖侵蚀速率下降 0.005g/(h·cm²)。因此，在铁液硫钛交互作用的影响下，铁液硫含量每升高 0.01%时，需要将铁液钛含量提高 0.015%，以弥补硫对炭砖侵蚀的影响。

### 4.2.3.3 铁液-炭砖界面动态速率方程

综合考虑铁液温度及铁液成分，通过铁液侵蚀炭砖实验，得到炭砖侵蚀速率

公式如下:

$$v = 0.000688(T + 273) + 1.61388w - 0.09269[C] -$$
$$0.1025[Si] + 0.2175[Mn] + 0.44346[P] + \qquad (4-30)$$
$$0.42295[S] - 0.57[Ti] - 0.97347$$

式中，$T$ 为铁液温度，适用温度为 1450~1500℃；$w$ 为炭砖圆柱体转速；$[i]$ 为铁液中微量元素含量，%；相关系数 $R^2 = 0.949$。

由式（4-30）可以计算不同铁液温度及铁液成分下炭砖的侵蚀速率，其中各因素前的系数可以反映出温度和成分对炭砖侵蚀速率的作用效果，若系数为正值，证明该元素增加了炭砖侵蚀速率，而系数为负数则表明此变量的增加会抑制炭砖侵蚀。为比较各因素对于炭砖侵蚀的影响程度，计算各因素变化 10% 后炭砖侵蚀速率的变化特征值。从表 4-11 中可知，温度和碳含量对于炭砖侵蚀影响程度最为明显，而铁液微量元素对于炭砖侵蚀的影响程度排序为：$[Ti] > [Si] > [P] > [S] > [Mn]$。

**表 4-11 各因素对炭砖侵蚀速率的影响**

| 影响因素 | [C] | [Si] | [Mn] | [P] | [S] | [Ti] | 温度 |
|---|---|---|---|---|---|---|---|
| 系数 | -0.093 | -0.10 | 0.22 | 0.44 | 0.423 | -0.57 | 0.00069 |
| 侵蚀速率变化 | 降低 | 降低 | 增加 | 增加 | 增加 | 降低 | 增加 |
| 特征值 | 30.0 | 2.95 | 0.16 | 3.19 | 0.91 | 4.11 | 87.8 |

注：温度指的是炭砖热面温度，而非铁液物理热。

## 4.3 高炉炉缸炭砖脆化断裂机理

### 4.3.1 高炉炭砖脆化现象

在国内外高炉破损调查过程中均发现了炉缸炭砖存在脆化层的现象[12-14]，关于炭砖产生脆化层的原因，归纳起来主要有两个方面，分别为有害元素侵蚀和高温热应力导致。图 4-15 所示的是有害元素沉积后炭砖脆化层的形貌图。其中，图 4-15（a）与（b）为富含白色物质的炭砖。这些白色物质为碱金属化合物，碱金属的存在，使炭砖砌体产生较大的体积膨胀，进而促使炭砖产生裂纹。图 4-15（c）为富含黄绿色物质的炭砖。这些黄绿色物质主要为锌的化合物，锌原子的半径较小，且易形成蒸气（907℃），因此锌蒸气在高温高压作用下，有着较大的动量和穿透力，容易渗入砖衬。同时渗入炉衬的锌蒸气，在炉衬中冷凝下来，并被氧化成 ZnO，以液态沿着炭砖缝隙侵入砖体，并在脆化层区域富集，发生体积膨胀，产生巨大破坏力，加剧了炭砖的粉化。

图 4-16 所示为炭砖脆化层微观形貌。该炭砖内部比较复杂，部分炭砖孔洞中存在 ZnS、Fe 及少量 K 元素，炭砖基质中存在大量 C、Si、Al、Fe、S、Zn、Na、K 元素，为钾钠霞石、渣相、渗铁及硫铁化合物。在 5000 倍下观察，灰白色

图 4-15 有害元素沉积后炭砖形貌

物相生成于 C—C 之间，钾霞石与 C 界面存在少量渣相，K、Al、Si、O 元素基本聚集于灰白色物相处，为钾霞石，少量 S 元素集聚于钾霞石处。此现象说明 K、Na、Zn、S 等有害元素渗入导致炭砖质量下降，之后由于渣铁的渗入加速了炭砖的破损。

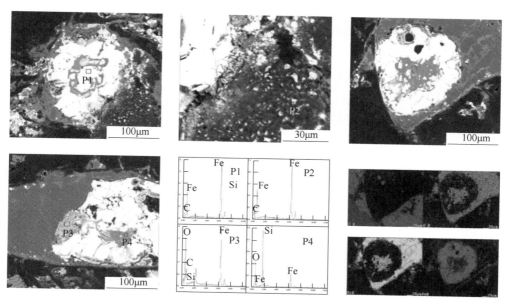

图 4-16 炭砖脆化层微观形貌

图 4-17 所示为铁口下方炭砖脆化层微观形貌。炭砖内部存在着大量孔洞，一处孔洞周围物相主要元素为 C、Al、Si、K、S、Na、K、Ca、Mg 等元素，为钾钠霞石、渣相、渗铁及硫铁化合物；另一处孔洞内部存在六方体结构的团聚物，完全由 Fe 单质组成，为渗铁。

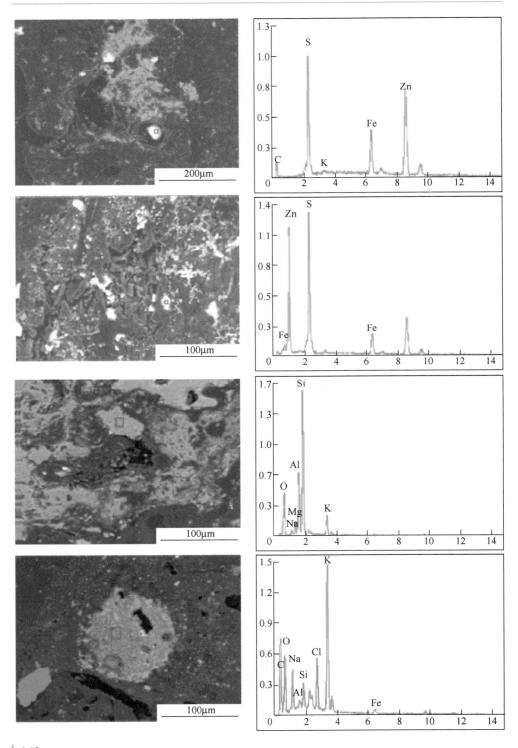

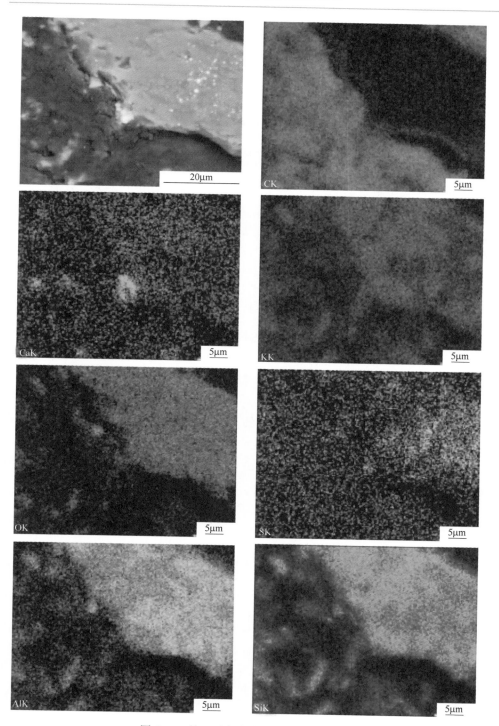

图 4-17　铁口下方炭砖脆化层微观形貌

### 4.3.2　有害元素对炭砖脆化的影响

#### 4.3.2.1　锌对脆化层形成的影响

**A　脆化层中锌的来源**

高炉中大部分的锌最终会随炉顶煤气排出炉外，少部分会残留于铁液和炉渣之中。通过以上两种流转方式，由煤气流经的炭砖砖缝及铁液渗透的炭砖内部均有可能出现锌残留现象。对高炉破损调查取样得到的炭砖进行 XRD 衍射实验，结果表明锌在炭砖中基本上均以 ZnO 的形式存在。然而实际检测时，在炭砖的硬质区中还发现了 Si 的存在，如果锌蒸气是窜煤气带入的，则煤气必然含有大量的 $N_2$，$N_2$ 会与 Si 发生反应生成 $Si_3N_4$，计算 $N_2$ 与 Si 的反应的临界温度，该反应的化学方程式如下式所示：

$$3Si + 2N_2 \rlap{=\!=\!=} Si_3N_4 \tag{4-31}$$

$$\Delta G = -753200 + 336.4T - 8.314T\ln\frac{p_{N_2}}{p^{\ominus}} \tag{4-32}$$

计算得出该反应的临界温度为 1939℃，即当温度低于 1939℃ 时，该反应即能发生，可见 $Si_3N_4$ 很容易生成。而脆化层实际的分析检测中没有发现 $Si_3N_4$ 的存在，因此可以推断，炭砖内部的锌主要来自高炉铁液。

**B　锌在砖衬中的氧化行为**

锌具有较强的还原性，可与煤气中的 CO 发生反应，生成 ZnO 和 C。反应式如下所示：

$$Zn_{(1)} + CO \rlap{=\!=\!=} ZnO + C \tag{4-33}$$

$$\Delta G = -238490 + 204.71T - 8.314T\ln\frac{p_{CO}}{p^{\ominus}} \tag{4-34}$$

该反应的临界温度为 848℃，且该反应条件是锌为液态，即当该温度低于锌的液化温度 907℃ 时，锌与 CO 反应的临界温度为 821℃，当温度高于锌的液化温度时，锌与 CO 反应的临界温度应为锌的液化温度，且临界温度随着 CO 分压的升高而降低。ZnO 的晶体结构是六方氧化锌型，如图 4-18 所示，随着 ZnO 和 C 的生成，其在炭砖孔隙所占的体积增大，炭砖内的应力剧增，导致炭砖的粉化。

综上可知，高炉铁液中溶解一定含量的锌，由于高炉炉缸冷却的作用，炭砖热面的温度较低，溶解的锌逐渐析出，而炭砖存在一定的缝隙，锌便沿着缝隙向冷面扩散，随着温度的降低，气态的锌蒸气逐渐冷凝液化，与 CO 气体发生反应生成 ZnO 和 C，新相生成后体积膨胀，扩展炭砖中的孔隙，使得裂纹逐渐变大，由此形成了脆化层。因此，脆化层主要形成于锌液化并和 CO 发生化学反应的温度分布区间内。

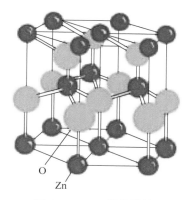

图 4-18 ZnO 晶体结构

#### 4.3.2.2 碱金属对脆化层形成的影响

炭砖的脆化层中也存在大量的碱金属，尤其是碱金属钾。假定 CO 分压约为 149kPa，计算钾蒸气与 CO 反应所需要的最小的钾蒸气分压如下。

（1）当钾蒸气与 CO 反应转化成 $K_2O$ 时：

$$2K_{(g)} + CO \Longrightarrow K_2O + C \tag{4-35}$$

$$\Delta G^{\ominus} = -98500 + 89.25T \tag{4-36}$$

$$\Delta G = -98500 + 89.25T - RT\ln\left(\cfrac{1}{\cfrac{p_K}{p^{\ominus}}\cfrac{p_{CO}}{p^{\ominus}}}\right) \tag{4-37}$$

当 $T = 750$℃时，上式发生反应的临界钾蒸气分压为 52.7kPa，这在实际高炉生产过程中是不可能实现的，因此钾蒸气不会直接与 CO 反应破坏炭砖。

（2）当钾蒸气与 $CO_2$ 反应转化成 $K_2CO_3$ 时：

$$2K_{(g)} + 2CO_2 \Longrightarrow K_2CO_3 + CO \tag{4-38}$$

$$\Delta G^{\ominus} = -213800 + 152.16T \tag{4-39}$$

$$\Delta G = -213800 + 152.16T + RT\ln\left(\cfrac{1}{\left(\cfrac{p_K}{p^{\ominus}}\right)^2\left(\cfrac{p_{CO}}{p^{\ominus}}\right)^3}\right) \tag{4-40}$$

当 $T = 750$℃时，上式发生反应的临界钾蒸气分压为 16.2kPa，这在实际高炉生产过程中也是不可能实现的，因此钾蒸气不会直接与 $CO_2$ 反应生成 $K_2CO_3$ 破坏炭砖。从以上计算可以看出，以蒸气状态存在的钾不能直接对炉缸炭砖造成破坏。

图 4-19 为添加 0.25% K 后的炭砖微观形貌。由图中可以看出，原本致密、连续的炭砖基质分割成许多小块结构，炭砖基质之间出现裂纹，裂纹边缘炭砖出

现明显的粉末。将粉末状炭砖基质放大，局部部位出现白色晶体，白色晶体不规则地散落在破碎的炭砖基质中，晶体棱角分明，结晶很好。

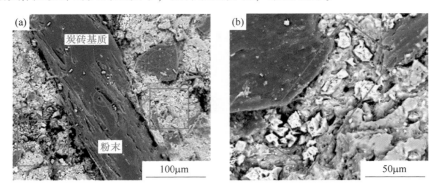

图 4-19　0.25%K 侵蚀后炭砖微观形貌

随着碱金属的含量增加到 1%，原本连续的炭砖基质侵蚀现象更加明显，如图 4-20 所示连续的炭砖基质由局部侵蚀扩展到整个炭砖基体，侵蚀部位孔洞区域加深，炭砖基质内出现大量棱角分明的晶体，侵蚀后炭砖 XRD 结果显示这些棱角分明的晶体为钾霞石和白榴石。

图 4-20　1%K 侵蚀后炭砖微观形貌

由此可见，炭砖基质破损的原因在于液态钾沿着炭砖内的气孔和裂纹渗入炭砖，与炭砖基质中的 $SiO_2$、$Al_2O_3$ 反应生成了钾霞石、白榴石类物相。伴随着反应的发生，炭砖灰分发生膨胀，为液态钾的渗入提供了更有利的条件，加速了液态钾对炭砖的侵蚀速度。

### 4.3.3　热应力对炭砖脆化的影响

#### 4.3.3.1　炭砖热应力表述公式

除了有害元素的入侵以外，由于高炉炉缸耐火材料工作的冷热面温差在

1000℃以上，因此在热冷边界处产生很高的弯曲应力和剪应力，炭砖在自身热应力作用下也会产生和扩展裂纹，从而使得炭砖劣化，形成环形裂缝。

炭砖抵抗热应力的能力可以用抗热应力系数 $R_s$ 描述：

$$R_s = \frac{导热系数 \times 机械强度}{线膨胀系数 \times 弹性模量} \times 形状系数$$

从上式可以看出，弹性模量增加则炭砖的抗热应力性（尤其是抗热震性）变差，机械强度增加则其抗热应力系数增加，而机械强度和弹性模量随温度升高几乎以相同的趋势增加，所以这两个因素可以相互补偿。另外，由于所有炭砖的线热膨胀系数都非常小，它对抗热应力系数的影响可以忽略，因此影响抗热应力系数最大的因素是导热系数。炭砖的导热系数升高，其抗热应力系数升高。

由于炉缸炭砖与炭砖之间有砖缝泥浆，砖缝与炭砖尺寸相差比较大，砖缝与炭砖之间的接触面比较多，因此炉缸炭砖整体热应力的计算，从模型的建立到计算过程都进行简化，仅考察炉缸径向炭砖的热应力大小，热应力主要由物体内温度分布不均匀或物体温度出现剧烈变化而引起的。所以，炭砖产生的热应力主要与温度场密切相关，进行热应力分析必须先进行温度场的计算。由于炉缸温度场相对比较稳定，所以只考虑炉缸炭砖的稳态温度场。三维导热方程如下：

$$\frac{\partial}{\partial x}\left(k\frac{\partial T}{\partial x}\right) + \frac{\partial}{\partial y}\left(k\frac{\partial T}{\partial y}\right) + \frac{\partial}{\partial z}\left(k\frac{\partial T}{\partial z}\right) = 0 \tag{4-41}$$

热应力计算以弹性理论为基础，即不存在塑性变形问题，且不考虑外部载荷，结合一定的边界条件，利用有限元分析软件，便可求得炉缸径向炭砖的温度场和应力场。简化为一维方程，则炭砖所承受的热应力计算公式如下：

$$\delta = E\alpha\Delta T \tag{4-42}$$

式中，$\delta$ 为热应力，Pa；$E$ 为弹性模量，Pa/m；$\alpha$ 为线膨胀系数，℃$^{-1}$；$\Delta T$ 为温差，℃。

炭砖冷热面的温度差与热流强度、炭砖的导热系数、炭砖的长度有关，因此，炭砖的热应力可表示为：

$$\delta = E\alpha\frac{qL}{\lambda} \tag{4-43}$$

式中，$q$ 为热流强度，W/m$^2$；$L$ 为炭砖长度，m；$\lambda$ 为炭砖导热系数，W/(m·K)。

值得注意的是，当高炉炉缸出现气隙发生窜煤气现象时，因煤气的温度较高，在煤气部位的炭砖冷热面温度差异常升高，假定炭砖冷热面的温差为1000℃时，炭砖承受的热应力大于炭砖的抗压强度，炭砖将会破损。因此，在高炉正常生产过程中应最大限度地降低炭砖冷热面温度差。此外，高炉炉温发生波动时，炉缸炭砖热面也因经受热冲击，而存在瞬态的应力和变形，与此同时铁液温度的反复变化也会引起炭砖的热疲劳，这样反复的变化就在炭砖内产生龟裂，最终发生断裂。

### 4.3.3.2 裂纹产生的临界温度计算

炉缸炭砖对热应力以及热震破坏的敏感性，也是影响其砌筑炉缸脆化程度的因素之一。炭砖的破坏却往往在较低的温度条件下，发生在加热和冷却的过程中，温度的变化或者温度梯度会使其内部产生应力，而产生应力的因素则是物体自身对自由膨胀的限制。在弹性范围内，该应力与炭砖的弹性模量以及弹性应变成正比，弹性应变等于线膨胀系数（$\alpha$）和温度变化（$\Delta T$）的乘积。因此，温度应力可用下式表示：

$$\sigma = E\alpha\Delta T/(1 - \mu) \tag{4-44}$$

式中，$\sigma$ 为温度应力，MPa；$\alpha$ 为线膨胀系数，$^{\circ}C^{-1}$；$E$ 为有效弹性模量，MPa；$\Delta T$ 为温度差，$^{\circ}C$；$\mu$ 为横向收缩系数（泊松比）。

当温度应力超过炭砖的抗折强度时就会导致炭砖内部产生裂纹。一旦裂纹产生，在达到一定条件时，应力就会使裂纹开始进一步扩展、长大。此外，由于炭砖没有较大的能量吸收过程，因此就没有限制作用应力的机理，于是裂纹在均匀的应力场中继续扩展，直到完全破坏。这就是说，裂纹的产生是炭砖结构破坏的关键阶段。

以炭砖的弹性性状为前提，根据裂纹形成的热弹性理论，可以推出下述公式来表示材料的最大允许温度差（$\Delta T_{max}$）：

$$\Delta T_{max} = [\sigma_f(1 - \mu)C]/(E\alpha) \tag{4-45}$$

式中，$\sigma_f$ 为抗折强度，MPa；$\alpha$ 为线膨胀系数，$^{\circ}C^{-1}$；$E$ 为有效弹性模量，MPa；$\mu$ 为横向收缩系数（泊松比）；$C$ 为形状系数。

在同一形状系数条件下，热弹性理论认为：在热震条件下，当炭砖所承受热应力超过其断裂强度时，就会产生新裂纹。根据热震条件的不同，常用抗热震参数（即 Kingery 抗热震参数）来表征其抗热震性：

适用于炭砖受到十分急剧冷却的情况：

$$R = [\sigma_f(1 - \mu)]/(E\alpha) \tag{4-46}$$

适用于炭砖受到一般急冷的情况：

$$R' = [\sigma_f(1 - \mu)\lambda]/(E\alpha) = R\lambda \tag{4-47}$$

适用于炭砖受到恒速急冷的情况：

$$R'' = [\sigma_f(1 - \mu)\lambda]/(EC_p\alpha\rho) = aR \tag{4-48}$$

式中，$R$、$R'$、$R''$ 为抗热震参数；$\lambda$ 为导热系数；$C_p$ 为定压热容；$a = \lambda/C_p$ 为导温系数，表示炭砖在温度变化时温度趋于均匀的能力；$\rho$ 为材料的密度。$R \sim R''$ 越大，即 $\sigma_f$ 或 $a$ 越大，$E$、$\alpha$ 越小，炭砖中裂纹产生就越困难，抗热震断裂的性能就越好。常见炭砖的抗热震性能如表 4-12 所示。

**表 4-12 常见炭砖的抗热震性能**

| 炭砖 | $\sigma$/MPa | $\mu$ | $\alpha$/℃$^{-1}$ | $E$/GPa | $C$ | $\Delta T_{max}$/℃ |
|------|------|------|------|------|------|------|
| NMA | 11 | 0.101 | $4.6 \times 10^{-6}$ | 7.68 | 1 | 280 |
| 9RDN | 14.84 | 0.214 | $4.3 \times 10^{-6}$ | 13.48 | 1 | 201 |

### 4.3.3.3 裂纹扩展的临界温度计算

炭砖内部所产生裂纹的进一步扩展也深深影响着炭砖的物理性能和铁液侵蚀能力。一是产生于炭砖热面与铁液接触附近的裂纹，会进一步加速铁液在炭砖内部的渗透，同时也会造成热面产生剥落损毁；二是产生在炭砖内部（非热面附近）的裂纹，形成气隙减弱炭砖的导热能力，也会降低其力学强度。

炭砖内部裂纹（潜在的裂纹）在受到热应力作用时，裂纹的扩展量与初期裂纹长度（$L$）有关。哈塞尔曼（Hasselman）采用平板力学模型，假定在单位体积内有 $N$ 条裂纹同时扩展，进而估算了材料内部裂纹扩展所需要的临界温差 $\Delta T_c$ 为：

$$\Delta T_c = \left[ \pi \gamma_{eff} (1 - 2\mu)^2 / 2\alpha^2 E_0 (1 - \mu)^2 \right]^{\frac{1}{2}} \times$$
$$\left[ 1 + 16(1 - \mu^2) NL^3 / 9(1 - 2\mu) \right] L^{-\frac{1}{2}} \tag{4-49}$$

式中，$\gamma_{eff}$ 为有效断裂能；$\mu$ 为泊松比；$E_0$ 为气孔率为零时的杨氏模量；$\alpha$ 为线膨胀系数；$L$ 为初期裂纹长度（有时记为 $L_0$）。

将式（4-49）中的 $\Delta T_c$ 对 $L$ 作图可得图 4-21。正如图 4-21 所表明的，裂纹不稳定区通常是以两种裂纹长度值为界限。

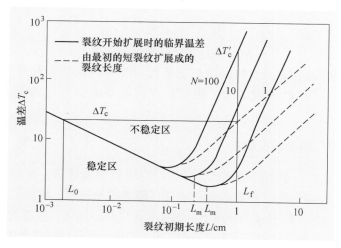

图 4-21 裂纹开始扩展所需的热应变与裂纹长度及裂纹密度的关系

由式（4-49）可得出如下结论：

（1）图4-21中展示出临界温差曲线最低点的裂纹长度 $L_m$ 由式（4-49）求得：

$$L_m = \left[ 9(1 - 2\mu)/80(1 - \mu^2)N \right]^{\frac{1}{3}} \qquad (4-50)$$

上式表明，$L_m$ 只与裂纹密度 $N$ 有关，而与材料性质无关。也就是说，随着裂纹密度 $N$ 的增大，$L_m$ 值减小。

（2）如果最初裂纹长度 $L_0 < L_m$，那么裂纹扩展开始以后，由于能量释放速率超过断裂表面能，多余的能量则转化为运动着裂纹的动能。因此，当这种裂纹长度达到式（4-49）给出的长度时，它仍有动能继续扩展，直到释放的应变能等于总的断裂表面能为止。这些最终的裂纹长度值，对于裂纹起始扩展所需的临界温差 $\Delta T_c$ 来说是亚临界的，在这些裂纹重新成为不稳定之前，要求温差要有一定的增加（即由 $\Delta T_c$ 增加到 $\Delta T'_c$，如图4-21所示），材料才会断裂：

当 $L_0$ 甚小时，即 $L_0 \ll L_m$，$16(1 - \mu^2)NL_f^3/9(1 - 2\mu) \ll 1$，则由式（4-49）可得：

$$\Delta T_c \approx \left[ \pi\gamma_{eff}(1 - 2\mu)^2/2\alpha^2 E_0(1 - \mu)^2 L \right]^{\frac{1}{2}} \qquad (4-51)$$

式（4-51）说明，$\Delta T_c$ 与裂纹密度 $N$ 无关。

相反，当裂纹长度（$L_0$）很长时，也就是 $16(1 - \mu^2)NL_f^3/9(1 - 2\mu) \gg 1$，则可得：

$$\Delta T_c \approx \left[ 128\pi\gamma_{eff}(1 + \mu)^2 N^2 L^5/(81\alpha^2 E_0) \right]^{\frac{1}{2}} \qquad (4-52)$$

式（4-52）说明，$\Delta T_c$ 与 $N$ 和 $L_0$ 都有关。

式（4-49）还表明，若 $N$ 和 $L_0$ 一定时，则 $(\gamma_{eff}/\alpha^2 E)^{\frac{1}{2}}$ 值越大，其临界温差 $\Delta T_c$ 也越大。哈塞尔曼将 $(\gamma_{eff}/\alpha^2 E)^{\frac{1}{2}}$ 定义为热应力裂纹稳定参数（$R_{st}$）：

$$R_{st} = (\gamma_{eff}/\alpha^2 E)^{\frac{1}{2}} \qquad (4-53)$$

$$R'_{st} = (\gamma_{eff}\lambda^2/\alpha^2 E)^{\frac{1}{2}} = R_{st}\lambda \qquad (4-54)$$

参数 $R_{st}$ 和 $R'_{st}$ 表明，材料的线膨胀系数 $\alpha$ 和弹性模量 $E$ 越小，断裂表面能（$\gamma_{eff}$）越大，$R_{st}$ 和 $R'_{st}$ 值就越大，裂纹扩展所需要的温差也越大，裂纹的稳定性越好。

### 4.3.4 炭砖脆化断裂演变解析

高炉入炉原燃料中不可避免地会带入一定含量的碱金属，碱金属在炉内被还原，形成碱金属蒸气[15]，在炉缸砖衬内存在缝隙的条件下，碱蒸气便会通过缝隙渗入砖衬，在高炉炉缸冷却的作用下，碱金属蒸气开始液化，液态的碱金属不断富集，然后与 CO 等物质进行反应生成新相后发生膨胀，并且环砌的炭砖无法向高炉内部膨胀，只能向冷面膨胀，产生的应力同时对裂缝处进行挤压，使得裂缝不断加宽。

由于在炉缸圆周方向上的传热、炉内状况几乎是均匀同等的，当炭砖的裂缝形成后，理论上在炉缸圆周方向上都可能形成裂缝，当圆周方向的裂缝连成一片时，炉缸炭砖的最终侵蚀状态就呈现出环裂。炭砖环裂形成后，被分割成两个部分，中间形成气隙。靠近炉内一侧的炭砖失去有效的冷却，温度逐渐升高，当炭砖温度高于钾蒸气和锌蒸气的液化温度时就不再在炭砖内液化富集，从而不能对炭砖进一步侵蚀。这就是在炉缸破损调查中，炭砖环裂处靠近炉内一侧的炭砖仍然存在的原因。

当被还原的钾蒸气从炭砖表面进入炭砖内部时，蒸气会在温度较低时冷凝成液态。液态的单质钾与炭砖中的 $SiO_2$、$Al_2O_3$ 发生如下反应：

$$6K_{(l)} + 3CO + 3Al_2O_3 \cdot SiO_2 + 9SiO_2 = 3[K_2O \cdot Al_2O_3 \cdot 4SiO_2] + 3C$$
$$\tag{4-55}$$
$$6K_{(l)} + 3CO + 3Al_2O_3 \cdot 2SiO_2 + 4SiO_2 = 3[K_2O \cdot Al_2O_3 \cdot 2SiO_2] + 3C$$
$$\tag{4-56}$$

新物相的生成会带来明显的体积膨胀，因此扩大了炭砖内部的缝隙。炭砖内部缝隙的扩大为碱金属的进一步渗透提供了通道，因此碱金属又会不断地进入炭砖内部，如此周而复始的过程最终造成炭砖的不断侵蚀，如图 4-22 所示。在实际高炉生产中，由于碱金属蒸气的侵入，导致砖衬的缝隙变大，造成渣铁的侵蚀，破坏了炉衬的整体强度。损坏的砖衬与完好的砖衬之间由于应力作用而产生了环裂[16]。炭砖的导热系数会因此大大降低，从而加重了热应力，进一步促进了砖衬的损毁。因此，碱金属对炭砖的影响不可忽略。

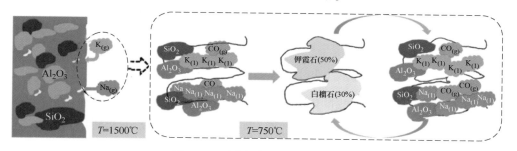

图 4-22　碱金属侵蚀炭砖示意图

对于石墨砖来说，由于在石墨砖中 $Al_2O_3$ 和 $SiO_2$ 的含量较少，碱金属与它们发生反应的能力较弱。但石墨砖中的石墨含量较高，碱金属原子如果渗透到碳的晶格界面时，会生成嵌入化合物，引起碳的层间距变大（图 4-23）。以 KC 和 $KC_6$ 为代表的层间化合物会分别产生 61% 和 12% 的体积膨胀。碱金属的侵入同时可能使得碳的边界形成一种连接变弱的放电体，增加了石墨砖的反应性，带来石墨砖的体积膨胀，最终使得石墨砖强度下降，且易粉化。

图 4-24 为锌侵蚀炭砖示意图。从图中可以看出，在高温下被还原出的锌蒸气

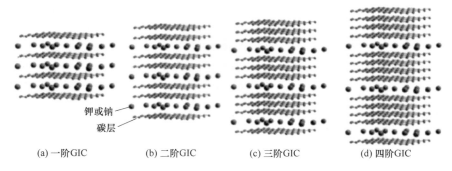

钾或钠
碳层

(a) 一阶GIC      (b) 二阶GIC      (c) 三阶GIC      (d) 四阶GIC

图 4-23 层间化合物膨胀示意图

通过炭砖表面缝隙进入砖衬内部沉积，在低温下冷凝并被重新氧化成 ZnO，ZnO 的产生会带来明显的体积膨胀（54%），破坏炭砖。同时锌与 CO 之间的反应会加重炭砖中的碳沉积，进一步加重了炭砖的侵蚀。由于新物相的生成被扩大的缝隙又为锌蒸气的渗透提供了通道，如此周而复始的过程最终造成炭砖的不断侵蚀。

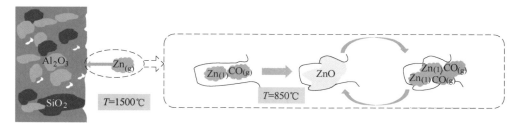

图 4-24 锌侵蚀炭砖示意图

## 4.4 高炉炉缸铁液与炭砖间的传热行为

前文提到影响炭砖破损的因素中无论是溶蚀、碱金属形成的脆化、热应力造成的裂纹，都与温度密不可分。而高炉炉缸炭砖的温度除了与自身导热有关，还与铁液对流换热有关。明确铁液与炭砖间的传热行为与影响因素，是控制炭砖侵蚀的重要一环。除此之外，由于铁液与炭砖直接接触，在炉缸铁碳界面反应过程中，铁液的基础物性如铁液黏度、润湿性、密度及铁液在高温下的液态结构等参数对铁碳界面的演变过程极其重要。由此可见，获得铁液基础物性数据有利于探究炉缸铁碳界面反应机理，对高炉长寿来说十分关键。

### 4.4.1 铁液基础物性及黏度预测模型

#### 4.4.1.1 铁液的密度

铁液的密度是研究铁液液态结构和计算铁液黏度及表面张力等所必需的物性

值[17,18]；另一方面，密度也是阐明铁液与熔渣、铁液与炭砖界面之间各种有关现象的重要性质。通常状态下，熔融的铁的密度范围为 $7000 \sim 11000 kg/m^3$。与其他溶液一样，铁液的密度也会随着温度的变化而改变，整体规律为随着温度的升高而减小，且通常遵从线性关系：

$$\rho_T = \rho_m - \alpha(T - T_m) \tag{4-57}$$

式中，$\rho_T$ 为铁液在某一温度 $T$ 时的密度；$\rho_m$ 为铁液在熔化温度 $T_m$ 时的密度；$\alpha$ 为与铁液性质有关的常数。

对于纯铁液，$\rho_T = 8580 - 0.853T$。研究表明，溶于铁液的元素中，Ti、W、Mo 等能提高铁液的密度，C、Al、Si、Mn、P、S 等会使铁液的密度降低，Ni、Co、Cr 等过渡金属对铁液密度的影响则很小。

### 4.4.1.2 铁液的黏度

在层流流体中，流体是由无数互相平行的流体层组成的，两层流体之间将产生一种内摩擦力（图 4-25），力图阻止两流体层的相对运动。在单位速度梯度下，作用于平行的液层间单位面积上的摩擦力就是黏度。

一般而言，黏度与温度之间的关系遵循阿伦尼乌斯公式：

$$\eta = A\exp\left(\frac{E_\eta}{RT}\right) \tag{4-58}$$

式中，$\eta$ 为黏度；$A$ 为指前因子；$E_\eta$ 为黏滞活化能。

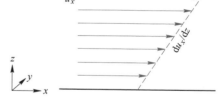

图 4-25 流体中的内摩擦力

纯液态金属的黏度范围为 $0.5 \sim 8.0 mPa \cdot s$[20,21]，接近于熔盐或水的值，远小于熔渣的黏度值[19]。金属熔体的黏度与其中的元素有关。例如，1600℃ 时铁液的黏度：当铁液中其他元素的总量不超过 $0.02\% \sim 0.03\%$ 时为 $4.7 \sim 5.0 mPa \cdot s$；当其他元素总量为 $0.100\% \sim 0.122\%$ 时黏度升高至 $5.5 \sim 6.5 mPa \cdot s$。目前，利用软件回归实验结果得到的铁液黏度与温度、元素含量的定量关系如下所示：

$$\eta = 34.42973 - 0.01514(T + 273) - 0.00349[C] + 0.76756[Si] -$$
$$2.35139[Mn] - 3.63856[P] - 6.91921[S] + 5.91118[Ti]$$
$$\tag{4-59}$$

式中，$\eta$ 为铁液黏度，$mPa \cdot s$；$T$ 为铁液温度，℃。计算适用温度为 $1190 \sim 1450$℃，相关系数 $R^2 = 0.97$。

从式（4-59）中的溶质相前面的系数符号可以看出，硅和钛溶质元素会导致铁液黏度增加[22]，而其他溶质元素则会导致黏度降低。研究表明，当熔体内部加入硅、钛等组元时，这些微量溶质元素会与碳原子结合形成稳定团簇核心（如图

4-26 所示），核心的存在会使得其他中程有序团簇聚集生长，从而使得团簇尺寸大幅增加，最终降低了熔体内部的自由体积以及整体势能，提高了碳原子在熔体内部的局域结构稳定性。

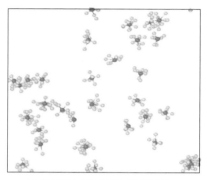 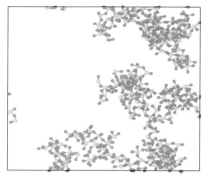

(a) 钛原子与碳原子形成团簇核心　　　　　　(b) 原子团簇聚集生长

图 4-26　微量元素对铁液结构的影响

### 4.4.1.3　铁液中元素扩散系数

在对铁液黏度的研究过程中，常伴随着对元素扩散系数的分析，通常认为它是与反应速率控制环节有关的重要物理性质，而且也是阐明金属熔体结构的重要性质。扩散系数通常包括自扩散系数和互扩散系数[23]。在纯物质中质点的迁移为自扩散，这时得到的扩散系数称为自扩散系数。而在溶液中各组元的质点会进行相对位置的扩散，这时得到的扩散系数称为互扩散系数。通常在没有特别说明时，所说的扩散系数一般指的是互扩散系数。测定金属熔体中各种元素的扩散系数，通常用毛细管浸没法、扩散偶法和电化学法等。

由于测定扩散系数比较困难，各测定值之间差别很大，因此比较各种元素的扩散系数的大小是很困难的。碳饱和的铁液中各种元素的扩散系数 $D$ 一般是 $10^{-5} \, \text{cm}^2/\text{s}$ 量级，这比熔渣中的扩散系数大 10~100 倍。

扩散系数与温度的关系为：

$$D = D_0 \exp\left(-\frac{E_D}{RT}\right) \tag{4-60}$$

式中，$D_0$ 为指前因子；$E_D$ 为扩散活化能。

熔融 Fe-$j$ 和 Fe-C$_{饱和}$-$j$ 合金中的各种元素的扩散系数 $D_j$ 可查表求得。铁液中各种元素的扩散系数与其标准溶解自由能 $\Delta G_j^{\ominus}$ 之间有一定的关系：$\Delta G_j^{\ominus}$ 值越小，扩散系数 $D_j$ 就越小，所以 $\Delta G_j^{\ominus}$ 是表示铁液中溶质元素 $j$ 的稳定性的尺度。$\Delta G_j^{\ominus}$ 值越小，则该元素在铁液中越稳定，行为越迟缓，故扩散系数就越小。

扩散系数和黏度都是流体的传输性质，它们具有相似性，所以扩散活化能 $E_D$ 与黏滞流动活化能 $E_\eta$ 几乎是相同的数量级，可以认为金属熔体的自扩散系数 $D$ 与黏度 $\eta$ 之间有一定的关系，斯托克斯、爱因斯坦根据流体动力学理论得到了著名的关系式：

$$D = \frac{kT}{6\pi r\eta} \tag{4-61}$$

式中，$k$ 为玻耳兹曼常数；$T$ 为绝对温度；$r$ 为刚体球半径，若把原子看成刚体球时，$r$ 就是原子半径。

若已测定某一温度下的黏度值，即可用式（4-61）计算出该温度下的自扩散系数值。

### 4.4.1.4 铁液中元素的溶解度

元素在铁液中的溶解行为是近年来国内外学者研究的热点。其中，铁液中碳以及铁液中钛对于研究炉缸铁碳界面及高炉炉役末期护炉具有重要意义。关于铁液碳溶解度的研究，已做过大量的工作，但主要集中在 Fe-C 二元系和 Fe-C-$j$ 三元系[24]。从图 4-27 可以看出熔体中的碳原子最初是以石墨的形式从熔体中析出，之后随着温度的降低，物相形式转变为渗碳体。从热力学平衡计算结果来看，随着碳含量的增加，最终固态物相中的渗碳体所占的比重也增大，在碳含量为 5% 时，渗碳体所占质量分数达到了 74.744%。

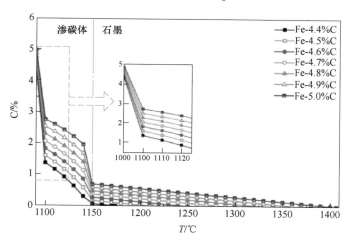

图 4-27　不同温度下碳的析出物相

针对高炉铁液复杂的多元体系碳的溶解度还不十分清楚，虽然有一些经验公式，但与实际存在差异，对工艺中存在的一些现象难以做出解释。关于硅、锰对铁液中碳溶解度的影响，以往实验表明，随生铁中硅含量的增加，碳溶解度随之降低，锰含量的增加有利于提高铁液碳溶解度，但影响较小。根据实验数据，随着铁液中硅含量的变化，碳溶解度相应变化量为 0.29%。铁液碳过饱和是片状石墨析出的必要条件，铁液冷却降温速度决定着片状石墨析出的量和尺寸大小：当冷却速度较大时，将限制片状石墨的析出，产生的片状石墨量少且几何尺寸较小；反之，当冷却速度较小时，则产生较粗大的片状石墨，并且量较多。

### 4.4.1.5 铁液黏度预测模型

由金属熔体的共存理论可知，在铁液内同时存在原子和分子[25-27]，基于这一理论，推测铁液中存在多个结构单元，通过计算各结构单元的作用浓度建立铁液黏度的预测模型[28]。

对于铁液的黏度常用阿伦尼乌斯公式来表示：

$$\eta = A\exp\left(\frac{E_\eta}{RT}\right) \tag{4-62}$$

式中，$A$ 为指前因子，$mPa \cdot s$；$E_\eta$ 为黏滞活化能，$J/mol$；$R$ 为理想气体常数，$8.314J/(mol \cdot K)$；$T$ 为铁液温度，$K$。

铁液黏度与铁液成分有关，受到铁液中结构单元的影响，其中 $A$ 和 $E_\eta$ 受铁液中结构单元的作用浓度的影响，可以表示为：

$$A = \sum_{i=1}^{n} A_i N_i \tag{4-63}$$

式中，$A_i$ 为纯物质结构单元 $i$ 的黏度，$mPa \cdot s$；$N_i$ 为铁液中结构单元 $i$ 的作用浓度，%；$n$ 为铁液中结构单元的个数。

$$E_\eta = \left(\sum_{i=1}^{n} \frac{E_{\eta i} N_i}{T_{mi}}\right) \times T_L \tag{4-64}$$

式中，$E_{\eta i}$ 为纯物质结构单元 $i$ 的黏滞活化能，$J/mol$；$T_{mi}$ 为纯物质结构单元 $i$ 的熔点，$K$；$T_L$ 为液相线温度，$K$。

由式（4-62）~式（4-64）可以得到铁液黏度的计算公式：

$$\eta = \left(\sum_{i=1}^{n} A_i N_i\right) \exp\left[\frac{\left(\sum_{i=1}^{n} \frac{E_{\eta i} N_i}{T_{mi}}\right) \times T_L}{RT}\right] \tag{4-65}$$

由式（4-65）可知，模型的关键在于得到铁液中各结构单元的作用浓度，即可计算不同温度下的铁液黏度。

将预测模型应用于计算 Fe-C 熔体的黏度。首先，计算 Fe-C 熔体中各结构单元的作用浓度，Fe-C 熔体在高温下的结构单元为 Fe、C、$Fe_3C$、$Fe_2C$、FeC 和 $FeC_2$[19,29]。设 Fe-C 熔体成分中：

$$a = \sum x_C \tag{4-66}$$

$$b = \sum x_{\mathrm{Fe}} \tag{4-67}$$

式中，$x_{\mathrm{C}}$ 为组元碳的摩尔分数；$x_{\mathrm{Fe}}$ 为组元铁的摩尔分数。

结构单元的作用浓度分别设为：

$$N_1 = N_{\mathrm{Fe}} \tag{4-68}$$

$$N_2 = N_{\mathrm{C}} \tag{4-69}$$

$$N_3 = N_{\mathrm{Fe_3C}} \tag{4-70}$$

$$N_4 = N_{\mathrm{Fe_2C}} \tag{4-71}$$

$$N_5 = N_{\mathrm{FeC}} \tag{4-72}$$

$$N_6 = N_{\mathrm{FeC_2}} \tag{4-73}$$

在 Fe-C 熔体中存在化学平衡：

$$3\mathrm{Fe}_{(1)} + \mathrm{C}_{(1)} \Longrightarrow \mathrm{Fe_3C}_{(1)} \quad \Delta G^{\ominus} = -159302 + 29.23T, \ \mathrm{J/mol} \quad K_1 = N_3/N_1^3 N_2 \tag{4-74}$$

$$2\mathrm{Fe}_{(1)} + \mathrm{C}_{(1)} \Longrightarrow \mathrm{Fe_2C}_{(1)} \quad \Delta G^{\ominus} = -155707 + 45.40T, \ \mathrm{J/mol} \quad K_2 = N_4/N_1^2 N_2 \tag{4-75}$$

$$\mathrm{Fe}_{(1)} + \mathrm{C}_{(1)} \Longrightarrow \mathrm{FeC}_{(1)} \quad \Delta G^{\ominus} = -97043 + 11.63T, \ \mathrm{J/mol} \quad K_3 = N_5/N_1 N_2 \tag{4-76}$$

$$\mathrm{Fe}_{(1)} + 2\mathrm{C}_{(1)} \Longrightarrow \mathrm{FeC_2}_{(1)} \quad \Delta G^{\ominus} = -40681 + 172.93T, \ \mathrm{J/mol} \quad K_4 = N_6/N_1 N_2^2 \tag{4-77}$$

对于 Fe-C 熔体中各结构单元存在质量守恒：

$$N_1 + N_2 + N_3 + N_4 + N_5 + N_6 = 1 \tag{4-78}$$

$$a = \sum x(N_2 + N_3 + N_4 + N_5 + 2N_6) \tag{4-79}$$

$$b = \sum x(N_1 + 3N_3 + 2N_4 + N_5 + N_6) \tag{4-80}$$

由式（4-78）~式（4-80）可以得到：

$$aN_1 - bN_2 = (b - 3a)K_1 N_1^3 N_2 + (b - 2a)K_2 N_1^2 N_2 + (b - a)K_3 N_1 N_2 + (2b - a)K_4 N_1 N_2^2 \tag{4-81}$$

结合 Fe-C 熔体中的结构单元反应的吉布斯自由能，可以计算出碳含量为 4.5% 时 Fe-C 熔体各结构单元的作用浓度，如表 4-13 所示。代入模型中计算铁液黏度，图 4-28 为模型计算结果与实验测量结果比较，两者较小的差别证明了预测模型的可靠性。由图可知，当温度较高时，计算误差较小，温度较低时，计算误差稍大。这是由于温度较低时，铁液中易析出石墨碳导致铁液中碳的浓度发生变化，影响了模型计算结果。另一方面，若铁液中碳含量升高，铁液中结构单元的作用浓度会增大，则预测模型的可靠性将会进一步提高。

表4-13 Fe-C熔体各结构单元的作用浓度

| $T/℃$ | $N_1$ | $N_2$ | $N_3$ | $N_4$ | $N_5$ | $N_6$ |
|---|---|---|---|---|---|---|
| 1450 | 0.948751 | $2.42×10^{-5}$ | 0.041385 | 0.004877 | 0.004963 | $8.80720×10^{-18}$ |
| 1410 | 0.948706 | $1.88×10^{-5}$ | 0.041847 | 0.004903 | 0.004526 | $5.71215×10^{-18}$ |
| 1370 | 0.948662 | $1.44×10^{-5}$ | 0.042294 | 0.004924 | 0.004105 | $3.58923×10^{-18}$ |
| 1330 | 0.948621 | $1.09×10^{-5}$ | 0.042725 | 0.004942 | 0.003702 | $2.20457×10^{-18}$ |
| 1290 | 0.948581 | $8.10×10^{-6}$ | 0.043139 | 0.004956 | 0.003317 | $1.31876×10^{-18}$ |
| 1250 | 0.948543 | $5.92×10^{-6}$ | 0.043534 | 0.004965 | 0.002951 | $7.65451×10^{-19}$ |
| 1230 | 0.948525 | $5.03×10^{-6}$ | 0.043725 | 0.004968 | 0.002777 | $5.76538×10^{-19}$ |

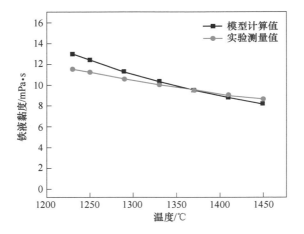

图4-28 模型计算值与实验测量值比较

## 4.4.2 高炉炉缸铁液环流物理模型

根据数十座高炉破损调查及高炉解剖研究发现，死料柱和炉缸侧壁间间距随高度变化而存在一定变化[30]。在炉缸运行过程中，所生产的铁液主要出铁方式为绕炉缸侧壁环流到达出铁口出铁及从炉底部位无焦区平流到达铁口出铁，基于以上信息，建立炉缸内部死料柱与铁液流动物理模型如图4-29所示。

结合实际高炉内部死料柱的行为和

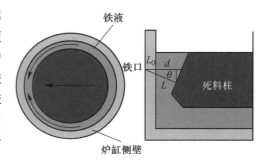

图4-29 死料柱状态和炉缸铁液

状态，为此物理模型设置以下假设边界条件：（1）高炉生产的铁液完全从炉缸侧壁流出；（2）铁液流动形态为对称型中心环流；（3）死料柱内部为填充状态；（4）不同高度无焦区内的铁液流速相同。

　　根据物理模型及相关炉缸结构参数和生产数据，建立其与对流换热系数的数学关系模型。铁液与炉缸侧壁的对流换热系数符合以下准数方程[31]：

$$Nu = 0.68Re^{1/2}Pr^{1/3} \tag{4-82}$$

式中，$Re = \dfrac{vd\rho}{\mu}$，$Pr = \dfrac{\mu C_p}{k}$，$Nu = \dfrac{hd}{k}$；$v$ 为铁液的流动速度，m/s；$d$ 为当量直径，即炉缸侧壁到死料柱距离，m；$\rho$ 为铁液的密度，kg/m$^3$；$\mu$ 为动力黏度，Pa·s；$C_p$ 为铁液的热容量，J/(kg·K)；$k$ 为铁液的导热系数，W/(m·K)；$h$ 为对流换热系数，W/(m$^2$·K)。

　　高炉炉缸铁液的密度会随温度的变化而变化，其与温度相关的表达式如下：

$$\rho = 8750 - 69.6[C] - 1.15T \tag{4-83}$$

式中，[C] 为铁液中的碳含量，%；$T$ 为铁液温度，℃。

　　与铁液的密度相似，铁液的黏度也依赖于温度，通常用以下公式表述：

$$\mu = 0.3699 \times 10^{-3} e^{\frac{41.4 \times 10^3}{R(T+273)}} \tag{4-84}$$

式中，$R$ 为理想气体常数，8.314J/(mol·K)。

　　铁液的导热系数也与温度有关，可用下式表述：

$$\lambda = 45.14\exp(-0.0013T) \tag{4-85}$$

　　受死料柱空隙率的影响，只有部分铁液可以从炉缸中心流出。如果死料柱中焦炭颗粒间的空间被大量堵塞，大量铁液必须沿死料柱周围流动，这将加快炉缸侧壁铁液流速。根据高炉的生产能力，可以计算出实际工况条件下炉缸铁液的流动速度，流速为单位时间单位横截面积的铁液体积，可推导为：

$$v = \cfrac{\eta V}{\rho\left[\dfrac{\pi}{4}(d_1^2 - d_2^2) + \dfrac{\pi}{4}d_2^2\varepsilon\right]t} \tag{4-86}$$

式中，$\eta$ 为利用系数，t/(d·m$^3$)；$V$ 为高炉的容积，m$^3$；$d_1$、$d_2$ 分别为炉缸和死料柱的直径，m；$\varepsilon$ 为死料柱的空隙率；$t$ 为时间，s。

　　根据死料柱直径随高度变化，可推导出炉缸侧壁到死料柱间距 $d$ 如下：

$$d = (L\sin\theta\cos\alpha + L\cos\theta - L_0) - \frac{\Delta h}{\tan\alpha} \tag{4-87}$$

式中，$L$ 为出铁口的深度，m；$\theta$ 为出铁口的角度；$\alpha$ 为死料柱倾角；$L_0$ 为出铁口高度的炉缸侧壁厚度，m；$\Delta h$ 为所计算位置到铁口中心线的高度，m。

　　综合上述公式，可得出炉缸侧壁铁液的对流换热系数计算式为：

$$h = 0.68 \left( \frac{vd\rho}{\mu} \right)^{1/2} \left( \frac{\mu C_p}{k} \right)^{1/3} \frac{k}{d} \qquad (4\text{-}88)$$

由式（4-88）可知，铁液对流换热系数的直接影响参数有：铁液流速 $v$、当量直径 $d$、铁液密度 $\rho$、铁液动力黏度 $\mu$、铁液热容 $C_p$、铁液导热系数 $k$。铁液对流换热系数的间接影响参数有：铁液流速 $v$ 的相关影响参数，包括利用系数 $\eta$，高炉容积 $V$，炉缸和死料柱直径 $d_1$、$d_2$，死料柱空隙率 $\varepsilon$；当量直径 $d$ 的相关影响参数，包括出铁口深度 $L$、出铁口角度 $\theta$、死料柱倾角 $\alpha$、出铁口高度炉缸侧壁厚度 $L_0$ 以及所计算位置到铁口中心线的高度 $\Delta h$。

继而耐火材料热面温度也可由下式得到：

$$T = T_{HM} - \frac{q}{h} \qquad (4\text{-}89)$$

式中，$T_{HM}$ 为铁液温度，$^\circ\!C$；$q$ 为热流强度或热通量，$W/m^2$。

### 4.4.3 高炉炉缸铁液传热影响因素

基于建立的对流换热数学模型，以国内某钢厂 $5500m^3$ 级高炉为参考，选取相关影响参数常规值，计算其炉缸侧壁对流换热系数，并评估不同参数对对流换热系数的影响，参数选取如表 4-14 所示。

表 4-14　参数选择

| 指　标 | 取　值 |
|---|---|
| 动力黏度 $\mu/Pa \cdot s$ | 实验值 |
| 利用系数 $\eta/t \cdot (d \cdot m^3)^{-1}$ | 2.3 |
| 铁液密度 $\rho/kg \cdot m^{-3}$ | 6711 |
| 铁液热容 $C_p/J \cdot (kg \cdot K)^{-1}$ | 610 |
| 铁液导热系数 $\lambda/W \cdot (m \cdot K)^{-1}$ | 8.4 |
| 高炉容积 $V/m^3$ | 5500 |
| 理想气体常数 $R/J \cdot (mol \cdot K)^{-1}$ | 8.314 |
| 死料柱空隙率 $\varepsilon/\%$ | 0.4 |
| 出铁口深度 $L/m$ | 4 |
| 出铁口角度 $\theta/(^\circ)$ | 10 |
| 死料柱倾角 $\alpha/(^\circ)$ | 45 |
| 炉缸直径 $d_1/m$ | 14.8 |
| 死料柱直径 $d_2/m$ | 14.3 |
| 出铁口侧壁厚度 $L_0/m$ | 1.75 |
| 距铁口中心线的高度 $\Delta h/m$ | 1.5 |

图 4-30 为铁液与炉缸侧壁对流换热系数与高炉生产参数间的相互关系图。高炉利用系数和距铁口中心线的距离增加均会导致铁液对流换热系数增加，这是因为高的利用系数代表其一段时间内铁液流出量更大，在相同的流出截面积条件下，铁液流速较快。而炉缸内部死料柱为以圆台状存在，有一定的倾斜，不同高度死料柱与炉缸侧壁距离不一致，因此随着距铁口中心线的距离增加，间距减小，流过铁液速度有一定增加，最终导致对流换热系数增加。若需降低死料柱与炉缸侧壁间铁液对流换热系数，可通过提高死料柱空隙率、加深铁口深度、增加死料柱倾角、加大出铁口角度及提高铁液黏度实现。

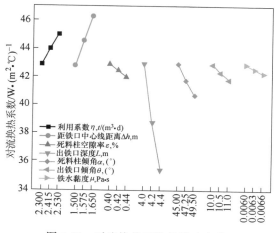

图 4-30　对流换热系数的影响参数

为量化分析各参数之间的影响潜力，利用软件回归出各参数与对流换热系数的关系方程如下，相关系数 $R^2 = 0.90$：

$$h = 10.46156\eta + 15.30273\Delta h - 29\varepsilon - 24.76918L -$$
$$0.53483\alpha - 1.45\theta - 40.65596\mu + 155.51425 \tag{4-90}$$

参数前面的系数正负号表示参数变化对对流换热系数的作用方式。其中，利用系数 $\eta$、距铁口中心线距离 $\Delta h$ 是正影响，铁液黏度 $\mu$、铁口深度 $L$、死料柱倾角 $\alpha$、出铁口角度 $\theta$、死料柱空隙率 $\varepsilon$ 为负影响。

为比较各个参数变化对于对流换热系数的影响程度，计算各参数变化 10% 后，对流换热系数变化的特征值如表 4-15 所示。铁口深度 $L$ 对对流换热系数影响程度最大，利用系数 $\eta$、距铁口中心线距离 $\Delta h$ 和死料柱倾角 $\alpha$ 三者影响程度相近次之，出铁口角度 $\theta$ 和死料柱空隙率 $\varepsilon$ 在次之，铁液黏度 $\mu$ 对对流换热系数的影响最低，最终整体的影响潜力比较结果为：$L > \eta > \alpha > \Delta h > \theta > \varepsilon > \mu$。

**表 4-15　各因素的特征参数值**

| 项　目 | $\eta$ | $\Delta h$ | $\varepsilon$ | $L$ | $\alpha$ | $\theta$ | $\mu$ |
|---|---|---|---|---|---|---|---|
| 系数 | 10.46 | 15.30 | −29 | −24.76 | −0.53 | −1.45 | −40.65 |
| 对流换热系数 | 增加 | 增加 | 降低 | 降低 | 降低 | 降低 | 降低 |
| 特征值 | 2.41 | 2.30 | 1.16 | 9.90 | 2.40 | 1.45 | 0.04 |

## 4.5　高炉炉缸耐火材料冶金性能评价体系

基于前文对于炭砖破损机理解析可知,耐火材料在高炉内部同时受到高温高压、煤气流冲刷、熔体侵蚀、有害元素侵蚀、炉料磨损等多重作用,因此对于耐火材料的性能的判断和选择就显得尤为重要,针对耐火材料抗铁液侵蚀、炉渣侵蚀、有害元素侵蚀等性能,目前存在以下几种评价实验和比较方法。

### 4.5.1　抗有害元素侵蚀性能评价实验

常见的有害元素侵蚀的实验方法是根据 GB/T 14983 对耐火材料进行抗碱性检测,但由于高炉实际工况往往更加的恶劣,应模拟高炉工况在检测极限条件下耐火材料的抗碱性侵蚀性能。在设定相应实验条件之前,需要对碱金属反应的热力学条件进行计算,以钾为例,炉料中的钾在随着炉料下降的过程中被还原成钾单质,最终以蒸气的形式存在于高炉炉缸中。通过下面的 Clapeyron−Clausius 公式可以看出,蒸气的沸点会随着蒸气压的升高而增大:

$$\frac{\mathrm{d}P}{\mathrm{d}T} = \frac{\Delta H_{相变}}{T\Delta V_{相变}} \tag{4-91}$$

在蒸发的过程中,蒸气的体积要远远大于液体的体积,因此可以将式(4-91)简化如下:

$$\ln p^* = -\frac{\Delta_{\mathrm{vapor}}H}{RT} + C \tag{4-92}$$

式中,$p^*$ 为在 $T$ 温度下的液体的饱和蒸气压;$\Delta_{\mathrm{vapor}}H$ 为蒸发过程的焓变;$C$ 为常数。

在高炉中计算的钾的沸点大约为 800~900℃,高于在常压下的钾的沸点。当钾蒸气与 CO 或 $CO_2$ 反应生成 $K_2O$ 或 $K_2CO_3$,钾蒸气的分压分别为 50kPa 和 16kPa。这样的蒸气压很难在实际高炉中达到,因此钾蒸气很难直接与 CO 发生反应。因此在此实验中设置两个温度段,在高温下保证蒸气完全生成,并在低温下保证反应发生完全。依据碱金属的沸点,设定低温段为 750℃,高温段为 1200℃,实验装置如图 4-31 所示。

按照需要比例将 $K_2CO_3$($Na_2CO_3$)和 C 配置成相应的纯试剂试样,利用玛瑙研钵将试样充分混匀后置于双层石墨坩埚底部。之后将需要评定的耐火材料试

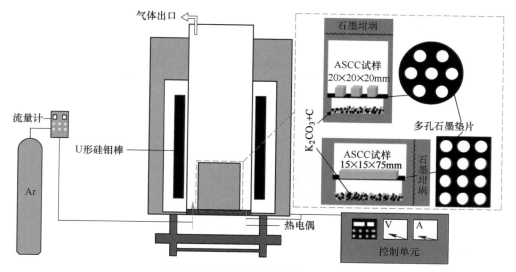

图 4-31　碱金属侵蚀实验装置示意图

样置于石墨垫片上，并将石墨坩埚密封。以 5℃/min 升温速率升温至 1200℃ 保温 5h 后降温至 750℃ 保温 3h，实验全程通入高纯氩气作为保护气。实验结束后将试样取出用氩气吹扫至室温，留作后续检测使用。同时在相同条件下进行空白实验以消除其他影响因素。实验后，需配合扫描电镜及能谱仪观察侵蚀后耐火材料的微观形貌，辨别碱金属对不同耐火材料基质结构的影响，并可通过改变实验时间分析碱金属对耐火材料的侵蚀过程。

## 4.5.2　抗水蒸气侵蚀性能评价实验

耐火材料抗水蒸气侵蚀能力可通过改进热重装置方法实现[32]，图 4-32 为抗水蒸气侵蚀实验装置。炉体加热元件为硅钼棒，去离子水经流量可控的注射泵（量程：0.001~9.999mL/min）后，在混气罐中与载气（空气、氧气或氩气）混合，载气流量由质量流量计控制（量程：0~500mL/min），混气罐置于一个小型加热炉内，温度控制在 300℃ 以上，以保证液态去离子水经过混气罐后能够全部气化并与载气均匀混合；混合后的气体经缠有加热线（温度控制在 100℃ 以上）的硅胶管进入高温炉内，以确保水蒸气不会冷凝；放置样品的坩埚（$w(Al_2O_3)$ = 99.9%）悬挂于精密天平下方（天平精度为 0.1mg），实验过程中天平在线测量样品的质量变化并用电脑程序记录。

实验温度最高可至 600℃，实验气氛分别为干空气、含体积分数 50% 水蒸气的湿空气、含体积分数 50% 水蒸气的湿氩气。实验进行时，首先将加热炉加热至 600℃，升温速率为 5℃/min。混气罐控温仪加热到 300℃，加热线控温仪加热到 100℃，当两者达到指定温度时，开始注入水蒸气，速率为 0.06mL/min，同时通

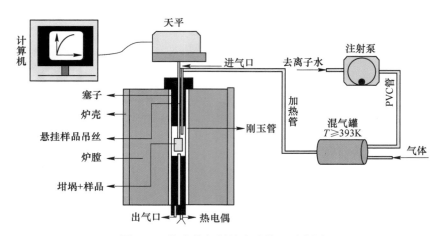

图 4-32 抗水蒸气侵蚀实验装置示意图

载气,速率为 100mL/min,载气中水蒸气体积百分比为 50%,且保证去离子水以水蒸气的形式进入到加热炉内。当加热炉到达 600℃ 时,将准备好的耐火材料试样放入刚玉坩埚内,并悬挂至恒温带,保温时间为 10h。实验后通过观察耐火材料反应后的形貌和失重率变化曲线,对比分析不同耐火材料的抗水蒸气性能。

### 4.5.3 抗氧化性能评价实验

抗氧化性是耐火材料重要指标之一[33],高炉下部的耐火材料蚀损约有 20% 为氧化蚀损。从化学组成来看,炭砖、碳复合砖和刚玉砖都可以归类于 $Al_2O_3$-$SiC$-$SiO_2$-$C$ 质耐火材料,当 C 含量高时,较低的抗氧化性将成为这一类耐火材料的缺点[34]。炉缸部位炭砖一旦受到氧化侵蚀后,其表面会产生脆化区域,为柔软的粉状特征,在外力作用下很容易破碎,加速炉衬侵蚀[35,36]。

氧化实验装置可采用程序加热炉,其示意图如图 4-33 所示。程序加热炉内置有一根刚玉管,气体可由下至上通入。程序加热炉的加热元件为硅钼棒,可形成一段恒温区。实验前,需将样品切成 15mm×15mm×25mm 的尺寸,经粗磨、细磨后,清洗烘干,测量并记录样品的最终几何尺寸。当加热炉升温至实验所需温度后,将试样放入由 Fe-Cr-Al 丝制成的吊篮内,吊篮下端悬挂至刚玉管内恒温带处,吊篮上端连接在精度为 0.001g 的天平上,计算机每 30s 自动采集一次天平示数,计算失重率。吊篮的材质之所以选择 Fe-Cr-Al 丝,是因为实验中 Fe-Cr-Al 丝不会发生反应。实验过程中,二氧化碳以 3L/min 的速率从炉底通入。实验后将试样取出,后续可进行进一步检测分析。整个实验由非等温实验和等温实验两部分组成。实验中样品的失重速率可通过下式计算:

$$\frac{\Delta W}{A} = \frac{W_0 - W_t}{A} \tag{4-93}$$

式中，$W_0$ 为试样的初始质量，mg；$W_t$ 为试样在 $t$ 时间的质量，mg；$A$ 为试样的表面积，$cm^2$。

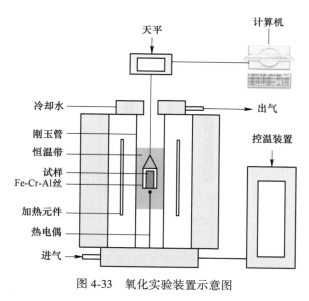

图 4-33 氧化实验装置示意图

### 4.5.4 抗高炉渣铁溶蚀性能评价实验

耐火材料与铁液直接接触会导致耐火材料中的碳向铁液中溶解，从而导致耐火材料的损毁。而耐火材料中的氧化物向炉渣中溶解也会造成耐火材料的侵蚀。

图 4-34 中的渣铁溶蚀实验装置通过将耐火材料制成的棒状样品在渣铁内部旋转，模拟炉缸内部渣铁对于耐火材料的冲刷状态，并可通过改变转速、渣铁成分、实验温度、耐火材料等参数对此评价不同情况下耐火材料的抗渣铁溶蚀性能[37]。

实验装置内部放置两个坩埚，外部保护坩埚采用石墨坩埚，以保证实验过程中的安全性。内部坩埚则视实验要求而定，如对于渣铁混合样品，可采用 MgO 坩埚承装；而只承装铁液则使用刚玉坩埚。整个高温炉设备最高温度需可升至 1500℃以上，装置上部需设置悬挂系统并配有旋转电机，在保证试样处于坩埚中心位置后，以指定的速率进行旋转，实验结束后将试样提升至离开熔体表面，静置并通入保护气体。实验后，通过对反应前后耐火材料形貌进行比较，根据侵蚀深度进行区域划分，并通过对比侵蚀前后直径变化来量化耐火材料抗渣铁侵蚀程度。

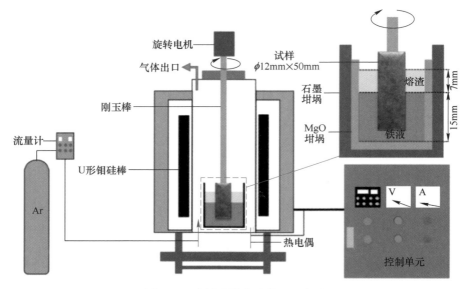

图 4-34 渣铁溶蚀实验装置示意图

## 4.6 小结

耐火材料是炉缸寿命的限制性环节之一，而炉缸炭砖的破损主要受到渣铁冲刷、溶蚀、有害元素及热应力等多种因素的共同作用。因此本章对高炉炉缸常用耐火材料的基本性能进行了总结，并详细解析了高炉炉缸炭砖在多因素作用下的破损机理，具体内容如下：

（1）对高炉炉缸常用耐火材料种类、组成和基本性质，包括化学组成、组织结构、力学性质、热学性质和使用性质等进行了阐述。

（2）基于破损调查过程中发现的溶蚀和脆化两种炭砖破损现象，分别从热力学、动力学、微观破损形貌以及铁液传热行为等方面对其原因进行介绍，并结合现有研究进展阐述了炭砖破损的机理。

（3）结合目前炭砖破损的多种影响因素，总结了现有的耐火材料冶金性能评价方法，主要包括抗有害元素侵蚀性能评价、抗水蒸气侵蚀性能评价、抗氧化性能评价及抗高炉渣铁溶蚀性能评价等。

**参 考 文 献**

[1] 张巍. 不定形耐火材料之浇注料的研究进展 [J]. 材料导报，2012，26（15）：93-97，101.

［2］左海滨，王聪，张建良，等．高炉炉缸耐火材料应用现状及重要技术指标［J］. 钢铁，2015，50（2）：1-6.

［3］焦克新，张建良，刘征建，等．高炉炉缸凝铁层物相分析［J］. 工程科学学报，2017，39（6）：838-845.

［4］范筱明，张建良，焦克新，等．碳复合砖在通才高炉应用实践［A］. 2017 年第三届全国炼铁设备及设计研讨会会议资料［C］. 2017：239-249.

［5］邹忠平，项钟庸，胡显波．炉缸不定形耐材对炉缸长寿的影响［J］. 炼铁，2013，32（1）：10-13.

［6］Deng Y, Zhang J L, Jiao K X. Dissolution mechanism of carbon brick into molten iron［J］. ISIJ International, 2018, 58（5）：815-822.

［7］刘福军，宁晓钧，张建良，等．铁水温度对炭砖坩埚动态侵蚀的影响研究［J］. 鞍钢技术，2019（1）：17-21.

［8］邓勇，张建良，焦克新．温度和铁水成分对炭砖溶解行为的影响［J］. 钢铁，2018，53（5）：25-31.

［9］郭汉杰．冶金物理化学教程［M］. 2 版．北京：冶金工业出版社，2006.

［10］Yoshihito S , Masanori T , Masayasu O. The dissolution rate of graphite into Fe-C melt containing sulfur or phosphorus［J］. Transactions of the Japan Institute of Metals, 1985. 26（1）：33-43.

［11］Jang D, Kim Y, Shin M, et al. Kinetics of carbon dissolution of coke in molten iron［J］. Metallurgical & Materials Transactions B, 2012, 43（6）：1308-1314.

［12］姜喆，车玉满，郭天永，等．鞍钢高炉炉缸异常侵蚀的原因及对策探析［J］. 炼铁，2019，38（2）：5-8.

［13］袁骧，罗大军，岳留威．湘钢 2 号高炉炉缸侵蚀形貌及破损原因［J］. 炼铁，2021，40（1）：15-20.

［14］史志苗，徐振庭，张宏星．兴澄 3 号高炉炉缸破损调查及机理分析［J］. 中国金属通报，2021（3）：81-82.

［15］张建良，王志宇，焦克新，等．高炉炉缸耐火材料抗渣侵蚀性及挂渣性［J］. 钢铁，2015，50（11）：27-31.

［16］祁成林，张建良，林重春，等．有害元素对高炉炉缸侧壁碳砖的侵蚀［J］. 北京科技大学学报，2011，33（4）：491-498.

［17］滕新营，闵光辉，刘含莲，等．液态纯铁 1550℃的黏度及表面张力与结构的相关性［J］. 材料科学与工艺，2001（4）：383-386.

［18］Gao S C, Jiao K X, Zhang J L. Review of viscosity prediction models of liquid pure metals and alloys［J］. Philos. Mag., 2019, 99（7）：853-868.

［19］滕新营，刘含莲，王焕荣，等．Fe-C 共晶合金的液态结构和黏度［J］. 钢铁研究学报，2002（3）：5-8.

［20］Desgranges C, Delhommelle J. Viscosity of liquid iron under high pressure and high temperature：Equilibrium and nonequilibrium molecular dynamics simulation studies［J］. Physical Review B, 2007, 76（17）：1-4.

[21] Zhang Y, Guo G, Nie G. A molecular dynamics study of bulk and shear viscosity of liquid iron using embedded-atom potential [J]. Physics & Chemistry of Minerals, 2000, 27 (3): 164-169.

[22] 张建良, 韦勐方, 国宏伟, 等. Ti 和 Si 对铁液黏度和凝固性质的影响 [J]. 北京科技大学学报, 2013, 35 (8): 994-999.

[23] Shin M, Oh J S, Lee J, et al. Dissolution rate of solid iron into liquid Fe-C alloy [J]. Metals and Materials International, 2014, 20: 1139-1143.

[24] Zhang Y L, Li Q, An Z Q, et al. Measurement and characterization of the apparent viscosity of Fe-C melts during solidification [J]. ISIJ International, 2015, 55 (12): 2525-2534.

[25] 孙博, 刘绍军, 祝文军. Fe 在高压下第一性原理计算的芯态与价态划分 [J]. 物理学报, 2006 (12): 6589-6594.

[26] 邵建立, 秦承森, 王裴. bcc-Fe 等温压缩下相变的微观模拟与分析 [J]. 金属学报, 2008 (9): 1085-1089.

[27] Shen G, Mao H K, Hemley R J, et al. Melting and crystal structure of iron at high pressures and temperatures [J]. Geophysical Research Letters, 1998, 25 (3): 373-376.

[28] Deng Y, Zhang J L, Jiao K X. Viscosity measurement and prediction model of molten iron [J]. Ironmak. Steelmak. , 2018, 45 (8): 773-777.

[29] 王焕荣, 叶以富, 王伟民, 等. 液态纯铁的微观原子模型 [J]. 科学通报, 2000 (14): 1501-1504.

[30] Zhang L, Zhang J, Jiao K, et al. Observation of deadman samples in a dissected blast furnace hearth [J]. ISIJ International, 2019, 59 (11): 1991-1996.

[31] Elliott J F. Thermochemistry for Steelmaking [M]. New Jersey: Addison-Wesley, 1960.

[32] 刘彦祥, 张建良, 侯新梅, 等. 高炉炉缸用炭砖在高温含水条件下的氧化行为 [J]. 矿冶, 2015, 24 (S1): 75-81.

[33] 左海滨, 王聪, 张建良, 等. 高炉炉缸炭砖的抗氧化性能 [J]. 硅酸盐学报, 2015, 43 (3): 345-350.

[34] Fan X Y, Jiao K X, Zhang J L, et al. Study on physicochemical properties of $Al_2O_3$-SiC-C castable for blast furnace [J]. Ceramics International, 2019, 45 (11): 13903-13911.

[35] Guo Z Y, Zhang J L, Jiao K X, et al. Occurrence state and behavior of carbon brick brittle in a large dissected blast furnace hearth [J]. Steel Research International, 2021, 92 (11): 1611-1621.

[36] 姜华, 蔡九菊. 高炉炉缸用后炭砖中脆化层的研究 [J]. 中国冶金, 2014, 24 (9): 57-62.

[37] Jiao K X, Fan X Y, Zhang J L, et al. Corrosion behavior of alumina-carbon composite brick in typical blast furnace slag and iron [J]. Ceramics International, 2018, 44 (16): 19981-19988.

# 5 高炉炉缸保护层形成与溶解机理研究

国内外数十座不同容积、不同原燃料结构、不同地域的高炉炉缸破损调查研究工作表明，炉缸不同高度部位的耐火材料热面存在着不同表现形式的保护层，保护层中的物相主要有铁、石墨碳、Ti(C,N)、渣相四种，单相保护层主要分为石墨碳保护层、富钛保护层、富渣保护层和富铁保护层四种[1]。

炉缸侵蚀的本质原因是碳不饱和铁液对耐火材料的冲刷侵蚀，而在高炉炉缸耐火材料热面形成稳定的保护层，有效隔离铁液与耐火材料的直接接触，是延缓耐火材料侵蚀、保证高炉炉缸长寿的必要条件。形成后的高炉炉缸保护层溶解行为间接影响了保护层的形成速率，同时也影响着保护层在高炉炉缸耐火材料热面的稳定状态。本章主要介绍了高炉炉缸保护层的物相组成、微观形貌和晶体结构等特点，通过热力学和动力学，阐述高炉炉缸保护层的形成与溶解机理。

## 5.1 高炉炉缸单相保护层形成机理

### 5.1.1 石墨碳保护层形成机理

#### 5.1.1.1 石墨碳保护层表征

高炉冶炼过程中，在炉缸侧壁位置及异常侵蚀位置普遍存在石墨碳的析出沉积，并将铁液与耐火材料相隔离，对炉缸耐火材料起到较好的保护作用[2]。

A 石墨碳保护层物相组成

石墨碳保护层是高炉炉缸中最为普遍的保护层，通过高炉炉缸破损调查取样研究发现，石墨碳保护层主要由石墨碳相和铁相组成，并含有少量渣相及碱金属，其中碳含量高达25.42%，具体成分如表5-1所示。图5-1则显示了石墨碳保护层的XRD能谱。在26.5°左右存在一个尖而窄的（002）石墨碳峰，其强度远远强于铁峰，证实了保护层中沉积的碳为石墨相。

表 5-1 石墨碳保护层的化学成分 （%）

| TFe | C | $Al_2O_3$ | $SiO_2$ | $TiO_2$ | CaO | MgO | $K_2O+Na_2O$ |
|---|---|---|---|---|---|---|---|
| 67.24 | 25.42 | 0.44 | 4.89 | 1.36 | 0.21 | 0.03 | 0.41 |

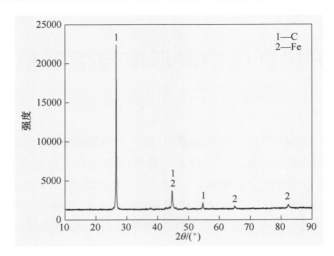

图 5-1　石墨碳保护层的 XRD 能谱

**B　石墨碳保护层微观形貌**

石墨碳保护层的二维形貌如图 5-2 所示。石墨碳广泛分布在铁基体中，石墨碳形状不一，主要以片状形式赋存。

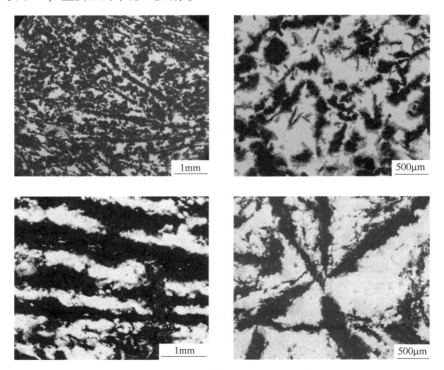

图 5-2　石墨碳保护层的二维形貌

石墨碳保护层的三维形貌可显示出更为全面的石墨碳保护层特征。如图 5-3 所示，在截面形貌中，铁被侵蚀变成沟壑，留下无序排列而成的粗大蠕虫状石墨，长度、宽度分别约为 2500μm、250μm，且石墨间存在许多尺寸较小的树枝状石墨相连接，宽度均小于 100μm。大片状石墨也是石墨碳保护层存在的一种形式，表面较为致密光滑。片状石墨断面存在明显的层状结构，石墨层排列整齐，这种结构容易引起片状石墨的滑移。在外力作用下，石墨碳保护层中的石墨碳在平面层之间产生相对滑动，有的片层出现叠加，有的片层被压碎，形成石墨碳保护层。片状石墨表面也呈现出由小石墨晶体堆积的螺旋塔尖状，形状也不是标准的六边形，石墨层间也存在一定角度。

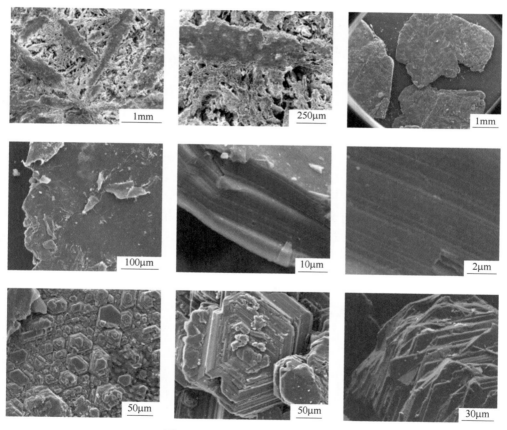

图 5-3　石墨碳保护层的三维形貌

图 5-4 反映了石墨碳保护层的光学形貌。石墨碳相呈现出由许多微小鳞片堆积而形成的集合体形态，微小鳞片之间有一定的取向性。石墨碳相并不致密，存在沟壑分布，Fe-石墨碳界面处有许多树枝状石墨，石墨碳晶粒尺寸大，金相结构相似，晶粒不均匀。边缘处也表现出因热应力作用而发生的石墨碳断裂。在石

墨碳相中，也分布着一些紫金色相的 Ti(C,N) 和黄色矿相的黄长石。

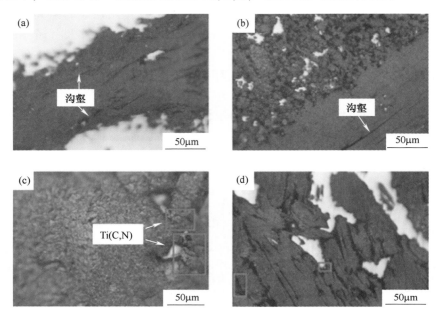

图 5-4　石墨碳保护层的光学形貌

C　石墨碳保护层晶体结构

石墨碳保护层中含有大量的石墨碳晶体，晶体结构参数主要有层面间距 $d_{002}$、平均堆积高度 $L_C$、微晶尺寸 $L_a$、平均层数 $N_C$。

由 Bragg 方程可计算出碳的层面间距 $d_{002}$：

$$d_{002} = \frac{\lambda}{2\sin\theta} \tag{5-1}$$

$L_C$ 和 $L_a$ 由经典的 Scherrer 方程计算：

$$L = \frac{A\lambda}{B\cos\theta} \tag{5-2}$$

平均层数 $N_C$ 为：

$$N_C = \frac{L_C}{d_{002}} \tag{5-3}$$

式中，$\lambda$ 为 X 射线的波长，nm；$\theta$ 为衍射峰的角度，rad；$A$ 为常数，计算堆积高度 $L_C$ 时，$A$ 取 0.9，计算微晶尺寸 $L_a$ 时，$A$ 取 1.84；$B$ 为衍射峰的最大半高宽，rad，计算 $L_C$ 时，衍射峰为（002），计算 $L_a$ 时，衍射峰为（100）。

运用多晶碳的层面间距 $d_{002}$ 计算碳的石墨化程度：

$$G = \frac{d_{max} - d_{002}}{d_{max} - d_{min}} \tag{5-4}$$

式中，$G$ 为石墨化程度，%；$d_{max}$ 为碳（002）晶面最大层面间距，为 0.3440nm；$d_{min}$ 为碳（002）晶面最小层面间距，为 0.3354nm。

结合 XRD 能谱计算，保护层中石墨碳晶体的层间间距 $d_{002}$ 约为 0.3356nm，平均堆积高度 $L_C$ 约为 42nm，微晶尺寸 $L_a$ 约为 44nm，平均层数 $N_C$ 约为 125 层，石墨化程度 $G$ 约为 98%，即保护层中碳的存在形式主要为石墨碳。一般来说，$d_{002}$ 越小，平均堆积高度 $L_C$ 越大，则碳的石墨化程度越高。

通常，碳具有不同的同素异形体，并且它可以以大规模的无序形式存在。保护层中石墨晶体结构还可以通过拉曼光谱描述，拉曼（Raman）光谱是碳结构和扰乱分析样品的平移对称性变化的非常有效的方法，石墨碳保护层的 Raman 光谱如图 5-5 所示。D 峰和 G 峰是 Raman 光谱两个关键性特征峰，D 峰代表碳原子晶格的缺陷，G 峰代表碳材料中的 sp$^2$ 杂化的面内伸缩振动。D 峰位于 1350cm$^{-1}$ 处，代表着无序的碳结构，有序碳（石墨）的拉曼光谱则包括一个在 1580cm$^{-1}$ 的 G 峰和一个在 2710cm$^{-1}$ 合并对称的 G′峰，代表示石墨化程度较高的碳结构，波峰随着结构无序度的增加而变宽。

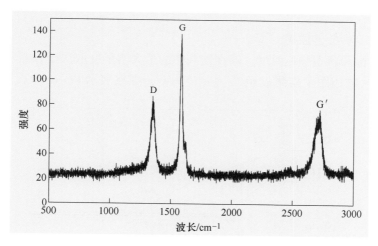

图 5-5　石墨碳保护层的 Raman 光谱

基于两个特征峰强度的物理意义，可以用 G 峰和 D 峰的峰强度比 $R = I_G/I_D$ 计算碳材料中的 sp$^2$ 杂化碳原子的相对含量，即碳材料的石墨化程度。当微晶的有序性程度越大，或者说碳材料的石墨化程度越高时，$R$ 值越大；反之，$R$ 值则越小。石墨碳保护层的石墨化程度约为 3.39，石墨化程度较高。

此外，透射电子显微镜可显示原子尺度上的晶体结构。图 5-6 为石墨碳保护层的透射电镜图像，较大尺度上呈现出许多微小鳞片堆积而成的集合体形态。在原子程度上，石墨鳞片由多层平行的石墨组成[3]。

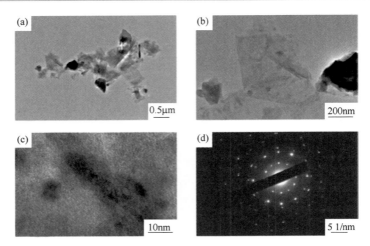

图 5-6　石墨碳保护层的 TEM 图像

### 5.1.1.2　铁液中石墨碳析出热力学

**A　石墨碳析出温度计算**

铁液碳饱和状态是相对的，碳在铁液中的最大溶解度取决于铁液温度。如图 5-7 所示，铁碳相图中实线表示 $Fe-Fe_3C$ 体系，虚线表示 $Fe-C$ 体系。当温度为

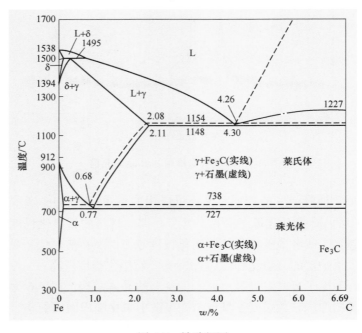

图 5-7　铁碳相图

1500℃时，碳在铁液中的饱和浓度约为 5.3%[4]。铁基二元系中，仅考虑了组分和溶剂的相互作用，而每个组分的活度系数会因其他组分的存在而变化。当溶质元素多至一种以上时，不仅要考虑组分与溶剂的相互作用，还要考虑各组分之间的相互作用。

铁液中有关元素的相互作用系数如表 5-2 所示[5]。鉴于热力学分析角度，元素 C、Si、P、S 可降低铁液中的碳浓度，而元素 Mn、Cr 可提高铁液中的碳浓度。

**表 5-2 铁液中元素间的相互作用系数** （1600℃）

| $i$ | $j$ | | | | | |
|---|---|---|---|---|---|---|
| | C | Si | Mn | P | S | Cr |
| C | 0.14 | 0.08 | -0.012 | 0.051 | 0.046 | -0.12 |

注：$i$ 为 C；$j$ 为铁液中的成分组元。

铁液温度一定，当溶解的碳达到饱和浓度时，将发生以下反应析出石墨碳：

$$[C] \Longrightarrow [C]_{石墨} \quad \Delta G^{\ominus} = -22590 + 42.26T \tag{5-5}$$

$$\Delta G = -22590 + 42.26T + RT\ln \frac{1}{f_C[C\%]} \tag{5-6}$$

铁液中碳的活度系数 $f_C$ 与温度的函数关系为：

$$\lg f_C = \left(\frac{2538}{T} - 0.355\right)\lg f_{C(1600℃)} \tag{5-7}$$

已知碳活度系数后，根据式（5-7）可计算石墨碳临界析出温度。某高炉炉缸铁液成分如表 5-3 所示。计算得出高炉炉缸铁液析出石墨碳的临界温度为 1251℃，当铁液温度低于此临界温度时，石墨碳即可析出[6]。铁液凝固温度为 1150℃，低于石墨碳临界析出温度，因此石墨碳保护层比富铁保护层更容易形成。

**表 5-3 高炉炉缸铁液成分** （%）

| C | Si | Mn | P | S | Cr |
|---|---|---|---|---|---|
| 4.5 | 0.38 | 0.35 | 0.15 | 0.014 | 0.06 |

**B 铁液组元对石墨碳析出的影响**

通过上述分析，还可计算铁液中各元素对石墨碳析出温度的影响，如图 5-8 所示。石墨碳析出温度与各元素含量的关系为线性相关，拟合结果如表 5-4 所示。

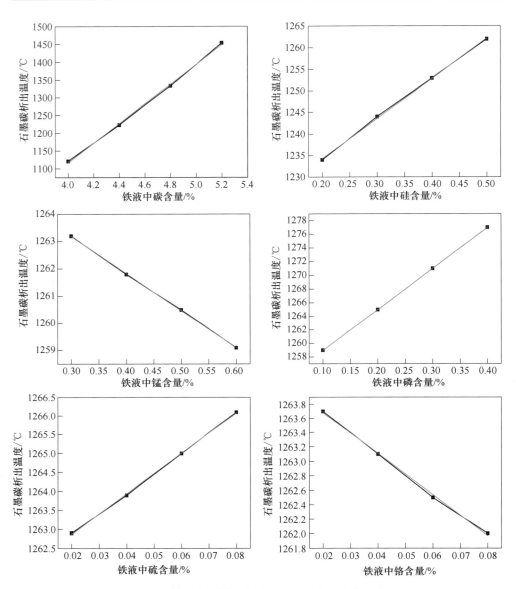

图 5-8   铁液中不同元素对石墨碳析出温度的影响

**表 5-4   铁液中各元素含量与石墨碳析出温度的关系**

| 序　号 | 铁液元素 | 线性关系式 |
|---|---|---|
| 1 | C | $y = 7.9 + 277.3x$ |
| 2 | Si | $y = 1215 + 93.0x$ |
| 3 | Mn | $y = 1267 - 13.6x$ |

| 序　号 | 铁液元素 | 线性关系式 |
|---|---|---|
| 4 | P | $y = 1253 + 60.0x$ |
| 5 | S | $y = 1261 + 53.5x$ |
| 6 | Cr | $y = 1264 - 28.5x$ |

从计算结果可得出如下结论[7]：

（1）石墨碳析出温度与单种元素含量呈线性关系。

（2）增加碳、硅、磷三种元素含量可增加石墨碳析出温度，促进石墨碳的析出。增加锰、铬元素含量，石墨碳析出温度降低，抑制了石墨碳的析出。通常，硫在生铁中常生成低熔点三元共晶体（C 0.17%，S 31.7%，其余为 Fe）和 MnS、CaS 等高熔点物相，且分布在晶界上，阻碍碳原子的扩散，是抑制石墨碳析出的元素。

（3）碳、硅、磷元素含量变化 1%，分别可提高石墨碳析出温度为 277.3℃、93.0℃、60.0℃，对石墨碳析出的促进程度依次为：C>Si>P；而锰、铬元素含量变化 1%，分别可降低石墨碳析出温度为 13.6℃、28.5℃，对石墨碳析出的抑制程度依次为：Cr>Mn。

（4）高炉冶炼中，促进铁液渗碳和 $SiO_2$ 的还原，适当增加铁液磷含量，减少锰、铬、硫元素含量，增加石墨碳析出温度，促进石墨碳的析出，有利于石墨碳保护层的形成。

### 5.1.1.3　石墨碳析出动力学及其规律

#### A　石墨碳析出动力学方程

炉缸铁液至耐火材料热面存在碳的浓度边界层，铁液中溶解碳（$w(C)$）向耐火材料热面扩散，并在耐火材料热面析出石墨碳相 Ms。铁液-石墨碳界面的石墨碳侧界面碳浓度达到了饱和 $w(C)_{sat}$，铁液侧界面碳浓度与铁液内部碳浓度相同 $w(C)$。碳通过边界层不断向耐火材料扩散并析出石墨碳，析出速率为：

$$v = \frac{dM_s}{dt} = \beta A \rho_1 (w(C) - w(C)_{sat}) dt \tag{5-8}$$

$$dM_s = \beta A \rho_1 \Delta w(C) dt \tag{5-9}$$

式中，$\beta$ 为碳的传质系数，$2 \times 10^{-4}$ m/s；$A$ 为石墨碳-铁液界面面积，m$^2$；$\rho_1$ 为铁液密度，7900kg/m$^3$。

石墨碳在耐火材料界面上的析出量为 $dM_s w(C)_s$，等于铁液中碳的析出量 $dM_s w(C)$ 与边界层内碳的含量（$\beta A \rho_1 (w(C) - w(C)_{sat}) dt$）之差：

$$\mathrm{d}M_s w(\mathrm{C})_s = \mathrm{d}M_s w(\mathrm{C}) - \beta A \rho_1 (w(\mathrm{C}) - w(\mathrm{C})_{\mathrm{sat}}) \mathrm{d}t \tag{5-10}$$

可得出石墨碳的质量析出速率为：

$$\frac{\mathrm{d}M_s}{\mathrm{d}t} = \frac{\beta A \rho_1 (w(\mathrm{C}) - w(\mathrm{C})_{\mathrm{sat}})}{w(\mathrm{C})_s - w(\mathrm{C})} \tag{5-11}$$

石墨碳析出过程中，界面碳含量不断增加，因而析出速率也不断增加。碳的传质系数保持不变时，石墨碳的析出线速率亦保持不变。假定 $w(\mathrm{C})_s$ 改变很小时，可按下式导出碳的析出线速率：

$$\frac{\mathrm{d}M_s}{\mathrm{d}t} = \frac{\mathrm{d}V_s \rho_s}{\mathrm{d}t} = \frac{\mathrm{d}x A \rho_s}{\mathrm{d}t} \tag{5-12}$$

式（5-12）与式（5-11）的 $\dfrac{\mathrm{d}M_s}{\mathrm{d}t}$ 相同，因此可得：

$$\frac{\mathrm{d}x}{\mathrm{d}t} = \frac{\beta (w(\mathrm{C}) - w(\mathrm{C})_{\mathrm{sat}}) \rho_1}{(w(\mathrm{C})_s - w(\mathrm{C})) \rho_s} \tag{5-13}$$

式中，$V_s$ 为析出石墨碳的体积，$\mathrm{m}^3$；$x$ 为石墨碳的线性尺寸，$\mathrm{m}$；$\rho_s$ 为石墨碳的密度，$2460\mathrm{kg/m}^3$。

在 $t=0 \sim t$ 及 $x=0 \sim h$（半径）范围内积分上式，可得石墨碳保护层析出厚度为：

$$h = \frac{\beta (w(\mathrm{C}) - w(\mathrm{C})_{\mathrm{sat}}) \rho_1}{(w(\mathrm{C})_s - w(\mathrm{C})) \rho_s} t \tag{5-14}$$

B　石墨碳析出速率

在炉缸径向方向上，由于冷却作用而存在温度梯度，与铁液温度相比，耐火材料热面温度较低，其碳的饱和溶解度也较低。假设铁液碳含量为 4.5%，耐火材料热面温度为 1200℃，该温度所对应的碳饱和浓度为 4.39%，可得出石墨碳析出速率为：

$$v = \frac{\beta (w(\mathrm{C}) - w(\mathrm{C})_{\mathrm{sat}}) \rho_1}{(w(\mathrm{C})_s - w(\mathrm{C})) \rho_s} = \frac{2 \times 10^{-4} \times (4.5 - 4.39) \times 7900}{(100 - 4.5) \times 2460} = 7.5 \times 10^{-7} \mathrm{m/s}$$

若形成 2mm 厚的石墨碳保护层，所需要的时间为：

$$t = \frac{h}{v} = \frac{2 \times 10^{-3}}{7.5 \times 10^{-7}} = 2667\mathrm{s} = 44.5\mathrm{min}$$

对于不同耐火材料热面温度和不同铁液碳含量条件下，析出厚度为 2mm 石墨碳保护层所需要的时间如图 5-9 所示。

由图 5-9 可以看出，增加铁液碳含量，或降低耐火材料热面温度，均可减少石墨碳保护层析出时间。当铁液碳含量为 4.8%，耐火材料热面温度为 1350℃时，析出一定厚度的石墨碳保护层需要较长的时间，此时，降低耐火材料热面温

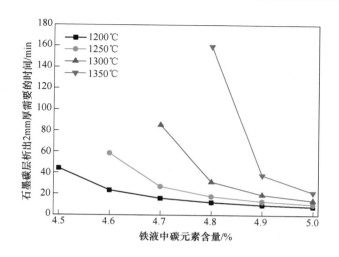

图 5-9 析出 2mm 石墨碳保护层所需时间

度 50℃，析出 2mm 石墨碳保护层所需时间减少了 130min，加快了石墨碳保护层的析出速率。另外，铁液碳含量由 4.8% 增加到 4.9% 时，析出 2mm 石墨碳保护层所需时间减少了 121min，在这种条件下，石墨碳层可在较短的时间内形成。因此，为促进石墨碳保护层的形成，需有效降低耐火材料热面温度，适当提高铁液碳含量，从而促进石墨碳的析出。

### 5.1.1.4 石墨碳保护层形成机理

炉缸中存在温度梯度，尤其在耐火材料附近，温度一般可低于石墨碳析出温度，且石墨碳析出温度高于铁液凝固温度 1150℃，因此在石墨碳析出的同时，铁相几乎仍处于液态，最终由铁相和石墨碳相共同作用形成石墨碳保护层，其形成过程如图 5-10 所示[8]。

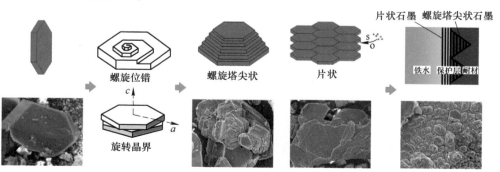

图 5-10 石墨碳保护层形成过程

首先，炉缸碳浓度梯度的存在驱使铁液中溶解碳向耐火材料热面扩散，达到石墨碳的析出浓度且温度低于石墨碳析出温度时，石墨碳通过异质形核的方式大量析出，形成六方石墨单晶。炉缸内部是一个复杂的高温高压环境，单晶形成过程中会产生一些缺陷，并影响着后续的生长行为。

其次，六方石墨单晶沿着 $c$ 轴逐层堆积生长和 $a$ 轴横向生长。石墨单晶主要通过由螺旋位错、旋转晶界等缺陷导致的台阶或凹槽进行生长，其中螺旋位错可使石墨碳生长为螺旋塔尖状形貌。铁液中的溶解碳不断扩散到螺旋位错周围，为石墨碳的生长提供足够的碳源，促进石墨碳的连续长大。螺旋位错的台阶扫过晶体表面的线速度是相同的，而位错中心台阶的角速度大于远离中心的台阶，且其尖端总是延伸到铁液中，可以源源不断获得碳原子供应，最终将形成螺旋塔尖状的石墨形貌。当螺旋位错的台阶边缘可以获得更多的碳原子时，石墨将沿着 $a$ 轴方向生长为片状。另外，石墨的片状形貌也可通过旋转晶界方式形成，且铁液中的硫、氧等表面活性元素，将优先吸附在石墨的棱面上，导致棱面的生长速度快于基面，从而形成片状石墨。

最后，石墨碳的不断形核析出-生长沉积形成石墨碳保护层。石墨碳保护层主要由金属铁和石墨碳组成，金属铁形核长大的同时，铁液中溶解碳继续扩散至已形成的石墨碳附近，使石墨碳进一步生长，最终形成石墨碳保护层。对于两种石墨形貌，螺旋塔尖状石墨借助其尖端而稳定附着在耐火材料上，片状石墨在保护层稳定附着的基础上，又可进一步提高保护层隔离铁液和耐火材料的作用。

### 5.1.2  富钛保护层形成机理

向高炉内加入含钛物料是一种有效的"他保护"护炉方法。直至今日，国内外大多数高炉均进行含钛物料护炉保证冶炼安全，在象脚异常侵蚀区与炉底部位的耐火材料热面均存在大量的富钛保护层，在炉缸侧壁也存在一定的富钛保护层[9-11]。

#### 5.1.2.1  富钛保护层表征

A  富钛保护层物相组成

由表 5-5 可见，富钛保护层中钛含量最高，约为 31.75%，同时也含有金属铁、石墨碳、渣相，以及微量的硫。富钛保护层中的钛以 Ti（C，N）形式存在，其中又以 $TiC_{0.3}N_{0.7}$ 形式居多，如图 5-11 所示[12]。另外，Ti（C，N）还可与石墨碳协同析出形成保护层。

表 5-5 富钛保护层的化学成分 （%）

| TFe | C | Ti | CaO | MgO | SiO$_2$ | Al$_2$O$_3$ | S |
|------|-------|-------|-------|------|---------|-------------|------|
| 9.05 | 13.25 | 31.75 | 17.55 | 4.28 | 15.32 | 8.10 | 0.70 |

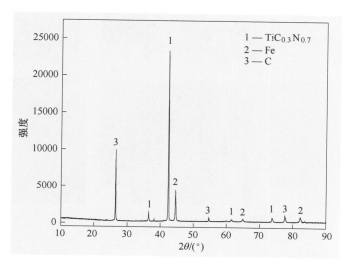

图 5-11 富钛保护层的 XRD 能谱

### B 富钛保护层微观形貌

富钛保护层的二维形貌如图 5-12 所示。灰色相为 Ti(C, N)，白色区域为铁相，深灰色区域为渣相，黑色区域为石墨碳。铁基体中的 Ti(C, N) 呈现多边形特征和鱼刺骨形貌，多边形形貌中又以棱角分明的四边形最为普遍[13]。

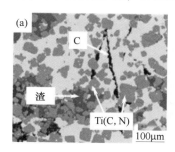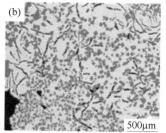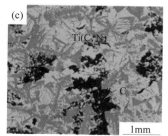

图 5-12 富钛保护层的二维形貌

图 5-13 为富钛保护层的三维形貌。铁相已被盐酸完全侵蚀变成沟槽，沟槽中的暴露区域反映了 Fe-Ti(C, N) 的真实相界面形态，Ti(C, N) 呈现出锯齿状台阶形状，具有典型的超结构或介观晶体特征。在相界面镶嵌了许多不完整立方体组成的岛状结构，立方体的锐度有所不同，其交点为明显的直角。

图 5-13  富钛保护层的三维形貌

图 5-14 为富钛保护层的光学形貌。Ti(C,N) 相中存在多种颜色，呈现出黄色条纹与紫色条纹交替分布的年轮状，靠近边界区域的条纹平行于 Ti(C,N)-Fe 相界面。Ti(C,N) 不是简单以 C∶N=3∶7 存在，N 元素在 Ti(C,N) 中占比不同，会影响 Ti(C,N) 在光学显微镜下的颜色。研究表明，$TiN_{0.7}$ 附近呈棕黄色，$TiN_{0.8}$ 附近呈淡黄色，而 TiN 晶体呈金黄色，因此，Ti(C,N) 中不同的 C/N 比使其在偏光显微镜下存在多种颜色。

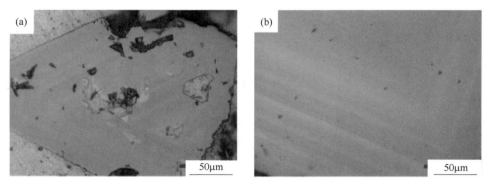

图 5-14  富钛保护层的光学形貌

图 5-15 为选区 EPMA 分析结果。Ti(C,N) 晶粒表面存在一些凹坑和裂纹，N 元素在距 Ti(C,N)-Fe 相界约 30μm 的范围内呈现出与相界平行的条纹状分布，即 N 元素在 Ti(C,N) 晶粒内存在晶内偏析，元素的偏析也是导致 Ti(C,N) 在偏

光显微镜下年轮状形貌形成的真正原因。Ti 元素在 Fe-Ti(C,N) 相界面处存在明显的浓度梯度，C 和 N 元素在 Ti(C,N) 相中的质量分数均表现出上下震荡，当 C 元素处于波峰位置时，N 元素恰好位于波谷位置，同时 C/N 也处于波峰或波谷位置。在 Ti(C,N) 相中存在多种不同 C/N，但大多数以 $TiC_{0.3}N_{0.7}$ 为主。

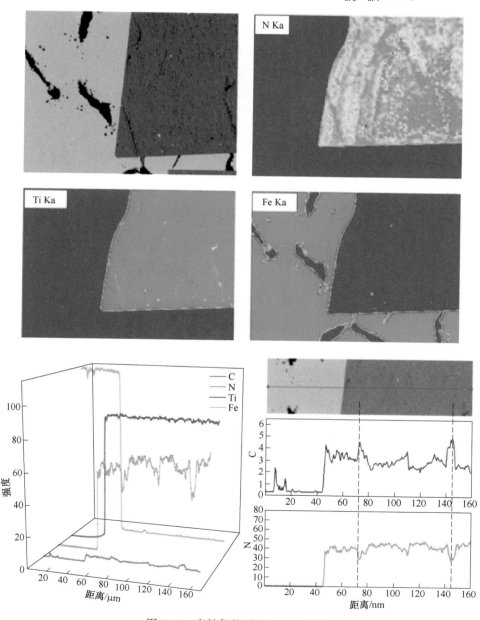

图 5-15　富钛保护层的 EPMA 结果

### C 富钛保护层晶体结构

基于电子背散射衍射（EBSD）技术，富钛保护层中的晶粒取向以及晶粒尺寸如图 5-16 所示。蓝色区域为铁素体基体，红色区域为分布在铁基体中的 Ti(C,N)，黑色区域为石墨碳。Ti(C,N) 相并不致密，存在许多大小不一被铁相所填充的孔洞。从晶界图可以看出，Ti(C,N) 相区域内不存在晶界，即每个 Ti(C,N) 相区域为一个独立晶粒。Ti(C,N) 晶粒尺寸明显大于铁基体晶粒，不相邻的 Ti(C,N) 晶粒也有较大差异，是富钛保护层形成过程中铁液不均匀流动导致。其中，物理不均匀性主要包括剪切力和热应力的差异，而化学不均匀性对晶粒尺寸差异会产生更大影响，局部碳含量和氮含量过高会加速周围颗粒的晶粒生长，导致形成各向同性生长异常的大颗粒。

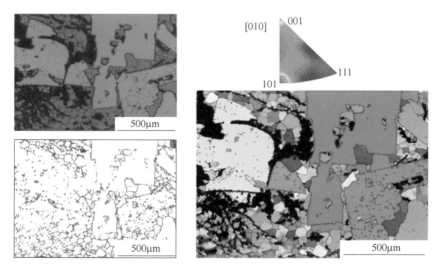

图 5-16 富钛保护层的 EBSD 结果

### 5.1.2.2 富钛保护层形成热力学

#### A Ti(C,N) 标准摩尔生成吉布斯自由能

高炉冶炼钒钛磁铁矿生产条件下，原料中赋存的钛主要以钙钛矿（CaO·TiO$_2$）形式存在，也有部分钛以钛磁铁矿和钛赤铁矿固溶体形式存在。无论以哪种形式存在，钛氧化物在高炉的高温高压条件下与炽热的焦炭和氮气会发生一系列反应，还原为 TiC 和 TiN，如下所示[14,15]：

$$3TiO_{2(s)} + C_{(s)} = Ti_3O_{5(s)} + CO_{(g)} \quad \Delta G^\ominus = 193673 - 183.84T, \ J/mol$$
$$(5-15)$$

$$2Ti_3O_{5(s)} + C_{(s)} = 3Ti_2O_{3(s)} + CO_{(g)} \quad \Delta G^\ominus = 258509 - 170.03T, \ J/mol$$
$$(5-16)$$

$$\text{Ti}_2\text{O}_{3(s)} + 5\text{C}_{(s)} =\!=\!= 2\text{TiC}_{(s)} + 3\text{CO}_{(g)} \quad \Delta G^{\ominus} = 793515 - 498.65T, \text{ J/mol}$$

$$(5\text{-}17)$$

$$\text{Ti}_3\text{O}_{5(s)} + 5\text{C}_{(s)} + \frac{3}{2}\text{N}_{2(g)} =\!=\!= 3\text{TiN}_{(s)} + 5\text{CO}_{(g)} \quad \Delta G^{\ominus} = 861279 - 572.82T, \text{ J/mol}$$

$$(5\text{-}18)$$

$$\text{TiO}_{2(s)} + 3\text{C}_{(s)} =\!=\!= \text{TiC}_{(s)} + 2\text{CO}_{(g)} \quad \Delta G^{\ominus} = 524130 - 333.55T, \text{ J/mol}$$

$$(5\text{-}19)$$

$$\text{TiO}_{2(s)} + 2\text{C}_{(s)} + \frac{1}{2}\text{N}_{2(g)} =\!=\!= \text{TiN}_{(s)} + 2\text{CO}_{(g)} \quad \Delta G^{\ominus} = 379189 - 257.54T, \text{ J/mol}$$

$$(5\text{-}20)$$

$$\text{TiO}_{2(s)} + 2\text{C}_{(s)} =\!=\!= [\text{Ti}] + 2\text{CO}_{(g)} \quad \Delta G^{\ominus} = 686263 - 397.62T, \text{ J/mol}$$

$$(5\text{-}21)$$

上述反应生成的 TiC、TiN 等物相弥散分布于高炉渣相中,而还原反应生成的部分 [Ti] 会溶解进入铁相,当铁液中 [Ti] 和 [C] 或 [Ti] 和 [N] 的浓度积达到饱和时,铁液中的 [Ti] 也可以以 TiC、TiN 形态析出:

$$[\text{Ti}] + \text{C}_{(s)} =\!=\!= \text{TiC}_{(s)} \quad \Delta G^{\ominus} = -145150 + 48.06T, \text{ J/mol} \quad (5\text{-}22)$$

$$[\text{Ti}] + [\text{C}] =\!=\!= \text{TiC}_{(s)} \quad \Delta G^{\ominus} = -166483 + 93.11T, \text{ J/mol} \quad (5\text{-}23)$$

$$[\text{Ti}] + \frac{1}{2}\text{N}_{2(g)} =\!=\!= \text{TiN}_{(s)} \quad \Delta G^{\ominus} = -279842 + 129.29T, \text{ J/mol} \quad (5\text{-}24)$$

然而,上述化学反应均是考虑 TiC 和 TiN 单相的生成条件,在高炉实际生产过程中,富钛保护层中元素 Ti 多以 Ti(C,N) 形式存在。假设 Ti(C,N) 中 Ti、C、N 元素的存在完全符合化学计量关系,即 Ti(C,N) 中各元素的原子和间隙原子数量相等,用 $\text{TiC}_x\text{N}_{1-x}$ 表示 Ti(C,N),1mol $\text{TiC}_x\text{N}_{1-x}$ 物相中含有 $x$ mol TiC 和 $(1-x)$ mol TiN,则:

$$x\text{TiC}_{(s)} + (1-x)\text{TiN}_{(s)} =\!=\!= \text{TiC}_x\text{N}_{1-x(s)} \quad (5\text{-}25)$$

反应(5-25)的实际摩尔混合吉布斯自由能可表达如下:

$$\Delta_{\text{mix}}G_{\text{m}} = \Delta_{\text{f}}G^{\ominus}_{\text{TiC}_x\text{N}_{1-x}} - x\Delta_{\text{f}}G^{\ominus}_{\text{TiC}} - (1-x)\Delta_{\text{f}}G^{\ominus}_{\text{TiN}} = \Delta_{\text{mix}}G^{\text{id}}_{\text{m}} + \Delta_{\text{mix}}G^{\text{E}}_{\text{m}}$$

$$(5\text{-}26)$$

由式(5-26),$\text{TiC}_x\text{N}_{1-x}$ 标准摩尔生成吉布斯自由能表达式如下:

$$\Delta_{\text{f}}G^{\ominus}_{\text{TiC}_x\text{N}_{1-x}} = x\Delta_{\text{f}}G^{\ominus}_{\text{TiC}} + (1-x)\Delta_{\text{f}}G^{\ominus}_{\text{TiN}} + \Delta_{\text{mix}}G^{\text{id}}_{\text{m}} + \Delta_{\text{mix}}G^{\text{E}}_{\text{m}} \quad (5\text{-}27)$$

式中,$\Delta_{\text{f}}G^{\ominus}_{\text{TiC}_x\text{N}_{1-x}}$ 表示 $\text{TiC}_x\text{N}_{1-x}$ 的标准摩尔生成吉布斯自由能,J/mol;$\Delta_{\text{f}}G^{\ominus}_{\text{TiC}}$ 表示

TiC 的标准摩尔生成吉布斯自由能, J/mol; $\Delta_f G_{TiN}^{\ominus}$ 表示 TiN 的标准摩尔生成吉布斯自由能, J/mol; $\Delta_{mix} G_m^{id}$ 表示 TiC 和 TiN 的理想摩尔混合吉布斯自由能, J/mol; $\Delta_{mix} G_m^E$ 表示 TiC 和 TiN 的过剩摩尔混合吉布斯自由能, J/mol; $x$ 为 TiC 在 $TiC_x N_{1-x}$ 固溶体中的摩尔分数。

在炉缸富钛保护层 $TiC_x N_{1-x}$ 中, TiC 和 TiN 的摩尔分数分别为:

$$x = \frac{n_{TiC}}{n_{TiC} + n_{TiN}} \tag{5-28}$$

$$1 - x = \frac{n_{TiN}}{n_{TiC} + n_{TiN}} \tag{5-29}$$

式中, $n_{TiC}$ 为 TiC 的物质的量, mol; $n_{TiN}$ 为 TiN 的物质的量, mol。

TiC、TiN 的标准摩尔生成吉布斯自由能分别为:

$$Ti_{(s)} + C_{(s)} === TiC_{(s)} \quad \Delta_f G_{TiC}^{\ominus} = -184800 + 12.55T, \; J/mol \tag{5-30}$$

$$Ti_{(s)} + \frac{1}{2} N_{2(g)} === TiN_{(s)} \quad \Delta_f G_{TiN}^{\ominus} = -336300 + 93.26T, \; J/mol \tag{5-31}$$

TiC 与 TiN 理想摩尔混合吉布斯自由能为:

$$\Delta_{mix} G_m^{id} = RT[x\ln x + (1-x)\ln(1-x)] \tag{5-32}$$

式中, $T$ 为热力学温度, K; $R$ 为理想气体常数, 取 8.314J/(mol·K)。

过剩摩尔混合吉布斯自由能可根据 $TiC_x N_{1-x}$ 固溶体中元素 C 和 N 相互作用的规则溶液模型进行计算:

$$\Delta_{mix} G_m^E = x(1-x) L_{CN} \tag{5-33}$$

式中, $L_{CN}$ 为元素 C 和 N 的相互作用参数, 一般为 -4260J/mol。

研究表明, 生成 $TiC_x N_{1-x}$ 的过剩摩尔混合吉布斯自由能不仅与 TiC 和 TiN 含量有关, 还与热力学温度有一定的关系, 对 TiC、TiN 在 $TiC_x N_{1-x}$ 固溶体中的热力学行为进行实验, 并对活度数据进行拟合, 得到 $TiC_x N_{1-x}$ 的过剩摩尔混合吉布斯自由能为:

$$\Delta_{mix} G_m^E = ax(1-x)\left(1 + \frac{T}{\tau}\right) \tag{5-34}$$

式中, $a$ 和 $\tau$ 为拟合常数, $a = -6.94$; $\tau = 889.9K$。

当 TiC 在 $TiC_x N_{1-x}$ 中的含量为 0.3 时, 即 $TiC_{0.3} N_{0.7}$, 在不同温度下的标准摩尔生成吉布斯自由能如图 5-17 和式 (5-35) 所示:

$$0.3TiC_{(s)} + 0.7TiN_{(s)} === TiC_{0.3}N_{0.7(s)} \quad \Delta_f G_{TiC_{0.3}N_{0.7}}^{\ominus} = -292307 + 62.33T, \; J/mol \tag{5-35}$$

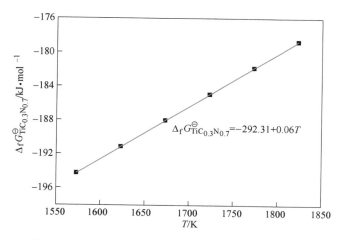

图 5-17 $TiC_{0.3}N_{0.7}$ 固溶体标准摩尔生成吉布斯自由能

B　Ti(C,N) 组分中 TiC 和 TiN 比例分析[16]

定义 $x$mol TiC 和 $(1-x)$mol TiN 混合生成 1mol $TiC_xN_{1-x}$，TiC 与 TiN 标准摩尔生成吉布斯自由能和理想摩尔生成吉布斯自由能分别为：

$$\Delta_f G_m^{\ominus} = x\Delta_f G_{TiC}^{\ominus} + (1-x)\Delta_f G_{TiN}^{\ominus} \tag{5-36}$$

$$\Delta_f G_m^{id} = x\Delta_f G_{TiC}^{\ominus} + (1-x)\Delta_f G_{TiN}^{\ominus} + \Delta_{mix} G_m^{id} \tag{5-37}$$

结合式（5-27）、式（5-30）~式（5-32）、式（5-34）~式（5-37）可以计算得出 1400℃ 条件下，$x$mol TiC 和 $(1-x)$mol TiN 混合形成 1mol $TiC_xN_{1-x}$，$TiC_xN_{1-x}$ 标准摩尔生成吉布斯自由能、理想摩尔生成吉布斯自由能和实际摩尔生成吉布斯自由能随固溶体中 TiC 含量的变化情况，结果如图 5-18 所示。

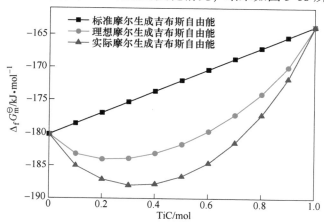

图 5-18　Ti(C,N)固溶体 1400℃摩尔生成吉布斯自由能随 TiC 含量的变化

由图 5-18 可以看出，TiC 的标准摩尔生成吉布斯自由能（$x_{TiC}=1$）大于 TiN 的标准摩尔生成吉布斯自由能（$x_{TiC}=0$）。随固溶体中 TiC 含量的增加，$TiC_xN_{1-x}$ 固溶体的标准摩尔生成吉布斯自由能呈线性增加，理想摩尔生成吉布斯自由能和实际摩尔生成吉布斯自由能先降低后增加。当 TiC 含量为 0.3 时，$TiC_xN_{1-x}$ 实际混合摩尔生成吉布斯自由能达到最低。一般而言，实际摩尔生成吉布斯自由能最低时所对应的成分最稳定，因此，在 1400℃时，固溶体 $TiC_xN_{1-x}$ 最稳定的存在形式中 C 和 N 的比例为 3∶7，化学式为 $TiC_{0.3}N_{0.7}$。

图 5-19 给出了不同温度条件下，$x$ mol TiC 和（$1-x$）mol TiN 混合形成 1mol $TiC_xN_{1-x}$，$TiC_xN_{1-x}$ 实际摩尔生成吉布斯自由能随固溶体中 TiC 含量的变化情况。从图中可以看出，摩尔生成吉布斯自由能在某一浓度成分时会达到最低值，而 $TiC_xN_{1-x}$ 摩尔生成吉布斯自由能最低值时所对应的 C、N 比例为最稳定存在的成分。例如，温度为 1550℃时，TiC 在 $TiC_xN_{1-x}$ 中的含量为 0.5 时，$TiC_xN_{1-x}$ 摩尔生成吉布斯自由能达到最低值，而当温度为 1300℃时，在最稳定 $TiC_xN_{1-x}$ 中 TiC 的含量为 0.2。另外，不同温度条件下，TiC 和 TiN 在固溶体中存在的比例不同，高温时析出的 $TiC_xN_{1-x}$ 以 TiC 为主，低温时析出的 $TiC_xN_{1-x}$ 以 TiN 为主。

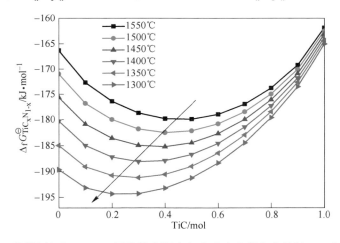

图 5-19 不同温度下 Ti(C,N)固溶体实际摩尔生成吉布斯自由能随 TiC 含量的变化

### 5.1.2.3 富钛保护层形成动力学

**A 温度及氮分压对 Ti(C,N) 生成的影响**

高炉炉缸中，铁液中的 [Ti]、[C]、[N] 发生反应生成 TiC 和 TiN，TiC、TiN 在一定程度上可以互溶，最终以 Ti(C,N) 的形式存在[17]。富钛保护层中 Ti(C,N)主要存在的物相形式为 $TiC_{0.3}N_{0.7}$，且结晶十分完整，部分固体小颗粒直径可达 3mm 左右，即 $TiC_{0.3}N_{0.7}$ 的析出是在热力学平衡的条件下完成的。

一般认为，铁液中溶解的［Ti］与［C］、$N_2$ 反应生成 TiC、TiN 并以 Ti(C,N) 形式存在，Ti(C,N) 中 TiC、TiN 的摩尔分数随着高炉实际条件，如温度、氮分压等的变化而变化。假设在氮分压比较高的条件下，固溶体中 TiC 与 $N_2$ 反应生成 TiN，使得 Ti(C,N) 中 TiN 的摩尔分数增加：

$$TiC_{(s)} + \frac{1}{2}N_{2(g)} = \!\!= TiN_{(dissolve\ in\ TiC)} + C_{(s)} \quad \Delta G^{\ominus}_{Ti(C,N)} = -35600 + 18.8T, \ J/mol$$

(5-38)

从而，Ti(C,N) 反应生成的吉布斯自由能为：

$$\Delta G_{Ti(C,N)} = \Delta G^{\ominus}_{Ti(C,N)} + RT\ln\frac{a_{TiN}a_C}{a_{TiC}\sqrt{p_{N_2}/p^{\ominus}}}$$

(5-39)

固溶体中，物质的活度近似等于物质的摩尔分数，且有 $a_C = 1$，因此，式(5-39)可转化为：

$$\Delta G_{Ti(C,N)} = \Delta G^{\ominus}_{Ti(C,N)} + RT\ln\frac{1 - n_{TiC}}{n_{TiC}\sqrt{p_{N_2}/p^{\ominus}}}$$

(5-40)

因此，在高炉炉缸平衡条件下，Ti(C,N) 中 TiC 所占的比例为[18]：

$$n_{TiC} = \frac{1}{e^{\frac{-\Delta G^{\ominus}_{Ti(C,N)}}{RT}}\sqrt{p_{N_2}/p^{\ominus}} + 1}$$

(5-41)

在一定 $N_2$ 分压条件下，由式（5-27）和式（5-41）计算出不同温度时炉缸 Ti(C,N) 中 TiC 所占比例，结果如图 5-20 所示。可以看出，$N_2$ 分压一定时，Ti(C,N) 中 TiC 比例随温度升高而降低。温度相同时，TiC 的比例随 $N_2$ 分压的增大而降低。因此，增大 $N_2$ 分压，升高炉缸温度有利于 TiN 在 Ti(C,N) 中稳定存在，减少 Ti(C,N) 中 TiC 的含量。

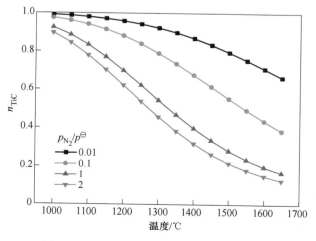

图 5-20　Ti(C,N)中 TiC 比例随温度的变化

B 富钛保护层中 $TiC_{0.3}N_{0.7}$ 析出温度计算

上述计算涉及 $N_2$ 分压,而在高炉炉缸中,$N_2$ 随风口鼓入的空气进入高炉,空气中的 $O_2$ 在风口回旋区与焦炭反应生成 CO:

$$2C_{(s)} + O_{2(g)} =\!=\!= 2CO_{(g)} \tag{5-42}$$

假设空气中 $N_2$ 分压为79%,$O_2$ 分压为21%,则进入高炉炉缸反应后,分压为 79%/(79%+21%×2) = 65%。高炉生产时的富氧率一般维持在 2%~3% 之间,热风压力一般在 0.25~0.35MPa。假设高炉平均富氧率为 2.66%,高炉热风压力平均值为 0.295MPa,则高炉炉缸中的 $N_2$ 分压为:

$$\frac{p_{N_2}}{p^{\ominus}} = \frac{100 - (21 + 2.66)}{100 + (21 + 2.66)} \times 2.95 = 1.82 \tag{5-43}$$

结合高炉实际 $N_2$ 分压,根据式(5-41),可以得出高炉生产条件下,Ti(C,N) 中 TiC、TiN 比例的变化,如图 5-21 所示。高炉炉缸富钛保护层中,Ti(C,N) 存在的形式为 $TiC_{0.3}N_{0.7}$,通过计算可知 $TiC_{0.3}N_{0.7}$ 在高炉炉缸中的形成温度为 1423℃。

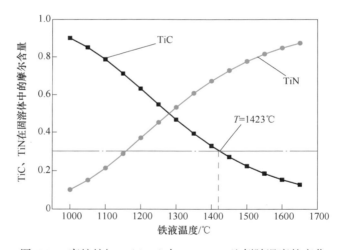

图 5-21 高炉炉缸 Ti(C,N) 中 TiC、TiN 比例随温度的变化

受高炉冶炼操作条件的变化,且 Ti(C,N) 固相质点只有达到一定数量时,才会对铁液性能产生影响,因此认为 Ti(C,N) 的析出温度为 1400~1450℃。高炉正常生产过程中,冶炼的铁液温度一般在 1490~1520℃,高于 Ti(C,N) 析出温度,由于铁液至炭砖热面存在温度梯度,当铁液温度降低 Ti(C,N) 析出温度时,即可析出 Ti(C,N) 固相质点。钒钛磁铁矿冶炼的高炉铁液温度一般较低,而 Ti(C,N) 析出温度相对较高,因此,高炉铁液中较容易析出 Ti(C,N) 物相,形成富钛保护层的同时,导致铁液黏度较大,这也是钒钛磁铁矿冶炼的高炉难以操作的原因之一。

### 5.1.2.4 富钛保护层形成机理

当铁液温度低于 Ti(C,N) 析出温度时，铁液中大量的 Ti(C,N) 细颗粒形核析出，析出的 Ti(C,N) 呈现出单晶或远大于单晶晶粒尺寸的晶粒簇形貌，并通过 Ti(C,N) 细颗粒聚结生长，其生长过程如图 5-22 所示。聚结是指通过晶界迁移或晶界快速溶解而消除共同晶界的过程。

图 5-22 富钛保护层形成过程

首先，炉缸耐火材料附近铁液中溶解的 [C]、[Ti] 和 [N] 达到 Ti(C,N) 析出浓度，Ti、C、N 原子形成短程有序团簇结构的晶粒，即纳米颗粒。

其次，纳米颗粒聚结形成超结构。相邻 Ti(C,N) 纳米颗粒的晶格必须重合，且纳米颗粒的晶格参数与 C/N 比无关。因此，Ti(C,N) 纳米颗粒聚结生长，并由微小的纳米颗粒旋转或相邻晶粒的错位实现晶格的一致。随铁液连续冷却和收缩，纳米颗粒之间存在的力传递为纳米颗粒的非对称接触旋转提供了必要条件。细小 Ti(C,N) 纳米颗粒的旋转使接触的纳米颗粒取向一致，并通过迁移或溶解消除纳米颗粒边界，且细小 Ti(C,N) 纳米颗粒在铁液中的漂浮使其更容易旋转。当 Ti(C,N) 纳米颗粒接触方向趋于一致时，它们直接组合成一个大晶粒，即超结构或介晶。介晶是由沿着相同结晶方向排列的单个纳米晶体组成的有序中尺度超结构，表现出与单晶相似的特征。在形貌上，一个典型的介晶可以看作是一个单晶。

然后，单晶晶粒逐层连续生长。细小 Ti(C,N) 晶体的比表面积大于粗大 Ti(C,N) 纳米颗粒，更有利于其沉积，而铁液中粗大的 Ti(C,N) 晶体表面缺陷较多，粗糙度高，表面积较大使其晶体表面物质的传质速率增加，有利于界面或表面缺陷的二维形核，因此，在粗大 Ti(C,N) 晶体表面析出细小 Ti(C,N) 颗粒，即粗大 Ti(C,N) 晶体中的介晶更容易长大，形成一种高度有序的自聚集纳米层状结构。

最终形成富钛沉积（保护）层。沉积过程中，Ti(C,N) 晶体的生长时间较长。当温度低于铁液凝固温度时，基体铁开始形核结晶。由于 Ti(C,N) 晶体已经形成，且铁液中的 [Ti]、[C]、[N] 继续扩散至 Ti(C,N) 晶体周围，促进了 Ti(C,N) 晶体的继续生长，因此，Ti(C,N) 晶体尺寸明显大于铁基体。此外，由于原子迁移率和热力学变化，不同时期结晶析出的 Ti(C,N) 会有不同的 C/N 比。

### 5.1.3 富渣保护层形成机理

#### 5.1.3.1 富渣保护层表征

**A 富渣保护层物相组成**

如表 5-6 所示，富渣保护层中的渣相成分为 Ca-Si-Al-Mg 系，碱度约为 1.14，成分与高炉终渣接近。对比高炉入炉焦炭灰分、炉缸焦炭孔隙内渣相及高炉终渣，差异最大的是 $Al_2O_3$ 含量，入炉焦炭灰分渣相 $Al_2O_3$ 含量最高，炉缸焦炭孔隙内渣相次之，富渣保护层 $Al_2O_3$ 含量也高达 23.32%，远高于高炉终渣。另外，图 5-23 显示富渣保护层中的主要渣相为 $Al_2O_3 \cdot SiO_2$、$3Al_2O_3 \cdot 2SiO_2$、$MgAl_2O_4$、$Ca_2AlSi_2O_7$。

**表 5-6 富渣保护层的化学成分** （%）

| 化学成分 | CaO | $SiO_2$ | $Al_2O_3$ | MgO | $R(-)$ |
|---|---|---|---|---|---|
| 富渣保护层 | 37.38 | 32.72 | 23.32 | 6.58 | 1.14 |
| 入炉焦炭灰分 | 6.34 | 52.33 | 39.66 | 1.67 | 0.12 |
| 炉缸焦炭孔隙内渣相 | 32.54 | 31.57 | 29.19 | 6.70 | 1.03 |
| 高炉终渣 | 42.30 | 35.95 | 14.47 | 7.28 | 1.18 |

**B 富渣保护层微观形貌**

图 5-24 为富渣保护层的微观形貌。保护层中富含大量渣相，在渣相中零星分散着一些铁相，铁相中含有少量细树枝状石墨。

#### 5.1.3.2 富渣保护层中渣相来源

在高炉炉缸中，熔渣密度一般约为 $2.4g/cm^3$，远小于铁液密度（$7.0g/cm^3$），较大的渣铁密度差使熔渣下降深度有限，焦炭发生气化反应后，焦炭孔隙发达，在高炉炉缸中，焦炭孔隙中填充着大量高炉炉渣。在炉缸死料柱浮起-

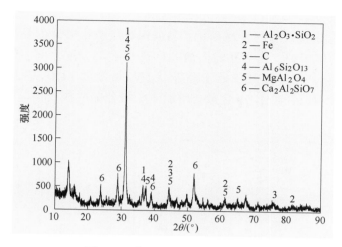

图 5-23 富渣保护层的 XRD 能谱

图 5-24 富渣保护层的微观形貌

沉坐过程中，炉渣层可进入死料柱内，随死料柱的更新和铁液的流动，渗入焦炭孔隙的高炉炉渣被间接带入耐火材料附近，同时，碳不饱和铁液与死料柱焦炭发生渗碳反应，焦炭中残留下来的灰分和焦炭孔隙中的渣相部分上浮造渣，部分则富集于炉缸侧壁。另外，炉缸耐火材料中含有的灰分随耐火材料侵蚀而逐渐残留下来，附着在耐火材料热面上的渣相在一定条件下形成富渣保护层，减缓高炉内衬侵蚀。

### 5.1.3.3 富渣保护层性能

富渣保护层中的渣相主要为 Ca-Si-Al-Mg 系，二元碱度约为 1.14，$Al_2O_3$ 含量较高，渣相的黏度、固/液相线温度影响着炉缸侧壁渣相在耐火材料热面形成富渣保护层的过程。

A 富渣保护层黏度

富渣保护层的黏度如图 5-25 所示。富渣保护层渣相成分的黏度介于 0.46～2.08Pa·s，均位于炉缸焦炭孔隙内渣相和高炉终渣黏度之间，保护层渣相成分下的黏度较高，在炉缸侧壁处于黏滞状态。黏度随 $Al_2O_3$ 含量的增加而升高，主要是由于较高的 $Al_2O_3$ 含量会增加渣中络合铝酸盐或铝硅酸盐结构单元的数量。

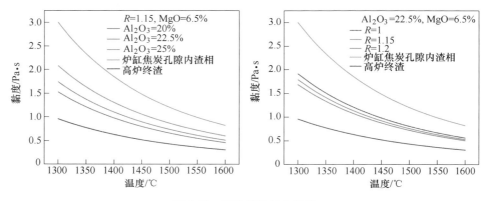

图 5-25 富渣保护层的黏度

随碱度的增加，富渣保护层渣相成分黏度降低。一般来说，渣中碱性氧化物含量增加时，会产生更多的 $O^{2-}$ 将炉渣中的复杂硅酸盐网络结构解聚为相对简单的链状结构或环状结构单元，或将链状、环状结构进一步解聚为二聚体或单体等。这些小分子的熔体结构更容易与耐火材料反应，加快了渣相对耐火材料的侵蚀速度。碱性氧化物的解离与环状、链状结构的解聚反应可表示为：

$$MO \rightleftharpoons M^{2+} + O^{2-} \tag{5-44}$$

$$[Si_3O_9]^{6-}（环状）+ O^{2-} \rightleftharpoons [Si_3O_{10}]^{8-}（链状） \tag{5-45}$$

$$[Si_3O_{10}]^{8-}（链状）+ O^{2-} \rightleftharpoons [Si_2O_7]^{6-}（二聚体）+ [Si_2O_7]^{6-}（单体）$$

$$\tag{5-46}$$

增加碱度意味着 CaO 含量的增加，CaO 属于碱性氧化物，可发生解离提供自由氧离子（$O^{2-}$），充当一个网络修饰子的作用破坏炉渣硅酸盐网络结构中的桥氧键（NBO，$O^0$），导致渣相黏度的降低，其过程如图 5-26 所示。

B 富渣保护层的固/液相线温度

富渣保护层的固相线温度与液相线温度如图 5-27 所示。随着 $Al_2O_3$ 的增加，开始熔化温度（固相线温度）和熔化终了温度（液相线温度）均增加，分别由 1253℃增加到 1295℃、由 1458℃增加到 1480℃，分别增加了 42℃和 22℃。类似的，开始熔化温度和熔化终了温度均随碱度的增加而增加，分别由 1287℃增加到

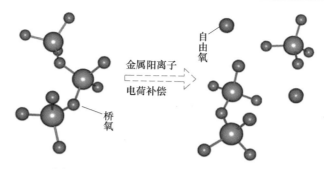

图 5-26　碱性氧化物解离硅酸盐网络结构

1293℃、由 1459℃增加到 1482℃，分别增加了 6℃和 23℃。表 5-7 为炉缸焦炭孔隙内渣相和高炉终渣的固/液相线温度。富渣保护层渣相成分的固相线温度略低于炉缸焦炭孔隙内渣相和高炉终渣的固相线温度，液相线温度则略高于炉缸焦炭孔隙内渣相和高炉终渣。

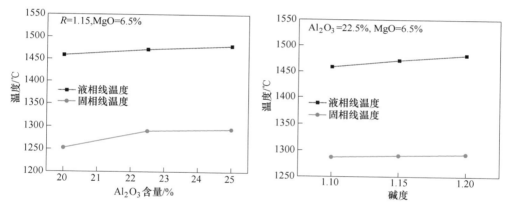

图 5-27　富渣保护层的固/液相线温度

表 5-7　炉缸焦炭孔隙内渣相和高炉终渣的固/液相线温度

| 项　目 | 固相线温度/℃ | 液相线温度/℃ |
|---|---|---|
| 炉缸焦炭孔隙内渣相 | 1296 | 1472 |
| 高炉终渣 | 1297 | 1425 |

### 5.1.3.4　富渣保护层形成机理

炉缸渣相主要来源于高炉渣、焦炭灰分和耐火材料灰分，而富渣保护层则是这三者综合作用的结果，其形成过程如图 5-28 所示。

首先，焦炭中灰分以及焦炭气孔中渗入挟裹的炉渣在耐火材料表面的铁液中

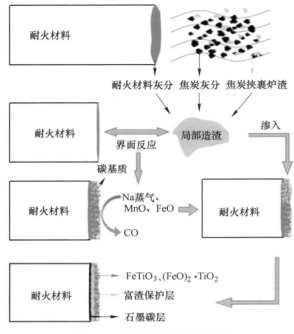

图 5-28  富渣保护层形成机理

局部造渣，随着耐火材料侵蚀的进行，其表面残留的灰分也参与造渣。若渣相黏度较低，流动性较强时，耐火材料侵蚀程度增大，产生更多的灰分参与造渣，为富渣保护层的形成提供一定物质条件。

其次，渣相与耐火材料发生界面侵蚀行为。渣相中的碱金属、MnO、FeO 等物质将耐火材料中的碳组元氧化为 CO，暴露出耐火材料中的矿物框架。且渣相在毛细管力作用下，通过 CO 逸出留下的通道润湿渗入耐火材料，在耐火材料内部反应并生成一些高熔点物相，而高熔点物相在耐火材料表面的析出可为渣相的黏附沉积提供质点，还可有效阻止渣相向砖内部渗透。

最终，铁液中［Ti］在富渣层的外部形成 $FeTiO_3$ 和（$FeO$）$_2$·$TiO_2$ 继续扩大富渣层，使内部石墨碳层与富渣保护层和耐火材料完成较高强度的固结，强化富渣保护层抵抗铁液侵蚀能力。

### 5.1.4  富铁保护层形成机理

#### 5.1.4.1  富铁保护层表征

A  富铁保护层物相组成

分布在炉缸最薄弱位置、与炭砖热面直接接触的富铁保护层，其化学成分如

表 5-8 所示。成分与铁液相近，保护层碳含量相对较高，XRD 能谱中也显示了 Fe 峰和 C 峰（图 5-29）。

表 5-8　富铁保护层的化学成分　　（％）

| 化学成分 | Fe | C | Si | Mn | P | S | Ti |
|---|---|---|---|---|---|---|---|
| 富铁保护层 | 91.83 | 7.13 | 0.50 | 0.22 | 0.16 | 0.03 | 0.12 |
| 死料柱边缘铁液 | 95.35 | 3.74 | 0.45 | 0.22 | 0.16 | 0.04 | 0.03 |

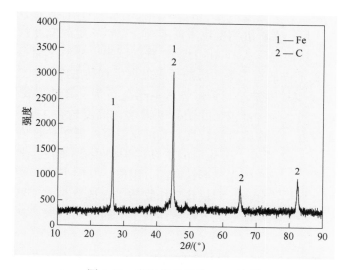

图 5-29　富铁保护层的 XRD 能谱

**B　富铁保护层显微形貌**

富铁保护层的微观形貌如图 5-30 所示。富铁保护层主要为大量的金属铁，其中存在细条状的石墨碳，长短不一。

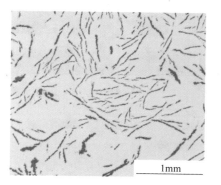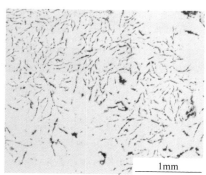

图 5-30　富铁保护层的微观形貌

### 5.1.4.2　富铁保护层性能

#### A　富铁保护层的熔点与黏度

纯铁熔点为1538℃，略高于高炉出铁温度，铁液温度低于熔点即可凝固，而高炉炉缸铁液是多种元素共存，很难达到纯铁液状态。当有其他元素溶解于铁液中时，其熔点就有所下降。随着碳含量增加到4.3%，铁液熔点下降到1148℃，当碳含量高于4.3%时，铁液熔点升高。通常，将1150℃等温线作为形成富铁保护层的凝固线，即炉缸炉底温度低于1150℃的区域，可以形成富铁保护层。由于高炉冷却系统的作用，在炉缸侧壁位置铁液中会存在一定的温度梯度，越靠近耐火材料热面位置，铁液温度从1490~1520℃降低到耐火材料热面温度或铁液凝固温度1150℃，为铁液中的石墨等物质的析出提供了有利条件。

图5-31显示了富铁保护层与炉缸铁液的熔化行为。富铁保护层的熔化温度在1175~1180℃之间，碳含量较低的炉缸铁液熔化温度约在1180~1185℃之间。在耐火材料热面附近，铁液碳含量较高，其熔化温度略低于炉缸内铁液。熔化后的富铁保护层如图5-32所示。熔化后的富铁保护层主要由未熔化且保持原有方形的块状疏松物质，以及右侧半球形铁两部分组成，其中半球形铁与石墨垫片极不润湿，容易与石墨垫片分离。而块状疏松物质主要成分为C，是富铁保护层中铁相熔化流出后，析出碳未溶解进入铁液而残留下的骨架结构，其结构易散，碳呈现片状结构。

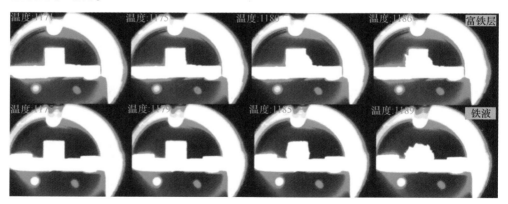

图5-31　富铁保护层与炉缸铁液熔化行为

耐火材料热面温度较低，铁液中物质的析出可导致铁液黏度升高，流动性降低。由第4章可知，铁液黏度与温度、元素含量的定量关系为：

$$\eta = 34.42973 - 0.01514(T + 273.15) - 0.00349[C] + 0.76756[Si] -$$
$$2.35139[Mn] - 3.63856[P] - 6.91921[S] + 5.91118[Ti]$$

$$(5\text{-}47)$$

图 5-32　富铁保护层熔化后形貌

温度为 1450℃时，死料柱边缘和耐火材料热面的铁液黏度分别为 0.0075Pa·s 和 0.0081Pa·s，即越靠近耐火材料热面位置铁液黏度越高，温度从 1450℃降低到 1200℃时，耐火材料热面铁液黏度升高到 0.012Pa·s，即随着温度的降低，炉缸侧壁位置铁液黏度升高。

B　富铁保护层的导热系数

富铁保护层导热系数如表 5-9 所示。导热系数随着温度的升高先明显降低，而后基本不变；低温时，炉缸铁液的导热系数约为富铁保护层的 3.1 倍，高温时，约为 2.3 倍。

表 5-9　富铁保护层的导热系数

| 样　品 | 温度/℃ | 导热系数/W·(m·K)⁻¹ |
|---|---|---|
| 富铁保护层 | 300 | 17.3 |
| | 600 | 13.0 |
| | 800 | 14.1 |
| 炉缸铁液 | 300 | 53.7 |
| | 600 | 33.8 |
| | 800 | 32.5 |

碳溶于 $\alpha$-Fe 晶格间隙中形成的间隙固溶体称为铁素体，碳溶于 $\gamma$-Fe 晶格间隙中形成的间隙固溶体称为奥氏体，碳钢中几种形态对应的导热系数如表 5-10 所示。根据铁碳相图，随着温度的升高，$\alpha$-Fe 转换为 $\gamma$-Fe 结构，导热系数整体呈现降低趋势。在炉缸中，越靠近耐火材料热面位置，碳含量越高。当温度低于 727℃时，随碳含量增加，组织形态由珠光体+渗碳体+低温莱氏体向着渗碳体+低温莱氏体组织转变，导热系数降低。在 800℃ 范围，其组织形态由奥氏体+渗碳体+莱氏体向渗碳体+莱氏体转变，导热系数降低。因此，在温度不变的条件下，随着碳含量的增加导热系数有降低趋势。

表 5-10　不同形态下碳钢的导热系数

| 形　态 | 铁素体 | 珠光体 | 马氏体 | 奥氏体 | 渗碳体 |
|---|---|---|---|---|---|
| 导热系数/W·(m·K)⁻¹ | 77.1 | 51.9 | 29.3 | 14.6 | 4.2 |

C　富铁保护层的密度

富铁保护层的密度可由排水法测量，利用式（5-48）和式（5-49）计算，如表 5-11 所示。富铁保护层的密度约为 5414.8kg/m³，小于炉缸铁液密度。

$$\rho_{水}\, gV = (m_0 - m_1)g \tag{5-48}$$

$$\rho_{铁} = \frac{m_0}{V} = \frac{m_0\rho_{水}}{m_0 - m_1} \tag{5-49}$$

表 5-11　富铁保护层及炉缸铁液密度

| 试　样 | 密度/kg·m⁻³ |
|---|---|
| 富铁保护层 | 5414.8 |
| 炉缸铁液 | 7012.3 |

### 5.1.4.3　富铁保护层的熔化与凝固行为

富铁保护层由耐火材料热面附近铁液凝固而成，而当耐火材料热面温度较高时，富铁层又可重新熔化。选取富铁保护层试样，利用高温共聚焦显微镜在升温过程中观察其熔化过程，而后在降温过程中，观察富铁保护层的凝固行为，升降温速率如图 5-33 所示。

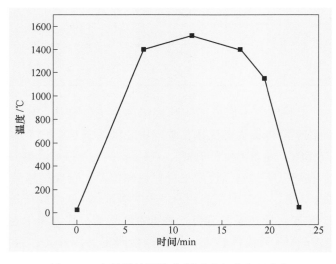

图 5-33　富铁保护层熔化凝固过程升降温速率

A 富铁保护层的熔化行为

升温过程中，富铁保护层的熔化过程如图 5-34 所示。室温至 1150℃ 过程中，仅富铁保护层表面颜色略有变化，铁素体间的晶界显现出来。1150℃ 时，铁碳交界面有明显改变，液相即将生成。在 1250℃ 时，铁碳界面处开始有液体生成，随后液体面积逐渐扩大，直至 1311℃ 铁液基本淹没样品表面。在 1311℃ 后，铁液覆盖样品表面，随着铁液流动视野丢失，至 1400℃ 重新获得视野。

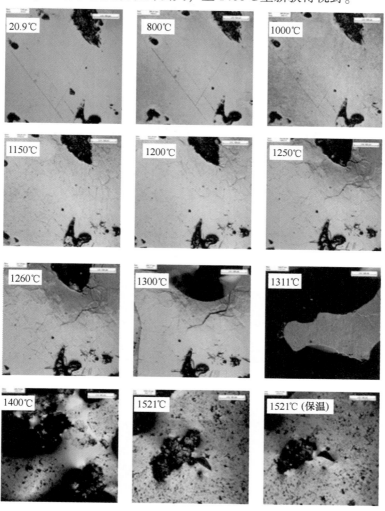

图 5-34 富铁保护层的熔化行为

另外，观察了焦炭颗粒在富铁保护层熔化后铁液中的渗碳溶解现象，发现：
（1）不规则形状焦炭颗粒在 1521℃ 保温一段时间后仍然存在，仅体积略有减小；
（2）随着焦炭颗粒渗碳溶解过程的发生，铁液表面形成了一层漂浮物。

B　富铁保护层的凝固行为

富铁保护层熔化后的凝固行为如图 5-35 所示。降温至 1480℃时，有大量片层状和少量锥尖状的石墨碳析出。在 1459~1300℃温度区间内，发生片层状石墨碳增大和新片层状石墨碳的析出。降温至 1300℃时，铁液面积明显减小，并随着温度的降低，铁液逐渐凝固，铁液面积持续减小，直至 1120℃时铁液相消失。

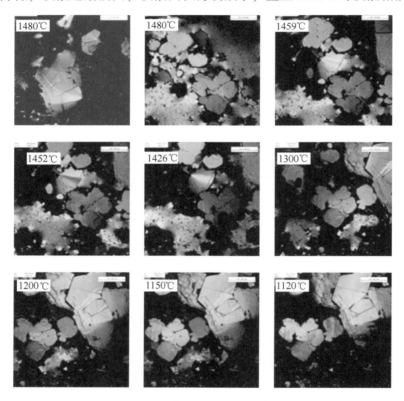

图 5-35　富铁保护层熔化后的凝固行为

富铁保护层熔化后凝固的显微形貌如图 5-36 所示。$P_3$ 点为析出的石墨碳，$P_2$ 和 $P_1$ 主要为 Fe 和 C，其中 $P_1$ 点碳含量高达 30%，并含有来自焦炭中 Ca、Al、Si、Mn、Ti 等元素。在焦炭颗粒溶解于铁液及铁液冷却的过程中，焦炭中的多种成分得以转移到铁液中，并可扩散至耐火材料热面位置，与耐火材料反应形成侵蚀或形成保护层。同时，焦炭并未完全溶解而消失，剩余的微小焦炭颗粒也随铁液迁移，在耐火材料热面位置形成黏结物。

5.1.4.4　富铁保护层形成机理

高炉炉缸炉底内衬结构一般有两种，其一为全炭砖的炉缸炉底结构，其二为

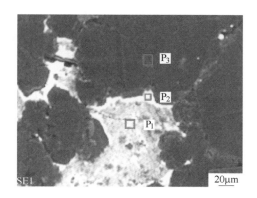

图 5-36 富铁保护层熔化后凝固的显微形貌

炭砖结合陶瓷杯的复合结构。无论哪一种结构，炉缸耐火材料均会受到熔融渣铁、有害元素、煤气的机械冲刷和化学侵蚀，侵蚀后的耐火材料表面剩余残留质点，富铁保护层的形成过程如图 5-37 所示。随铁液的流动冲刷，残余质点进入到铁液中。同时，高炉炉缸铁液至耐火材料热面存在温度梯度，越靠近耐火材料热面，铁液温度越低。耐火材料厚度减薄后，传热体系的热阻减小，耐火材料热面温度降低，可使铁液析出石墨碳，耐火材料残留质点和石墨碳固相物质的增加，以及温度的降低导致耐火材料热面铁液黏度增加，在耐火材料热面形成一层黏滞层。另外，铁液析出石墨碳后，其碳含量降低，炉缸中心铁液中的碳便不断向耐火材料热面迁移，使得石墨碳不断地析出，进而耐火材料热面的碳含量升高。

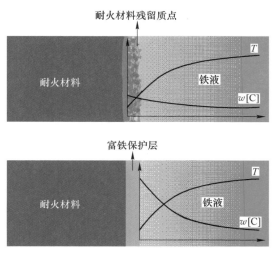

图 5-37 富铁保护层的形成过程

当耐火材料热面温度低于铁液凝固温度1150℃时，铁液凝固附着在耐火材料热面，形成富铁保护层。根据铁碳相图，耐火材料热面铁液碳含量低于或高于4.3%，铁液凝固温度均会高于1150℃，富铁保护层更容易形成。但是，若耐火材料热面碳含量低于4.3%，铁液处于碳不饱和状态，容易加剧铁液对耐火材料的侵蚀；而较高的碳含量则有利于石墨碳的析出，促使富铁保护层向石墨碳保护层转变。因此，应适当提高碳含量，形成富铁保护层。另一方面，虽然降低耐火材料热面温度也有利于富铁保护层的形成，但实际生产中，很难使高炉耐火材料热面降低至1150℃。

## 5.2 高炉炉缸多相复合保护层形成机理

### 5.2.1 高炉炉缸多相复合保护层微观形貌

图5-38为多相复合保护层微观形貌。保护层中部分石墨碳和Ti(C,N)被以Ca-Mg-Al-Si四元渣系组成的渣相包裹，石墨碳和Ti(C,N)均与炉渣的润湿性较差，相界面存在一定的缝隙。炉渣中一般不会析出石墨碳和Ti(C,N)，意味着保护层形成后存在演变过程，导致炉渣进入炉缸保护层，成为铁口中心线以下炉缸保护层的组分。与铁相中的Ti(C,N)相比，镶嵌在渣相的Ti(C,N)析出相分布更为密集，尺寸差异不大。

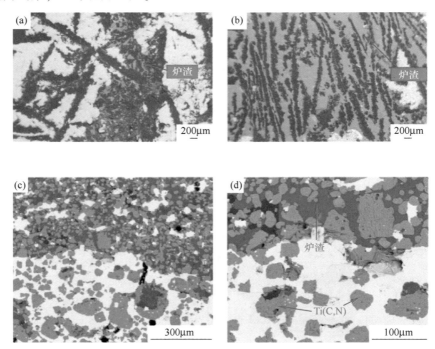

图 5-38  多相复合保护层的微观形貌

### 5.2.2 高炉炉缸多相复合保护层性能

表 5-12 和表 5-13 分别为高炉炉缸多相复合保护层 800℃的导热系数和抗压强度，分别约为 9.89W/(m·K) 和 51.43MPa。导热系数相对较高，接近于炭砖的导热系数（10W/(m·K)）。多相复合保护层各物相组成相对平均，且含有部分渣相，抗压强度较大，相对稳定。

**表 5-12 多相复合保护层 800℃的导热系数**

| 试样编号 | 1 号 | 2 号 | 3 号 | 平均值 |
|---|---|---|---|---|
| 导热系数/W·(m·K)$^{-1}$ | 10.86 | 12.25 | 6.57 | 9.89 |

**表 5-13 多相复合保护层的抗压强度**

| 试样厚度/mm | 试样宽度/mm | 原始标距/mm | 最大力/kN | 抗压强度/MPa |
|---|---|---|---|---|
| 15.50 | 15.10 | 17.00 | 12.68 | 51.43 |

### 5.2.3 高炉炉缸多相复合保护层形成机理

结合高炉生产的实际情况，铁相作为保护层的基体，石墨碳和 Ti(C,N) 从铁液中析出，而渣相可来源于：（1）渣铁界面卷入到铁液中的炉渣；（2）焦炭或被侵蚀耐火材料的灰分；（3）死料柱焦炭孔隙中的渣相。

图 5-39 为多相复合保护层的形成过程。由于冷却系统的存在，耐火材料热面形成一层凝滞层，在凝滞层中存在复杂的相变。石墨碳和 Ti(C,N) 先以小颗粒大量从铁液中析出，由于结晶过程较为缓慢，铁还处于液态，会有大量的 Ti、C、N 等元素向凝滞层迁移，析出的小颗粒晶体逐渐长大。当熔渣经过该区域，

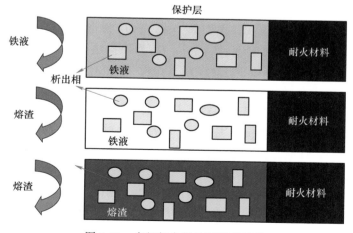

图 5-39 多相复合保护层形成过程

由于炉渣的熔点高于铁液熔点，可将正在凝固的铁液或凝固的铁相重新熔化变成液相。保护层中的石墨碳和 Ti（C，N）析出相均具有很高的熔点，析出相没有熔化而保持了原有的形态。由于冷却导致的温度降低，炉渣和铁液开始结晶，石墨碳和 Ti（C，N）析出相容易被炉渣裹挟而共同凝固在保护层中，最终形成由金属铁、石墨碳、Ti（C，N）和渣相组成的多相复合保护层[19]。

随着时间的累积，高炉炉缸保护层逐渐增厚，进而隔离开铁液与耐火材料的直接接触。而高炉在生产过程中，由于高炉铁液温度、高炉冶炼强度及出铁过程铁液流动的变化，保护层的厚度也发生着变化，最终达到动态平衡。

## 5.3　高炉炉缸单相保护层溶解机理

### 5.3.1　石墨碳保护层溶解机理

#### 5.3.1.1　石墨碳保护层生成及溶解模型

高炉炉缸的传热过程中，在外部冷却作用的条件下，炉缸内部的热量源源不断地被冷却水带走。考虑到保护层的形成过程，炉缸传出的热量实质上是铁液内部显热（温度下降）和潜热（相变结晶）不断向外散失的过程。高炉炉缸保护层的形成过程属于非稳态过程，在相变、化学反应及铁液流动的综合作用下形成的。简化炉缸传热体系，认为炉缸保护层的形成过程是时间相对较长的缓慢过程，近似于稳态过程，根据铁液凝固过程及化学反应的吸放热过程中的热量传递关系，单位时间、单位面积通过炉缸传热体系导出的热量等于铁液向保护层传递的热量加上保护层在形成演变过程中吸收或放出的热量，计算公式如下：

$$\alpha_i(T_l - T_s) + \rho_s H_s \frac{\partial L_s}{\partial t} = \frac{T_l - T_w}{\frac{1}{\alpha_i} + \frac{L_s}{\lambda_s} + \frac{L_c}{\lambda_c} + \frac{L_d}{\lambda_d} + \frac{L_b}{\lambda_b} + \frac{1}{\alpha_w}} \quad (5\text{-}50)$$

式中，$\alpha_i$ 为铁液等效换热系数，$W/(m^2 \cdot ℃)$；$T_l$ 为铁液温度，℃；$T_s$ 为保护层形成温度，℃；$\rho_s$ 为保护层密度，$kg/m^3$；$H_s$ 为保护层生成潜热，$J/kg$；$L_s$ 为保护层厚度，m；$t$ 为时间，s；$T_w$ 为冷却水温度，℃；$\lambda_s$ 为保护层导热系数，$W/(m \cdot ℃)$；$L_c$ 为耐火材料厚度，m；$\lambda_c$ 为耐火材料导热系数，$W/(m \cdot ℃)$；$L_d$ 为捣打料厚度，m；$\lambda_d$ 为捣打料导热系数，$W/(m \cdot ℃)$；$L_b$ 为冷却壁厚度，m；$\lambda_b$ 为冷却壁导热系数，$W/(m \cdot ℃)$；$\alpha_w$ 为冷却水对流换热系数，$W/(m \cdot ℃)$。

在本模型中，铁液与保护层接触部位的温度为保护层形成的临界温度，影响临界温度的主要因素有铁液温度及铁液等效换热系数。$\partial L/\partial t$ 为负值时，式（5-50）也可用于保护层的溶解过程，即单位时间、单位面积通过炉缸传热体系导出的热量等于铁液向保护层传递的热量减去保护层在形成演变过程中吸收或放出的热量之和。表 5-14 为石墨碳保护层的相关参数。计算时假定铁液温度为 1500℃，冷却水温度为 30℃，炭砖的导热系数为 $12W/(m \cdot ℃)$。

**表 5-14　石墨碳保护层相关物性参数**

| 熔变/kJ·kg$^{-1}$ | 密度/kg·m$^{-3}$ | 形成温度/℃ | 导热系数/W·(m·℃)$^{-1}$ |
| --- | --- | --- | --- |
| 1882.50 | 2300 | 1250 | 60.0 |

#### 5.3.1.2　石墨碳保护层生成过程

**A　石墨碳保护层形成时间随铁液等效换热系数的变化**

图 5-40 为不同炉役阶段，保护层形成所需时间随铁液等效换热系数的变化规律。在同一铁液对流换热系数的条件下，随着砖衬厚度的减薄，石墨碳保护层形成相同厚度所需时间减小，而随着铁液等效换热系数的增加，石墨碳保护层形成相同厚度所需时间随之增加。随着铁液等效换热系数的变化，石墨碳保护层形成时间存在拐点。例如，当砖衬厚度为 0.5m 时，铁液等效换热系数大于 70W/$(m^2 \cdot ℃)$，石墨碳保护层即不再形成；当砖衬厚度为 0.3m，铁液等效换热系数大于 110W/$(m^2 \cdot ℃)$，形成 2mm 厚的石墨碳保护层所需时间为 1762min，难以在短时间内形成石墨碳保护层。

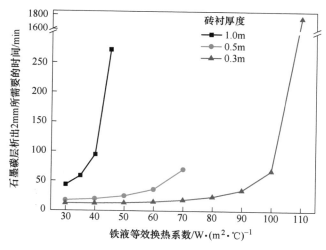

图 5-40　保护层形成时间随铁液等效换热系数的变化

**B　石墨碳保护层形成时间随保护层厚度的变化**

图 5-41 为石墨碳保护层形成不同厚度所需时间。其中，砖衬厚度为 0.3m，铁液等效换热系数为 60W/$(m^2 \cdot ℃)$。随着保护层厚度的增加，保护层形成时间随之增加，呈线性关系。石墨碳保护层厚度对传热体系的热阻影响较小，例如形成 0.01m 时，保护层热阻仅占传热体系总热阻的 0.27%，对保护层热面的温度

影响较小，保护层析出的热力学条件几乎不变。石墨碳保护层的析出速率较大，在满足保护层形成条件的前提下，石墨碳保护层容易形成，这就解释了在实际的高炉炉缸破损调查中，无论哪种类别的保护层均有石墨碳的存在。

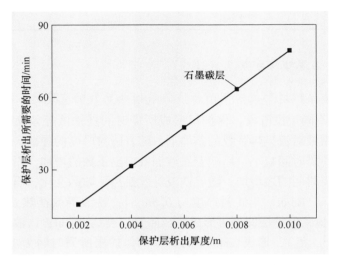

图 5-41　保护层形成时间随保护层厚度的变化

### 5.3.1.3　石墨碳保护层溶解过程

**A　石墨碳保护层溶解时间随铁液等效换热系数的变化**

在高炉炉缸保护层形成后，随着炉况的波动和冶炼条件的改变，保护层会以一定的速率溶解到铁液中。图 5-42 为不同砖衬厚度和不同铁液等效换热系数条

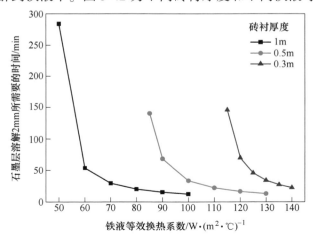

图 5-42　石墨碳保护层溶解时间随铁液等效换热系数的变化

件下，保护层溶解 2mm 所需时间。随着铁液等效换热系数的增加，保护层溶解所需要的时间减小。当达到临界的铁液等效换热系数后，随着铁液等效换热系数的增加，溶解时间变化不大。砖衬厚度越薄，溶解 2mm 厚的保护层所需要的时间越长，所对应的临界铁液等效换热系数也越大。

B 保护层溶解时间随溶解厚度的变化

图 5-43 为石墨碳保护层溶解时间随溶解厚度的关系。其中，砖衬厚度为 1m，铁液等效换热系数为 $100W/(m^2 \cdot ℃)$。随着保护层溶解厚度的增加，溶解所需时间线性增长，石墨碳保护层溶解速率相对较快。

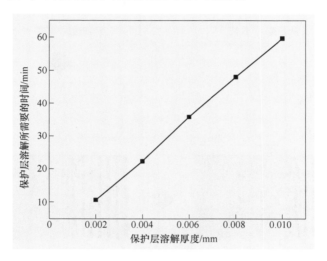

图 5-43 石墨碳保护层溶解时间随溶解厚度的变化

## 5.3.1.4 石墨碳保护层在铁液中的溶解机理

石墨碳保护层在铁液中的溶解过程如图 5-44 所示。石墨碳保护层主要由片状石墨碳和基体铁组成，其中石墨碳析出温度约为 1250~1300℃，铁液凝固温度为 1150℃。石墨碳保护层中的碳含量远高于铁液碳含量水平，在保护层-铁液界面，若保护层中的基体铁以固态存在，则保护层热面温度略低于 1150℃。当保护层附近铁液温度高于 1150℃时，保护层热端部分中的基体铁发生熔化。同时，部分铁液也可通过保护层存在的孔隙进入其内部，与片状石墨碳接触，受碳浓度梯度的驱动，片状石墨碳被熔融铁液溶解，发生溶解反应（$C_{石墨}=[C]$）。溶解于渗透铁液中的 [C] 向保护层-铁液界面的铁液一侧边界层内扩散，而界面另一侧的原石墨碳保护层因石墨碳的溶解及扩散，碳含量逐渐降低。最后，在界面铁液侧边界层中的碳原子越过边界层扩散到炉缸内侧的铁液，若保护层内部温度仍然高于 1150℃，则石墨碳保护层继续被铁液溶解，若保护层热面温度高于石墨碳析出温度，保护层溶解速率将更快[20]。

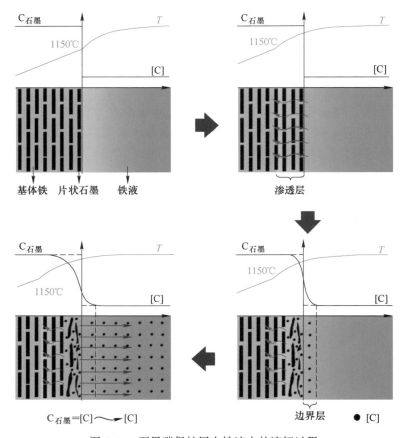

图 5-44　石墨碳保护层在铁液中的溶解过程

## 5.3.2　富钛保护层溶解机理

富钛保护层中的钛含量较高，高达 30% 以上，钛主要以 C/N 比为 3∶7 的 $TiC_{0.3}N_{0.7}$ 形式存在，故以纯 $TiC_{0.3}N_{0.7}$ 圆柱体代表富钛保护层，研究富钛保护层在铁液中的溶解行为。

### 5.3.2.1　温度对富钛保护层溶解行为的影响

A　钛在 $Fe-C_{sat}$ 熔体中的饱和溶解度

当铁液杂质含量很低时，可通过下式计算铁液中碳的饱和溶解度：

$$w[C] = 1.34 + 2.54 \times 10^{-3}T + 0.17w[Ti] - 0.3w[Si] +$$
$$0.04w[Mn] - 0.35w[P] - 0.54w[S] \tag{5-51}$$

在 $Fe-C_{sat}-Ti$ 体系中，式（5-51）简化为：

$$w[\text{C}] = 1.34 + 2.54 \times 10^{-3}T + 0.17w[\text{Ti}] \tag{5-52}$$

$\text{TiC}_{0.3}\text{N}_{0.7}$ 标准摩尔生成吉布斯自由能为：

$$0.3\text{TiC}_{(s)} + 0.7\text{TiN}_{(s)} =\!=\!= \text{TiC}_{0.3}\text{N}_{0.7(s)} \quad \Delta_f G^{\ominus}_{\text{TiC}_{0.3}\text{N}_{0.7}} = -292307 + 62.33T, \text{J/mol} \tag{5-53}$$

钛溶于铁液生成 $w[\text{Ti}] = 1\%$ 溶液时，其标准溶解吉布斯自由能为：

$$\text{Ti}_{(s)} =\!=\!= [\text{Ti}] \quad \Delta_{\text{sol}} G^{\ominus}_{\text{Ti}} = -25100 + 44.98T, \text{J/mol} \tag{5-54}$$

且对于稳定单质 C 和 $\text{N}_2$，其 $\Delta_f G^{\ominus}$ 均为 0，因此，在 $\text{TiC}_{0.3}\text{N}_{0.7}$ 圆柱体-铁液界面，则存在如下关系：

$$[\text{Ti}] + 0.3\text{C}_{(s)} + 0.35\text{N}_{2(g)} =\!=\!= \text{TiC}_{0.3}\text{N}_{0.7(s)} \tag{5-55}$$

$$\Delta_r G^{\ominus} = \Delta_f G^{\ominus}_{\text{TiC}_{0.3}\text{N}_{0.7}} - \Delta_{\text{sol}} G^{\ominus}_{\text{Ti}} = -267207 + 17.35T, \text{J/mol}$$

当反应达到平衡时：

$$\Delta_r G^{\ominus} = -RT\ln K^{\ominus} \tag{5-56}$$

$$K^{\ominus} = \frac{a_{\text{TiC}_{0.3}\text{N}_{0.7}}}{a_{[\text{Ti}]} a_{\text{C}}^{0.3} p_{\text{N}_2}^{0.35}} \tag{5-57}$$

对于碳饱和铁液，在 Ar 条件下，$a_{\text{TiC}_{0.3}\text{N}_{0.7}} = 1$，$a_{\text{C}} = 1$，$p_{\text{N}_2} = 1$，由式（5-53）、式（5-55）~式（5-57）可得：

$$\ln a_{[\text{Ti}]} = -\frac{32139.40}{T} + 2.09 \tag{5-58}$$

又 $a_{[\text{Ti}]} = f_{[\text{Ti}]} w[\text{Ti}]$，且 $\ln x = \ln 10 \cdot \lg x \approx 2.3 \lg x$，则：

$$\lg w[\text{Ti}] = -\frac{13957.97}{T} + 0.91 - \lg f_{[\text{Ti}]} \tag{5-59}$$

式中，$a_{[\text{Ti}]}$ 为钛在铁液中的活度；$w[\text{Ti}]$ 为钛在铁液中的溶解度，%；$T$ 为绝对温度，K；$f_{[\text{Ti}]}$ 为钛在铁液中的活度系数。

一般来说，$f_{[\text{Ti}]}$ 由铁液中各元素的含量 $[\%j]$ 及其对钛的活度相互作用系数 $e_{\text{Ti}}^j$ 决定，可由下式求出：

$$\lg f_{[\text{Ti}]} = \sum e_i^j [\%j] \tag{5-60}$$

式中，$j$ 为 C、Si、Mn、P、S、Ti 等元素，则：

$$\lg f_{[\text{Ti}]} = e_{\text{Ti}}^{\text{Ti}} w[\text{Ti}] + e_{\text{Ti}}^{\text{C}} w[\text{C}] + e_{\text{Ti}}^{\text{Si}} w[\text{Si}] + e_{\text{Ti}}^{\text{Mn}} w[\text{Mn}] + e_{\text{Ti}}^{\text{P}} w[\text{P}] + e_{\text{Ti}}^{\text{S}} w[\text{S}] \tag{5-61}$$

1600℃时，铁液中元素 C、Si、Mn、P、S、Ti 对钛的活度相互作用系数如表 5-15 所示。

表 5-15　1600℃铁液中各元素对钛的相互作用系数

| $i$ | $j$ | | | | | |
|---|---|---|---|---|---|---|
| | C | Si | Mn | P | S | Ti |
| Ti | −0.165 | 0.05 | 0.0043 | −0.064 | −0.11 | 0.013 |

在 Fe-C$_{sat}$-Ti 体系中, $f_{[Ti]}$ 主要取决于 C 和 Ti 元素的含量及其对钛的相互作用系数, 式 (5-61) 简化为:

$$lg f_{[Ti]} = e_{Ti}^{Ti} w[Ti] + e_{Ti}^{C} w[C] \tag{5-62}$$

代入式 (5-59), 得:

$$lg w[Ti] = -\frac{13957.967}{T} + 0.906 - 0.013 w[Ti] + 0.165 w[C] \tag{5-63}$$

联立式 (5-53) 和式 (5-63), 采用二分法求解方程组即可求出不同温度下 Fe-C$_{sat}$ 熔体的饱和钛含量, 结果如表 5-16 所示。1450℃、1500℃ 和 1550℃ 钛的溶解度分别为 1.27%、1.56% 和 1.83%。

**表 5-16 不同温度下 Fe-C$_{sat}$ 熔体钛饱和溶解度**

| 温度/℃ | 1450 | 1500 | 1550 |
|---|---|---|---|
| 饱和钛含量/% | 1.27 | 1.56 | 1.83 |

B 温度对 TiC$_{0.3}$N$_{0.7}$ 在铁液中溶解行为的影响

图 5-45~图 5-47 为铁液 (Fe-C$_{sat}$ 熔体) 溶解 TiC$_{0.3}$N$_{0.7}$ 圆柱体后的宏观形貌与微观形貌, TiC$_{0.3}$N$_{0.7}$ 圆柱体溶解过程形貌的变化可分为溶蚀层、渗透层和原质层, 如图 5-48 和图 5-49 所示。溶蚀层为完全溶解进入铁液的部分, 厚度为溶解反应前后圆柱体半径的变化。渗透层为部分铁液渗透到圆柱体内部, 厚度由扫描电镜观测获得; 原质层为没有铁液渗透且保持原有基体的部分, 厚度为由溶解反应后圆柱体的半径减去渗透层的厚度。由图 5-48 和图 5-49 可知, 随着温度的升高, 溶蚀层越来越厚, 原质层厚度越来越薄, 渗透层厚度变化不大。在相同时间内, 随着温度的升高, TiC$_{0.3}$N$_{0.7}$ 圆柱体溶解量越来越多。

图 5-45 铁液溶解 TiC$_{0.3}$N$_{0.7}$ 圆柱体后的宏观形貌

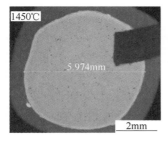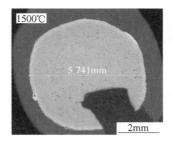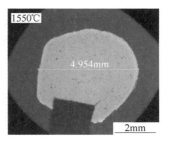

图 5-46  铁液溶解 $TiC_{0.3}N_{0.7}$ 圆柱体后的微观尺寸

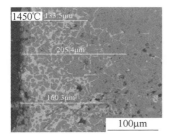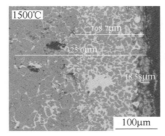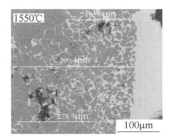

图 5-47  铁液溶解 $TiC_{0.3}N_{0.7}$ 圆柱体后的微观形貌

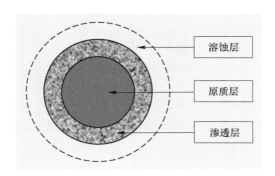

图 5-48  铁液溶解 $TiC_{0.3}N_{0.7}$ 圆柱体后各层分布

图 5-50 为不同温度下，铁液溶解 $TiC_{0.3}N_{0.7}$ 圆柱体后的形貌，随温度的升高，铁液中溶解的钛含量明显增加，且溶解的钛与铁、碳结合，形成白色物质，均匀分布在铁液中。

铁液溶解 $TiC_{0.3}N_{0.7}$ 圆柱体不同阶段的形貌如图 5-51 所示。随着 $TiC_{0.3}N_{0.7}$ 圆柱体在铁液中溶解时间的增加，铁相中逐渐出现白色的条状物（含钛化合物）。随溶解时间的进一步增加，白色条状物质（含钛化合物）逐渐增多，越来越密集，且有团聚现象。同时，铁液中析出越来越多规则形状的 TiC 晶体。

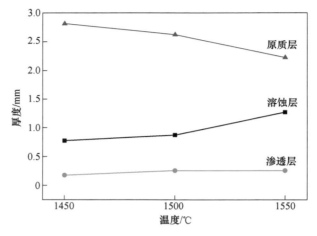

图 5-49 铁液溶解 $TiC_{0.3}N_{0.7}$ 圆柱体后各层尺寸变化

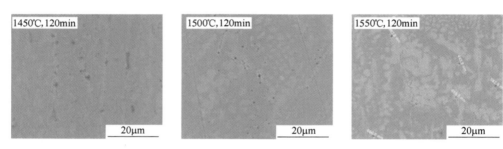

图 5-50 铁液溶解 $TiC_{0.3}N_{0.7}$ 圆柱体后的形貌

C 温度对钛溶解动力学的影响

不同温度下，$TiC_{0.3}N_{0.7}$ 圆柱体在铁液中的溶解结果如图 5-52 所示，铁液溶解 $TiC_{0.3}N_{0.7}$ 圆柱体趋势基本相同。升高温度可促进铁液溶解 $TiC_{0.3}N_{0.7}$ 圆柱体，随着溶解的进行，$TiC_{0.3}N_{0.7}$ 圆柱体溶解速率逐渐降低。

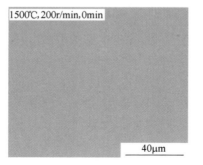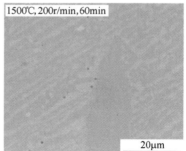

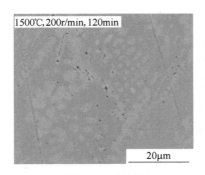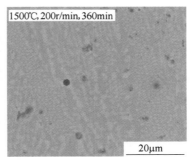

图 5-51　铁液溶解 $TiC_{0.3}N_{0.7}$ 圆柱体不同阶段的形貌

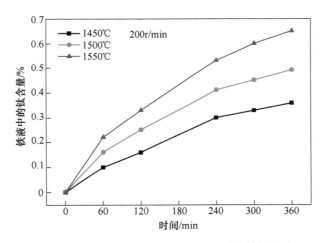

图 5-52　温度对铁液溶解 $TiC_{0.3}N_{0.7}$ 圆柱体的影响

图 5-53 示意了钛在铁液中的溶解过程。图中，$C_s$ 为界面处钛含量，$\delta$ 表示边界层的厚度。$TiC_{0.3}N_{0.7}$ 圆柱体在铁液中的溶解过程大致可分为以下两步：

（1）$TiC_{0.3}N_{0.7}$ 圆柱体-铁液界面处发生溶解反应，使得钛原子从 $TiC_{0.3}N_{0.7}$ 圆柱体基体解离，形成反应层；

（2）反应产物向铁液中扩散，即反应产物由边界层向铁液本体内部扩散，随着铁液中钛含量的增加，边界层与铁液内部钛浓度梯度降低，使得钛扩散速率逐渐降低，成为溶解行为的限制性环节。

钛在铁液中的溶解速率常数可表示为：

$$\frac{1}{k} = \frac{1}{k_c} + \frac{1}{k_m} \tag{5-64}$$

式中，$k$ 为钛在铁液中的溶解速率常数，$m/s$；$k_c$ 为界面化学反应速率常数，$m/s$；$k_m$ 为钛在铁液中的扩散传质系数，$m/s$。

当 $k_c \gg k_m$ 时，溶解速率常数 $k$ 近似等于扩散传质系数 $k_m$，钛的溶解过程为扩散传质控速。当 $k_m \gg k_c$ 时，溶解速率常数 $k$ 近似等于化学反应速率常数 $k_c$，钛的溶解过程为界面化学反应控速。当 $k_c$ 与 $k_m$ 相差不远时，溶解速率常数 $k$ 由化学反应速率常数 $k_c$ 和扩散传质系数 $k_m$ 共同决定，溶解过程为界面化学反应与扩散传质混合控速。

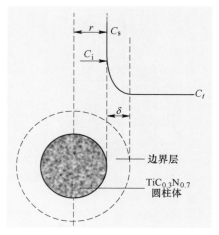

图 5-53　$TiC_{0.3}N_{0.7}$ 圆柱体在铁液中的溶解过程

根据菲克第一定律，假设 $TiC_{0.3}N_{0.7}$ 圆柱体溶解过程为一阶扩散传质控速，溶解过程中边界层处的钛向铁液本体中扩散通量可以表示为：

$$J = k_m(C_s - C_t) \tag{5-65}$$

假定溶解反应熔体体积为 $V$ 和反应接触面积为 $A$，式（5-65）可以表示为：

$$\frac{dC_t}{dt} = \frac{k_m A}{V}(C_s - C_t) \tag{5-66}$$

若溶解反应熔体体积 $V$、反应接触面积 $A$ 和扩散传质系数 $k_m$ 均与反应时间没有关系，对式（5-66）积分，可得：

$$\ln \frac{C_s - C_t}{C_s - C_0} = -Kt \tag{5-67}$$

$$K = k_m \frac{A}{V} \tag{5-68}$$

式中，$J$ 为对流传质质量通量，$kg \cdot m^2/s$；$k_m$ 为扩散传质系数，$m/s$；$C_s$ 为界面钛含量，%；$C_t$ 为 $t$ 时刻铁液熔体内部的钛含量，%；$C_0$ 为铁液中初始钛含量，用质量百分含量表示，$C_0 = 0$，%；$A$ 为溶解反应界面面积，$m^2$；$V$ 为铁液体积，$m^3$；$K$ 为表观速率常数，$s^{-1}$。

以时间 $t$ 为横坐标，以 $\ln[(C_s - C_t)/C_s]$ 为纵坐标作图，结果如图 5-54 所示。在不同温度下，$\ln[(C_s - C_t)/C_s]$ 随时间的变化呈线性关系，直线斜率即为 $TiC_{0.3}N_{0.7}$ 圆柱体在铁液中溶解表观速率常数 $K$ 的负值，如表 5-17 所示。$TiC_{0.3}N_{0.7}$ 圆柱体在铁液中的溶解为吸热反应，温度对铁液溶解富钛保护层的加剧作用比较明显，表观速率常数 $K$ 也随铁液温度的增加而增加。

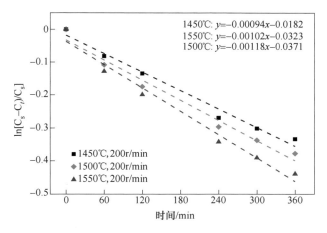

图 5-54　$\ln[(C_s-C_t)/C_s]$ 与时间 $t$ 的关系

**表 5-17　$TiC_{0.3}N_{0.7}$ 圆柱体在铁液中溶解行为的表观速率常数**

| 温度/℃ | 1450 | 1500 | 1550 |
|---|---|---|---|
| 表观速率常数/$s^{-1}$ | $0.94×10^{-3}$ | $1.02×10^{-3}$ | $1.18×10^{-3}$ |

由阿伦尼乌斯公式可以得到 $K$ 与反应活化能的关系：

$$K = Ae^{-\frac{E}{RT}} \tag{5-69}$$

$$\ln K = \ln A - \frac{E}{RT} \tag{5-70}$$

式中，$A$ 为指前因子，$s^{-1}$；$E$ 为钛溶解反应活化能，J/mol；$R$ 为理想气体常数，取 8.314J/(mol·K)。

由式（5-70）可以看出 $\ln K$ 与 $1/T$ 成正比，以 $1/T$ 为横坐标，$\ln K$ 为纵坐标作图，如图 5-55 所示，可计算出 $TiC_{0.3}N_{0.7}$ 圆柱体在铁液中溶解的表观活化能，结果如表 5-18 所示。活化能反映溶解反应的难易程度，是反应物的分子由初始稳定状态变为活化分子所需吸收的最小能量，活化能越小，反应越容易进行。指前因子数值越大，反应速度越快。$TiC_{0.3}N_{0.7}$ 圆柱体在铁液中溶解反应的指前因子为 $0.06s^{-1}$，表观活化能为 60.15kJ/mol，即 $TiC_{0.3}N_{0.7}$ 圆柱体较易溶解在铁液中。

**表 5-18　$TiC_{0.3}N_{0.7}$ 圆柱体在铁液中溶解的指前因子及活化能**

| 参　　数 | 指前因子 $A/s^{-1}$ | 活化能 $E/kJ·mol^{-1}$ |
|---|---|---|
| 数　　值 | 0.06 | 60.15 |

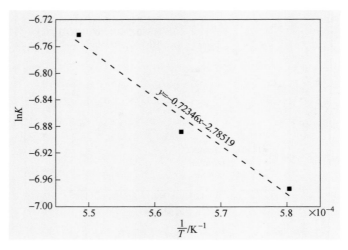

图 5-55　$TiC_{0.3}N_{0.7}$ 圆柱体在铁液中溶解的活化能求解拟合

### 5.3.2.2　$TiC_{0.3}N_{0.7}$ 圆柱体转速对富钛保护层溶解行为的影响

不同转速下，铁液溶解 $TiC_{0.3}N_{0.7}$ 圆柱体后的溶蚀层、渗透层、原质层厚度如图 5-56 所示。随着转速的增加，溶蚀层越来越厚，原质层的厚度越来越小，而渗透层的厚度变化不大，因此，铁液环流可加剧铁液对富钛保护层的溶解。

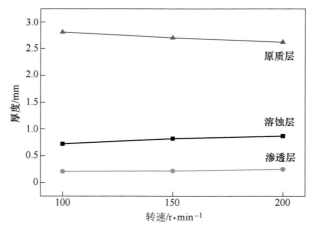

图 5-56　不同转速下 $TiC_{0.3}N_{0.7}$ 圆柱体溶解后各层尺寸变化

铁液环流是炉缸侧壁耐火材料侵蚀的重要原因之一，也是保护层溶解速率的重要影响因素之一。图 5-57 为不同转速下，$TiC_{0.3}N_{0.7}$ 圆柱体溶解后铁液中钛含量的变化情况。随着转速的增加，铁液中钛含量明显增加，即搅拌能够极大地加剧铁液对富钛保护层的溶解。在 240min 内，$TiC_{0.3}N_{0.7}$ 圆柱体在铁液中溶解速率比较快，240min 后，$TiC_{0.3}N_{0.7}$ 圆柱体在铁液中的溶解速率变慢，这是由于搅拌能加速边界层的钛向铁液中扩散，随着铁液中钛含量的增加，搅拌对扩散速率的影响逐渐减小，故可推测富钛保护层溶解过程的控速环节为钛由边界层向铁液中的扩散。

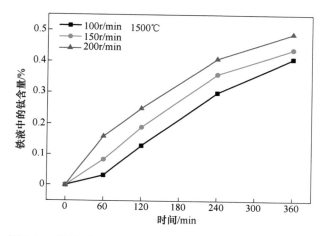

图 5-57　转速对 $TiC_{0.3}N_{0.7}$ 圆柱体在铁液中溶解行为的影响

假设 $TiC_{0.3}N_{0.7}$ 圆柱体溶解过程的控速环节为铁液中钛由边界层向铁液内部的扩散，则溶解速率 $v$ 和圆柱体旋转线速度 $u$ 之间的关系可表示为：

$$v = bu^s \tag{5-71}$$

$$v = -\frac{dr}{dt} \tag{5-72}$$

$$u = \frac{\pi dn}{60} \tag{5-73}$$

式中，$b$ 为常数；$v$ 为圆柱体在铁液中的溶解速率，m/s；$u$ 为圆柱体旋转线速度，m/s；$s$ 为常数；$d$ 为圆柱体的直径，m；$n$ 为每分钟转动圈数，r/min。

1500℃时，不同转速下，$TiC_{0.3}N_{0.7}$ 圆柱体溶解后溶解速率及柱体旋转线速度如表 5-19 所示。

**表 5-19　1500℃ $TiC_{0.3}N_{0.7}$ 圆柱体在不同转速下溶解动力学参数**

| 转速/r·min⁻¹ | 圆柱体半径/mm | 溶蚀层/mm | 溶解速率 $v$/m·s⁻¹ | 旋转线速度 $u$/m·s⁻¹ |
|---|---|---|---|---|
| 100 | 3.74 | 0.72 | $3.33 \times 10^{-5}$ | $3.91 \times 10^{-2}$ |
| 150 | 3.74 | 0.82 | $3.80 \times 10^{-5}$ | $5.87 \times 10^{-2}$ |
| 200 | 3.74 | 0.91 | $4.21 \times 10^{-5}$ | $7.83 \times 10^{-2}$ |

式（5-71）两边取对数，有：

$$\lg v = s\lg u + \lg b \tag{5-74}$$

$\lg v$ 和 $\lg u$ 成正比，以 $\lg u$ 为横坐标，以 $\lg v$ 为纵坐标作图，结果如图 5-58 所示。溶解速率的对数与柱体旋转线速度的对数具有良好的线性关系，随着转速的增加，溶解速率明显增加，证明 $TiC_{0.3}N_{0.7}$ 圆柱体的溶解过程控速环节为传质控速，根据图 5-58 可得出斜率 $s = 0.34$。

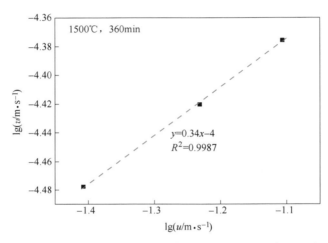

图 5-58　转速对 $TiC_{0.3}N_{0.7}$ 圆柱体在铁液中溶解速率的影响

另外，$TiC_{0.3}N_{0.7}$ 圆柱体溶解过程中的传质通量为：

$$J = k_m(C_s - C_b) \tag{5-75}$$

式中，$J$ 为 $TiC_{0.3}N_{0.7}$ 在铁液中的传质通量，$kg/(m^2 \cdot s)$；$k_m$ 为钛在铁液中的传质系数，$m/s$；$C_s$ 为钛在圆柱体-铁液界面的浓度，$kg/m^3$；$C_b$ 为钛在铁液本体中的浓度，$kg/m^3$。

由式（5-75）可知，$C_s - C_b$ 为溶解过程的动力学驱动力，根据 $TiC_{0.3}N_{0.7}$ 的质量平衡，传质通量 $J$ 与圆柱体在半径方向上的变化率的关系可表示为：

$$\rho_{solid}A\left(-\frac{dr}{dt}\right) = AJ \tag{5-76}$$

式中，$\rho_{solid}$ 为 $TiC_{0.3}N_{0.7}$ 圆柱体的密度，$kg/m^3$；$A$ 为固液接触面积，$m^2$；$r$ 为圆柱体的半径，$m$。

由式（5-72）、式（5-75）和式（5-76）可得：

$$v = -\frac{dr}{dt} = k_m\frac{w_s\rho_s - w_b\rho_b}{64\rho_{solid}} = k_m\frac{\rho_b}{64\rho_{solid}}\Delta w \tag{5-77}$$

$$\Delta w = w_s - w_b \tag{5-78}$$

式中，$w_s$ 为钛在 $TiC_{0.3}N_{0.7}$ 圆柱体表面的质量百分数，%；$w_b$ 为钛在铁液中的质量百分数，%；$\rho_s$ 为钛在 $TiC_{0.3}N_{0.7}$ 圆柱体表面的密度，$kg/m^3$；$\rho_b$ 为含钛铁液的密度，$kg/m^3$。

式（5-77）表明溶解速率与转速为线性关系，依据式（5-77）可求出在不同转速条件下钛在铁液中的传质系数。

### 5.3.2.3　硫对富钛保护层溶解行为的影响

图 5-59 为不同硫含量下，$TiC_{0.3}N_{0.7}$ 圆柱体溶解后铁液中钛含量的变化情况。随铁液中硫含量的增加，相同时间铁液中钛含量减少，即铁液中硫含量在一定程度上会减缓富钛保护层在铁液中的溶解，生产时可通过调节铁液硫含量控制铁液溶解富钛保护层的量，维持合理的保护层厚度。

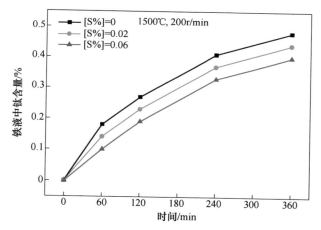

图 5-59　不同铁液中硫含量对 $TiC_{0.3}N_{0.7}$ 圆柱体溶解行为的影响

硫会影响钛在铁液中的扩散系数以及铁液与 $TiC_{0.3}N_{0.7}$ 圆柱体的润湿性，从而影响铁液中钛溶解行为。

（1）硫对铁液中钛溶解度的影响。在 Fe-C-Ti-S 体系中，$f_{[Ti]}$ 主要取决于 C、Ti 和 S 元素的含量及其对钛的相互作用系数，因此式（5-61）可简化为：

$$\lg f_{[Ti]} = e_{Ti}^{Ti}[\%Ti] + e_{Ti}^{C}[\%C] + e_{Ti}^{S}[\%S] \tag{5-79}$$

代入式（5-59），得：

$$\lg w[Ti] = -\frac{13957.967}{T} + 0.906 - 0.013w[Ti] + 0.165w[C] + 0.11w[S]$$

$$\tag{5-80}$$

式（5-80）表明，硫含量的增加，减小了铁液中钛的活度系数，因此，硫在热力学上是加剧了 $TiC_{0.3}N_{0.7}$ 的溶解，增加铁液中钛含量，这与实验结果相反。

因此，硫不是通过改变铁液中钛的活度系数影响铁液中钛的溶解度，而是有其他原因。

（2）硫对铁液中钛扩散系数的影响。硫作为一种表面活性元素，非常容易吸附在表面张力较大的体方结构棱面上，而且铁液中的硫会存在于反应界面，阻碍反应的进行，降低了多相反应的反应速率。当硫全面覆盖整个反应界面时，硫的表面浓度可达到 $11.6 \times 10^{-10} \, \text{mol/m}^2$，也就说在一个相当低的硫含量下，硫就可以达到全面的表面覆盖。研究表明，铁液中的硫会降低碳的化学扩散系数，当硫增加 1.8%，表观质量系数降低 2 倍，增加 1.2% 的硫可降低碳的溶解系数 20%，增加 1.32% 的硫可降低碳的扩散系数 $D_C$ 约 20%。在 Fe–C–S 熔体中，当硫含量从 1% 增加到 1.15%，石墨碳溶解总反应速率常数降低约 60%，且硫含量越低，对总反应速率常数的影响越大，当硫含量继续增加时，对总反应速率常数的影响逐渐变小。在硫含量对 $TiC_{0.3}N_{0.7}$ 溶解行为的影响实验中，熔体为碳饱和熔体，硫含量也满足阻碍界面反应的条件，因此铁液中硫含量的增加会导致钛扩散系数降低，使钛的溶解速率降低。

（3）硫对润湿性的影响。硫会导致石墨/Fe–C–S 熔体润湿性的降低，导致碳传质界面面积变小，因此降低了碳的总溶解速率常数。随着硫含量的增加，石墨/Fe–C–S 熔体润湿角增加，当硫含量从 0.07% 增加到 1.37%，Fe–C–S 熔体与石墨的接触面积会降低约 55%。在碳溶解体系中，碳颗粒与熔体接触面的降低与润湿性的降低一致，也就是说由于熔体中硫含量的增加，导致界面润湿性降低，从而使溶解体系接触面积成比例的降低。因此，硫的存在也影响了熔体与 $TiC_{0.3}N_{0.7}$ 圆柱体的界面润湿性。

综上分析，硫含量对铁液中钛含量的影响不是通过改变钛的活度系数，而是降低铁液中钛的扩散系数及铁液与富钛保护层的润湿性，从而降低铁液溶解富钛保护层的速率。

### 5.3.2.4　富钛保护层在铁液中的溶解机理

富钛保护层在铁液中的溶解过程如图 5-60 所示。富钛保护层主要由棱角较为分明的 Ti(C,N) 和基体铁组成，其中 Ti(C,N) 为高熔点物质。当保护层热端温度较高时，保护层中的基体铁将会熔化成为液态，而 Ti(C,N) 因其熔点较高，以固态形式存在，因此，保护层以黏滞状态存在。铁液可通过保护层存在的孔隙进入其内部，与 Ti(C,N) 接触而将其溶解（Ti(C,N) ＝ [Ti] ＋ [C] ＋ [N]）。溶解产物 [Ti]、[C]、[N] 向保护层–铁液界面的铁液一侧边界层内扩散，最终，[N] 以 $N_2$ 的形式从铁液中排出，[Ti]、[C] 因浓度梯度逐渐向铁液本体内扩散，直到平衡。

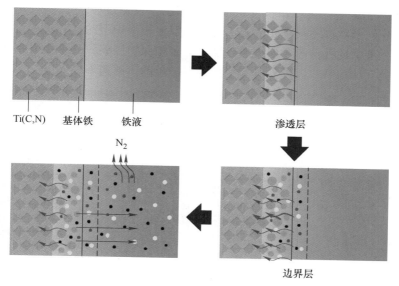

图 5-60 富钛保护层在铁液中的溶解过程

## 5.4 高炉炉缸多相复合保护层溶解机理

多相复合保护层主要含有铁、石墨碳、Ti（C，N）及渣相四相，其中铁相和渣相往往作为保护层的基体物相，本小节以高炉破损调查所取的多相复合保护层试样，研究多相复合保护层中铁液中的溶解机理，并以铁液中的钛含量变化表征多相保护层的溶解行为。对于溶解动力学的表征参数进行如下说明：（1）对于金属铁，其熔点较低，温度一旦高于1150℃，铁组元极易发生熔化，而实际生产中，炉缸耐火材料热面温度一般也常高于1150℃，且保护层主要受炉缸铁液的溶解，因此，不以铁含量的多少表征保护层的溶解动力学；（2）对于石墨碳相，溶解保护层的铁液中本身含有一定的碳含量，碳含量一般较高，以碳含量表征保护层的溶解过程波动较大；（3）对于渣相，渣中成分一般不溶于铁液，当温度过高时，渣相熔化成为液相，处于黏滞状态，或随铁液流动而发生转移，温度降低后又以固相存在，因此不以渣相成分的变化表征保护层的溶解动力学。

### 5.4.1 温度对多相保护层溶解行为的影响

#### 5.4.1.1 多相保护层溶解后的微观形貌

A 多相保护层微观形貌变化

图 5-61 为多相保护层在不同温度下溶解前后的微观形貌变化。保护层溶解前主要含有金属铁、碳氮化钛和渣相三相，其中碳氮化钛形状较为规则，有明显

棱角，保护层发生溶解后，碳氮化钛棱角消失，且温度越高，渗入的金属铁越多，碳氮化钛形状越不规则。因此，铁液溶解多相保护层的过程为：保护层中存在孔洞，铁液由此孔洞渗入保护层内部，与多相保护层碳氮化钛组元接触，从其颗粒棱角处开始溶解，温度的升高将加剧保护层的溶解速率。

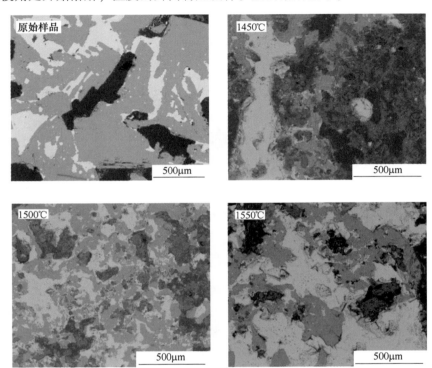

图 5-61　多相保护层在不同温度下溶解前后的微观形貌
白色—铁；灰色—碳氮化钛；黑色—渣相

B　铁液微观形貌变化

多相保护层溶解后，其组元进入铁液中，图 5-62 为铁液溶解多相保护层后的微观形貌。随着温度的升高，铁液中溶解的钛与铁、碳结合，形成白色的物质均匀分布在铁液中，温度越高分布越均匀，且由条状变成块状，即含钛物质凝聚在一起。同时，还有呈方形或多边形等规则形状的 TiC 晶体，随温度的升高，规则形状物质数量逐渐增多，粒度也逐渐增大。温度越高，保护层溶解程度越大，铁液中溶解的钛越多，在降温冷却时，析出的 TiC 晶体也就越多，尺寸也越大。

图 5-63 为铁液溶解多相保护层不同阶段的微观形貌。随着多相保护层溶解过程的进行，铁液中逐渐出现越来越密集的白色条状物（含钛化合物），且有团聚现象。同时，铁液中也有越来越多规则形状的 TiC 晶体析出。

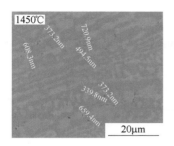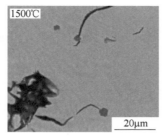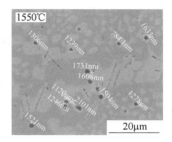

图 5-62 不同温度下铁液溶解多相保护层后的微观形貌

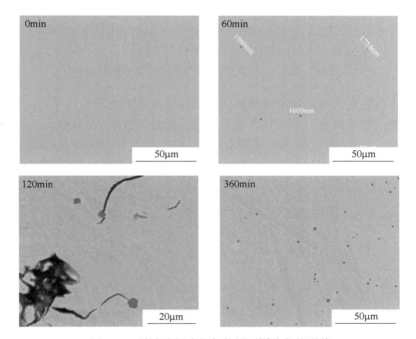

图 5-63 铁液溶解多相保护层不同阶段的形貌

## 5.4.1.2 多相保护层溶解动力学

以铁液中的钛含量的变化表征铁液溶解多相保护层的动力学过程，图 5-64 为温度对多相保护层在碳饱和铁液（Fe-C$_{sat}$熔体）中溶解行为的影响。不同温度下的钛含量变化趋势基本相同，溶解速率逐渐降低，而随温度的升高，铁液中钛含量增加，即温度的升高加剧了铁液对多相保护层的溶解。

不同温度下，$\ln[(C_s - C_t)/C_s]$ 随时间的变化可分为两个阶段，即多相保护层在铁液中的溶解过程可分为两个阶段，如图 5-65 所示。第一个阶段发生在 60min 之前，曲线斜率较大且不同温度间的差异较小，在这一阶段，溶解反应速

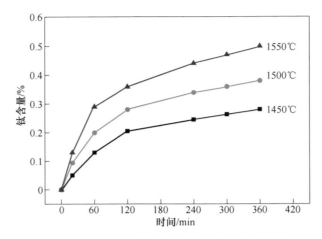

图 5-64  温度对多相保护层在铁液中溶解行为的影响

率较快，溶解过程的控速环节为钛由边界层向铁液中的扩散。在第二阶段，不同温度间的差距越来越大，溶解速率越来越慢。随着溶解反应的进行，边界层与铁液中钛浓度差越来越小，扩散速率越来越慢。而且保护层中的渣相附着在保护层-铁液界面，阻碍了钛的扩散。因此，多相保护层在铁液中的溶解过程为扩散控速。

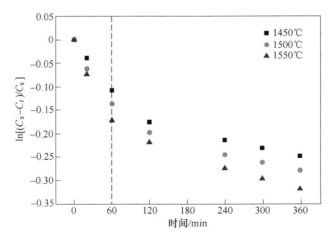

图 5-65  $\ln\left[\left(C_s - C_t\right)/C_s\right]$ 与时间 $t$ 的关系

通过分段拟合处理，铁液溶解多相保护层两个阶段的表观速率常数如表 5-20 所示，两个阶段的表观速率常数均随铁液温度的增加而增加，即多相保护层的溶解速率随温度升高而增加。温度由 1450℃ 增加到 1550℃ 后，多相保护层溶解第一阶段、第二阶段的表观速率常数分别增加了 1.6 倍、1.4 倍，说明温度对两个阶段溶解过程的促进作用相差不大。虽然两个阶段溶解速率相差较大，但控速环节相同，均为扩散控速。

表 5-20　铁液溶解多相保护层的表观速率常数

| 温度 $T/{}^\circ\mathrm{C}$ | | 1450 | 1500 | 1550 |
|---|---|---|---|---|
| 表观速率常数 $K/\mathrm{s}^{-1}$ | 第一阶段 | $1.78\times10^{-3}$ | $2.23\times10^{-3}$ | $2.82\times10^{-3}$ |
| | 第二阶段 | $3.05\times10^{-4}$ | $3.41\times10^{-4}$ | $4.18\times10^{-4}$ |

多相保护层两个溶解阶段的 $\ln K$ 与 $1/T$ 均呈线性关系，如图 5-66 所示。由式（5-70）计算出多相保护层在铁液中溶解的表观活化能和指前因子，如表 5-21 所示。多相保护层在铁液中溶解的平均表观活化能为 101.34kJ/mol，由 5.3.2.1 节可知，$TiC_{0.3}N_{0.7}$ 圆柱体在铁液中溶解的活化能为 60.15kJ/mol，即 $TiC_{0.3}N_{0.7}$ 圆柱体在铁液中的溶解反应更容易进行，这主要由于多相保护层中含有渣铁等物相，溶解过程中附着在保护层-铁液界面，阻碍溶解反应的进行。

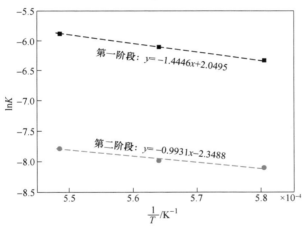

图 5-66　多相保护层在铁液中溶解的活化能求解

表 5-21　多相保护层在铁液中溶解的活化能及指前因子

| 参　　数 | 第一阶段 | 第二阶段 | 平均值 |
|---|---|---|---|
| 活化能 $E/\mathrm{kJ\cdot mol^{-1}}$ | 120.10 | 82.57 | 101.34 |
| 指前因子 $A/\mathrm{s}^{-1}$ | 7.76 | 0.10 | — |

## 5.4.2　铁液成分对多相保护层溶解行为的影响

### 5.4.2.1　硅含量对多相保护层溶解行为的影响

**A　硅含量对铁液中钛含量的影响**

如图 5-67 所示，不同硅含量下，多相保护层溶解趋势基本相同，增加铁液中硅含量可使铁液钛含量降低。多相保护层在铁液中溶解过程为扩散控速，钛从溶解到进入铁液本体的整个传质过程中，作用力是钛的浓度差。随着多相保护层溶解的进行，铁液中钛的本体浓度增大，钛的浓度差降低，保护层溶解的驱动力降低，组元钛的迁移速率降低，从而保护层溶解速率下降。另外，铁液中的硅与铁具有一定的结合能力，硅在 Fe–C–Si 熔体中与铁形成共价键群聚态，减少了钛与铁的结合。

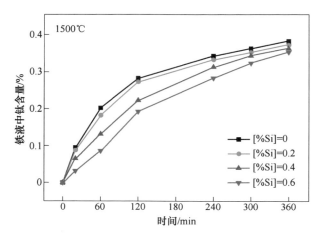

图 5-67　铁液硅含量对多相保护层溶解行为的影响

**B　多相保护层在含硅铁液中的溶解动力学**

在含 0.4%Si 铁液中，升高温度也加剧了多相保护层的溶解，如图 5-68 所示，而且多相保护层在含 0.4%Si 铁液中的溶解行为也可分为两个阶段。第一个阶段发生在 120min 之前，曲线斜率较大，溶解反应速率较快，与不含硅铁液相比，第一阶段时间区间变大。在第二阶段，曲线斜率减小，且不同温度下的溶解速率差距越来越大，即多相保护层在含 0.4%Si 铁液中的溶解过程也为扩散控速。

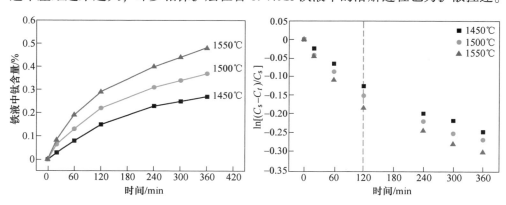

图 5-68　温度对多相保护层在含 0.4%Si 铁液中溶解的影响

含 0.4%Si 铁液溶解多相保护层两个阶段的表观速率常数如表 5-22 所示，两个阶段的表观速率常数均随铁液温度的增加而增加。温度由 1450℃ 增加到 1550℃，多相保护层两个阶段溶解的表观速率常数均增加了 1.5 倍，说明温度对两个阶段溶解过程的促进作用几乎一致，进一步证明两个阶段的控速环节均为扩散控速。

表 5-22  多相保护层在含 0.4%Si 铁液中溶解的表观速率常数

| 温度 $T/℃$ | | 1450 | 1500 | 1550 |
|---|---|---|---|---|
| 表观速率常数 $K/s^{-1}$ | 第一阶段 | $1.04×10^{-3}$ | $1.22×10^{-3}$ | $1.51×10^{-3}$ |
| | 第二阶段 | $3.27×10^{-4}$ | $4.10×10^{-4}$ | $4.80×10^{-4}$ |

多相保护层两个溶解阶段的 $\ln K$ 与 $1/T$ 也均呈线性关系，如图 5-69 所示。由式（5-70）计算出多相保护层在含 0.4%Si 铁液中溶解的表观活化能和指前因子，如表 5-23 所示。多相保护层在含 0.4% Si 铁液中溶解的平均表观活化能为 107.11kJ/mol。根据前文分析，多相保护层在 $Fe-C_{sat}$ 熔体溶解活化能为 101.34kJ/mol，说明增加硅含量对延缓铁液溶解多相保护层的作用不大。

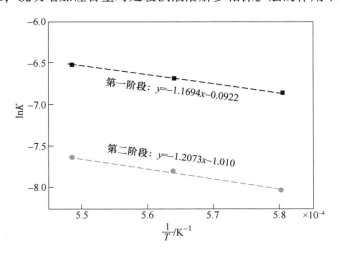

图 5-69  多相保护层在含 0.4%Si 铁液中溶解的活化能求解分阶段拟合

表 5-23  多相保护层在含 0.4%Si 铁液中溶解的活化能及指前因子

| 参　数 | 第一阶段 | 第二阶段 | 平均值 |
|---|---|---|---|
| 活化能 $E/kJ·mol^{-1}$ | 97.22 | 117.00 | 107.11 |
| 指前因子 $A/s^{-1}$ | 0.91 | 0.36 | — |

C  硅含量对铁液钛含量的影响原因分析

在 Fe-C-Ti-Si 体系中，$f_{[Ti]}$ 主要取决于碳、钛和硅元素的含量及其对钛的相互作用系数，则式（5-61）可简化为：

$$\lg f_{[Ti]} = e_{Ti}^{Ti}[\%Ti] + e_{Ti}^{C}[\%C] + e_{Ti}^{Si}[\%Si] \tag{5-81}$$

铁液中硅对钛的活度相互作用系数为 0.05，代入式（5-59）得：

$$\lg w[Ti] = -\frac{13957.967}{T} + 0.906 - 0.013w[Ti] + 0.165w[C] - 0.05w[Si] \tag{5-82}$$

式（5-82）表明，硅含量的增加，增加了铁液中钛的活度系数，因此，硅在热力学上延缓了多相保护层的溶解，从而降低了铁液中钛含量，这与动力学实验结果一致。因此，硅是通过改变铁液中钛的活度系数，从而对铁液中钛含量产生影响。

### 5.4.2.2  锰含量对多相保护层溶解行为的影响

铁液中锰含量对多相保护层溶解行为的影响如图 5-70 所示。增加铁液中的锰含量，在一定程度上可降低多相保护层在铁液中的溶解速率。

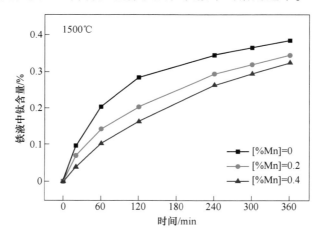

图 5-70  铁液中锰含量对多相保护层溶解行为的影响

在 Fe-C-Ti-Mn 体系中，$f_{[Ti]}$ 主要取决于碳、钛和锰元素的含量及其对钛的相互作用系数，则式（5-61）可简化为：

$$\lg f_{[Ti]} = e_{Ti}^{Ti}[\%Ti] + e_{Ti}^{C}[\%C] + e_{Ti}^{Mn}[\%Mn] \tag{5-83}$$

铁液中锰对钛的活度相互作用系数为 0.0043，代入式（5-59）得：

$$\lg w[Ti] = -\frac{13957.967}{T} + 0.906 - 0.013w[Ti] + 0.165w[C] - 0.0043w[Mn] \tag{5-84}$$

式（5-84）表明，铁液中钛的活度系数随锰含量的增加而增加，因此，锰在热力学上延缓了多相保护层的溶解，从而降低铁液中的钛含量，这与动力学实验结果一致，即锰也是通过改变钛的活度系数，从而影响铁液中的钛含量。

### 5.4.2.3　磷含量对多相保护层溶解行为的影响

如图5-71所示，增加铁液中磷含量，可降低铁液中的钛含量，即降低了多相保护层在铁液中的溶解速率。

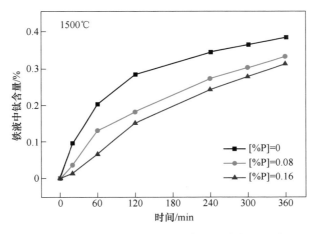

图5-71　铁液中磷含量对多相保护层溶解的影响

在 Fe-C-Ti-P 体系中，$f_{[\text{Ti}]}$ 主要取决于碳、钛和磷元素的含量及其对钛的相互作用系数，则式（5-61）可简化为：

$$\lg f_{[\text{Ti}]} = e_{\text{Ti}}^{\text{Ti}}[\%\text{Ti}] + e_{\text{Ti}}^{\text{C}}[\%\text{C}] + e_{\text{Ti}}^{\text{P}}[\%\text{P}] \qquad (5-85)$$

铁液中磷对钛的活度相互作用系数为-0.064，代入式（5-59）得：

$$\lg w[\text{Ti}] = -\frac{13957.967}{T} + 0.906 - 0.013w[\text{Ti}] + 0.165w[\text{C}] + 0.064w[\text{P}]$$

$$(5-86)$$

式（5-86）表明，铁液中钛的活度系数随锰含量的增加而减少，因此，锰在热力学上加剧了多相保护层的溶解，从而会增加铁液中的钛含量，这与动力学实验结果相反，即锰含量并不是通过改变钛的活度系数影响铁液中的钛含量。

与硫元素类似，磷也是表面活性元素，容易吸附在表面张力比较大的物质表面，也就是铁液中的磷会附着在多相保护层-铁液界面，降低钛的扩散系数，阻碍溶解反应的进一步进行，因此磷是通过降低钛在铁液中的扩散系数，从而影响铁液中的钛含量。

### 5.4.2.4　硫含量对多相保护层溶解行为的影响

图5-72 显示了铁液中硫含量对多相保护层溶解行为的影响，随着铁液中硫

含量的增加，铁液中的钛含量降低，多相保护层的溶解程度减小，即硫在一定程度上降低了多相保护层在铁液中的溶解速率，这与富钛保护层在含硫铁液中的溶解行为一致。

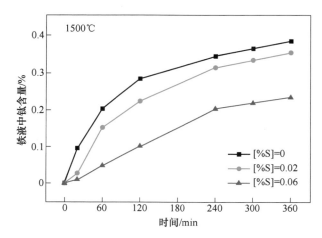

图 5-72　铁液中硫含量对多相保护层溶解行为的影响

在 5.3.2.3 节中，详细分析了硫对富钛保护层在铁液中溶解的影响原因，同样，硫对多相保护层在铁液中溶解的主要影响为：

（1）铁液中硫含量的增加降低了铁液中钛的扩散系数；

（2）铁液中硫含量的增加导致多相保护层与铁液界面的表面覆盖，阻碍了钛的传质；

（3）铁液中硫降低了铁液与多相保护层的润湿性。

### 5.4.3　多相复合保护层在铁液中溶解机理

高炉炉缸多相保护层在铁液中的溶解过程如图 5-73 所示。首先，多相复合保护层与铁液接触，部分铁液由保护层存在的孔隙进入保护层内部，达到保护层中的 Ti(C,N) 和石墨碳颗粒表面，并从颗粒处开始发生溶解反应。其次，溶解产物 [Ti]、[C]、[N] 及部分渣相向保护层–铁液界面的铁液一侧的边界层内扩散。最终，[N] 以 $N_2$ 的形式从铁液中排出，[Ti]、[C] 因浓度梯度逐渐向铁液本体内扩散，直到平衡。

铁液中存在的硅、锰、磷、硫等元素均可以延缓多相保护层的溶解，其中硅、锰元素会增加钛的活度系数，从而降低铁液中钛的浓度。而磷、硫则是降低铁液中碳饱和浓度，间接降低钛的浓度，以及富集在保护层–铁液界面，降低钛的扩散系数抑制溶解反应的进行。

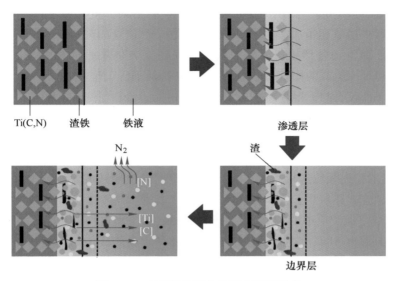

图 5-73 多相保护层在铁液中溶解机理

## 5.5 小结

高炉破损调查证实，炉缸耐火材料热面存在石墨碳保护层、富钛保护层、富渣保护层和富铁保护层及多相复合保护层，保护层的存在有效隔离铁液与耐火材料的直接接触，保证了高炉炉缸的安全长寿。本章基于多座高炉炉缸保护层的系统取样分析，明确了不同保护层类型的物相组成、微观形貌、晶体结构及性能，通过热力学和动力学阐述了保护层的形成机理与溶解机理。

（1）石墨碳保护层是高炉炉缸中最为普遍的保护层，主要由石墨碳相、铁相及少量渣相组成，其中碳含量高达 25.42%，石墨碳广泛分布在铁基体中，主要以片状形式赋存，片状石墨断面存在明显层状结构，表面为由小石墨晶体堆积的螺旋塔尖状。对于保护层中石墨碳晶体的晶体参数，其层间间距约为 0.3356nm，平均堆积高度约为 42nm，微晶尺寸约为 44nm，平均层数约为 125 层，石墨化程度约为 98%。在热力学方面，石墨碳的临界析出温度约为 1251℃，析出温度与铁液中单种元素含量呈线性关系，随 C、Si、P 三种元素含量增加而升高，随 Mn、Cr 元素含量增加而降低。通过动力学分析，石墨碳的线析出速率约为 $7.5×10^{-7}$ m/s，增加铁液碳含量或降低耐火材料热面温度，均可加快石墨碳保护层的形成。当耐火材料热面温度低于石墨碳析出温度时，石墨碳以异质形核方式形核析出，形成六方石墨单晶，然后石墨单晶通过螺旋位错、旋转晶界等缺陷进行生长，形成螺旋塔尖状和片状石墨，石墨碳不断形核析出–生长沉积，并与铁相共同作用最终形成石墨碳保护层。

（2）富钛保护层是高炉进行含钛物料护炉的结果，主要由 Ti(C,N)、铁相、石墨碳相和少量渣相组成，其中 Ti(C,N) 是一个独立的晶粒，在铁基体中呈现多边形特征和鱼刺骨形貌，三维形貌为不完整立方体堆砌的超结构。Ti(C,N) 是由 TiC 和 TiN 组成的固溶体，在保护层中多以 $TiC_{0.3}N_{0.7}$ 形式存在，通过热力学确定了 $TiC_xN_{1-x}$ 的标准摩尔生成吉布斯自由能，分析了 Ti(C,N) 中 TiC 和 TiN 的活度和活度系数。增大 $N_2$ 分压、升高炉缸温度均有利于 TiN 在 Ti(C,N) 中稳定存在。Ti(C,N) 的析出温度在 1400~1450℃ 之间，略低于铁液温度，铁液中较容易析出 Ti(C,N) 物相。当耐火材料热面温度低于富钛保护层形成温度时，大量 Ti(C,N) 细颗粒形核析出，并通过旋转或错位聚结成超结构介晶，然后以非经典结晶方式逐层生长为单晶，单晶晶粒长大形成富钛保护层。

（3）富渣保护层中的炉渣为 Ca-Si-Al-Mg 系，碱度约为 1.14，与高炉终渣接近，保护层中 $Al_2O_3$ 含量高达 23.32%，远高于高炉终渣。保护层中富含大量渣相，也存在少量的铁相与石墨碳相。富渣保护层渣相成分的黏度较大，介于 0.46~2.08Pa·s 之间，在炉缸侧壁处于黏滞状态。富渣保护层的液相线温度与固相线温度分别约为 1475℃、1290℃。炉缸渣相主要来源于高炉渣、焦炭灰分和耐火材料灰分，而富渣保护层则是这三者综合作用的结果。

（4）富铁保护层化学成分与铁液相近，碳含量相对较高。富铁保护层的熔化温度在 1175~1180℃ 之间，通常将 1150℃ 等温线作为形成富铁保护层的凝固线。对比炉缸铁液，耐火材料附近的炉缸铁液黏度较高，密度约为 5414.8kg/$m^3$，其导热系数随着温度的升高而降低。当耐火材料热面温度低于铁液凝固温度 1150℃ 时，铁液凝固附着在耐火材料热面，形成富铁保护层。增加或降低铁液碳含量均有利于富铁保护层的形成，而较高的碳含量则有利于石墨碳的析出，促使富铁保护层向石墨碳保护层转变。

（5）多相复合保护层中含有石墨碳、Ti(C,N)、铁相及渣相，石墨碳和 Ti(C,N) 被铁相和以 Ca-Mg-Al-Si 四元渣系组成的渣相包裹。多相复合保护层在 800℃ 的导热系数和抗压强度分别约为 9.89W/(m·K) 和 51.43MPa。在耐火材料热面位置，石墨碳和 Ti(C,N) 从铁液中析出，并晶体长大。当渣相经过该区域，将正在凝固的铁液或凝固的铁重新熔化变成液相，保护层中的石墨碳和 Ti(C,N) 没有熔化而保持原有形态。渣相和铁液由于冷却开始结晶，石墨碳和 Ti(C,N) 被渣相裹挟而共同凝固在保护层中。

（6）石墨碳保护层形成后，随炉况的波动和冶炼条件的改变，保护层会再次溶解到铁液中。铁液等效对流换热系数升高将会加剧保护层的溶解，当达到临界的铁液等效对流换热系数后，溶解时间变化不大。另外，砖衬厚度越薄，保护层溶解速率越小。石墨碳保护层溶解时间与保护层厚度也呈线性关系。当保护层附近铁液温度高于 1150℃ 时，保护层热端部分中的基体铁发生熔化。同时，部分铁液也可通过保护层存在的孔隙进入其内部，与片状石墨碳接触发生溶解反应。溶解于渗透铁液中的碳穿透保护层-铁液界面向铁液中扩散，若保护层热面温度高于石墨碳析出温度，保护层溶解速率将更快。

（7）富钛保护层在铁液中的溶解为吸热反应，溶解过程形貌从外到内可分为溶蚀层、渗透层和原质层，随着温度和铁液流速的增加，富钛保护层在铁液中的溶解速率增加，溶蚀层越来越厚，原质层越来越薄，而渗透层厚度变化不大。富钛保护层在铁液中溶解的控速环节为铁液中钛由边界层向铁液内部的扩散，其表观活化能为 60.15kJ/mol。铁液中硫元素可以降低铁液中钛的扩散系数，阻碍钛的传质，以及降低铁液与富钛保护层的润湿性，从而减缓铁液对富钛保护层的溶解。铁液可通过保护层存在的孔隙进入其内部，与 $Ti(C,N)$ 接触而将其溶解。溶解产物［Ti］、［C］、［N］向保护层-铁液界面的铁液一侧边界层内扩散，最终，［N］以 $N_2$ 的形式从铁液中排出，［Ti］、［C］因浓度梯度逐渐向铁液本体内扩散，直到平衡。

（8）多相复合保护层在铁液中溶解速率也随着温度的增加而增加，由边界层中的扩散传质控速，溶解过程可分为两个阶段，第一阶段溶解速率较快，第二阶段溶解速率减慢。增加铁液中的 Si、Mn、P、S 含量，均可减小多相复合保护层的溶解速率。铁液直接或者通过多相复合保护层中孔洞进入保护层内部与石墨碳和 $Ti(C,N)$ 颗粒接触，优先从颗粒棱角处开始溶解，溶解后的［N］以 $N_2$ 的形式排出，［Ti］和［C］随着铁液进入边界层，因边界层与铁液本体内部的浓度梯度逐渐向铁液扩散，最终达到平衡。

---

## 参 考 文 献

［1］王筱留，焦克新，祁成林，等. 高炉炉缸炭砖保护层的形成机理及影响因素［J］. 炼铁，2017，36（5）：8-14.

［2］温旭，邹忠平，姜华，等. 高炉炉缸凝铁层的组成分析与导热系数测定［J］. 钢铁研究学报，2019，31（9）：779-786.

［3］Fan X Y，Jiao K X，Zhang J L，et al. Characterization and properties of scaffold in a dissected blast furnace hearth［J］. ISIJ International，2019，59（12）：2205-2211.

［4］黄希祜. 钢铁冶金原理［M］. 北京：冶金工业出版社，2010.

［5］张家芸. 冶金物理化学［M］. 北京：冶金工业出版社，2007.

［6］Jiao K X，Zhang J L，Liu Z J，et al. Formation mechanism of the graphite-rich protective layer in blast furnace hearths［J］. Int J Min Met Mater，2016，23（1）：16-24.

［7］焦克新，张建良，刘征建，等. 高炉炉缸凝铁层物相分析［J］. 工程科学学报，2017，39（6）：838-845.

［8］Jiao K X，Feng G X，Zhang J L，et al. Characterization and formation mechanism of graphite-rich iron protective layer in blast furnace hearth［J］. Fuel，2021，306：121665.

［9］ Gao K, Jiao K X, Zhang J L, et al. Dissection investigation of forming process of titanium compounds layer in the blast furnace hearth ［J］. ISIJ International, 2020, 60 (11)：2385-2391.

［10］ Jiao K X, Chen C L, Zhang J L, et al. Analysis of titanium distribution behaviour in vanadium-containing titanomagnetite smelting blast furnace ［J］. Canadian Metallurgical Quarterly, 2018, 57 (3)：274-282.

［11］ 刘增强, 张建良, 焦克新, 等. 高炉炉缸 Ti(C,N) 保护层及死料柱行为研究 ［J］. 炼铁, 2019, 38 (3)：22-25.

［12］ Jiao K X, Zhang J L, Liu Z J, et al. Formation mechanism of the protective layer in a blast furnace hearth. International ［J］. Journal of Minerals Metallurgy and Materials, 2015, 22 (10)：1017-1024.

［13］ 赵满祥, 张勇, 贾国利, 等. 高炉炉缸富钛保护层的解剖分析 ［J］. 中国冶金, 2021, 31 (11)：44-48.

［14］ Jung I J, Kang S. A study of the characteristics of Ti(C,N) solid solutions ［J］. J. Mater. Sci., 2000, 35 (1)：87-90.

［15］ 杜桂鹤. 高炉冶炼钒钛磁铁矿原理 ［M］. 北京：科学出版社, 1996.

［16］ 焦克新, 张建良, 刘征建, 等. 高炉炉缸含钛保护层物相及 $TiC_{0.3}N_{0.7}$ 形成机理 ［J］. 工程科学学报, 2019, 41 (2)：190-198.

［17］ Guo B Y, Zulli P, Maldonado D, et al. A model to simulate titanium behavior in the iron blast furnace hearth ［J］. Metallurgical and Materials Transactions B, 2010, 41 (4)：876-885.

［18］ Jiao K X, Zhang J L, Liu Z J, et al. Dissection investigation of Ti(C,N) behavior in blast furnace hearth during vanadium titano-magnetite smelting ［J］. ISIJ International, 2017, 57 (1)：48-54.

［19］ 焦克新, 张建良, 左海滨, 等. 高炉炉缸黏滞层物相及形成机理 ［J］. 东北大学学报（自然科学版）, 2014, 35 (7)：987-991.

［20］ Kosaka M, Minowa S. On the rate of dissolution of carbon into molten Fe-C alloy ［J］. Transactions of the Iron and Steel Institute of Japan, 1968, 8 (6)：392-400.

# 6 高炉炉缸死料柱物相演变研究

炉缸作为高炉的"发动机"，其内部状态对于高炉安全稳定生产是至关重要的。而焦炭作为高炉下部唯一的固体原料，其堆积形成的死料柱的形状大小、空隙度、漂浮状态及物相分布等均是影响炉缸活跃程度、铁液流动行为及安全状态的重要因素。近些年，随着高炉解剖研究工作的开展，对于炉缸内部状况的了解变得愈发清晰。本章围绕炉缸死料柱中炉渣、铁液及焦炭的宏观特性、微观物相及各相间交互作用展开介绍，从多尺度、多角度论述死料柱空隙度、焦炭粒度、渣铁焦性能及界面、有害元素等演变规律，明确高炉炉缸死料柱物相分布及演变对高炉炉缸活性及炉缸侵蚀的影响关系，为进一步认识高炉炉缸死料柱状态及内部物相交互演变行为提供理论与实践指导。

## 6.1 高炉炉缸死料柱空隙度及焦炭粒度

高炉正常生产时，死料柱焦炭间的空隙及焦炭孔隙内部填充着炉渣和铁液。焦炭填充状况及渣铁流动性能直接影响着炉缸的工作状态，其中焦炭的填充状态决定着炉缸内的"透液通道"，渣铁的流动性影响着渣铁流入和排出炉缸的顺畅程度。较大的死料柱空隙度和焦炭粒度有利于减弱铁液环流，降低铁液对炉缸侧壁的侵蚀，保障炉缸安全。

高炉炉缸死料柱区域主要由渣-铁-焦三相组成，可通过图像处理技术，分析某一截面的死料柱空隙度和焦炭粒度情况。基于体视学原理，某一随机截面上的面积分数就是该相在三维组织中的体积分数的无偏估计[1]。使用图像处理技术，可以用物理的二维平面结构表征其三维立体结构。如图 6-1 所示，基于物相反射率和灰度分布不同，识别渣铁焦物相，生成二值化图像后经 Photoshop 和 Image-Pro Plus（IPP）软件处理，使用式（6-1）和式（6-2）计算死料柱空隙度和焦炭平均粒度[2]。

$$\xi = 1 - \frac{S_C}{S_t} \tag{6-1}$$

$$D = \sqrt{\frac{4A}{\pi}} \tag{6-2}$$

式中，$\xi$ 为选取区域的死料柱空隙度，%；$S_C$ 为焦炭所占面积，$mm^2$；$S_t$ 为选取区域总面积，$mm^2$；$D$ 为死料柱焦炭的平均粒度，mm；$A$ 为焦炭所占面积，$mm^2$。

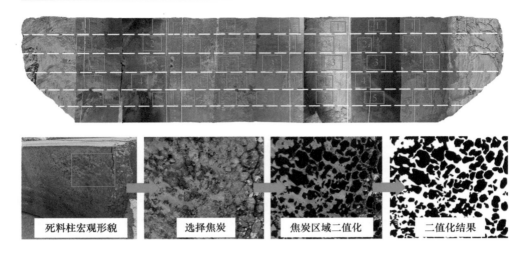

图 6-1 死料柱图像处理过程

### 6.1.1 高炉炉缸死料柱空隙度及焦炭粒度径向方向变化规律

图 6-2 所示为高炉炉缸死料柱顶部、中心和底部的空隙度变化规律。死料柱空隙度整体上呈现"V"形分布，死料柱边缘区域空隙度最大约为 58%，炉缸中心区域空隙度最小约为 49%，平均空隙度为 55.98%。

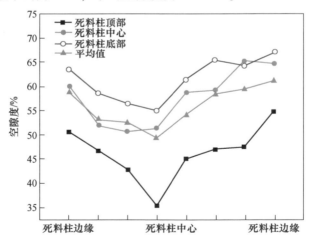

图 6-2 死料柱空隙度径向方向变化规律

图 6-3 所示为死料柱空隙度及焦炭粒度的变化规律。焦炭粒度整体上呈现"M"形分布，死料柱边缘和中心的焦炭粒度最小。死料柱焦炭平均粒度为 27.89mm，其中炉缸边缘的焦炭粒度在 10~20mm、20~30mm 之间所占的百分比最大，0~10mm 和 >40mm 的焦炭粒度所占百分比最小。在径向方向上，炉缸中

心区域的>40mm的焦炭所占百分比相较于炉缸边缘要大。

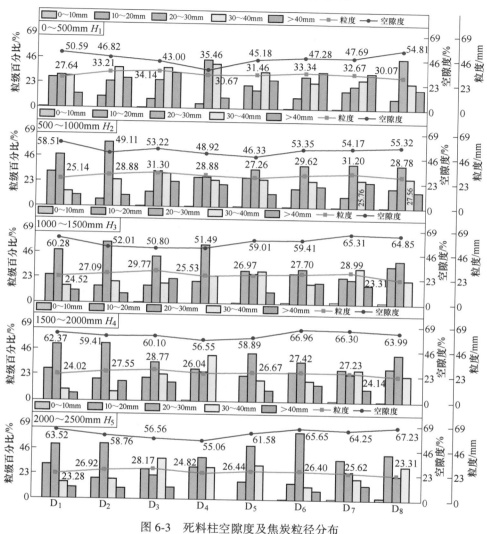

图6-3 死料柱空隙度及焦炭粒径分布

## 6.1.2 高炉炉缸死料柱空隙度及焦炭粒度高度方向变化规律

图6-4所示为高炉炉缸死料柱空隙度在高度方向上的变化规律。死料柱空隙度随距铁口中心线距离的增加而增加。高度方向自上而下，死料柱空隙度先增加后趋于稳定，这主要受到铁液渗碳作用和炉底铁水浮力的影响。在炉缸中下部区域，空隙度变化不大，呈现小幅度波动[3]。

图6-5所示为高炉炉缸死料柱焦炭粒度在高度方向上的变化规律。随着距铁

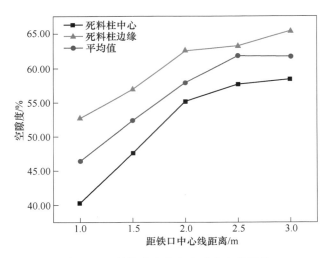

图 6-4　死料柱高度方向空隙度变化规律

口中心线距离的增加，死料柱焦炭粒径逐渐减小，边缘与中心焦炭粒径减小速率近乎一致。铁口中心线以下 1m 附近，死料柱焦炭平均粒度约为 34mm；铁口中心线以下约 2.0m 位置处，炉缸中心和边缘死料柱焦炭粒度分别约为 28mm 和 25mm；在死料柱底部（约铁口中心线以下 3.0m 左右），死料柱焦炭平均粒度约为 26mm。

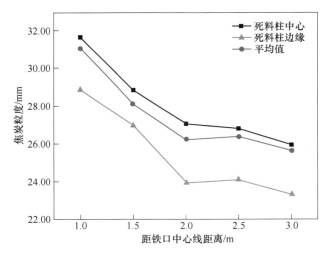

图 6-5　死料柱高度方向焦炭粒径变化规律

### 6.1.3　高炉炉缸焦炭消耗途径

焦炭在高炉炼铁中主要承担还原剂、渗碳剂、骨架、热源四大作用[4]。承担骨架作用的焦炭对于高炉而言，长期处于动态平衡，可认为其不消耗。无焦区以上的焦炭粒径较大，进入无焦区后焦炭不会凭空消失，由于炉底存在着较大的铁水浮力，且炉底焦炭粒径本身较小，会随着死料柱上下浮动，漂浮至风口，在风口高温作用下烧损，考虑其最终的消耗途径作为热源被消耗。

假设高炉入炉焦炭平均粒径为52mm，铁口区域附近焦炭平均粒径为31mm，无焦区附近焦炭平均粒径为25mm。由式（6-3）~式（6-7）和表6-1计算得出，焦炭从炉顶至炉底作为渗碳剂、还原剂、热源的比例分别为10.59%、30.95%、58.46%。

$$\eta = \left(1 - \frac{d_{下部}^3}{d_{上部}^3}\right) \times 100\% \tag{6-3}$$

$$\eta_C(Fe) = \frac{w(Fe_2O_3) \times 3/160 + w(FeO) \times 1/72}{w(TFe)/56} \tag{6-4}$$

$$\eta_C(Si, Mn, P, S) = \frac{2w(Si)/28 + w(Mn)/55 + 2.5w(P)/31 + 0.001w(S)U/32}{w(Fe)/56} \tag{6-5}$$

$$\eta_{re} = \frac{12000(n_C(Fe)\gamma + n_C(Si, Mn, P, S))}{56(k_c + k_m)} \times 100\% \tag{6-6}$$

$$\eta_{heat} = \eta_{upper} - \eta_{re} + \eta_{burn} \tag{6-7}$$

式中，$\eta$ 为焦炭消耗比例，%；$d_{下部}$ 为死料柱下部焦炭平均粒径，mm；$d_{上部}$ 为死料柱上部焦炭平均粒径，mm；$\eta_C(Fe)$ 和 $\eta_C(Si, Mn, P, S)$ 为每还原1mol Fe、Si、Mn、P、S所消耗的碳含量，mol；$U$ 为渣比，kg/t；$\eta_{re}$ 为焦炭作为还原剂的质量消耗比例，%；$\gamma$ 为煤气利用率，%；$k_c$ 和 $k_m$ 分别为焦比和煤比，无量纲；$\eta_{heat}$ 为焦炭作为热源所消耗的质量比例，%；$\eta_{burn}$ 为焦炭风口烧损所消耗的质量比例，%；$\eta_{upper}$ 为焦炭上部所消耗的质量比例，%[5]。

**表 6-1 高炉铁矿石、铁液及炉渣成分**

| 项 目 | 成分/% | | | | | | | |
|---|---|---|---|---|---|---|---|---|
| 铁矿石 | TFe | Fe₂O₃ | FeO | 其他 | — | — | — | — |
| | 57.96 | 74.71 | 7.28 | 18.01 | — | — | — | — |
| 铁液 | C | Si | Mn | P | S | Fe | — | — |
| | 4.69 | 0.54 | 0.07 | 0.06 | 0.04 | 94.60 | — | — |
| 炉渣 | CaO | SiO₂ | MgO | Al₂O₃ | TiO₂ | MnO | FeO | S |
| | 43.29 | 36.25 | 7.21 | 11.26 | 0.47 | 0.12 | 0.33 | 1.07 |

采用式（6-3）计算焦炭由死料柱顶部区域至底部区域的消耗比例，即作为渗碳剂消耗。如图 6-6 所示，渗碳反应过程中，焦炭在死料柱不同高度区域的质量消耗率是不同的，焦炭从死料柱顶部到中下部质量消耗率从 24.02% 逐渐降低到 2.31%，从中下部至底部质量消耗率增加到 9.42%。焦炭在死料柱中的质量消耗率逐渐下降的原因主要是死料柱内焦炭与铁液发生的渗碳反应，而越靠近死料柱底部，焦炭粒径越小，分布越松散，焦炭的质量消耗速率（渗碳速率）逐渐减小。在死料柱底部的焦炭消耗率增大的原因主要是受到死料柱焦炭的更新行为和炉底铁水浮力的影响。

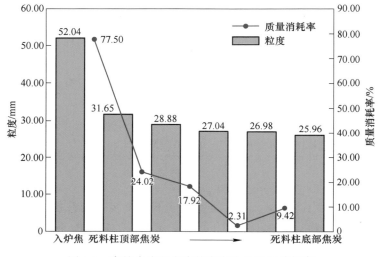

图 6-6　高炉全流程焦炭粒度变化及质量消耗率

## 6.2　高炉炉缸渣铁焦物性演变

炉缸内炉渣、铁液和焦炭的多相反应和交互作用直接影响着炉缸的活跃状态，通过高炉停炉解剖深入研究死料柱中渣铁焦的演变规律及基础性能，明确高炉炉缸活跃状态和炉缸侵蚀原因，从而对高炉炉缸安全长寿提出明确的指导。

### 6.2.1　高炉炉缸死料柱焦炭物性演变

#### 6.2.1.1　炉缸焦炭孔隙类型及矿物分析

图 6-7 所示为焦炭孔隙及填充物的微观形貌，其中填充物主要为渣相。焦炭孔尺寸有大有小，完全填充渣相的气孔在 200~900μm，大于入炉焦炭孔隙尺寸，

而未填充或者未完全填充渣相的孔隙尺寸不大于 $100\mu m$，即填充渣相的孔隙尺寸明显大于未填充或者未完全填充渣相的孔隙尺寸，这主要由于孔隙中填充的渣相会与焦炭产生剧烈反应，渣中大量 FeO 与焦炭基体反应生成 Fe（图 6-7（g）和（h））。此外，填充渣相的孔隙会与其他孔隙连通，形成较大的孔隙。因此，炉缸区域焦炭孔隙可分为两类，第一类为闭气孔，如图 6-7（b）所示；第二类开气孔，如图 6-7（d）所示。在焦炭下降过程中，焦炭孔隙中物质与焦炭反应（如脱硫反应），最终使闭气孔与闭气孔连通形成开气孔，且闭气孔与闭气孔之间本身存在潜在的连通通道，也较容易形成开气孔，最终造成焦炭的破损[6]。

图 6-7　炉缸焦炭孔隙及填充物的微观形貌

焦炭孔隙渣相化学成分如表 6-2 所示。焦炭孔隙渣相碱度高于高炉终渣碱度，在焦炭的下降过程中，焦炭中的灰分（$SiO_2$、$Al_2O_3$）不断形成并向孔隙中扩散，最终造成了焦炭孔隙渣相中 $Al_2O_3$ 成分明显高于终渣。

**表 6-2　焦炭孔隙渣相成分**　　　　　　　　　　　　　　　　（%）

| 项目 | CaO | MgO | $Al_2O_3$ | $SiO_2$ | $R$（-） |
|---|---|---|---|---|---|
| 焦炭孔隙渣相 | 33.62 | 7.23 | 25.65 | 33.50 | 1.00 |
| 高炉终渣 | 38.06 | 9.78 | 14.72 | 32.68 | 1.16 |

如图 6-8 所示，铁滴和焦炭中均存在硅的富集现象，说明风口以下炉缸区域焦炭孔隙渣中有大量的硅被直接还原出来，并且部分硅进入到铁液中形成了硅铁。

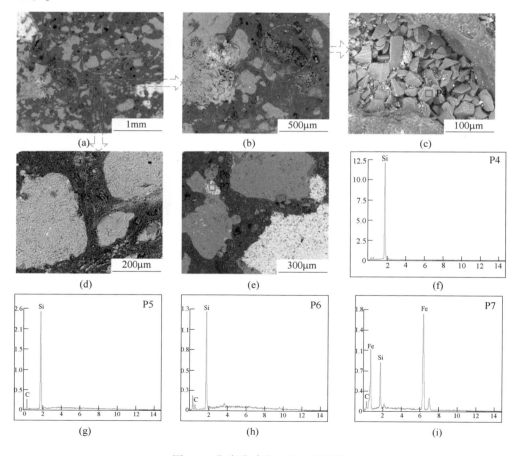

图 6-8　焦炭孔隙内渣相的硅富集

### 6.2.1.2　炉缸焦炭孔隙中物相及焦炭孔隙率变化

图 6-9 为高炉炉缸焦炭和入炉焦炭的 XRD 结果。炉缸焦炭中的主要矿物为钙镁黄长石（$Ca_2MgSi_2O_7$）、钙铝黄长石（$Ca_2Al_2Si_2O_7$），此外还会有锌黄长石（$Ca_2ZnSi_2O_7$）和霞石（$KAlSiO_4$）。对比入炉焦炭，炉缸焦炭中不存在石英相和莫来石相（$Al_6Si_2O_{13}$），但存在 FeO 相，说明炉缸焦炭的破坏一定程度上是由于 FeO 的渗透和还原反应所导致的[7]。

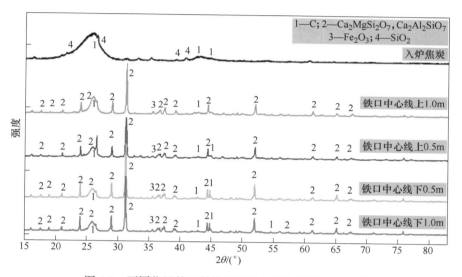

图 6-9　不同位置的死料柱焦炭及入炉焦炭的 XRD 图谱

焦炭到达软熔带及风口时，已经发生了复杂的物理化学反应（气化、石墨化等反应），焦炭孔隙率越大，越容易使得炉渣、铁滴、碱金属等进入到焦炭内部，破坏焦炭，不利于焦炭骨料作用的发挥[8]。图 6-10 所示为不同位置的炉缸死料柱焦炭二值化处理图像。分别计算出其孔隙占整个区域的面积比，定义为此区域内焦炭的孔隙率，一定程度上表征焦炭内部被炉渣和铁液浸透的程度。

如图 6-11 所示，越靠近炉缸底部，焦炭的孔隙率越大，由铁口上 1.0m 的 20.87% 逐渐增加到铁口下 1.0m 的 42.47%，孔隙率随着高度的降低，呈现线性增大的趋势，其中在靠近炉底的焦炭孔隙中铁液占比明显增大，这区别于上方焦炭中的现象，在死料柱底部焦炭浸泡在铁液中，由主导的炉渣渗透改为铁液渗透，发生渗碳及氧化还原反应。从孔隙结构角度而言，孔隙率的增加加剧了气孔反应过程，这是焦炭强度下降的主要因素，最终造成了夹杂着有害元素和炉渣的焦炭破碎溶解于铁液中的结果[9]。

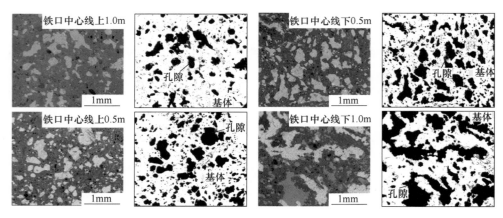

图 6-10　死料柱焦炭二值化处理图

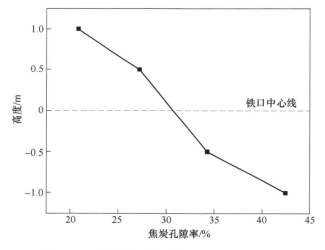

图 6-11　死料柱焦炭孔隙率在高度方向的变化

### 6.2.1.3　炉缸焦炭石墨化程度分析

不同高度的死料柱焦炭 XRD 图谱如图 6-12 所示。根据 Scherrer 方程和 Bragg 方程，计算出如表 6-3 所示的 $d_{002}$、$L_C$ 及半峰宽（FWHM），其中峰 1 代表无序碳，峰 2 为热处理引起的峰，峰 3 代表着石墨化引起的石墨峰。随着焦炭所处高度的降低，峰 3（002）呈现越来越尖锐的趋势。焦炭入炉堆积高度 $L_C$ 为 2.259nm，到达风口水平时，其堆积高度 $L_C$ 增加至 3.282nm，这说明焦炭从入炉到风口水平时有一定的石墨化发展。当焦炭到达炉缸铁口上部时，堆积高度 $L_C$ 增加至 5.363nm 和 9.886nm，当焦炭到达炉缸铁口下部时，堆积高度 $L_C$ 为

5.32nm 和 8.21nm。相对于入炉焦炭和风口水平焦炭堆积高度，炉缸焦炭堆积高度 $L_C$ 增加较大。入炉焦炭层间距为 0.347nm，风口水平处焦炭层间距为 0.346nm，说明到达风口水平出的焦炭层间距降低较少，而炉缸焦炭的层间距为 0.341~0.336nm[10]。

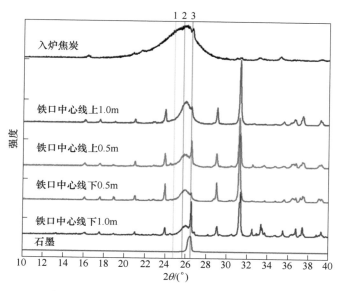

图 6-12  不同高度的死料柱焦炭的 XRD 图谱

**表 6-3  炉缸死料柱焦炭层间距及半峰宽度值**

| 样品 | $2\theta/(°)$ | | | FWHM/(°) | | | 堆积高度 $L_C$/nm | | | 层间距 $d_{002}$/nm | | |
| --- | --- | --- | --- | --- | --- | --- | --- | --- | --- | --- | --- | --- |
| | 峰1 | 峰2 | 峰3 | 峰1 | 峰2 | 峰3 | 峰1 | 峰2 | 峰3 | 峰1 | 峰2 | 峰3 |
| 入炉焦炭 | — | 25.67 | — | — | 3.57 | — | — | 2.26 | — | — | 0.347 | — |
| 风口焦炭 | | 25.73 | | | 2.46 | — | — | 3.28 | | — | 0.346 | — |
| 铁口上 1.0m | 24.27 | 25.51 | 26.09 | 2.06 | 1.15 | 1.50 | 3.88 | 6.97 | 5.36 | 0.36 | 0.349 | 0.341 |
| 铁口上 0.5m | 23.99 | 25.74 | 26.31 | 0.94 | 1.12 | 0.81 | 8.50 | 7.17 | 9.88 | 0.37 | 0.346 | 0.338 |
| 铁口下 0.5m | 24.17 | 25.37 | 26.22 | 1.57 | 0.89 | 1.51 | 5.11 | 8.97 | 5.32 | 0.36 | 0.351 | 0.340 |
| 铁口下 1.0m | 24.08 | 25.81 | 26.47 | 1.19 | 1.26 | 0.98 | 6.71 | 6.35 | 8.21 | 0.36 | 0.345 | 0.336 |

碳质材料的石墨化程度模型如式（6-8）所示。图 6-13 所示为高炉焦炭石墨化程度随高度的变化关系。焦炭石墨化程度由 87.98% 增加至 98.93%，可知入炉前焦炭已经历过大部分的石墨化过程。风口中心线上部区域焦炭石墨化较为缓慢，在风口中心线以下区域，焦炭石墨化程度进一步增加到 98.93%。焦炭在高炉下降过程中石墨化程度越来越大，炉缸区域占整个石墨化过程的 98% 左右，这

是因为焦炭（高炉中心）在下落到炉缸的过程中，接触大量的铁滴，并且有大量铁液进入到焦炭孔隙内部，铁液对焦炭的石墨化过程具有促进作用。同时焦炭的石墨化程度受温度的影响很大，特别是当温度高于1200℃时。考虑到炉缸的实际情况，炉缸内充满了大量的高温铁液和炉渣，因此，在炉缸中焦炭的碳峰变得更加尖锐。

$$G = \frac{d_{max} - d_{002}}{d_{max} - d_{min}} \tag{6-8}$$

式中，$G$ 为石墨化程度,%; $d_{max}$ 为碳（002）晶面最大层面间距，取值为 0.3440nm; $d_{min}$ 为碳（002）晶面最小层面间距，取值为 0.3354nm。

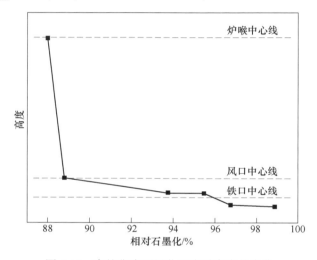

图 6-13　高炉焦炭石墨化程度随高度的变化

基于死料柱焦炭的 Raman 光谱可以计算死料柱焦炭的石墨化程度，如图6-14和表 6-4 所示，通过比较峰强度比 $I_D/I_G$ 的数据变化，进一步说明死料柱焦炭随着高度的降低，碳的石墨化程度逐渐增加[11]。

表 6-4　死料柱焦炭拉曼分析

| 样　品 | D 峰位置/cm$^{-1}$ | G 峰位置/cm$^{-1}$ | $I_D/I_G$ |
|---|---|---|---|
| 铁口中心线上 1.0m | 1349.8 | 1582.8 | 1.26 |
| 铁口中心线上 0.5m | 1349.9 | 1582.0 | 1.05 |
| 铁口中心线下 0.5m | 1344.2 | 1578.3 | 0.78 |
| 铁口中心线下 1.0m | 1344.3 | 1573.5 | 0.75 |

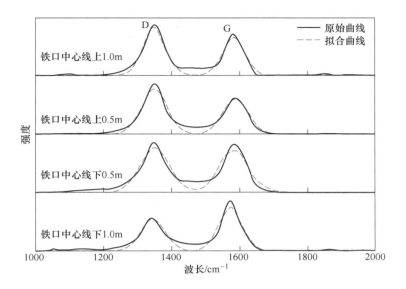

图 6-14　死料柱焦炭 Raman 光谱

结合焦炭 Raman 和 XRD 分析，说明焦炭在炉缸区域石墨化程度较大，且随着高度的降低，呈现石墨化程度越大的趋势，并且炉缸区域内存在大量高温铁液，焦炭高度石墨化使得焦炭结构劣化加剧，粉化现象更加明显，从而降低炉缸的透气透液性，不利于活跃炉缸和减缓炉缸侵蚀[12]。

### 6.2.1.4　炉缸焦炭破损机理分析

由图 6-15（a）可知，焦炭孔隙中含有大量炉渣，炉渣中含有大量镁铝尖晶石相、脱硫产物 CaS 相。此外，焦炭基体和孔隙中炉渣中均含有大量 K、Na 和 Zn 等有害元素。如图 6-15（b）所示，有害元素会随着渣铁的流动以及焦炭的运动到达炉缸边缘，侵蚀侧壁炭砖。

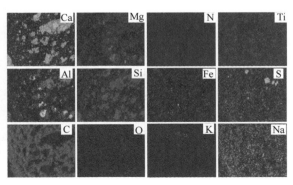

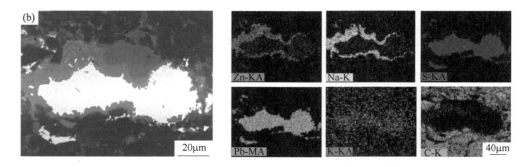

图 6-15　炉缸焦炭及侧壁炭砖微观形貌

(a) 炉缸焦炭；(b) 侧壁炭砖

由图 6-16 可知，当焦炭经历气化、燃烧等一系列的反应到达风口水平时，焦炭粒度下降至 20~30mm，此时焦炭中内部存在大量孔隙。一部分孔隙为焦炭原有孔隙，另一部分为焦炭气化等剧烈反应后生成的较为密集的孔隙。之后焦炭穿越风口区域，必然会再次发生剧烈燃烧反应，产生大量密集气孔。

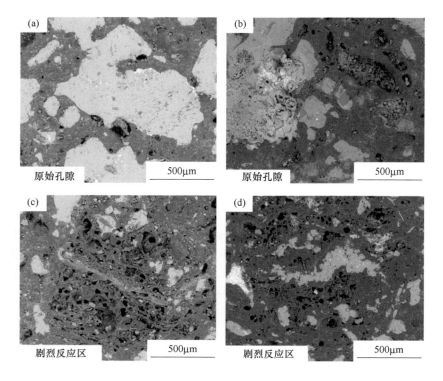

图 6-16　焦炭孔隙填充过程

## 6.2.2　高炉炉缸死料柱炉渣物性演变

### 6.2.2.1　炉缸炉渣成分及微观结构分析

表 6-5 为高炉炉缸死料柱在高度方向上的渣相、高炉终渣及停炉前终渣的成分。

表 6-5　炉缸死料柱渣相成分　　　　　　　　（%）

| 成　分 | $R(-)$ | CaO | $SiO_2$ | $Al_2O_3$ | MgO |
|---|---|---|---|---|---|
| 铁口中心线上 1.0m | 1.46 | 43.85 | 29.99 | 18.45 | 7.72 |
| 铁口中心线上 0.5m | 1.34 | 42.31 | 31.60 | 16.54 | 9.55 |
| 铁口中心线下 0.5m | 1.32 | 41.62 | 31.63 | 17.31 | 9.44 |
| 铁口中心线下 1.0m | 1.28 | 40.10 | 31.37 | 19.54 | 8.99 |
| 终渣（平常） | 1.16 | 39.96 | 34.31 | 15.46 | 10.27 |
| 终渣（停炉） | 1.21 | 39.77 | 32.80 | 16.40 | 11.03 |

图 6-17 为死料柱内部炉渣碱度随高度的变化趋势。随着高度的降低，炉缸死料柱内部炉渣二元碱度（$CaO/SiO_2$）逐渐降低。位于高炉铁口中心线以下的死料柱炉渣碱度下降较快。炉渣和铁液穿过死料柱时，易滞留在焦炭表面，这是因为焦炭到达炉缸后，石墨化程度增加，加速焦炭破损，导致焦炭内部灰分（$SiO_2$ 和 $Al_2O_3$）进入炉渣和铁液中，炉缸死料柱中炉渣碱度降低。此外，由于铁口下部炉缸中充满了铁液，温度较高，焦炭破损程度较大，灰分进入到炉渣中的速度较快，这就导致铁口下部炉渣碱度下降速度大于铁口上部。同时，少量煤粉因燃烧不充分会进入高炉炉缸中，其灰分溶入死料柱炉渣，也是造成炉渣碱度下降的主要原因[13]。

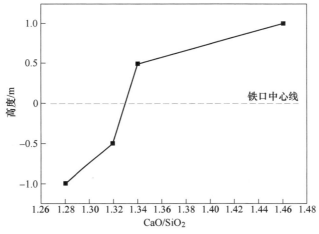

图 6-17　死料柱炉渣碱度随高度变化趋势图

　　图 6-18 为死料柱中炉渣的微观形貌。从表 6-6 中可以看出，P1 和 P3 都是炉渣中的 Ti(C,N)，然而 P1 和 P3 的形态不同，这可能与 Ti(C,N) 中 C 和 N 的比值不同有关系（P1 点为 $TiC_{0.43}N_{0.57}$，而 P3 点为 $TiC_{0.53}N_{0.47}$），当 C 与 N 成分不同时，其析出条件不同，致使其析出形态也不同。P2 为炉渣的成分，计算 CaO、MgO、$Al_2O_3$ 和 $SiO_2$ 的成分，分别为：36.45%、7.98%、18.50% 和 37.07%，碱度为 0.98，明显低于终渣的碱度，这是因为在炉缸区域，死料柱中的渣不仅能渗

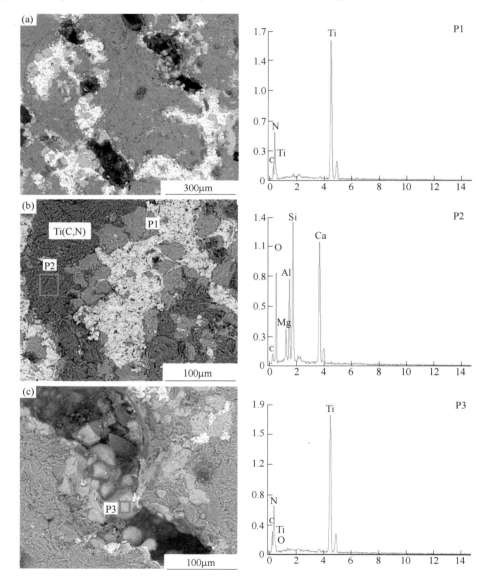

图 6-18　死料柱中炉渣的微观形貌

透到焦炭孔隙中，而且焦炭中的灰分也能迁移到死料柱空隙中的炉渣中，致使炉渣碱度下降而低于终渣的碱度[14,15]。

表 6-6　炉渣 EDS 成分　　　　　　　　　　　　　（%）

| 项目 | 类型 | C | N | Ti | C/N | O | Ca | Mg | Al | Si |
|------|------|---|---|----|----|---|----|----|----|----|
| P1 | $TiC_xN_{1-x}$ | 9.75 | 13.07 | 77.18 | 0.57/0.43 | — | — | — | — | — |
| P2 | 炉渣 | 7.14 | — | — | — | 35.27 | 25.89 | 4.76 | 9.74 | 17.2 |
| P3 | $TiC_xN_{1-x}$ | 14.36 | 12.86 | 72.77 | 0.47/0.53 | — | — | — | — | — |

图 6-19 为铁口中心线下方死料柱中炉渣试样的微观形貌。如图 6-19（a）和（b）所示，铁液中夹杂了大量的 $TiC_xN_{1-x}$。如图 6-19（c）和（d）所示，炉渣中存在颜色较深且较为规则的物质为镁铝尖晶石，铁液中碳含量也接近最终的铁液碳含量。从图 6-19（c）中可以看到炉渣中存在灰白色的 CaS，这是高炉炉渣典型的脱硫反应产物，证实了高炉渣在炉缸区域渣铁界面发生脱硫反应，铁液中的硫转移到炉渣中。

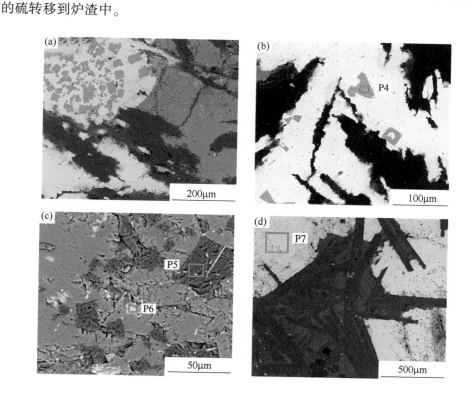

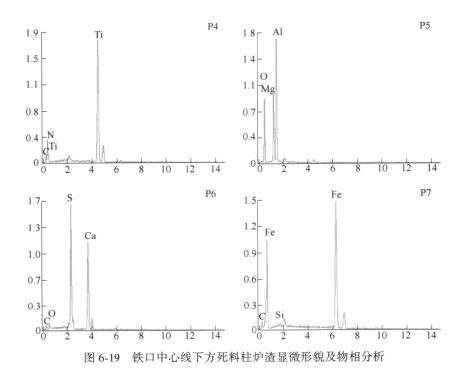

图 6-19　铁口中心线下方死料柱炉渣显微形貌及物相分析

### 6.2.2.2　炉缸死料柱炉渣冶金性能分析

基于死料柱炉渣成分，使用 FactSage 软件计算炉渣开始熔化温度（固相线温度）、熔化终了温度（液相线温度）、液相量（特定温度下炉渣液相含量百分比）等高温性能，以明确高炉炉缸死料柱炉渣在炉缸中的流动行为[16]。

图 6-20 为炉缸死料柱炉渣的熔化性能及熔化温度。高炉终渣的熔化曲线较为平缓，而高炉死料柱炉渣熔化曲线较为陡峭，即熔化区间较小。铁口中心线上部死料柱炉渣开始熔化温度较高，熔化区间最小，液相含量曲线最陡峭。

图 6-21 为不同镁铝比下的炉渣的熔化性能及熔化温度曲线，其中 $Al_2O_3$ 为 16%。随着镁铝比的增加，熔化曲线变得更加陡峭，开始熔化温度呈现逐步降低的趋势，由 1403.97℃ 降低到 1397.85℃。熔化终了温度呈现先降低后升高的趋势，死料柱内部炉渣熔化区间先略有降低，后又急剧增加。当炉渣铝含量为 16%，二元碱度为 1.30 时，炉渣熔化特性取决于开始熔化温度，熔化性能曲线转折的镁铝比在 0.63 左右。

图 6-22 为不同镁铝比下的炉渣的熔化性能及熔化温度曲线，其中 $Al_2O_3$ 为 18%。随着镁铝比的增加，熔化曲线变得更加陡峭，相比于铝含量为 16% 的熔化

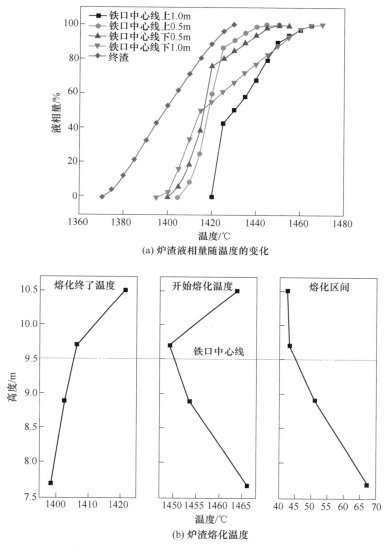

(a) 炉渣液相量随温度的变化

(b) 炉渣熔化温度

图 6-20　炉缸死料柱炉渣的熔化性能及熔化温度

曲线，在熔化温度以外的温度区域熔化曲线较为接近，开始熔化温度有略微降低的趋势，由 1402.82℃ 降低到 1395.75℃。熔化终了温度呈现先降低后升高的趋势，且升高趋势明显，死料柱内部炉渣熔化区间先略有降低，后又急剧增加，转折点均在 $MgO/Al_2O_3 \approx 0.50$ 处。故当炉渣铝含量为 18%，二元碱度为 1.30 时，炉渣熔化特性取决于其开始熔化温度，并且熔化性能转折的镁铝比在 0.50 左右。

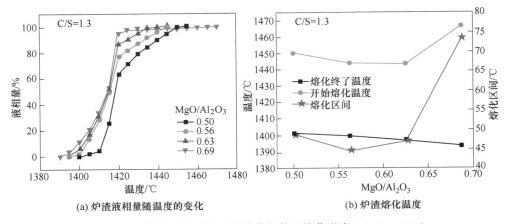

(a) 炉渣液相量随温度的变化　　　　　(b) 炉渣熔化温度

图 6-21　不同镁铝比下炉渣的熔化性能及熔化温度（$Al_2O_3 = 16\%$）

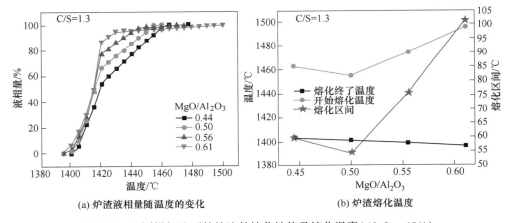

(a) 炉渣液相量随温度的变化　　　　　(b) 炉渣熔化温度

图 6-22　不同镁铝比下的炉渣的熔化性能及熔化温度（$Al_2O_3 = 18\%$）

图 6-23 为不同镁铝比下炉渣的熔化性能及熔化温度曲线，其中 $Al_2O_3$ 为 20%。随着镁铝比的增加，熔化曲线变得更加陡峭，相比于铝含量为 16% 和 18% 的熔化曲线，在熔化区间以外的温度区域熔化曲线更加接近，重合更加明显，开始熔化温度有略微降低的趋势，由 1401.55℃ 降低到 1393.38℃。熔化终了温度呈现逐步上升的趋势，并且当镁铝比大于 0.45 时，上升更加明显。死料柱内部炉渣熔化区间呈现缓慢上升的趋势，当镁铝比大于 0.45 时，曲线急剧增加。故当炉渣铝含量为 20%，二元碱度为 1.30 时，炉渣熔化特性取决于其开始熔化温度，并且熔化性能转折的镁铝比在 0.45 左右。

对比分析 $Al_2O_3 = 16\%$、18% 和 20% 的三种情况，存在以下几点特性：

（1）随着镁铝比的增加，熔化曲线都呈现更加陡峭的趋势。

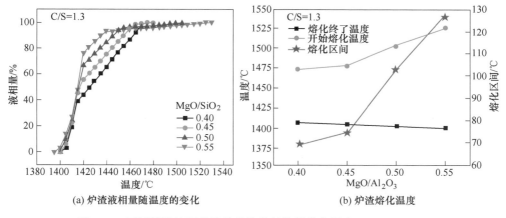

(a) 炉渣液相量随温度的变化　　　　(b) 炉渣熔化温度

图 6-23　不同镁铝比下的炉渣的熔化性能及熔化温度($Al_2O_3 = 20\%$)

（2）开始熔化温度都有转折点，但 $Al_2O_3 = 16\%$、$18\%$ 和 $20\%$ 的三种情况转折点不同，分别为 0.63、0.50 和 0.45，随着 $Al_2O_3$ 的增加，转折点呈现逐步降低的趋势。

（3）随着镁铝比的增加，熔化终了温度都呈现略微降低的趋势，熔化区间都取决于开始熔化温度。

图 6-24 为不同碱度下的炉渣的熔化性能及熔化温度性能。熔化曲线分为两类，第一类二元碱度为 1.0~1.15，第二类二元碱度为 1.20~1.45，第一类曲线较为平缓，而第二类曲线则更加陡峭。

第一类熔化曲线随着温度的升高，先急剧增加后缓慢增加，然后又急剧增加，存在两个趋势转折点。当镁铝比（$MgO/Al_2O_3$）= 0.5，随着二元碱度（$CaO/SiO_2$）的增加，两个转折点距离增加，平缓阶段较大。当碱度由 1.15 增加到 1.20 时，曲线突变为陡峭曲线，成为第二类熔化曲线。第二类熔化曲线随着碱度的增加，曲线更加陡峭。

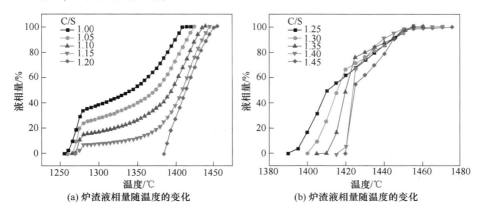

(a) 炉渣液相量随温度的变化　　　　(b) 炉渣液相量随温度的变化

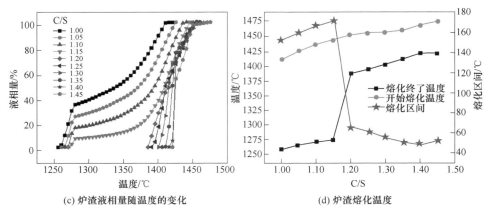

（c）炉渣液相量随温度的变化 　　　　（d）炉渣熔化温度

图 6-24　不同碱度下的炉渣的熔化性能及熔化温度（$MgO = 9\%$，$Al_2O_3 = 18\%$）

如图 6-24（d）所示，炉渣开始熔化温度随着碱度的增加，呈现缓慢增加趋势，在碱度为 1.20 之后仍然缓慢增加。同时炉渣熔化终了温度随着碱度的增加，呈现缓慢增加趋势，在碱度 1.15～1.20 之间发生了突变。故 $MgO = 9\%$，$Al_2O_3 = 18\%$ 时，炉渣熔化特性同样取决于其开始熔化温度，并且熔化性能转折的区域为二元碱度（$CaO/SiO_2$）= 1.15～1.20 之间。

因此，高炉炉渣熔化特性曲线有两点特征：

（1）熔化特性曲线都有转折点，转折点在二元碱度为 1.15～1.20 之间，镁铝比的转折点随着 $Al_2O_3$ 的含量不同有所不同，即 $Al_2O_3 = 16\%$、18% 和 20% 的转折点分别为 0.63、0.50 和 0.45。随着 $Al_2O_3$ 含量的增加，转折点向镁铝比低的方向移动。

（2）炉渣液相线温度对熔化特性曲线有着重要影响。因此，死料柱炉渣的熔化特性应重点研究其液相线温度（开始熔化温度），以达到降低死料柱炉渣滞留率的效果[17,18]。

### 6.2.3　高炉炉缸死料柱铁相物性演变

图 6-25 为沿着高炉炉缸径向方向钻芯试样的宏观形貌及微观形貌。自死料柱边缘至炉缸中心的铁相中均析出了石墨碳，且在靠近炉缸侧壁的 80mm 以内开始石墨碳析出量较大。

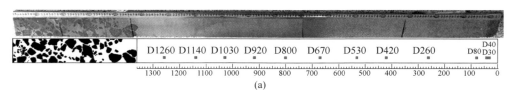

（a）

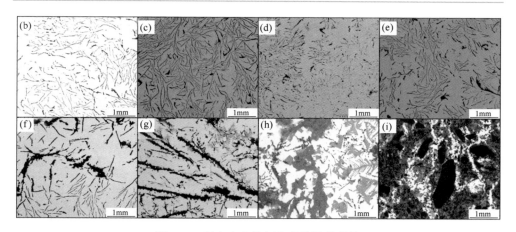

图 6-25　径向方向铁相宏观及微观形貌

（a）铁相宏观形貌；（b）D1140；（c）D800；（d）D530；（e）D420；（f）D260；（g）D80；（h）D40；（i）D30

### 6.2.3.1　铁相化学成分

D260 和 D40 位置的铁相化学成分见表 6-7。D260 位置铁相成分与常规铁相类似，D40 位置碳元素和钛元素含量较高。图 6-26 所示为径向方向铁相碳含量变化。靠近中心的 D1260 铁相碳含量较低，D1140~D80 位置碳含量较为接近，在侧壁 D30 位置铁相的碳含量明显升高。

表 6-7　化学分析结果　　　　　　　　　　　　　（%）

| 位置 | Fe | C | Si | Mn | P | S | Ti | 总和 |
|---|---|---|---|---|---|---|---|---|
| D260 | 95.35 | 3.74 | 0.45 | 0.22 | 0.16 | 0.04 | 0.03 | 100 |
| D40 | 91.83 | 7.13 | 0.50 | 0.22 | 0.16 | 0.03 | 0.12 | 100 |

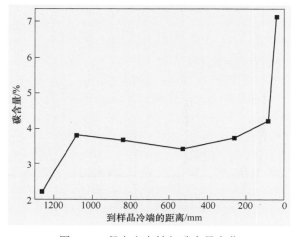

图 6-26　径向方向铁相碳含量变化

### 6.2.3.2 铁相析出物相及微观形貌

如图 6-27 所示，铁相主要由 Fe、C、Ti(C,N) 及 $KAlSi_2O_6$ 等物相组成，Ti(C,N)

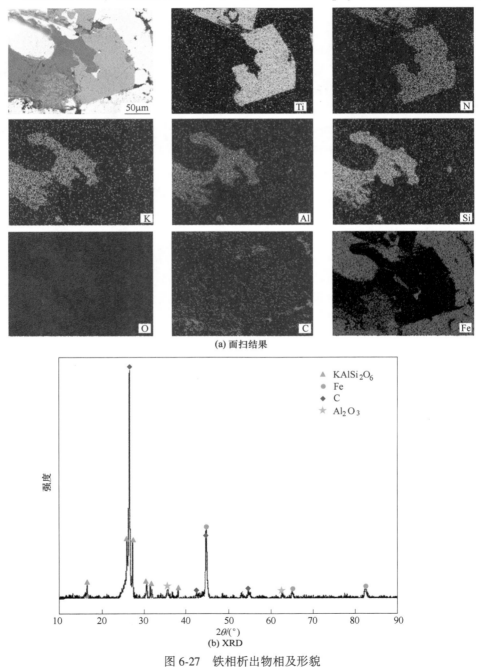

(a) 面扫结果

(b) XRD

图 6-27 铁相析出物相及形貌

呈现四边形或者鱼骨状。如图 6-28 所示，通过图像处理计算不同物相的面积百分比。铁元素占比为 64.02%，Ti(C,N) 和 KAlSi$_2$O$_6$ 占比相近，分别为 14.67% 和 12.23%，碳元素占比为 9.08%。

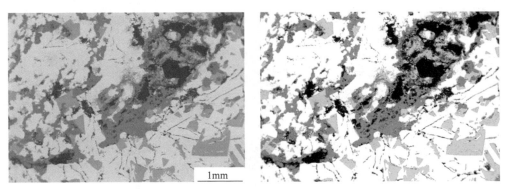

图 6-28　铁相析出物相图像处理

### 6.2.3.3　铁相导热系数变化

如图 6-29 所示，使用激光法测量 300℃、600℃ 及 800℃ 下铁相的导热系数。铁相导热系数随着温度的升高均呈现先明显降低，后基本不变的趋势。铁相从炉缸热端至冷端，导热系数呈现先升高后明显下降的趋势，炉缸边缘铁相导热系数迅速下降与其析出 Ti(C,N) 和 KAlSi$_2$O$_6$ 等物相有关。

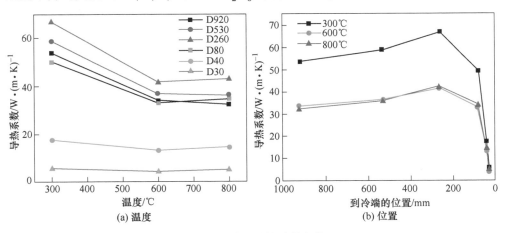

图 6-29　铁相导热系数变化

### 6.2.3.4　铁相熔化温度变化

图 6-30 所示为铁相熔化温度变化情况。碳含量较低的 D1140 和 D670 位置铁

相的熔化温度在 1185℃ 左右，碳含量较高的 D40 位置铁相熔化温度在 1175℃ 左右，靠近炉缸边缘位置，析出碳含量也较多，因此边缘位置的熔化温度小幅度降低。

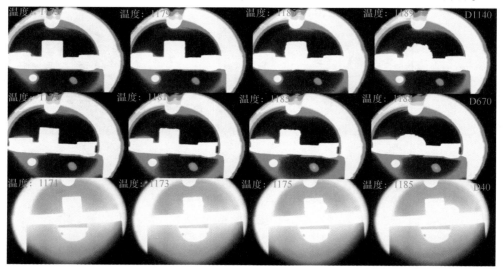

图 6-30　铁相熔化温度变化

### 6.2.3.5　铁相密度变化

使用阿基米德排水法测量铁相密度，结果如图 6-31 所示。铁相从炉缸热端至冷端，密度呈现基本保持不变后迅速降低的趋势。炉缸边缘铁相密度迅速降低与炉缸边缘析出相有关，因铁相密度远远大于 Ti(C,N) 和 KAlSi$_2$O$_6$ 等析出相，从而使得铁相综合密度得到明显下降。

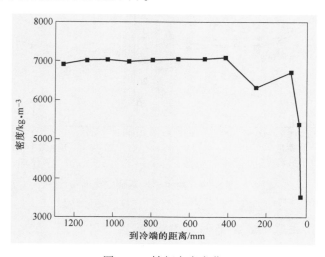

图 6-31　铁相密度变化

### 6.2.3.6 铁相石墨化程度变化

图 6-32 所示为沿着径向方向铁相拉曼光谱分析结果。铁相从炉缸热端至冷端，石墨化程度先基本保持不变，后迅速增加再减小。靠近炉缸边缘的铁相石墨化程度降低与炉缸冷却有关，因炉缸边缘温度相对较低，温度对铁相石墨的促进效果较弱[19]。

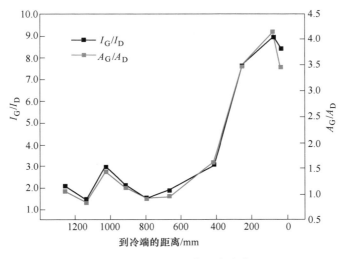

图 6-32 铁相石墨化程度变化

## 6.3 高炉炉缸死料柱渣铁焦界面行为

高温渣铁焦物质接触后，由于焦炭内含灰分，炉渣内含 $Fe_xO$ 等物质，渣铁焦之间会发生交互作用反应，进而产生焦炭-铁液、炉渣-铁液及焦炭-炉渣多种界面物相，通过研究死料柱中渣铁焦三相界面的物相结构，深入了解炉缸内部物相反应及演变机制。

### 6.3.1 渣焦界面

图 6-33 为炉缸区域死料柱焦炭-炉渣界面的微观形貌。如图 6-33（a）~（d）所示，高炉渣和焦炭界面存在明显的渗透层，靠近炉渣区域存在铁相聚集区，这说明炉渣内的 FeO 被碳还原。同时焦炭区域也存在炉渣渗透层。焦炭区域渗透的炉渣无铁相富集区生成，且焦炭与炉渣界面处无明显的过渡层。由于界面处并不能提供足够的 FeO 与碳反应，但当碳元素扩散到炉渣中时，炉渣中少量的 FeO 会产生富集作用，最终生成铁相富集区。如图 6-33（e）、（f）所示，焦炭和炉渣接触后，焦炭中碳将炉渣中的 FeO 还原成铁，同时碳也会将炉渣中 $TiO_2$ 还原为钛进入过渡区铁相中。

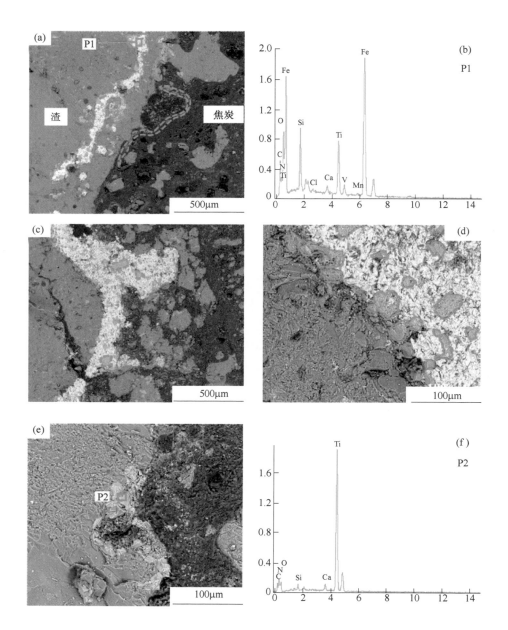

图 6-33  炉缸渣焦界面微观形貌

因炉缸炉渣中 FeO 的含量不同,将焦炭-炉渣界面的渣焦反应分为两类:a 类渣中 FeO 较少,b 类渣中 FeO 含量较高;两类反应过程较为类似,但又不同。两种渣焦界面生成铁相的过程如图 6-34 所示。

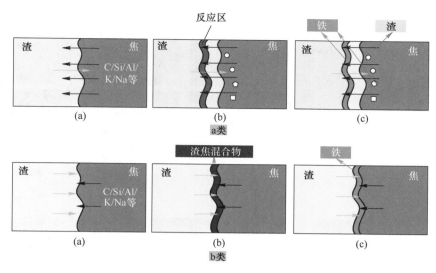

图 6-34　炉缸渣焦界面铁相形成过程

a 类（渣中 FeO 较少，接近终渣）：（1）焦炭与炉渣接触，即渣–焦界面形成；（2）焦炭中的 C、灰分、有害元素（K、Na、Zn）、S 等元素向渣焦界面扩散，由于界面处没有过多的 FeO，焦炭和炉渣继续互相渗透；（3）由于炉渣内部仍有少量 FeO，当 C 达到炉渣内部后，C 与 FeO 反应，使得附近 FeO 较少，形成了浓度梯度，周围的 FeO 继续向反应区附近扩散，最终反应形成炉渣内部的铁区；（4）由于炉渣扩散能力差，其渗入到焦炭中的炉渣含量较少，其中夹杂的少量 FeO 仍与 C 发生反应，生成少量的铁。

b 类（渣中 FeO 较多，接近炉腹渣）：（1）焦炭与炉渣接触，即渣–焦界面形成；（2）焦炭中的 C、灰分、有害元素（K、Na、Zn）、S 等元素向炉渣界面扩散，由于渣中有较多的 FeO 和 TiO$_2$，发生式（6-9）、式（6-10）等反应；（3）最终形成了渣–铁–焦界面，即形成了过渡区铁相。

$$(\mathrm{TiO_2}) + 3[\,\mathrm{C}\,] =\!=\!= \mathrm{TiC} + 2\mathrm{CO} \quad \Delta G^{\ominus} = 519780 - 306.51T \quad (6\text{-}9)$$

$$(\mathrm{TiO_2}) + 2[\,\mathrm{C}\,] + \frac{1}{2}\mathrm{N_2} =\!=\!= \mathrm{TiN} + 2\mathrm{CO} \quad \Delta G^{\ominus} = 406421 - 268.33T \quad (6\text{-}10)$$

此外，如图 6-35 所示，死料柱焦炭与炉渣界面还存在 S 及 K 元素富集现象，且渣焦界面处的焦炭外表面呈现破碎状态。S 元素是由于焦炭孔隙中的 CaS（焦炭内部孔隙中的炉渣富含的 Ca 元素与焦炭携带的 S 元素反应生成）迁移到渣焦界面，随着焦炭表面的不断破损，CaS 逸出并富集于渣焦界面。K 元素以钾霞石（KAlSiO$_4$）物相存在于界面处，渣焦界面元素富集机理如图 6-36 所示。

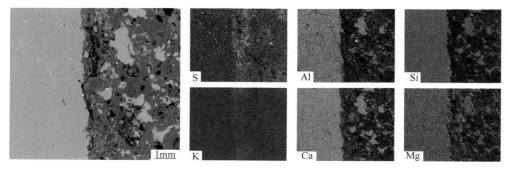

图 6-35　炉缸渣焦界面微观形貌及元素分布

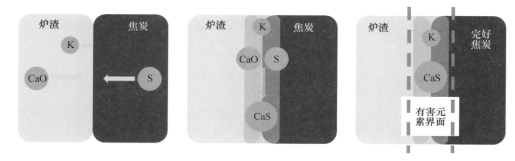

图 6-36　渣焦有害界面形成机理图

### 6.3.2　铁焦界面

图 6-37 显示了炉缸死料柱铁焦界面的微观形貌和元素分布。从图 6-37（a）可以看出，焦炭和铁液之间存在一层矿物质层，其 EDS 图谱显示该矿物层中含有少量碱金属 K 和 Na（图 6-37（a）中 P1），主要来源于焦炭孔隙。焦炭内部的孔隙被渣相填充（图 6-37（b）、（c）），渣相中的浅灰色相为 CaS（图 6-37（c））。随着焦炭的气化反应和铁的渗碳反应，渣相沿孔壁进入焦炭内部，与焦炭中的 S 反应生成 CaS。随着焦炭在铁液中溶解反应的进行，焦炭孔隙中的渣相聚集在焦炭表面形成矿物层（图 6-37（d）），矿物层的形成降低了焦炭在铁液中溶解速率。同时，矿物层的形成也促进了渣铁相互作用。

图 6-37（d）显示了铁液中规则形状的固体颗粒的沉淀，EDS 结果显示主要由 Ti 和 N 组成（图 6-37（d）中 P2）。矿物层中的渣相主要由 Ca、Mg、Al、Si 和 S 元素组成。但焦炭灰分主要为 $SiO_2$ 和 $Al_2O_3$，当焦炭从风口通过渣区进入炉缸时，炉渣沿焦炭的孔隙进入焦炭内部，从而对内部的灰分进行改性。炉渣的进入导致矿物层中渣相的 $Al_2O_3$ 含量降低，MgO 含量增加。而渣铁界面的脱硫反应

促进了 CaS 固相的析出，导致矿物层中渣碱度降低。图 6-37（f）的 EDS 显示，渣铁界面处存在 CaS 带，固相 CaS 的形成在界面处形成堵塞，阻碍焦炭与铁的渗碳反应，并减慢死料柱中焦炭的更新速度。此外，固相的析出降低了熔体的流动性。在渣铁界面形成高熔点的 TiN 和 CaS 固体颗粒，使焦炭表面的渣铁流动性变差，导致渣铁不易从焦炭表面流出，这也是大型高炉炉缸失活的重要原因之一。焦炭作为高炉中硫的主要来源，控制焦炭中的硫含量也是改善高炉炉缸活跃状态的重要措施。

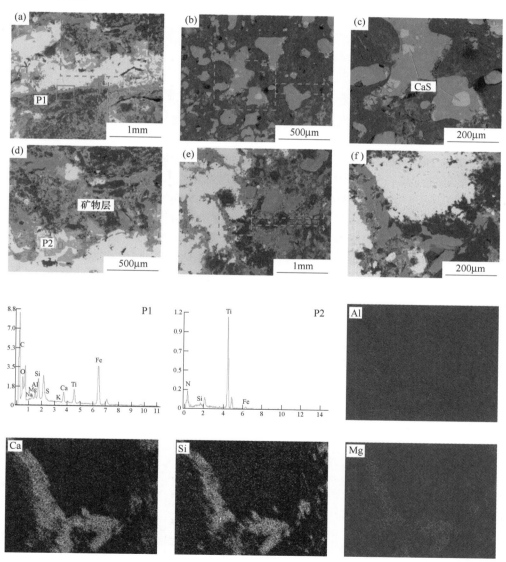

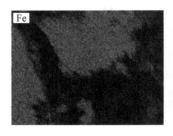

图 6-37　高炉死料柱铁焦界面的微观形貌

### 6.3.3　渣铁界面

随着焦炭的溶解，焦炭中的部分渣相被滞留在死料柱中。从图 6-38 可以看出，死料柱中炉渣主要析出柱状和粒状矿物相。柱状矿物相主要是 Al 元素的富集相，即 $Al_2O_3$；颗粒相主要由 Mg 和 Al 组成，即 $MgAl_2O_4$。而 Ca 和 Si 元素主要处于无定型渣相中。焦炭在铁液溶解过程中形成的矿物层中主要为氧化铝或铝酸钙团块。由于终渣对焦炭灰分的改性作用，渣相与 MgO 形成高熔点镁铝尖晶石（图 6-38（d））。在渣中 $SiO_2$ 的作用下形成低熔点 $CaO-Al_2O_3-SiO_2$ 液相（图 6-38（c）、（d）中 P1、P2）。随着 CaS 的形成和 $SiO_2$ 的减少，渣中 $Al_2O_3$ 含量的增加促进了固相析出温度的升高，而碱度的降低有利于 $Al_2O_3$ 的析出。渣中的高熔点相析出在死料柱中积聚，导致空隙率降低。同时，随着死料柱的运动，炉渣也会与炉缸炉底的陶瓷耐火材料接触，从而对耐火材料造成侵蚀。此外，在渣相中还发现了碱金属（图 6-38（c）中 P3），而碱金属的循环富集会导致焦炭性能恶化，同时也会造成炭砖的损坏。

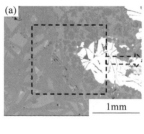
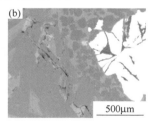
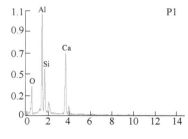
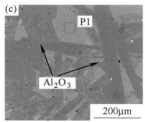
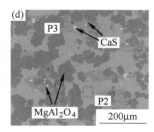
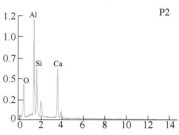

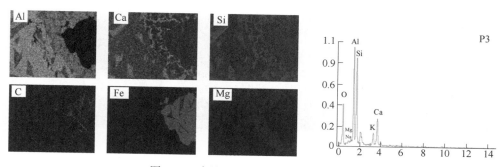

图 6-38　高炉死料柱中渣相的微观形貌

图 6-39 显示了死料柱边缘渣铁的微观形貌。渣相主要为 $CaO-SiO_2-Al_2O_3$ 渣系，其中含有大量 CaS。图 6-39 (b) 中还发现了少量的镁铝尖晶石。渣相析出高熔点氧化铝和镁铝尖晶石，形成低熔点富 CaO 渣。渣中游离 CaO 含量的增加会促进渣与铁的脱硫反应，如式（6-11）所示。

$$(CaO) + [S] + [C] = CaS + CO \tag{6-11}$$

高炉中的硫主要进入铁液和炉渣，铁液中硫含量的增加会降低铁液的黏度，增加铁液对炭砖的侵蚀速率。而增加炉缸炉渣中的 CaO 含量有助于降低铁液中的硫含量。但大量 CaS 的形成降低了炉渣的流动性，导致死料柱渣铁滞留增加，影

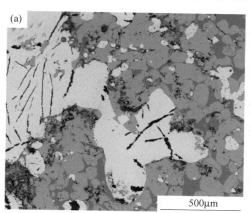

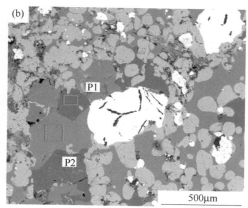

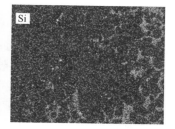

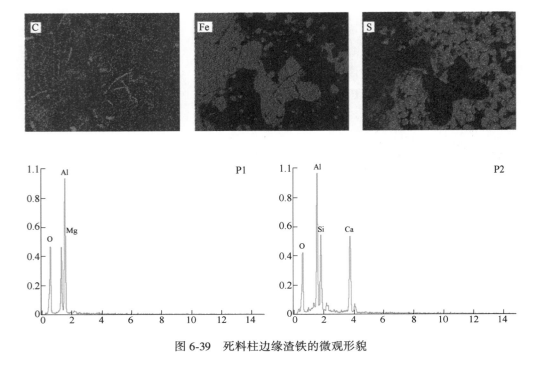

图 6-39　死料柱边缘渣铁的微观形貌

响炉缸活性。在高炉生产过程中，要防止炉缸内形成大量的 CaS。

## 6.4　高炉炉缸微量元素迁移行为

高炉炉缸中的微量元素主要包括硫、锌及碱金属等，微量元素的存在不仅对炉缸温度和炉缸活性有着严重影响，同时还会在循环富集的过程中渗入炭砖内部，造成炭砖体积膨胀，进而影响炉缸寿命[20]。

### 6.4.1　硫在炉缸中的迁移行为

原燃料中硫含量每增加 0.1%，熔剂和焦炭的消耗就要增加 1.2%～2.0%，高炉铁液产量降低 2%[21]。炉料中的硫随着炉料下降和温度升高，一部分逐渐挥发进入煤气。焦炭中的有机硫在炉身下部到炉腹有 30%～50% 以 CS 及 COS 等化合物形态先挥发，其余则在气化反应和风口前燃烧时生成 $SO_2$、$H_2S$ 和其他气态化合物进入煤气。在炉缸中，铁液穿过渣层具有良好的反应条件，发生脱硫反应。在炉缸聚集的渣铁界面，脱硫反应继续进行。如图 6-40（a）所示，焦炭孔隙中的炉渣与以焦炭为"载体"的硫发生反应，产生许多 CaS 物相。此外，如图 6-40（b）～（g）所示，在焦炭孔隙内渣相、渣焦界面均存在不同形状的 CaS 相。图 6-40（h）所示为炉缸边缘大量 CaS 团聚物富集的微观形貌。CaS 团聚物是以炉渣为主要基质，内含大量 CaS 物质，且夹杂少量的铁相和焦粉的团聚物。

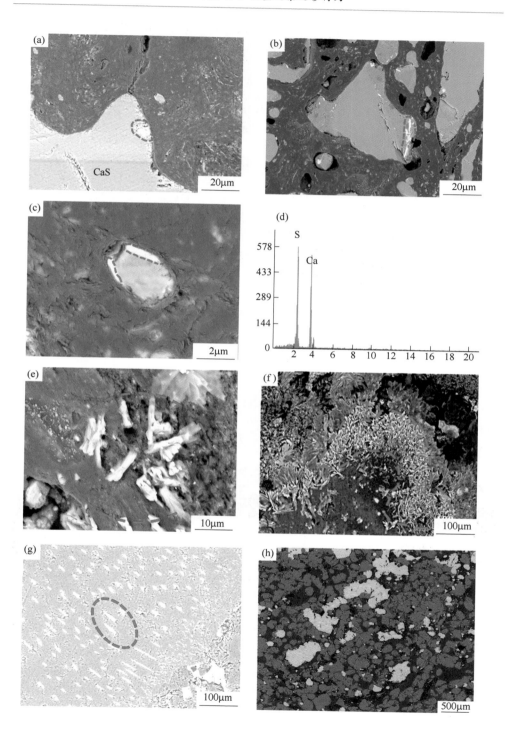

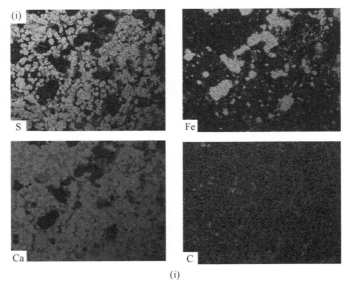

图 6-40 炉缸 CaS 存在形态

  高炉炉缸中心、边缘位置均会存在 CaS 物质，且 CaS 物质主要集中于炉缸边缘位置。炉缸中心区域生成的 CaS 会随着焦炭、渣铁流动到达炉缸边缘。如图 6-41 所示，焦炭受到剧烈侵蚀而转为焦炭粉末，携带的 CaS 逸出。因炉缸边缘温度和压强相对较低，且 CaS 熔点较高达到 2400℃，生成后以固相质点存在于炉渣中，致使炉渣黏度变大，降低死料柱的透气性，同时 CaS 堆积量过大，会降低死料柱与炉缸侧壁之间空隙，加剧炉缸铁液环流。

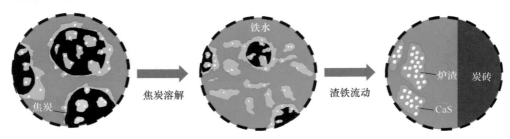

图 6-41 炉缸 CaS 物相形成及行为

## 6.4.2 碱金属在炉缸中的迁移行为

  碱金属在高炉内存在循环富集现象，液态碱金属碳酸盐沿炭砖砖缝进入炭砖里与碳发生反应，生成的碱金属蒸气沿孔隙进一步向炭砖内部渗入并通过晶格扩张、与碳作用形成的层间化合物引起膨胀，导致炭砖结构的破坏，进而缩短炉缸寿命[22]。碱金属还能降低矿石的软化温度，引起球团矿的异常膨胀使其严重粉化，加剧焦炭的气化反应，使焦炭反应后强度急剧降低而发生粉化，造成料柱透气性变差，危及高炉冶炼。此外，碱金属黏附于炉墙上，不仅使炉墙严重结瘤，而且直接破坏砖墙耐火材料。

### 6.4.2.1 碱金属硅酸盐

进入高炉的碱金属主要以复杂硅酸盐形式存在，其被还原的化学方程式如下：

$$K_2SO_3 + C = 2K_{(g)} + SiO_2 + CO_{(g)} \quad \Delta G^{\ominus} = 649427.4 - 343.242T, \ J/mol$$
$$(6-12)$$

$$Na_2SiO_3 + C = 2Na_{(g)} + SiO_2 + CO_{(g)} \quad \Delta G^{\ominus} = 634048.8 - 328.596T, \ J/mol$$
$$(6-13)$$

高炉炉腹和炉缸区域的温度在1300~1600℃之间，远高于碱金属的沸点，因此，该区域碱金属单质以蒸气的形式存在，当碱蒸气随煤气流上升到炉腰及以上部位时，将会和 $SiO_2$ 和 FeO 重新生成碱金属硅酸盐：

$$2K_{(g)} + SiO_2 + FeO = K_2SiO_3 + Fe \quad \Delta G^{\ominus} = -522810.2 + 207.181T, \ J/mol$$
$$(6-14)$$

$$2Na_{(g)} + SiO_2 + FeO = Na_2SiO_3 + Fe \quad \Delta G^{\ominus} = -572395.7 + 239.202T, \ J/mol$$
$$(6-15)$$

生成的碱金属硅酸盐下降到炉缸区域，再次被还原生成碱金属蒸气，形成了碱金属蒸气和碱金属硅酸盐在炉缸之间的循环。

### 6.4.2.2 碱金属氰化物

炉缸内 $N_2$ 的分压较高，碱金属蒸气在炉缸区域可与 C 和 $N_2$ 生成氰化物，反应方程式如下：

$$2K + 2C + N_2 = 2KCN \quad \Delta G^{\ominus} = -331558.5 + 179.646T, \ J/mol$$
$$(6-16)$$

$$2Na + 2C + N_2 = 2NaCN \quad \Delta G^{\ominus} = -325183.5 + 185.465T, \ J/mol$$
$$(6-17)$$

由于氰化物的生成量很少，即在炉缸区域，碱金属大部分仍以单质蒸气的形式存在，少部分以氰化物蒸气的形式存在。炉身中上部形成的碱金属碳酸盐会沉积在炉料上，随炉料往下运动，在升温过程中还可能被焦炭和 CO 还原重新生成碱金属单质。碱金属碳酸盐只在高炉中上部形成了循环富集，在高炉炉缸的高温区域，碱金属以单质蒸气的形式循环富集，绘制高炉内碱金属循环富集的示意图如图6-42所示。

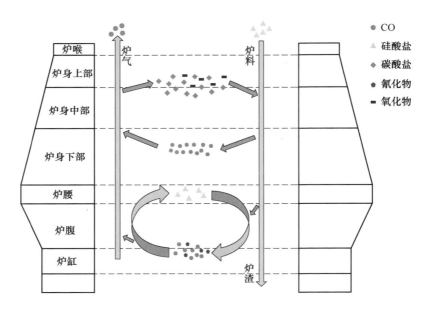

图 6-42　高炉碱金属循环富集示意图

### 6.4.3　锌在炉缸中的迁移行为

高炉炼铁原燃料中的锌主要以氧化物（ZnO）、铁酸盐（ZnO·Fe$_2$O$_3$）、硅酸盐（2ZnO·SiO$_2$）及硫化物（ZnS）的形式存在。进入高炉内的含锌矿物可被CO、H$_2$和C还原为锌，由于锌的沸点较低（907℃），被还原出的锌以蒸气形式随煤气上升。到达温度较低的区域时冷凝（580℃）而被CO$_2$和H$_2$O甚至被CO再氧化。再氧化形成的氧化锌附着于上升煤气的粉尘被带出炉外，附着于下降的炉料将再次进入高温区，周而复始。在炉身下部、炉腹和炉缸，部分被还原的锌溶进炉渣和铁液中，并随其流动，形成锌在高炉内的富集现象[23]。

锌在铁液中是过饱和的。在炉缸边缘冷却作用下，炭砖热面温度较低，锌的蒸气压随之迅速降低，锌从铁液中挥发出去，进入炭砖的孔隙和裂纹中。锌蒸气的进入促使炭砖孔隙和裂纹进一步长大，随着炭砖孔隙及裂纹的持续长大，炭砖前端的铁液便可渗入。同时因炭砖径向方向上温度的持续降低，气态锌将转变为液态，继续沿炭砖孔隙渗透。由 Zn-Fe 系相图（图 6-43）可知，锌元素和铁元素能以化合物的形态共存，锌在铁相中的溶解度高达 46%。需要注意的是，我国高炉铁液检测出的锌含量平均为 0.02%，这是由于以蒸气形式溶解在铁液中的锌在常温常压下挥发所导致的。

随着锌不断向炭砖冷面扩散，锌蒸气在 1180K（沸点）左右液化并大量富集，之后气态和液态锌与水蒸气和 CO 发生反应，ZnO 也会和炭砖中的 SiO$_2$ 发生

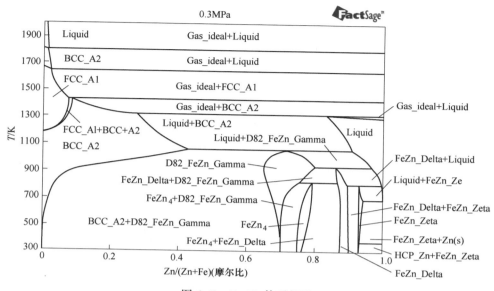

图 6-43　Zn-Fe 体系相图

反应（图 6-44）。Zn、ZnO、SiO$_2$ 及 Zn$_2$SiO$_4$ 的晶体单元体积分别为 0.03513nm$^3$、0.05496nm$^3$、0.13056nm$^3$ 及 1.81175nm$^3$，液态锌变成固态氧化锌的体积膨胀约 56.44%，ZnO 变成 Zn$_2$SiO$_4$ 的体积膨胀约 2477.57%。

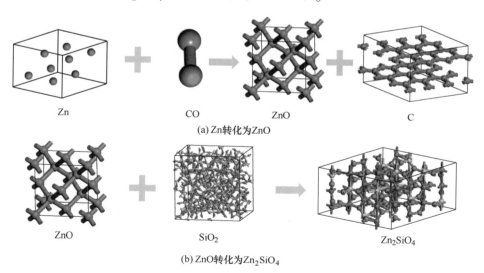

图 6-44　锌化合物的分子反应示意图

锌在高炉中的迁移行为和脆化层的形成机理如图 6-45 所示。高炉中的锌主要来自烧结矿，并以含锌化合物的形式与铁矿石伴生。锌进入高炉后，含锌化合物首先转化为氧化锌，然后被 CO 还原为锌蒸气。锌蒸气可在高炉中随意扩散，当锌蒸气扩散到炉缸铁口中心线以下时，在高温高压条件下，锌蒸气易于溶解在铁液中。当铁液流动到炉缸边缘时，由于温度较低，锌蒸气在铁液中的溶解度降低，并从铁液中挥发出去。高炉炉况波动对炭砖前保护层的稳定性影响很大，当高炉状态不稳定时，保护层不断形成和脱落，炭砖前端受到热震作用而破损，炭砖裂纹随之变大。之后，锌在炭砖内部发生冷凝及相变。由于物理性质和相变条件的限制，锌大量沉积，炭砖形成脆性层，此过程对炭砖的性能产生极大的消极影响，最终造成炉缸侧壁炭砖破损，严重影响炉缸寿命[24]。

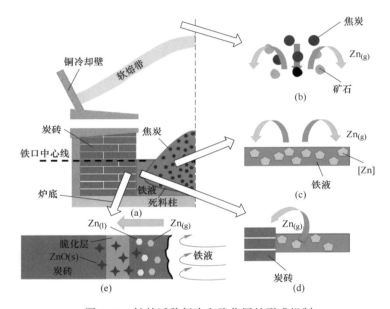

图 6-45　锌的迁移行为和脆化层的形成机制
（a）炉缸示意图；（b）锌进入高炉的过程；（c）锌的溶解；（d）锌的蒸发；（e）锌在炭砖中的行为

## 6.5　小结

本章对高炉炉缸死料柱中炉渣、铁液及焦炭的宏观特性、微观物相及各相间的交互作用展开研究，从多尺度、多角度分析死料柱空隙度、焦炭粒度、渣铁焦性能及界面、有害元素等演变规律，主要结论如下：

（1）高炉炉缸死料柱平均空隙度在径向上呈现"V"形分布，且越靠近炉底空隙度越大。死料柱焦炭粒度随着距铁口中心线距离的增加而逐渐减小，炉缸边缘和中心区域焦炭的焦炭粒度较小，靠近中间区域粒度大，呈现"M"形分布。焦炭下降过程中作为还原剂、热源和渗碳剂的消耗率分别为 30.95%、58.45%

和 10.59%。

（2）死料柱焦炭气孔被大量炉渣及少量铁液填充。焦炭在下降过程中，内部灰分逐渐溶入孔隙中的炉渣，最终造成孔隙中的渣相碱度远远小于终渣碱度。焦炭孔隙率从铁口上方的 20.87% 逐渐增加到铁口下方的 42.47%。焦炭石墨化主要发生在炉缸区域，随着焦炭石墨化程度不断增加，焦炭质量不断劣化。焦炭内部夹杂的炉渣及有害元素进入铁液中，加剧炉缸侧壁炭砖侵蚀。

（3）高炉死料柱中的炉渣碱度较终渣高，随着高度降低，二元碱度由 1.40 降至 1.20。当炉渣位于高炉铁口中心线以下位置，大量焦炭灰分融入炉渣导致碱度迅速下降。当炉渣碱度处于 1.15～1.20 之间时，不同镁铝比对应的炉渣软熔曲线的转折点不同。$Al_2O_3$ 含量为 16%、18% 和 20% 炉渣软熔曲线转折点对应的镁铝比分别为 0.63、0.50 和 0.45。

（4）铁液从炉缸热端至冷端，碳含量持续增加，导热系数先升高后明显下降，石墨化程度先基本保持不变后迅速增加再减小，密度先基本保持不变后迅速降低。炉缸边缘铁液存在 Ti（C，N）及 $KAlSi_2O_6$ 等物相，占比分别为 14.67% 和 12.23%。炉缸中心铁液熔化温度为 1185℃ 左右，靠近炉缸边缘位置铁液熔化温度为 1175℃ 左右。

（5）焦炭-炉渣界面处由于炉渣中 FeO 的含量多少，表现为两种不同的界面，即渗透层和界面反应层，界面存在硫和钾元素的富集。矿物质层在铁焦界面形成阻碍了焦炭向铁液中渗碳，降低了死料柱的更新速率。同时，渣铁界面形成 CaS 和 Ti（C，N）降低焦炭表面渣铁的流动性。

（6）硫在炉缸中主要以 CaS 物相存在于焦炭孔隙渣相及渣焦界面，随死料柱运动到达炉缸边缘富集。碱金属主要以单质蒸气的形式循环富集。锌以蒸气形成进入铁液循环，之后渗透进入炭砖内部发生冷凝相变。

## 参 考 文 献

[1] Jiao K X, Zhang J L, Chen C L, et al. Analysis of the deadman features in hearth based on blast furnace dissection by comprehensive image-processing technique [J]. ISIJ International, 2019, 59 (1)：16-21.

[2] Zhang L, Zhang J L, Jiao K X, et al. Observation of deadman samples in a dissected blast furnace hearth [J]. ISIJ International, 2019, 59 (11)：1991-1996.

[3] Meng S, Jiao K, Zhang J, et al. Dissection study of the deadman in a commercial blast furnace hearth [J]. Fuel Process Technol., 2021, 221：106916.

[4] 傅永宁. 高炉焦炭 [M]. 北京：冶金工业出版社，1995：189-193.

[5] Guo Z Y, Jiao K X, Zhang J L, et al. Graphitization and performance of deadman coke in a large

dissected blast furnace [J]. ACS Omega, 2021, 6 (39): 25430-25439.

[6] Fan X Y, Jiao K X, Zhang J L, et al. Coke microstructure and graphitization across the hearth deadman regions in a commercial blast furnace [J]. ISIJ International, 2019, 59 (10): 1770-1775.

[7] Gupta S, French D, Sakurovs R, et al. Minerals and iron-making reactions in blast furnaces [J]. Progress in Energy & Combustion Science, 2008, 34 (2): 155-197.

[8] 董茂林, 金荣镇, 崔松海, 等. 高炉内焦炭行为的理论研究 [J]. 河南冶金, 2019, 27 (1): 4.

[9] 吴小兵, 张建良, 孔德文, 等. 焦炭显气孔率测量过程参数的研究 [J]. 钢铁研究学报, 2012, 24 (10): 59-62.

[10] 李克江, 李洪涛, 张建良, 等. 高炉焦炭石墨化程度及其影响因素的研究进展 [J]. 钢铁, 2020, 55 (7): 23-33.

[11] Zhu H B, Zhan W L, He Z J, et al. Pore structure evolution during the coke graphitization process in a blast furnace [J]. International Journal of Minerals, Metallurgy, and Materials, 2020, 27 (9): 1226-1233.

[12] 张建良, 孙敏敏, 李克江, 等. 高炉焦炭在铁水中溶解行为研究现状及展望 [J]. 钢铁, 2020, 55 (4): 1-11.

[13] Jiao K X, Zhang J L, Chen C L, et al. Operation characteristic of super-large blast furnace slag in China [J]. ISIJ International, 2017, 57 (6): 983-988.

[14] Jiao K X, Zhang J L, Wang Z Y, et al. Effect of $TiO_2$ and FeO on the viscosity and structure of blast furnace primary slags [J]. Steel Research International, 2017, 88 (5): 1-9.

[15] Liu Y X, Zhang J L, Wang Z Y, et al. Dripping and evolution behavior of primary slag bearing $TiO_2$ through the coke packed bed in a blast-furnace hearth [J]. International Journal of Minerals Metallurgy and Materials, 2017, 24 (2): 130-138.

[16] 曹战民, 宋晓艳, 乔芝郁. 热力学模拟计算软件 FactSage 及其应用 [J]. 稀有金属, 2008, 32 (2): 216-219.

[17] Chang Z Y, Jiao K, Zhang J J M, et al. Graphitization behavior of coke in the cohesive zone [J]. Metallurgical and Materials Transactions B, 2018, 49 (6): 2956-2962.

[18] Chang Z Y, Jiao K X, Ning X J, et al. Behavior of alkali accumulation of coke in the cohesive zone [J]. Energy & Fuels, 2018, 32 (8): 8383-8391.

[19] Zhang L, Zhang J L, Jiao K X, et al. Phase composition and properties distribution of residual iron in a dissected blast furnace hearth [J]. ISIJ International, 2020, 60 (8): 1655-1661.

[20] 王筱留. 钢铁冶金学 (炼铁部分) [M]. 3 版. 北京: 冶金工业出版社, 2013: 122-127.

[21] 范立强. 焦炭中硫对高炉炼铁的影响 [J]. 湖南冶金, 1994 (4): 46-48.

[22] 欧阳坤, 孔延厂, 孙艳芹, 等. 高炉中碱金属的研究进展 [J]. 河北理工大学学报 (自然科学版), 2011, 33 (1): 37-41.

[23] 焦克新, 张建良, 左海滨, 等. 锌在高炉内渣铁中溶解行为计算分析 [J]. 东北大学学报 (自然科学版), 2014, 35 (3): 383-387.

[24] 郭科, 张建良, 王广伟, 等. ZnO 对焦炭气化反应的影响及动力学分析 [J]. 中国冶金, 2017, 27 (10): 7-14.

# 7 高炉炉缸安全长寿调控技术研究

高炉作为最大的单体高温高压反应器，在钢铁生产工艺流程中占据着核心地位，是其他工艺不能完全替代的。随着高炉不断地向大型化发展，实现高炉安全长寿显得尤为重要。针对高炉炉缸侵蚀本质，实现高炉炉缸安全长寿的关键在于炉缸耐火材料热面保护层的形成。

本章明确了提高炉缸铁液碳饱和度和降低耐火材料热面温度控制石墨碳保护层的稳定形成是实现高炉炉缸安全长寿的关键。同时，注重高炉冶炼过程中炉缸铁口的维护，促进保护层的稳定存在。在保护层难以形成或稳定存在时，可加入少量含钛物料增加铁液中的钛含量，促进石墨碳的析出。此外，也应加强高炉原燃料中有害元素的管控，控制入炉有害元素负荷，减少有害元素对保护层形成稳定的影响。

## 7.1 高炉炉缸保护层析出诊断技术

### 7.1.1 高炉炉缸保护层析出诊断

高炉炉缸保护层能否析出形成，与铁液的状态密切相关。对于石墨碳保护层，关键在于铁液中碳含量高于碳饱和浓度；对于富钛保护层，关键在于铁液中的 Ti、C 等元素的浓度积高于平衡时的浓度积；而对于富铁保护层，关键在于耐火材料热面温度低于铁液凝固温度。炉缸侵蚀一般是不均匀侵蚀，其砖衬较薄处的温度较低，因此保护层更容易在砖衬严重侵蚀处形成。铁液中碳的饱和程度是相对的，受温度的影响很大。炉缸铁液温度较高，往往处于碳不饱和状态，而由于炉缸冷却系统的冷却作用，耐火材料热面温度较低，当该温度低于保护层析出温度时，保护层物相即可结晶析出。定义保护层析出势指数 $\psi$ 为保护层临界形成温度与耐火材料热面温度之比，表征保护层在高炉炉缸耐火材料热面的形成能力，其表达式为：

$$\psi = \frac{T_1}{T_2} \tag{7-1}$$

式中，$\psi$ 为保护层析出势指数；$T_1$ 为保护层临界形成温度，℃；$T_2$ 为耐火材料热面温度，℃。

当保护层析出势指数大于 1 时，即耐火材料热面温度低于保护层临界形成温度，就可形成保护层；当保护层析出势指数小于 1 时，则难以在耐火材料热面形成保护层。如图 7-1 所示的炉缸砖衬热面传热体系，在炉缸冷却结构一定的条件下，炉缸耐火材料热面温度为：

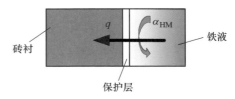

图 7-1　铁液与砖衬界面传热示意图

$$T_1 = qR + T_0 \tag{7-2}$$
$$q = \alpha_{HM}(T_{HM} - T_{Brick}) \tag{7-3}$$

式中，$q$ 为热流强度，$W/m^2$；$R$ 为等效热阻，$℃ \cdot m^2/W$；$T_0$ 为冷却水温度，$℃$；$\alpha_{HM}$ 为铁液对流换热系数，$W/(m^2 \cdot ℃)$；$T_{HM}$、$T_{Brick}$ 分别为铁液和砖衬温度，$℃$。

以石墨碳保护层为例，假设高炉处于炉役末期，热流强度为 $12000W/m^2$，铁液与砖衬对流换热系数为 $45W/(m^2 \cdot ℃)$ 时，铁液温度为 $1500℃$，则耐火材料热面温度为 $1233℃$。当石墨碳保护层临界形成温度为 $1250℃$ 时，石墨碳保护层析出势指数为 1.014，石墨碳保护层可以从铁液中析出形成石墨碳保护层，减缓高炉炉缸侵蚀。

### 7.1.2　高炉炉缸保护层形成特点

高炉炉缸保护层形成是一个多元、非均相、多重热化学演变的复杂过程，是多种形成机制共同作用的结果，不同类型的保护层有着不同的形成特点，如表 7-1 所示。当炭砖热面温度降低到铁液凝固线 $1150℃$ 等温线以下时，可以形成富铁保护层。炭砖在传热体系中所占据热阻最大，只有炭砖侵蚀到一定程度时才能形成富铁层，难度相对较大。同时，富铁层受炉况状态的影响较大，形成后易再次熔化，稳定性不强。

表 7-1　高炉炉缸保护层形成特点

| 保护层类别 | 反应方程 | 析出温度范围/℃ | 析出难易程度 |
|---|---|---|---|
| 富铁保护层 | $Fe_{(1)} = Fe_{(s)}$ | 1150 | 难 |
| 富钛保护层 | $[Ti] + [C] + [N] = Ti(C,N)$ | 1400~1450 | 易 |
| 富渣保护层 | 高铝渣 | 1200~1350 | 中 |
| 石墨碳保护层 | $[C] = C_{(s)}$ | 1250~1300 | 中 |

富钛保护层只有在含钛物料护炉条件下才可形成，铁液中 $Ti(C,N)$ 的析出温度一般为 $1400~1450℃$，略低于铁液温度，形成难度最低。含钛物料护炉效果由沉积在高炉炉缸中的 $Ti(C,N)$ 决定，$Ti(C,N)$ 的形成不仅取决于铁液中钛含量，还与铁液中的碳含量、氮含量及铁液温度紧密相关，同时涉及碳、氮的活

度，然而，钛负荷及铁液中钛质量分数控制往往难以定论，且护炉也常出现达不到效果或者对炉底有效而对炉缸侧壁无效的情况。高炉炉底往往表现出较好的护炉效果主要原因在于炉底铁液流动相对缓慢，对流换热系数小，耐火材料热面温度低，且铁液中碳含量和氮含量相对较高，易于形成Ti(C,N)。炉缸侧壁部位则是炉缸薄弱环节，铁液环流程度强，铁液碳含量及氮含量波动大，Ti(C,N)的形成难度相对较大。此外，短期添加含钛物料护炉无法稳定炉缸保护层的存在，而长期加入含钛物料护炉则会影响高炉的稳定顺行，增加护炉成本。含钛物料护炉也增加了转炉炼钢过程中的脱钛工序，不利于钢铁企业降低成本。因此，在高炉正常生产过程中一般不采取含钛物料护炉措施。

富渣保护层形成温度为1200~1350℃，形成难度中等。但一般来说，渣相的密度远小于铁液密度，很难存在于铁口中心线以下位置，对炉缸关键部位的保护作用较小。在温度相对较低的炉缸耐火材料热面附近，铁液中溶解的碳析出，形成石墨碳保护层，其形成温度为1250~1300℃。

从保护层形成特点和高炉炉缸维护角度分析，控制高炉炉缸石墨碳保护层的形成稳定，更容易实现高炉炉缸的安全长寿。同时，在必要条件下可以加入少量含钛物料，增加铁液中的钛含量促进石墨碳的析出。

### 7.1.3 石墨碳保护层综合调控

保护层中的石墨碳组元主要来自于铁液中溶解碳的析出，当铁液碳含量达到饱和时才可析出石墨碳，为石墨碳保护层的形成提供物质条件。从形成条件角度考虑，当炉缸耐火材料热面温度低于石墨碳形成温度时，铁液中溶解的碳即可析出石墨碳。也就是说，高炉炉缸铁液碳含量达到饱和及炉缸耐火材料热面温度低于石墨碳形成温度是石墨碳保护层形成的两个必要条件，从而延长高炉炉缸寿命。结合生产实际，可通过两个方面促进石墨碳保护层的形成：（1）通过活跃炉缸状态促进铁液渗碳调控铁液碳饱和度；（2）对炉缸传热体系影响最大的气隙进行量化评估和灌浆治理，以降低耐火材料热面温度促进铁液析碳。炉缸石墨碳保护层综合调控技术路线如图7-2所示。

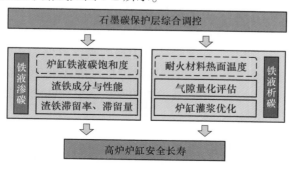

图 7-2 高炉炉缸石墨碳保护层综合调控技术路线

### 7.1.3.1　炉缸活跃状态

炉缸石墨碳保护层中的石墨碳相主要来源于铁液，炉缸铁液常常处于碳不饱和状态。高炉正常冶炼中，炉料下降过程中发生着铁液的渗碳反应，尤其是在渣铁穿透炉缸死料柱过程中与焦炭的直接接触进行渗碳，即决定渗碳程度的根本在于炉缸的活跃状态。活跃炉缸需要有充沛的高温热量、良好的死料柱透气透液性，其中透气透液性又由死料柱的空隙度和渣铁在死料柱中的滞留率和滞留量决定。可以通过以下措施活跃炉缸，促进炉缸铁液渗碳，提高铁液碳饱和度，为石墨碳的析出创造物质条件：

（1）减少渣量、优化穿焦渣铁成分和性能；

（2）减少渣铁滞留时间和滞留率，使炉缸煤气穿透死料柱，给死料柱带来高温热量；

（3）使到达炉缸死料柱的焦炭保持良好的粒度；

（4）加强炉缸内不同区域的渣铁相互流动。

### 7.1.3.2　气隙量化评估与治理

在铁液碳饱和度较高的条件下，高炉炉缸石墨碳保护层能否形成还取决于耐火材料热面温度，当耐火材料热面温度低于石墨碳保护层形成温度时，保护层即可形成。而耐火材料热面温度主要取决于炉缸传热体系，其中气隙是影响运行高炉炉缸传热能力最重要的因素，其影响程度远大于冷却形式和水速，进而将影响保护层的形成与脱落，最终影响高炉炉缸的安全长寿。

## 7.2　高炉炉缸铁液碳饱和度调控技术

碳是石墨碳保护层最主要的物质组元，其来源于焦炭中的碳溶解于铁液后（渗碳反应），达到石墨碳析出温度后析出，因此，适当提高铁液碳含量是石墨碳保护层形成的必要条件之一。高炉中金属铁的渗碳过程可分为块状带固态海绵铁渗碳、滴落带渗碳、风口区碳的氧化及炉缸铁液渗碳四个阶段，每一部位的渗碳程度均影响着炉缸铁液的碳含量。对最终铁液碳饱和度起到限制性作用的区域主要在于滴落带及炉缸部位，滴落带熔融生铁的碳含量仅为 2%~3%，而促进铁液-焦炭的渗碳反应行为，需要尽可能地提供良好的固液反应动力学条件，主要表现在通过活跃炉缸，改善高炉铁液的渗碳路径，增加铁碳接触面积以及延长反应时间提高铁液碳饱和程度。

### 7.2.1　高炉炉缸渣铁滞留模型

渣铁滞留率和滞留量直接反映液态渣铁穿过炉缸死料柱，且自由排出的顺畅程度。若渣铁无法顺利穿过死料柱，则会导致炉缸内部温度分布不均匀、渣铁流动异常，铁液碳含量降低，铁液对炉缸侧壁的环流冲刷加重，有碍于炉缸保护层的形成与稳定。

### 7.2.1.1 高炉炉缸渣铁滞留率模型

高炉炉缸死料柱渣铁滞留率模型主要考虑炉渣参数、焦炭参数、铁液参数三类参数的影响，其中炉渣参数主要包括炉渣成分、炉渣温度、炉渣密度、炉渣表面张力、炉渣熔化性温度及黏度，焦炭参数主要考虑入炉焦炭粒度、入炉焦炭反应性（CRI）、入炉焦炭反应后强度（CSR）、炉缸焦炭形状因子、炉缸焦炭粒度。

渣铁滞留率与渣铁穿焦过程毛细管数密切相关，结合文献中关于液体穿过填料床的研究，利用下式对渣铁穿焦过程毛细管数进行计算：

$$C_{pm} = \frac{\rho_L g \varphi^2 d_p^2}{\sigma_L (1 + \cos\theta)(1 - \varepsilon)^2} \tag{7-4}$$

式中，$\rho_L$ 为高炉炉渣密度，$kg/m^3$；$g$ 为重力加速度，一般取 $9.8 m/s^2$；$\varphi$ 为焦炭形状因子，无量纲；$d_p$ 为炉缸焦炭粒度，$m$；$\sigma_L$ 为炉渣表面张力，$N/m$；$\theta$ 为炉渣与焦炭之间的接触角，即润湿角，一般取 $120°$；$\varepsilon$ 为死料柱空隙度，无量纲。

考虑铁液温度和炉渣黏度对炉缸活性的影响，结合文献推导渣铁滞留率模型为：

$$h = 65.8 \times \frac{\mu}{\mu_0} \times \frac{1500 - T_r}{T - T_r} \times C_{pm}^{-0.562} \tag{7-5}$$

式中，$\mu$ 为 $CaO-SiO_2-Al_2O_3-MgO-TiO_2$ 五元渣系的黏度，$Pa \cdot s$；$\mu_0$ 为 $1550℃$ $CaO-SiO_2-Al_2O_3-MgO-TiO_2$ 五元渣系的黏度，$Pa \cdot s$；$T$ 为铁液温度，$℃$；$T_r$ 为炉渣流动性温度，$℃$。

式（7-5）表明，渣铁滞留率主要与炉渣碱度、炉渣镁铝比、焦炭粒度、焦炭 CRI、焦炭 CSR、铁液温度、炉渣钛含量有关，图 7-3 反映了各因素对渣铁滞留率的影响程度，依次为：铁液温度>焦炭 CSR>焦炭粒度>焦炭 CRI>炉渣碱度>炉渣镁铝比>炉渣 $TiO_2$ 含量。增大炉渣碱度、镁铝比、焦炭粒度、焦炭 CSR、铁液温度、炉渣 $TiO_2$ 呈均可以降低渣铁滞留率，而增大焦炭 CRI 则会增加渣铁滞留率。

定义各因素对滞留率的贡献度为炉渣碱度、炉渣镁铝比、焦炭粒度、焦炭 CRI、焦炭 CSR、炉渣钛含量等参数由 0% 调整至 10%，铁液温度调整范围设置为 1480~1520℃ 时滞留率变化率绝对值归一化处理后的值。则各因素的贡献度依次为：铁液温度（30%）、焦炭 CSR（22%）、焦炭粒度（11%）、焦炭 CRI（10%）、炉渣碱度（7%）、炉渣镁铝比（4%）、炉渣钛含量（1%）。在高炉生

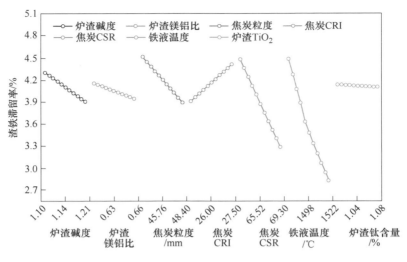

图 7-3　各因素对渣铁滞留率的影响

产过程中，可以从提高铁液温度、优化原燃料粒级及性能和调整炉渣成分等方面调控渣铁滞留率，改善炉缸活性。

### 7.2.1.2　高炉炉缸渣铁滞留量模型

渣铁滞留量是液态渣铁穿过炉缸死料柱，滞留于死料柱中的渣铁体积。已知渣铁滞留率的条件下，计算出死料柱体积大小，即可计算渣铁滞留量，用以表征炉缸活性。计算分析过程中，炉缸渣铁滞留量的边界条件为：

（1）高炉各区域形状均按理想状态处理；

（2）假设高炉死料柱由两部分组成，整体呈现"正圆锥+倒圆台"形状，将上部死料柱的不规则形状近似成理想的"正圆锥"，下部死料柱的不规则形状近似成理想的"倒圆台"，且死料柱拐角为 35°，如图 7-4 所示。

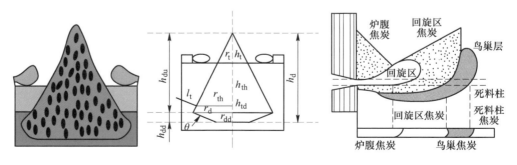

图 7-4　死料柱及其大小计算原理图

利用相似三角形原理，通过高炉炉缸半径与风口回旋区长度关系计算死料柱与风口平台对应的半径，风口回旋区长度通过式（7-6）计算。

$$D_R = 0.88 + 0.000092E - 0.00031 \frac{P_c}{n}$$  (7-6)

$$E = \frac{1}{2}mv^2$$  (7-7)

$$m = \left[ 1.2507 \times 0.79V_B + 1.4289(0.21V_B + V_{O_2}) + \frac{(V_B + V'_{O_2})W_B}{1000\left(1 - \frac{W_B}{803.6}\right)} \right] \frac{1}{60 \times 9.8n}$$

(7-8)

$$v = \frac{803.6(V_B + V_{O_2})T_B p_0}{60S_f T_0 p_B(803.6 - W_B)}$$  (7-9)

式中，$D_R$ 为风口回旋区长度，m；$E$ 为鼓风动能，kg·m/s；$P_c$ 为喷煤量，kg/h；$n$ 为风口数量，个；$m$ 为每个风口前鼓风质量，kg；$v$ 为每个风口前鼓风速度，m/s；$V_B$ 为高炉入炉送风量，$m^3$/min；$V_{O_2}$ 为总氧气量，$m^3$/min；$V'_{O_2}$ 为在总富氧量扣除湿度计后加入的总氧气量，$m^3$/min；$W_B$ 为鼓风湿度，kg/$m^3$；$T_B$ 为热风温度，K；$p_0$ 为标准状态下大气的绝对压力，100Pa；$S_f$ 为风口面积，$m^2$；$T_0$ 为标准状态下的大气温度，K；$p_B$ 为热风压力，kPa。

死料柱锥角截面的死料柱半径为：

$$r_d = \frac{h_{du}r_{th}}{h_t + h_{th}} = \frac{(h_t + h_{th} + h_{td})(r_h - l_t)}{h_t + h_{th}}$$  (7-10)

式中，$r_d$ 为死料柱锥角截面的死料柱半径，m；$h_{du}$ 为死料柱最高位置至死料柱拐角的高度，m；$r_{th}$ 为铁口截面死料柱半径，为炉缸直径 $r_h$ 减去铁口深度 $l_t$，m；$h_t$ 为风口上方死料柱的高度，m。

死料柱拐角至死料柱圆台下表面距离为：

$$h_{dd} = (r_d - r_{dd})\tan\theta$$  (7-11)

式中，$h_{dd}$ 为死料柱拐角至圆台下表面距离，m；$\theta$ 为死料柱拐角，为 35°。

则死料柱体积为：

$$V_d = \frac{\pi r_d^2 h_{du}}{3} + \frac{\pi h_{dd}(r_d^2 + r_{du}r_d + r_{dd}^2)}{3}$$  (7-12)

式中，$V_d$ 为死料柱体积，$m^3$。

因此，得到死料柱渣铁滞留量：

$$V_s = \frac{V_d h}{100}$$  (7-13)

式中，$V_s$ 为渣铁滞留量，$m^3$；$h$ 为渣铁滞留率，%。

高炉炉缸渣铁滞留量除受滞留率的影响外，还主要与风量、氧气量、风温、风压及喷煤量有关，各因素对渣铁滞留量的影响程度如图 7-5 所示，依次为：风量>铁口深度>风温>风压>喷煤量>氧气量，各因素对渣铁滞留量的贡献度依次为：风量（31%）、铁口深度（26%）、风温（18%）、风压（16%）、喷煤量（6%）、氧气量（3%）。增大风量、风温、铁口深度，减小富氧量、风压、喷煤量可减少渣铁滞留量。

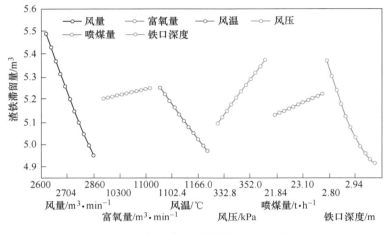

图 7-5　各因素对渣铁滞留量的影响

鼓风参数、铁口深度对渣铁滞留量起着至关重要的作用，在高炉生产过程中，可基于鼓风制度及出铁制度两方面，采用大风量、大风速的大鼓风模式燃尽煤粉，加大风口回旋区占比，减小死料柱体积占比，且采用相对较深的铁口深度，控制出铁次数，维护好铁口，保证渣铁顺利排放，减少渣铁滞留，以改善高炉炉缸活跃状态。

### 7.2.2　高炉炉缸活跃状况优化

渣铁滞留模型表明，焦炭性能、铁液温度、渣铁成分、送风制度及铁口深度影响着炉缸的活跃状况，可从原燃料粒级及质量管控、适度提高风速加大鼓风动能、渣铁流动性能调控等方面优化炉缸活跃状况。

#### 7.2.2.1　原燃料粒级及质量管控技术

A　原燃料粒级及质量管控

合理的原燃料粒级分布有利于维持高炉良好的透气性，同时也能够提升煤气利用率。在高炉正常生产中，原燃料平均粒度偏小，则会减小料柱空隙度和透气性，影响煤气流合理稳定的分布，出现煤气流紊乱现象，降低高炉煤气利用率。焦炭在高炉冶炼中起到骨架作用，焦炭质量及粒径大小直接影响料柱空隙度大小，性能较好地入炉焦炭为良好的炉缸死料柱空隙度提供有力支撑。

焦炭粒径比例与空隙度关系如图7-6所示。炉缸焦炭粒度越大，死料柱空隙度越大，炉缸渣铁穿过焦炭床的通道也越大，渣铁滞留量也就越小，炉缸较为活跃。高炉生产时，加强对焦炭粒径分布的管理，入炉前严格筛分焦炭，尤其是粒级>40mm 和 25~40mm 的焦炭。同时，中心加焦制度可将大块焦加入高炉中心，保证炉缸中心的空隙度，提高炉缸中心的活性，从而提高高炉炉缸整体活跃性。

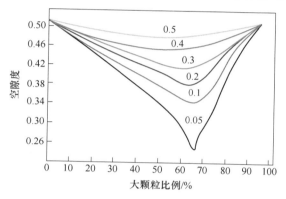

图 7-6　焦炭粒径比例与空隙度关系

原燃料质量特别是原燃料中有害元素含量对炉缸死料柱空隙度影响很大。较差的原燃料质量会导致炉缸中心堆积大量未燃焦粉、煤粉及有害元素，降低炉渣及铁液流动性，减小炉缸死料柱空隙度。图7-7表明，有害元素在高炉的高温区发生还原反应，消耗下部的 CO，在低温区则被 $CO_2$ 氧化，生成 CO 降低了高炉的煤气利用率。煤气利用率的降低使得煤气中氧碳原子比发生变化，进而改变里斯特操作线影响到高炉燃料比。

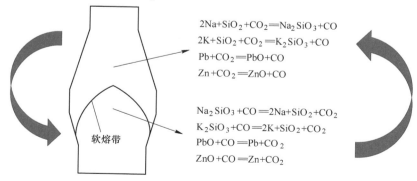

图 7-7　有害元素在高炉循环富集过程

有害元素含量增加后，高炉焦比升高。有害元素也会对高炉焦炭质量产生消极影响，如图 7-8 所示。焦炭经碱金属作用后，CRI 升高、CSR 降低，降低了炉缸焦炭粒度。

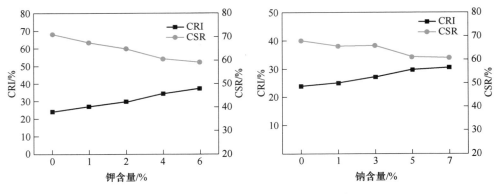

图 7-8　碱金属蒸气对焦炭性能的影响

**B　高炉炉缸活跃状况优化实践**

在原燃料质量上，国内已有多家钢铁企业严格控制原燃料有害元素含量、增加焦炭 CSR、减小焦炭 CRI，在高炉操作上做好焦炭筛分管理、增加入炉焦炭综合粒度、保障高炉中心焦炭粒度等措施，保证高炉上部透气性指数及炉缸活跃性。

武钢高炉安全长寿的主要因素之一在于长期使用中心加焦制度，始终遵循打通中心、维持一定边缘气流的原则。武钢 5 号高炉（3200m³）于 2003 年改进了原燃料筛分设备，提高了筛分效率，将入炉粉末降低到 3% 以下，大大改善了原燃料供给平衡，减少了原燃料质量的波动。太钢 5 号高炉（4350m³）于 2018 年（炉役末期）稳定了入炉焦炭粒度，减少了小粒度焦丁的使用量。沙钢 3 号高炉（2680m³）开炉后，采用精料控制策略，采用烧结矿粉矿回收入炉、焦丁回收入炉技术及焦丁与矿石混装技术，减少了原燃料粉末入炉量，改善了矿石层透气性，降低了高炉焦比。首钢京唐高炉以"打开中心，稳定边缘"为操作理念，在稳定原燃料的基础上，稳定边缘煤气流的同时通过中心加焦的方式打开中心煤气通道，保证煤气流的合理分布，得到合理的操作炉型。

**7.2.2.2　适度提高风速加大鼓风动能技术**

适度提高风速加大鼓风动能的鼓风模式利于上部煤气流稳定分布，提高煤气利用率，也能使下部炉缸稳定顺行。在高炉冶炼过程中，焦炭在回旋区内做循环往复运动，回旋区的长度、高度、大小等形状特征与炉缸内气流分布和高炉煤气流分布有密切的关系，其直接影响软熔带位置和形状及死料柱形状大小，进而影响炉缸活性。炉缸工作状况良好的表现在于渣铁温度高、流动性好，控制较高的风口燃烧温度则有利于更好的加热炉缸，提高炉缸煤气与渣铁之间的热量交换。

A 高炉风量均匀性

图 7-9 为国内某高炉送风均匀性模拟结果，该高炉共 24 个风口，各风口间角度为 15°。高炉送风系统存在明显的风量差异，热风风量在高炉周向方向分配的不均匀，直接导致了高炉内部物理化学反应的不均匀性及炉缸中死料柱偏移，远离死料柱的炉墙侵蚀程度低，反之则侵蚀严重，从而使得高炉炉缸侵蚀不均匀，这从高炉破损调查结果得以证明。

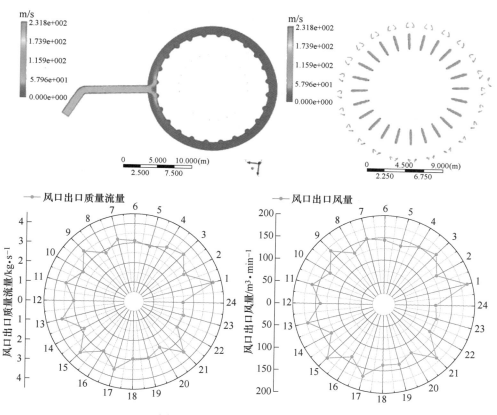

图 7-9 送风均匀性数值模拟结果

B 鼓风参数对风口回旋区的影响

图 7-10 表明，风速、回旋区长度、回旋区占比及回旋区高度与风量、风温呈现正相关，与鼓风面积呈现负相关。高炉鼓风风速及鼓风动能越大，则风口回旋区越大，死料柱越小，高炉炉缸越活跃。适当提高鼓风量，提高热风炉热风效率，减小风口小套鼓风面积，"吹透炉缸"，保证煤粉尽可能燃烧，可以活跃炉缸。

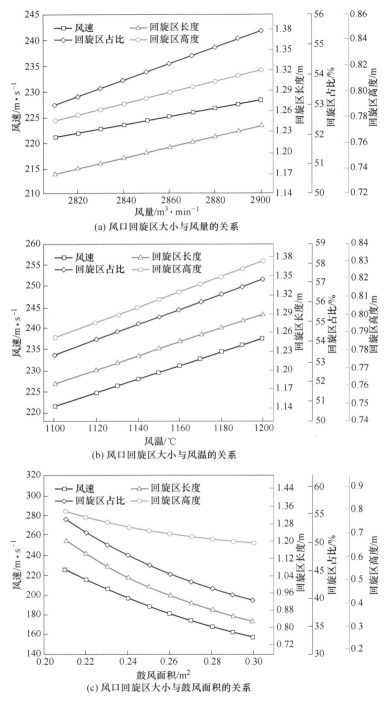

(a) 风口回旋区大小与风量的关系

(b) 风口回旋区大小与风温的关系

(c) 风口回旋区大小与鼓风面积的关系

图 7-10 风口回旋区大小与送风参数关系

C 高风速大动能技术

随着高炉冶炼的发展，高喷煤比操作已经成为高炉降低燃料比的重要手段。表 7-2 表明，提高喷煤比会出现以下问题，整体上导致高炉呈现上冷下热，上部、中部、下部透气性均变差，而高动能大风速操作可针对提高煤比后，风口回旋区缩短进行补偿。

**表 7-2 煤比对高炉顺行的影响**

| 煤比/kg·t⁻¹ | 焦比/kg·t⁻¹ | 矿焦比 | 滞留时间/h | 荷重增加/% | 熔损率/% | 回旋区滞留时间/h |
|---|---|---|---|---|---|---|
| 0 | 489.3 | 3.474 | 7.50 | 0.00 | 29.63 | 1.00 |
| 100 | 400.0 | 4.250 | 9.06 | 5.53 | 37.25 | 1.393 |
| 200 | 310.7 | 5.470 | 14.92 | 12.33 | 47.67 | 2.294 |
| 300 | 221.4 | 7.678 | 42.23 | 20.87 | 65.49 | 7.494 |

（1）焦比降低，导致焦炭在高炉内停留时间变长，焦炭熔损比例加大，焦炭粒度变小；

（2）高炉块状带、软熔带焦炭天窗面积减小，下部压差增大；

（3）炉腰炉腹区域的单位时间炉腹煤气量增多，温度升高，下部压差增大；

（4）风口回旋区和死料柱减小，焦炭粒度明显减小，大量小焦粒和未燃煤粉进入死料柱，炉缸活性降低。

高风速大动能技术包括缩小风口面积、保持合适的风速、增大鼓风动能、延长回旋区深度、提高风温、适当降低风压等手段，以改善煤气流分布，使热煤气更好地穿过风口升温死料柱，更好地穿透高炉中心，提升炉缸中心温度，活跃炉缸。但高风速大动能并不意味着无节制增加风量，提高风温，缩小风口面积，增加鼓风速度。超出合理范围后，高风速模式会造成焦炭大量粉化，炉缸边缘沉积大量焦粉。

高风速大动能也有利于提高焦炭质量。图 7-11 表明，风速与焦炭的破坏程度并不是简单的线性关系，在风速大于 260m/s 后，循环区、过渡区、死料柱表层 2.5~10mm 和小于 2.5mm 的焦炭比例下降，焦炭综合粒度上升。进行高风速大动能的同时，还应控制适宜的边缘气流，保持良好的气流分布状态，防止炉墙黏结、脱落，导致高炉生料进入炉缸，引起死料柱温度急剧下降和炉缸流动性、渗透性恶化。

D 高风速大动能技术应用实践

生产实践表明，鼓风动能在高炉稳定顺行过程中发挥基础性作用，对高炉下部送风制度做出良好的调剂。国内多家钢铁企业均提出了"高炉生产应以高炉下部为基础，上部为主导"的操作制度。在国内高炉中，武钢高炉寿命较长，经济指标较好，且在高炉生产过程中不喷涂、不护炉、不压浆，其良好的送风制度为

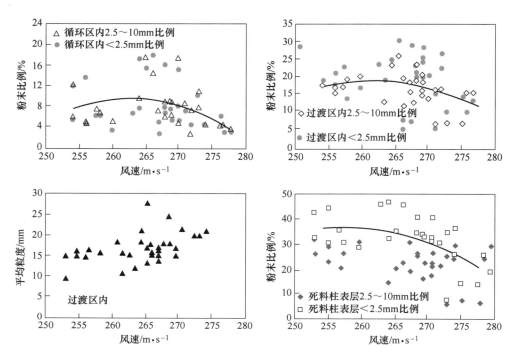

图 7-11　焦炭粒度与风速之间的关系

其长寿提供了良好的基础。武钢高炉主要调整风口布局、控制风口长度、进风面积、全风温操作，进而调整风口回旋区大小。其中武钢 3200m³ 高炉（5~7 号）进风面积由 0.4417m² 逐步调整至 0.4106m²，4117m³ 高炉（8 号）进风口面积逐渐缩小为 0.4680m²。武钢高炉均采用 634mm 的长风口，特别是 1 号高炉发生炉壳发红现象后，通过增加风口长度、缩小风口面积，并将风速提高至 240m/s，鼓风动能提高至 12000kg·m/s 等一系列措施后，高炉炉缸状态得到改善，能够长期维持气流稳定、炉缸活跃状态。

太钢 5 号高炉在不同炉役时期，通过调整风量、风口面积等因素，维持风速、鼓风动能基本不变，达到活跃炉缸、减弱侧壁冲刷的目的。在炉缸温度高的区域使用小倾角长风口，缩小风口面积活跃炉缸中心，稳定风量为 6600m³/min，风速为 270~280m/s，鼓风动能 15500~16500kg·m/s，保持良好工作状态。沙钢以整体缩小风口，提高风速增大鼓风动能，局部缩短风口消除边缘定向气流的高风速、大动能为目标，逐步缩小了风口面积，提高了高炉实际风速，达到了打通中心气流，稳定边缘气流，提高炉缸活性、稳定冷却壁渣皮，保护冷却壁的目的。

### 7.2.2.3　渣铁流动性能调控技术

国内大型高炉炉渣碱度在 1.12~1.24 之间，MgO 含量在 7.5%~9.5% 之间，

$Al_2O_3$ 含量在 11% ~ 16% 之间，铁液温度在 1490 ~ 1520℃ 之间，炉渣黏度在0.29 ~ 0.38Pa·s 之间，平均黏度为 0.34Pa·s，炉渣液相线温度在 1380 ~ 1440℃ 之间。定义铁液温度与炉渣液相线温度的差值为炉渣过热度，炉渣过热度越大，代表炉渣稳定性越好，国内高炉炉渣过热度在 70 ~ 90℃ 之间。高炉炉渣操作黏度和液相线温度是铁液温度和炉渣成分综合影响的结果，其中铁液温度是影响操作黏度的主要因素，合理的高炉炉渣操作黏度为 (0.34±0.02)Pa·s，炉渣过热度为 (80±10)℃。

A 炉渣成分对炉渣黏度、过热度的影响

a 碱度

高炉炉渣碱度过高和过低都会恶化高炉渣的冶金性能。图 7-12 显示，$Al_2O_3$ 含量为 12%，不论 MgO 含量为多少，炉渣碱度越低，其黏度越高，过热度越高。为保持高炉稳定顺行，炉渣碱度为 1.3 时，渣中 MgO 含量应处于相对较低含量 (7% ~ 8%)，炉渣碱度为 1.1 时，MgO 含量需增加到 10% ~ 12%。当 $Al_2O_3$ 含量为 15%，炉渣黏度随碱度的增加而降低，过热度变化较为复杂。忽略 MgO 的影响，低碱度对应高过热度，高碱度对应低过热度，炉渣碱度分别为 1.1、1.2、1.3 时，合理的 MgO 含量应为 10%、8%、6%。当 $Al_2O_3$ 含量为 18%，黏度随碱度的增加而降低，过热度变化范围更大。在低 MgO 含量情况下，想保证高炉渣稳定，难度较大；当 MgO 在 10% 以上时，其黏度和过热度均能满足高炉运行要求，合理的 MgO 含量为 10%。较高的炉渣碱度是保证炉缸活跃状态的前提，适当提高高炉炉渣碱度有利于降低炉渣黏度，减小炉渣在死料柱中的滞留量，特别是对于高铝渣而言，其本身黏度比较大，渣铁滞留量较大。

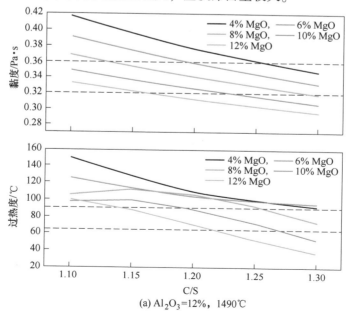

(a) $Al_2O_3$=12%，1490℃

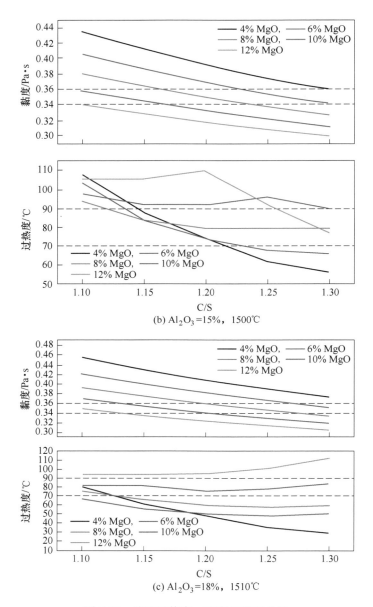

(b) Al$_2$O$_3$=15%，1500℃

(c) Al$_2$O$_3$=18%，1510℃

图 7-12 炉渣过热度、黏度与碱度关系

b 镁铝比

改变 MgO 含量可以显著改变炉渣过热度。图 7-13 显示，炉渣碱度为 1.2 时，炉渣黏度随着 Al$_2$O$_3$ 含量的增加而增加。当 Al$_2$O$_3$ 含量为 12%时，炉渣处于黄长石析出区，过热度随 MgO 的增加而降低。当 MgO 含量大于 8%时，过热度降低，

进入 $Ca_3MgSi_2O_8$ 析出区域。$Al_2O_3$ 含量为 15% 时，过热度随着 MgO 的增加而增加。炉渣黏度随着镁铝比提高，整体呈下降趋势，适当提高高炉镁铝比，有利于减小炉渣滞留于死料柱中的含量，活跃高炉炉缸。当 $Al_2O_3$ 含量为 12%，MgO 含量低于 8% 时，高炉可以平稳运行，将铁液温度降低到 1500℃ 以下可以降低碳消耗。当 $Al_2O_3$ 含量为 15% 时，合理的 MgO 为 7%~11.5%，Mg/Al 为 0.47~0.76；当 $Al_2O_3$ 为 18% 时，合理的 MgO 应高于 11.5%，Mg/Al 应高于 0.58。

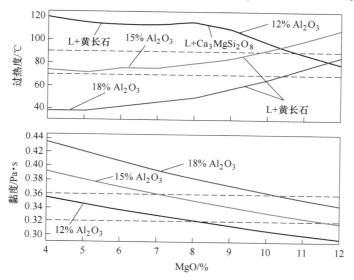

图 7-13　$Al_2O_3$ 和 MgO 含量对炉渣过热度、相平衡和黏度的影响

B　炉渣成分对炉渣热稳定性的影响

炉渣的热稳定性为炉渣抵抗热量波动的能力，通常以炉渣黏度变化量率表征炉渣热稳定性。图 7-14 为热量波动条件下，炉渣温度和黏度变化随成分的变化趋势。当炉渣热量降低时，炉渣 $Al_2O_3$ 含量增加对炉渣黏度变化影响最大，其次是碱度和 MgO 含量。适当提高炉渣的碱度，控制较低的 $Al_2O_3$ 含量，保持适当的 MgO 含量，有助于提高炉渣热稳定性。

C　生产时的渣铁流动性能调控

炉缸活性失常的本质是风口区以下的死料柱中心温度低于 1400℃ 时，渣铁难以在死料柱焦炭中自由地流动，导致大量渣铁滞留并堆积在死料柱中，形成炉缸不活跃区域，随着不活跃区域面积的逐渐扩大，就会形成大面积的炉缸活性失常，甚至是炉缸堆积。优化冶炼渣系，通过控制温度和炉渣成分提高渣铁流动性及稳定性，对于提高高炉炉缸活跃状态，稳定炉况是至关重要的，特别是对炉役中后期炉缸侧壁温度升高的高炉而言。在高炉生产调控过程中，保证足够高的铁

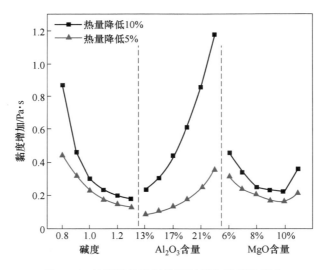

图 7-14　炉渣热波动时炉渣温度和黏度的变化

液温度，提高炉渣碱度、镁铝比，控制炉渣和铁液的钛分配比，尽可能不使用含钛物料护炉，实现对渣铁流动性能的调控，保证渣铁顺利穿过焦炭床。

### 7.2.3　高炉炉缸铁液碳饱和状态调控

#### 7.2.3.1　铁液碳饱和度调控技术

**A　不同碳源渗碳能力**

1500℃时，碳含量 2%的铁液接触不同碳源，铁液中碳含量随时间的变化曲线如图 7-15 所示。铁液中碳含量随着时间的增加而急剧增加，整个渗碳过程可以分为两个阶段，第一阶段各种碳源渗碳速率明显高于第二阶段。在第二阶段，碳棒及 NMA 炭砖碳含量曲线基本持平，而铁液还未碳饱和（4.98%），说明其浸没部分已完全溶解，两者渗碳速率极快。煤粉、焦炭及 9RDN 炭砖碳含量仍随着时间的增加而增加，但其增长速率已明显低于第一阶段。

定义初始渗碳强度为第一次铁样抽取时间段，单位时间的渗碳值（$\Delta[C]/\Delta t$），其值越大，则渗碳速率越快。不同碳源初始渗碳强度如图 7-16 所示。各碳源的初始渗碳强度依次为：NMA 炭砖>碳棒>煤粉>焦炭>9RDN 炭砖，NMA 炭砖和碳棒渗碳强度为 0.308%/min 和 0.188%/min，远大于其余 3 种碳源的初始渗碳强度。当炉缸侧壁保护层脱落时，NMA 炭砖砌筑的炉缸侧壁渗碳强于附近焦炭等其余碳源的渗碳，这对相关高炉也提出了更高的操作要求，而采用 9RDN 炭砖砌筑的高炉，则具有更大的操作空间。

煤粉虽然碳含量偏低，矿物质组分含量较高，但其作为粉状样，单个煤粉颗

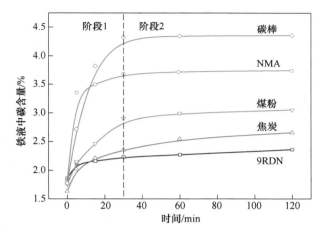

图 7-15 不同碳源在铁液中的渗碳过程

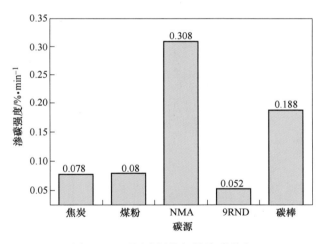

图 7-16 不同碳源的初始渗碳强度

粒与铁液接触极为充分，其渗碳强度略高于作为高炉主要渗碳碳源的焦炭。焦炭以块状体存在，内部存在的灰分和孔洞，当焦炭灰分层覆盖在焦炭/铁液界面时，灰分/熔渣层的黏度随温度降低而增加，导致有效界面接触面积减小，碳溶解的表观传质速率大幅降低。

  **B　焦炭物性对炉缸铁液渗碳的影响**

  焦炭作为高炉内部最重要的碳源，参与大部分的铁液渗碳反应，有效调控焦炭的渗碳强度是铁液达到碳饱和的重要步骤。由高炉解剖及炉缸破损调查研究可知（图 7-17），在渗碳反应过程中，存在一层矿物及 CaS 物相附着于铁碳界面之间，阻碍铁液渗碳反应的进一步进行，而且部分 CaS 固相会堵塞界面，并进入铁液内部，增大铁液内部的固相质点分数，导致铁液在焦炭表面流动性变差，降低了传质效率，不利于铁液与焦炭的渗碳反应，而焦炭中硫含量的控制是保障铁液渗碳的重要措施。

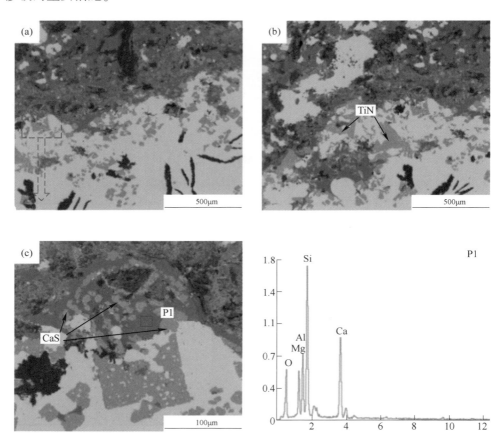

图 7-17　死料柱内部铁液与焦炭界面微观形貌

高温下焦炭灰分自身成分（CaO、$SiO_2$、$Al_2O_3$、MgO 和 $Fe_2O_3$ 等）含量差异还会影响焦炭表面界面产物的熔融温度和黏度。两种焦炭灰分的固/液比、液相成分和黏度的计算结果如表 7-3 和表 7-4 所示。在同一温度下，焦炭 2 的固/液比低于焦炭 1，焦炭 2 中大部分的界面产物均是液态，更容易流动扩散脱离焦炭表面，显露出更大的铁-焦有效接触面积，促进渗碳反应的进行。升高温度有利于更多的 $SiO_2$ 和 $Al_2O_3$ 溶入到液相中，降低固相含量的比例。当温度升高时，两种焦炭灰分的固/液比降低，液相量增多，渗碳速率加快。成分的变化使得同一温度下，焦炭 2 的液相黏度大于焦炭 1 的液相黏度，在一定程度上将阻碍渗碳反应的进行。

**表7-3 不同温度下焦炭1和焦炭2的灰分固液相含量**

| 温度/℃ | 焦炭1（灰分含量较低） | | | 焦炭2（灰分含量较高） | | |
|---|---|---|---|---|---|---|
| | 固相/% | 液相/% | 固/液比 | 固相/% | 液相/% | 固/液比 |
| 1450 | 22.3 | 77.7 | 0.29 | 17.4 | 82.6 | 0.21 |
| 1500 | 8.4 | 91.6 | 0.09 | 7.8 | 93.2 | 0.07 |
| 1550 | 2.3 | 97.7 | 0.02 | 0.7 | 99.3 | 0.01 |

**表7-4 焦炭在不同温度下的液相成分及黏度**

| 焦炭 | 温度/℃ | 液相成分/% | | | | 黏度/Pa·s |
|---|---|---|---|---|---|---|
| | | SiO$_2$ | Al$_2$O$_3$ | CaO | MgO | |
| 焦炭1 | 1450 | 25.27 | 67.57 | 5.18 | 1.99 | 0.845 |
| | 1500 | 27.59 | 67.34 | 4.39 | 1.68 | 0.689 |
| | 1550 | 32.11 | 62.19 | 4.12 | 1.58 | 0.684 |
| 焦炭2 | 1450 | 27.22 | 67.03 | 7.04 | 1.71 | 0.929 |
| | 1500 | 28.47 | 64.66 | 5.35 | 1.52 | 0.766 |
| | 1550 | 32.88 | 60.68 | 5.02 | 1.43 | 0.768 |

对入炉焦炭中碱性物质、酸性物质及硫含量的合理控制对于高炉冶炼过程中的渗碳尤为重要。当炉缸铁液碳饱和度不高时，可通过增加焦炭中碱性物质含量，降低酸性氧化物含量，提高焦炭灰分液相比例，并通过降低焦炭中硫含量，减少CaS生成，增大铁碳的反应接触面积，达到加速渗碳、提高铁液饱和度的目的。

#### 7.2.3.2 铁液组分对铁液性能的影响

**A 铁液成分对铁液黏度的影响**

熔体黏度是液态结构的最敏感性质，也是熔体结构随成分和温度变化的宏观表征，而且与铁液内部的传质、传热均存在密切联系。当加入或改变第三组元后，体系黏度在数值上会发生变化。图7-18显示，在所有体系黏度中，Fe-4.5%C-0.2%Ti三元系的铁液黏度最大，Fe-4.5%C-0.5%Mn体系的黏度最小。碳含量为4.5%的Fe-C二元体系，位于所有曲线分布的中间位置，加入第三组元硅、钛后，曲线位置上移，铁液黏度升高。硅原子和铁原子易形成FeSi共价键，促使碳从铁液中石墨析出，一旦析出石墨，铁液黏度迅速上升。钛原子的半径比铁原子大，当铁液含钛时，钛原子的加入减小了铁原子与铁原子之间自由空间，致使铁液黏度变大。

加入组元锰、磷、硫之后，各温度下的体系黏度均低于Fe-4.5%C体系，表明锰、磷、硫组分可以提升铁液的流动性。锰是金属元素，可以和铁液无限互

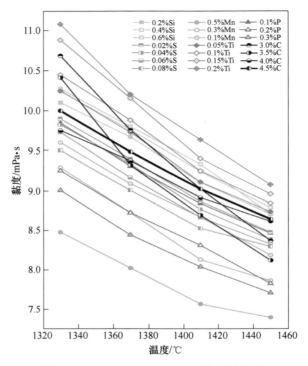

图 7-18 Fe-$x$C、Fe-4.5%C-$j$ 铁液的黏度

溶，增加铁液流动性。磷和硫则能够阻碍石墨析出，限制碳原子的扩散，降低铁液黏度。在加入第三组分后，各黏度-温度曲线斜率没有明显变化，这与熔体中碳含量发生变化时的情况不同，这证明铁液中的碳含量能够主导二元铁液黏度的温度依赖性，而第三元素的含量则可以与碳发生交互作用从而改变铁液的流动性。

**B 铁液成分对铁液熔化性温度的影响**

铁液中的碳和钛对于铁液黏度及熔化性温度影响强烈，如图 7-19 和图 7-20 所示。温度高于熔化性温度时，铁液黏度随温度的降低，上升幅度较低，而当铁液温度降低至熔化性温度附近时，铁液黏度将会明显增高。组元碳和钛与熔化性温度的关系均呈现线性，铁液碳含量的增加会降低铁液的熔化性温度，而钛含量的增加则会增加铁液的熔化性温度。铁液中碳含量为 4.94% 时，铁液熔化性温度接近 1150℃，此时的碳饱和铁液可以在更大的温度范围内保持较好的流动性，改善炉缸活性，促进铁液渗碳。

钛与碳原子可以结合形成固相质点，而固相质点的存在为石墨碳的异质形核提供了条件，利于石墨碳析出。高炉采用含钛物料护炉时，所带入的钛元素也可促进石墨碳的析出。但当钛含量进一步增加时，钛化物因反应物增加而大量析

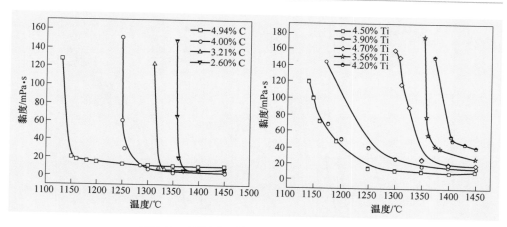

图 7-19　不同碳、钛含量下铁液的黏温曲线

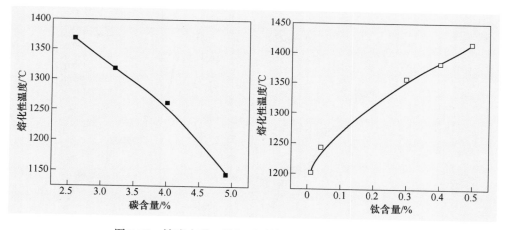

图 7-20　铁液中碳、钛组元对铁液熔化性温度的影响

出，形成富钛保护层，同时也增加了高炉燃料消耗和护炉成本。因此，应合理调控铁液中的钛含量，促进石墨碳析出形成石墨碳保护层，即低钛护炉技术。

### 7.2.3.3　微量元素对铁液渗碳的作用机制

**A　Fe-C 二元高温冶金熔体的液态结构**

随着铁液碳含量的增加，Fe-C 熔体液态结构将由中程序向短程序演变。图 7-21 显示了组元碳对铁碳熔体液态结构的影响。随碳含量的增加，液相线温度及过热的液态 Fe-C 熔体的 Fe-Fe 最近邻原子距离增加，由 0.255nm 增加到 0.261nm，配位数由 13 个增至 15 个。相关半径和原子团簇原子数则随着碳含量增加呈减小趋势，相关半径由 1.350nm 减小到 0.930nm，原子团簇原子数由 800 个减至 300 个，减小幅度很大。

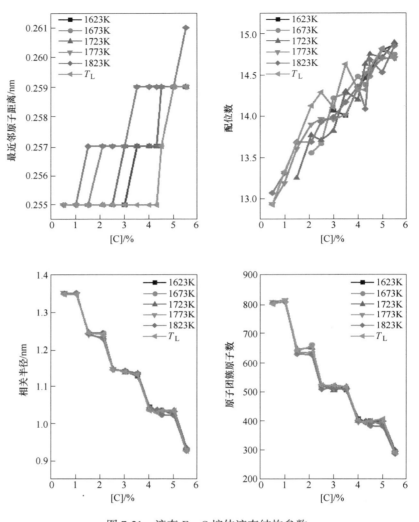

图 7-21  液态 Fe-C 熔体液态结构参数

从短程序来说，最近邻原子距离和配位数的增加意味着 Fe-Fe 原子间的空位增加，体系中存在的空位可采用自由体积量化。自由体积理论可以解释液体黏度的变化，自由体积定义为：

$$V_f = V - V_0 \tag{7-14}$$

式中，$V_f$ 为液体中总的自由体积，$m^3$；$V_0$ 为绝对零度或黏性流动停止时的体积，$m^3$；$V$ 为任意温度下的液体体积，$m^3$。

碳原子半径小于铁原子半径，当 Fe-Fe 原子间的空位增加到足够容纳一个碳原子时，也就是自由体积达到了一个临界值，碳原子就会进入此空位，使原子团簇的堆积密度变大，体系的自由体积减小。而从亚微观原子团来说，碳原子的加入破坏了液态 Fe-C 熔体的原子团簇状态，使原子团簇发生解离与重构，同时也有小团簇的瞬间长大与消失，而原子团簇原子数的减小幅度很大，远大于相关半径的减小幅度，所以总的来说，即使有碳原子进入了 Fe-Fe 原子空位，导致局部自由体积减小，但原子团内部自由体积最终是增加。

B 微量元素对铁液渗碳的影响

a 硅对铁液渗碳的影响

铁液硅含量的增加，可提高石墨碳析出温度和铁液黏度。图 7-22 显示，随着铁液中硅原子分数增加，碳原子形成石墨状碳链的温度明显升高，宏观表征为硅含量增加会提高石墨碳的形成温度。此外，碳链数量的增加主要是由于硅原子对于碳原子的聚合作用，大量碳原子因硅的存在而聚合，从而形成石墨碳析出。

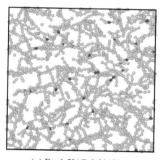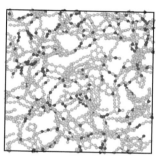

(a) Fe-4.5%C-0.2%Si  (b) Fe-4.5%C-0.5%Si  (c) Fe-4.5%C-0.8%Si

图 7-22 元素硅对铁液液态结构的影响

b 锰对铁液渗碳的影响

锰会降低石墨碳析出温度和铁液黏度。如图 7-23 所示，锰原子的加入对于熔体结构影响与铁相似，锰作为金属元素与 Fe-C 熔体可以无限互溶，增大金属原子动能，降低了黏度，同时也降低了非金属元素碳的密度和接触机率，使得石墨碳链的形成温度降低，且碳链变短。

c 磷对铁液渗碳的影响

铁液中磷原子的加入，增大了石墨碳析出温度，促进石墨碳析出，如图 7-24 所示。另外，磷元素会导致表面能降低，抑制石墨碳析出，降低铁液黏度。磷属于表面活性元素，与非金属元素碳有较强的结合力，磷与碳的结合会限制石墨碳的形成速率，动力学条件并不良好。

d 硫对铁液渗碳的影响

硫在熔体内部倾向于与铁原子结合，形成 FeS 类团簇，为碳原子间的结合创造了条件。同时硫可增加石墨碳析出温度，降低铁液黏度，促进石墨碳的析出。如图 7-25 所示。

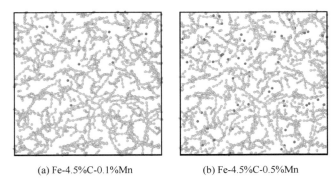

(a) Fe-4.5%C-0.1%Mn　　　　　　　　(b) Fe-4.5%C-0.5%Mn

图 7-23　元素锰对铁液液态结构的影响

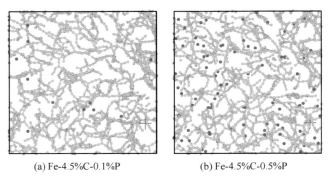

(a) Fe-4.5%C-0.1%P　　　　　　　　(b) Fe-4.5%C-0.5%P

图 7-24　元素磷对铁液液态结构的影响

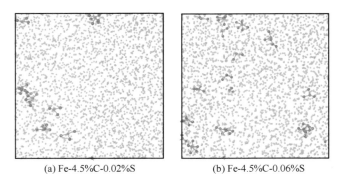

(a) Fe-4.5%C-0.02%S　　　　　　　　(b) Fe-4.5%C-0.06%S

图 7-25　元素硫对铁液液态结构的影响

　　e　钛对铁液渗碳的影响

　　增加铁液中钛含量会降低石墨碳析出温度，增加铁液黏度。图 7-26 表明，钛原子会与碳原子形成团簇核心，这种团簇核心最终以钛化物的形式存在。钛的加入虽然提高了熔体的不均匀度，促进熔体内部生成了大量原子团簇，但同时由于其与碳结合力强而稳定，降低了石墨碳的体积分数，部分溶解碳会以钛化物形式析出，降低了石墨碳析出能力。钛化物的存在也为石墨碳提供异质形核核心，所形成原子团簇尺寸远大于不含钛铁液，其黏度也高于不含钛铁液。

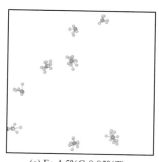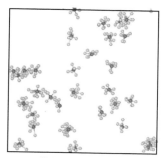

(a) Fe-4.5%C-0.05%Ti　　　　　　(b) Fe-4.5%C-0.1%Ti

图 7-26　元素钛对铁液液态结构的影响

## 7.3　高炉炉缸气隙量化评估及治理技术

在铁液碳饱和度较高的条件下，耐火材料热面温度低于石墨碳保护层析出温度是石墨碳保护层形成的必要条件之二，而耐火材料热面温度主要取决于炉缸传热体系。影响炉缸结构体传热的因素多样，对于运行中的高炉，一些因素已经确定，如炉缸整体结构形式、冷却装置的结构形式与相关工艺参数、砖衬材质等。气隙则是影响运行高炉炉缸传热能力最重要的因素，其影响程度远大于冷却形式和水速，进而将影响保护层的形成与脱落，最终影响高炉炉缸的安全长寿，因此，需要对气隙状态进行评估，通过合理的灌浆操作及时治理气隙。

### 7.3.1　气隙对高炉炉缸温度场的影响

气隙是指炉缸砖衬与冷却壁（或炉壳）出现的间隙，或炉缸砖衬与捣料间及砖衬内部出现的断层或间隙，形成的主要原因是高炉运行过程中，炉缸侧壁上交变应力的存在，使砖衬冷面的炭素捣打料产生不可逆的塑性变形。气隙的特殊之处在于其导热系数远低于结构体中其他材料，取煤气混合气体的常温导热系数为 $0.05W/(m \cdot K)$，则其热阻值约为常用炭砖的 200 倍，极大降低了炉缸传热能力，使炉缸耐火材料热面温度升高，不利于保护层的形成，并导致已形成保护层的脱落，铁液直接与砖衬接触造成异常侵蚀。

以传热学理论为基础，建立二维炉缸炉底传热模型，采用有限体积法对模型进行求解，得出气隙对炉缸温度场的影响，如图 7-27 所示。不同炉缸结构的温度场分布存在明显差异，陶瓷杯的热阻较大，将热量封锁在炉缸内部，使陶瓷杯内部温度梯度较大。而炭砖导热性能良好，可及时将炉缸内部热量导出，形成较大的温度梯度。当炉缸存在气隙时，气隙层热阻占陶瓷杯炉缸结构总热阻的比例较小，炭砖热面温度分布变化不明显。对于不含陶瓷杯的炭砖炉缸结构，局部气隙的存在使得该部位热量不能有效导出，高温区向气隙部位扩散，较大的温度梯度积聚在气隙层内部，炭砖受化学侵蚀（大于800℃）区域扩大，导致原本温度较低的炭砖热面温度升高。

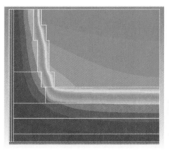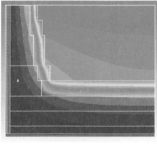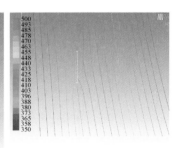

(a) 炭砖+陶瓷杯炉缸结构

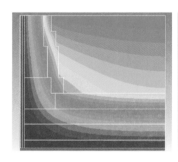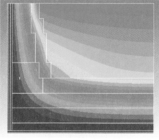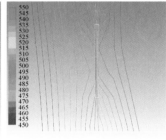

(b) 炭砖炉缸结构

图 7-27 气隙（10mm×100mm）对不同炉缸结构温度场的影响

不同气隙大小对炭砖炉缸结构温度场的影响如图 7-28 所示。当气隙厚度增大时，气隙热阻区域扩大，气隙内部温度梯度增大，对炭砖温度场径向分布的影响范围也更大。而增大气隙的高度对炉缸炭砖温度场分布的影响更明显，其影响程度显著大于气隙厚度的影响，导致更大的炭砖表面区域的温度升高，将会造成保护层的大量脱落。因此，应尽量防止气隙向高度方向上的发展。

随着炉缸炭砖的侵蚀减薄，炉缸总热阻减小，气隙对炉役中期炭砖炉缸结构温度场的影响如图 7-29 所示。随着炭砖厚度的减薄，气隙层热阻所占比例逐渐增大，对炭砖热面温度的影响也逐渐变大，气隙热阻对温度分布的影响将不断向热面扩展。

气隙层的存在显著影响炉缸传热，因此，及早发现炉缸气隙并采取有效措施消除气隙，降低耐火材料热面温度，是促进和稳定石墨碳保护层形成的重要措施。

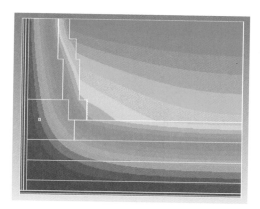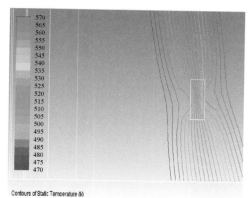

(a) 50mm×10mm

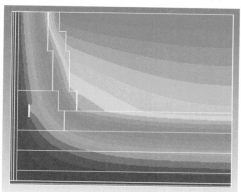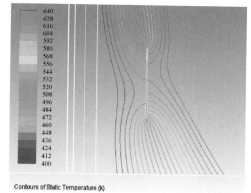

(b) 10mm×500mm

图 7-28　气隙大小对炭砖炉缸结构温度场的影响

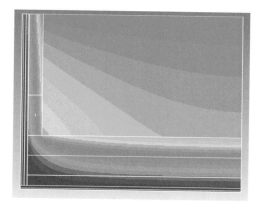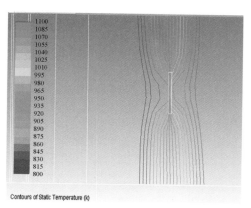

图 7-29　气隙(10mm×100mm)对炉役中期(炭砖残厚 500mm)炭砖炉缸结构温度场的影响

### 7.3.2 高炉炉缸气隙状态评估模型

高炉炉缸气隙的存在是阻碍炉缸热量传递的限制性环节，简化炉缸冷却系统传热模型如图 7-30 所示。

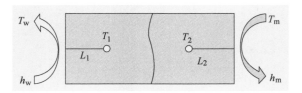

图 7-30　炉缸气隙的判定示意图

测点 1 和 2 处热电偶温度分别为 $T_1$ 和 $T_2$，铁液和冷却水温度分别为 $T_w$ 和 $T_m$，对流换热系数分别为 $h_w$ 和 $h_m$，在炭砖没有气隙存在的情况下，根据一维稳态传热理论，测点 1 和 2 处的温度分别为：

$$T_1 = T_w + q\left(\frac{1}{h_w} + \frac{L_1}{\lambda}\right) \tag{7-15}$$

$$T_2 = T_m - q\left(\frac{1}{h_m} + \frac{L_2}{\lambda}\right) \tag{7-16}$$

当炭砖出现气隙，热流强度 $q$ 减小，则测点 1 处温度 $T_1$ 减小，测点 2 处温度 $T_2$ 增加，1 和 2 两点处的温差增大。在正常情况下，随砖衬侵蚀，炉缸冷却系统总热阻减小，热流强度增大，各测点温度缓慢升高。推断出炉缸砖衬出现缝隙的判定条件为：炉缸热流强度减小，缝隙冷面热电偶温度降低，缝隙热面热电偶温度升高。则热流强度 $q$ 与温差呈正比、与热阻呈反比：

$$q = \frac{T_2 - T_1}{\dfrac{L_1}{\lambda}} = \frac{\Delta T}{R} \tag{7-17}$$

定义气隙指数 $K_{gap}$ 为炉缸设计热阻与实际热阻之比：

$$K_{gap} = \frac{R_d}{R_a} \tag{7-18}$$

从而：

$$K_{gap} = \frac{\Delta T q_a}{(T_2 - T_1) q_d} \tag{7-19}$$

式中，$K_{gap}$ 为炉缸气隙指数；$\Delta T$ 为无气隙时两个热电偶温差，℃；$R_d$ 为无气隙时炉缸热阻，$m^2 \cdot K/W$；$R_a$ 为存在气隙时热阻，$m^2 \cdot K/W$；$T_1$ 为存在气隙时 1 号热电偶温度，℃；$T_2$ 为存在气隙时 2 号热电偶温度，℃；$q_d$ 为无气隙时热流强度，

$J/(s \cdot m^2)$；$q_a$ 为有气隙时热流强度，$J/(s \cdot m^2)$。

国内某高炉炉缸侧壁热电偶温度典型参数如表 7-5 所示，可以判断炉缸侧壁区域存在着明显的气隙，而且不同区域气隙严重程度不同，在铁口中心线以下 1.5m 左右位置处（▽8796）炉缸气隙最大，实际热阻是设计热阻的 21.7 倍，该区域砖衬温度也最高，且升温趋势较难控制，需要及时采用灌浆方法对炉缸内部气隙进行封堵。

**表 7-5 高炉炉缸砖衬温度及热阻对比**

| 高度方位 | 插入深度/mm | 电偶温度/℃ | 电偶温度/℃ | 设计热阻 /$m^2 \cdot K \cdot W^{-1}$ | 实际热阻 /$m^2 \cdot K \cdot W^{-1}$ | 气隙指数 |
|---|---|---|---|---|---|---|
| ▽11502 | 220，100 | 304 | 285 | $15.95 \times 10^3$ | $134.21 \times 10^3$ | 8.41 |
| ▽10199 | 220，100 | 504 | 470 | $15.95 \times 10^3$ | $129.41 \times 10^3$ | 8.11 |
| ▽9297 | 220，100 | 640 | 565 | $15.95 \times 10^3$ | $71.33 \times 10^3$ | 4.47 |
| ▽8796 | 100 | 580 | | $15.95 \times 10^3$ | $347.11 \times 10^3$ | 21.70 |
| ▽8295 | 220，100 | 601 | 543 | $15.95 \times 10^3$ | $88.45 \times 10^3$ | 5.54 |
| ▽7493 | 220，100 | 353 | 319 | $15.95 \times 10^3$ | $85.00 \times 10^3$ | 5.33 |

### 7.3.3 高炉炉缸灌浆优化技术

高炉灌浆也称为压入修补法，是高炉炉缸不可或缺的维护方法，其主要通过在炉体钻出直通炉内的孔洞，利用特殊压入设备在一定压力的条件下通过管道把特殊耐火材料从炉外输送到指定的维修部位，治理高炉生产中存在的气隙，同时还可达到修补炉衬的目的。

对于炉缸维护的灌浆操作，灌浆参数的选取与控制非常重要。灌浆过程中，高炉炉缸侧壁厚度较薄，容易出现灌浆压力、灌浆量与炉缸侧壁厚度不匹配的情况，不仅不能消除炉缸气隙，反而会使炉缸炭砖的砖缝被压松，产生更大的间隙，加速炉缸的破损，甚至导致炉缸烧穿，给炉缸的安全长寿造成严重威胁。

#### 7.3.3.1 灌浆应力分布数学模型

灌浆应力分布计算属于弹性力学的范畴，弹性力学的任务是分析弹性体在受外力作用并处于平衡状态下产生的应力、应变和位移状态及其相互关系等。弹性力学用于二维、三维连续弹性体问题要考虑平衡微分方程、物理方程、几何方程和边界条件，最终归结为偏微分方程的边值问题。

在弹性力学里，为了简化计算及反映事物的本质，必须做一些假设：

（1）连续体假设：假设物体是连续的，没有任何空隙。因此，物体内的应力、应变、位移一般都是逐点变化的，都是坐标的单值连续函数。

（2）弹性假设：假设物体是完全弹性的，服从胡克定律，应力与应变成正比关系。在温度不变时，物体任一瞬间的形状完全取决于该瞬间物体所受的外力，而与它过去的受力状况无关。当外力消除后，物体能够恢复原来的形状。

（3）均匀性假设：假设物体是均匀的，各部分具有相同的物理性质，其弹性模量和泊松系数是一常数。

（4）各向同性假设：假设物体内每一点在各个方向的物理和机械性质都相同。

（5）小变形假设：假设物体的变形是微小的，即物体受力后，各点的位移都远小于物体的原有尺寸，应变都很小。在考虑物体变形后的平衡状态时，可以用变形前的尺寸来代替变形后的尺寸。

对于高炉炉缸灌浆应力，可通过建立位移 $\delta$、应变 $\varepsilon$、应力 $\sigma$ 之间的关系方程，即高炉灌浆应力数学模型，求解出一点的应力。任一点的应力可分为以下 6 个分量：

$$\{\sigma\}^{\mathrm{T}} = \begin{bmatrix} \sigma_x & \sigma_y & \sigma_z & \tau_{xy} & \tau_{yz} & \tau_{zx} \end{bmatrix} \tag{7-20}$$

与之相关的位移 $\delta$、应变 $\varepsilon$ 也有其对应分量：

$$\{\delta\}^{\mathrm{T}} = \begin{bmatrix} u & v & w \end{bmatrix} \tag{7-21}$$

$$\{\varepsilon\}^{\mathrm{T}} = \begin{bmatrix} \varepsilon_x & \varepsilon_y & \varepsilon_z & \gamma_{xy} & \gamma_{yz} & \gamma_{zx} \end{bmatrix} \tag{7-22}$$

共 15 个未知量，与之相应的 15 个方程为：

$$\{\varepsilon\} = \begin{Bmatrix} \varepsilon_x \\ \varepsilon_y \\ \varepsilon_z \\ \gamma_{xy} \\ \gamma_{yz} \\ \gamma_{zx} \end{Bmatrix} = \begin{Bmatrix} \dfrac{\partial u}{\partial x} \\[4pt] \dfrac{\partial v}{\partial y} \\[4pt] \dfrac{\partial w}{\partial z} \\[4pt] \dfrac{\partial u}{\partial y} + \dfrac{\partial v}{\partial x} \\[4pt] \dfrac{\partial v}{\partial z} + \dfrac{\partial w}{\partial y} \\[4pt] \dfrac{\partial w}{\partial x} + \dfrac{\partial u}{\partial z} \end{Bmatrix} \tag{7-23}$$

另外，剪应力 $\tau$ 与对应的剪应变 $\gamma$ 成正比，比例系数 $G$ 称为剪切弹性模量，即：

$$\gamma = \frac{\tau}{G} \tag{7-24}$$

比例系数 $G$、弹性模量 $E$、泊松比 $\mu$ 三者之间有如下的关系：

$$G = \frac{E}{2(1 + \mu)} \tag{7-25}$$

对于各向同性的材料，其三维情况下的应力与应变关系弹性方程为：

$$\begin{cases} \varepsilon_x = \dfrac{1}{E}(\sigma_x - \mu\sigma_y - \mu\sigma_z) \\[2mm] \varepsilon_y = \dfrac{1}{E}(\sigma_y - \mu\sigma_x - \mu\sigma_z) \\[2mm] \varepsilon_z = \dfrac{1}{E}(\sigma_z - \mu\sigma_x - \mu\sigma_y) \\[2mm] \gamma_{xy} = \dfrac{2(1+\mu)}{E}\tau_{xy} \\[2mm] \gamma_{yz} = \dfrac{2(1+\mu)}{E}\tau_{yz} \\[2mm] \gamma_{zx} = \dfrac{2(1+\mu)}{E}\tau_{zx} \end{cases} \quad (7\text{-}26)$$

在单元体处于三维应力作用的一般情况下，根据微元体所受合力为零的条件，可以得出直角坐标系中的三维平衡方程式：

$$\begin{cases} \dfrac{\partial \sigma_x}{\partial x} + \dfrac{\partial \tau_{yx}}{\partial y} + \dfrac{\partial \tau_{zx}}{\partial z} + X = 0 \\[2mm] \dfrac{\partial \tau_{xy}}{\partial x} + \dfrac{\partial \sigma_y}{\partial y} + \dfrac{\partial \tau_{zy}}{\partial z} + Y = 0 \\[2mm] \dfrac{\partial \tau_{xz}}{\partial x} + \dfrac{\partial \tau_{yz}}{\partial y} + \dfrac{\partial \sigma_z}{\partial z} + Z = 0 \end{cases} \quad (7\text{-}27)$$

对于微分方程求解中的积分常量，可通过静力边界条件确定，假设表面力的分量为 $\bar{X}$、$\bar{Y}$、$\bar{Z}$，则平衡条件为：

$$\bar{X} = l\sigma_x + m\tau_{xy} + n\tau_{xz}$$
$$\bar{Y} = l\tau_{yx} + m\sigma_y + n\tau_{yz} \quad (7\text{-}28)$$
$$\bar{Z} = l\tau_{zx} + m\tau_{zy} + n\sigma_z$$

最后通过联立以上方程组，共 15 个方程，可求出 15 个变量，其中包含所需应力的各分量 $\{\sigma\}^{\mathrm{T}} = \begin{bmatrix} \sigma_x & \sigma_y & \sigma_z & \tau_{xy} & \tau_{yz} & \tau_{zx} \end{bmatrix}$。

### 7.3.3.2 不同灌浆参数下的灌浆应力分布

**A 边界条件及计算参数选择**

高炉炉缸灌浆过程中，炉缸炉底耐火材料主要受力有炉缸内铁液压力、灌浆压力、耐火材料自身重力。在 ANSYS 软件中，采用施加在表面上的随高度线性变化的正压力来模拟铁液的压力，采用施加惯性力的方式模拟耐火材料重力，采用施加在炉缸外表面上一定边长的正方形区域内的面力模拟灌浆压力。经过简化和等效处理，所施加的边界条件为：

（1）炉缸底部和模型的右侧面视为固定，施加全自由度约束。

（2）炉缸内壁在 $z=2.5\mathrm{m}$ 以下受到铁液的静压力，压力计算公式为：

$$F = \rho_{Fe} g (2.5 - z) \tag{7-29}$$

式中，$F$ 为炉缸内表面所受铁液静压力，Pa；$\rho_{Fe}$ 为铁液密度，$\mathrm{kg/m^3}$；$g$ 为重力加速度，$\mathrm{g/m^2}$。

（3）炉缸侧面一定区域上受到灌浆产生的压力。

（4）耐火材料自身受到重力作用。

（5）炉缸左侧壁施加对称边界条件。

根据工程实际，所选用的计算参数为：炉缸炉底耐火材料弹性模量 $E = 200\mathrm{GPa}$，耐火材料泊松比 $\mu = 0.3$，铁液密度 $\rho_{Fe} = 7000\mathrm{kg/m^3}$，耐火砖密度 $\rho_{M} = 3000\mathrm{kg/m^3}$，$g = 9.8\mathrm{m/s^2}$。

B　不同灌浆压力下的应力分布

假设灌浆中心位于 $z=1.6\mathrm{m}$ 位置，灌浆面积为 $30 \times 30\mathrm{cm^2}$，当灌浆压力由 2.0MPa 升高至 4.0MPa 时，炉衬应力云图如图 7-31 所示。炉衬所受到的应力主要集中于灌浆孔位置，灌浆孔上下应力集中区域呈对称分布，并向周围及内部有所扩散。当灌浆压力改变，其他因素不变时，炉衬应力的分布情况大致相同，灌浆压力为 2.0MPa、3.0MPa、4.0MPa 时的最大应力值分别为 1.46MPa、2.15MPa、2.84MPa。随着灌浆压力的增加，灌浆孔附近应力集中位置区域开始扩展，但其分布状态改变较小，即表明灌浆压力的改变，对炉衬应力的大小影响较大，而对应力的分布影响较小。

由于应力主要集中在灌浆孔附近，因此灌浆孔路径上应力的变化情况可视为炉衬应力最大值的变化情况，如图 7-32 所示。灌浆压力变化时应力曲线的形状起伏基本一致，仅有应力大小发生了变化。当灌浆压力为 2.0MPa、3.0MPa、4.0MPa 时，应力峰值出现在距灌浆面 0.12m 处，其值分别为 1.12MPa、1.60MPa、2.09MPa。随距灌浆面的距离进一步增加，应力值下降，直到波谷处（0.32m）的位置，应力值分别为 0.57MPa、0.81MPa、1.06MPa，随后，应力又有所增大。应力集中最大的位置均在距灌浆面 0.12m 处，也进一步证明了灌浆压力的改变并不影响应力的分布情况。但是，在实际生产中，也应该尽可能地使灌浆压力变小，防止炉衬局部应力值过大产生危险。

C　不同灌浆面积下的应力分布

图 7-33 为不同灌浆面积下的应力云图。灌浆压力为 3.0MPa，灌浆面积为 $20 \times 20\mathrm{cm^2}$、$30 \times 30\mathrm{cm^2}$ 和 $40 \times 40\mathrm{cm^2}$ 的最大应力值分别为 2.19MPa、2.15MPa、2.24MPa。当灌浆面积改变时，炉衬应力同样集中分布于灌浆孔位置，且大致呈上下对称分布，而炉衬应力分布情况有明显差异。当灌浆面积为 $20 \times 20\mathrm{cm^2}$ 时，

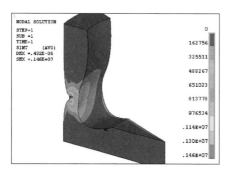
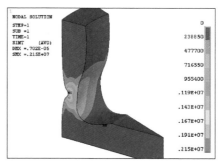
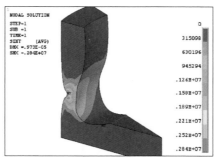

图 7-31 灌浆压力为 2.0MPa、3.0MPa、4.0MPa 时的应力分布

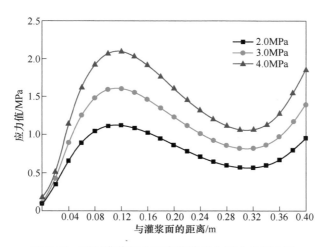

图 7-32 不同灌浆压力时灌浆路径上应力分布曲线

应力集中在靠近外壁位置，且只是一小块区域，并没有向内扩散；当灌浆面积为 $30 \times 30 cm^2$ 时，应力开始向内部扩散，应力集中区域也向内迁移，造成了应力穿透；当灌浆面积为 $40 \times 40 cm^2$ 时，应力穿透现象更加明显。随着灌浆面积的增加，应力集中区域则由炉缸外侧向炉缸热面迁移。

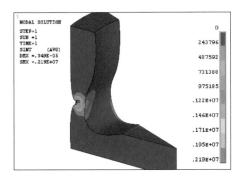
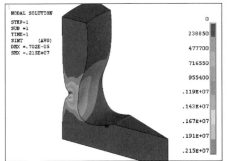
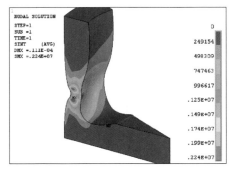

图 7-33　灌浆面积分别为 20×20cm²、30×30cm²、40×40cm² 时应力分布

当灌浆面积变化时，灌浆孔路径上的应力分布情况如图 7-34 所示，灌浆面积为 20×20cm²、30×30cm² 和 40×40cm² 的第一个应力峰值分别出现在距灌浆面 0.08m、0.12m、0.16m 处，分别为 1.86MPa、1.60MPa、1.32MPa。当其他因素

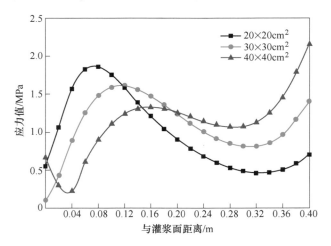

图 7-34　不同灌浆面积下灌浆路径上应力分布曲线

不变时, 灌浆面积的改变将影响应力值的大小, 而灌浆面积的影响主要在于应力集中区域随灌浆面积的增大向内扩散, 且当灌浆面积增大到一定程度, 应力有穿透至炉缸内壁面的趋势, 这种趋势对于炉缸安全极为不利。因此, 在灌浆操作中, 应尽可能使单孔的灌浆面积减小, 防止应力穿透造成安全事故。

D 不同灌浆位置下的应力分布

不同灌浆位置的应力分布如图 7-35 所示, 其中灌浆压力为 3.0MPa, 灌浆面积为 30×30cm²。当灌浆中心位置改变时, 应力集中区域随之上下迁移, 但均集中在灌浆孔处, 大致呈上下对称分布。

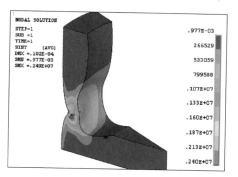
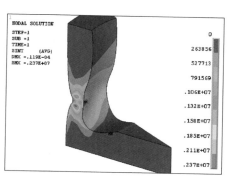
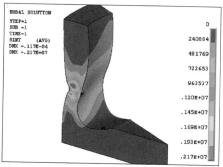

图 7-35 灌浆中心位置分别在 1.3m、1.6m、1.9m 时应力分布云图

图 7-36 为不同灌浆中心位置变化时, 两条路径上的应力分布曲线。不同的灌浆位置的平面上应力分布变化不大, 且应力集中的位置也都大致相同。然而, 当在最薄的壁面位置打孔灌浆时, 应力峰值最大, 影响最明显。因此, 在灌浆操作中, 应尽可能避免在炉缸最薄弱的位置打孔, 从而避免炉缸薄弱位置应力过于集中。

### 7.3.3.3 高炉炉缸灌浆模型的分析

根据不同灌浆参数下的应力分布规律, 并结合高炉实际情况可建立灌浆压

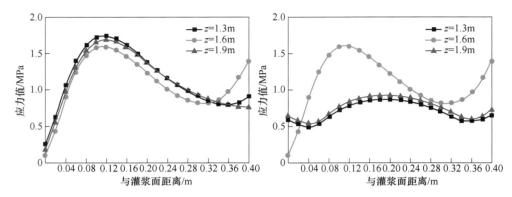

图7-36　不同灌浆中心位置变化时路径上应力分布曲线

力、炉衬剩余厚度及灌浆量三者之间的关系，用于指导高炉灌浆操作。

将灌浆面简化成边长为 $L$ 的正方形区域，由于灌浆所产生的力不能大于材料抗折极限，则：

$$PA \leqslant \sigma\eta\Delta RL \tag{7-30}$$

$$PL \leqslant \sigma\eta\Delta R \tag{7-31}$$

式中，$P$ 为灌浆压力，MPa；$A$ 为灌浆面积，$m^2$；$\sigma$ 为材料剪切强度，MPa；$\eta$ 为材料强度许用系数，无量纲；$\Delta R$ 为炉衬最薄处剩余厚度，m；$L$ 为灌浆料铺展高度，m。

另外，灌浆量与灌浆面积之间存在如下关系：

$$Q = \rho\Delta rL^2 \tag{7-32}$$

式中，$Q$ 为灌浆量，kg；$\rho$ 为灌浆料密度，$kg/m^3$；$\Delta r$ 为冷却壁与炭砖之间距离，m。

结合式（7-31）和式（7-32），灌浆压力、灌浆量及炉衬厚度三者之间的关系为：

$$P\sqrt{\frac{Q}{\rho\Delta r}} \leqslant \sigma\eta\Delta R \tag{7-33}$$

式（7-33）中，灌浆料密度 $\rho$ 取 $1600kg/m^3$；材料抗折强度 $\sigma$ 取炭砖与炭砖之间碳质胶泥的抗折强度值 6MPa；材料许用安全系数取 0.8；$\Delta r$ 为冷却壁与炭砖之间距离，取 0.1m。则炉灌浆过程中，不同炉衬厚度条件下灌浆压力和灌浆量的参考为：

$$P\sqrt{Q} \leqslant 60.72\Delta R \tag{7-34}$$

基于式（7-34），不同炉衬厚度下，灌浆量与灌浆压力的关系如表7-6所示。灌浆量随炉缸侧壁厚度的减小而减小，随灌浆压力的增加而减小，特别是当炉缸侧壁厚度小于 500mm 厚度时，灌浆量应在 3600kg 以内，防止危险事故发生。

表 7-6 不同炉衬厚度下灌浆量与灌浆压力的关系计算值 （kg）

| 压力/MPa | 炉衬厚度 | | | | | | | |
|---|---|---|---|---|---|---|---|---|
| | 0.3m | 0.4m | 0.5m | 0.6m | 0.7m | 0.8m | 0.9m | 1.0m |
| 0.5 | 1296 | 2304 | 3600 | 5184 | 7056 | 9216 | 11664 | 14400 |
| 1.0 | 324 | 576 | 900 | 1296 | 1764 | 2304 | 2916 | 3600 |
| 1.5 | 144 | 256 | 400 | 576 | 784 | 1024 | 1296 | 1600 |
| 2.0 | 81 | 144 | 225 | 324 | 441 | 676 | 729 | 900 |

因此，治理炉缸气隙时，必须严格控制炉缸的灌浆操作，采用低压力、低流量操作，在灌浆孔处装设压力计控制压浆操作。考虑炉壳的受力情况和炭砖墙体的承载能力，建议将炉壳灌浆孔处的压力控制在 2.0MPa 以内，宜在高炉休风状态下进行压浆操作。炉役中后期，在炉缸耐火材料侵蚀严重的情况下，不宜对炉缸进行压浆操作。此时炉墙很薄，承受压力的能力很弱，一旦操作不当容易将砌体压松而导致严重的后果。同时，生产过程中应严格控制炉缸煤气泄漏情况，如果发现漏点应及时补焊，防止煤气将炉内的耐火材料气蚀成气隙。

## 7.4 高炉炉缸铁口维护技术

### 7.4.1 高炉炉缸铁口炮泥质量

高炉出铁口用炮泥是一种不定形耐火材料，属于功能性耐火材料，其组成可以分为两个部分，即耐火骨料和结合剂。耐火骨料指刚玉、莫来石、焦宝石等耐火原料和焦炭、云母等改性材料，这些材料按一定的粒度及质量组成基质，在结合剂的调和下使之具有一定的可塑性，从而可以通过泥炮打入铁口堵住铁液。结合剂可以是水，也可以是焦油或树脂等有机结合剂。

随着炼铁技术的进步，大型高炉纷纷采用高风压、高顶压、高冶炼强度、大风量、富氧喷吹等新技术，出铁量增加，对铁口炮泥质量的要求也越来越高。炮泥既要填满铁口通道，又要在炉缸内形成泥包，维持足够的铁口深度，同时要满足打泥与开口作业，形成的铁口通道能够抗渣铁的物理和化学侵蚀。炮泥质量差很容易被渣铁侵蚀破坏，是造成铁口扩径较快、出铁时间偏短、泥包损坏、铁口难以维护的重要原因。

#### 7.4.1.1 高炉炮泥类别及性能

A 高炉炮泥类别

目前根据所使用结合剂的不同，通常将炮泥分为两类：有水炮泥和无水炮泥。有水炮泥以水作为结合剂，通常用于低压的中小高炉，使用前一般用挤泥机挤成圆柱状泥块，使用时将泥块放入泥炮中再挤压入铁口内。有水炮泥主要由矾土熟料和黏土熟料、软质（塑性）黏土、焦炭、碳化硅、高温沥青和添加剂组成，加水混炼而制成。无水炮泥一般由刚玉、碳化硅和焦粉为主要原料，同时配加不同的添加剂，以焦油、树脂等为结合剂。无水炮泥以其铁口通道内无潮湿现象、强度高、铁口深度稳定、出铁过程中孔径稳定、不会造成跑大流等优点广泛应用于强化冶炼的大中型高炉。

B　高炉炮泥性能指标

结构性能指标：

（1）气孔率。气孔率又称空隙率，炮泥的气孔率过高，特别是显气孔率高会导致铁液深入到炮泥中，造成泥中带铁铁口难开。因此，为保证炮泥的易开口性，应尽量降低炮泥的气孔率。一般无水炮泥的气孔率为15%~25%。

（2）体积密度。材料在包含实体积、开口和密闭孔隙的状态下单位体积的质量称为材料的体积密度。合适的体积密度能够保证炮泥有一定的强度并具有一定的气孔率，同时体积密度稳定能够保证炮泥进入铁口通道后不会因为收缩而造成断裂。一般国内高炉使用的炮泥体积密度烘干后为2.1~2.4g/cm³（烘干前为1.9~2.2g/cm³）比较合适。

（3）线变化率。线变化率表示炮泥在受热时的稳定性，普通炮泥在升温后其体积会有所收缩，即其线变化率为负值。近年来炮泥的发展趋势之一为微膨胀炮泥，即其线变化率为正值。为保证高炉炮泥能正常堵住铁口，因此炮泥的线变化率不能太大，一般要求炮泥线变化率范围为-1%~1%。

（4）热膨胀性。炮泥的热膨胀是指炮泥在加热过程中的长度变化。炮泥随着使用温度的变化会发生膨胀（或收缩），如果膨胀系数过大会严重影响使用性能，甚至会产生破坏性的作用，同时也可反映出制品受热后的热应力分布和大小、晶型转变及相变，微细裂纹的产生及抗热震性等。实践生产中总结分析认为，炮泥的热膨胀系数维持在-1.5%~1.5%范围内为佳。

力学性能指标：

（1）马夏值。一般采用炮泥的马夏值来衡量炮泥的工作性，以评价炮泥的软硬程度。高炉炮泥塑性值（俗称马夏值）是衡量炮泥质量的关键指标之一，我国宝钢最先从日本新日铁引进了测定方法，并在生产管理中采用。马夏值一般由马夏值测定仪测定，其原理是当炮泥从模型孔挤出时会产生瞬态力值变化，其最大力值与模孔截面之比即为马夏值。马夏值的优势在于其检测范围更宽，克服了可塑料较硬时可塑性指数无法测定的局限。优质炮泥的马夏值应在0.450~0.550MPa之间，根据生产条件的不同而有所变化。

（2）高温耐压强度。高温耐压强度指标对于炮泥（不定型）具有重要意义，因为炮泥加入一定数量的添加剂后，其常温的结合方式及强度随着温度的升高将产生变化，要对高温耐压强度进行严格控制。结合炮泥实际使用情况，炮泥的高温耐压强度适当高一些，一般炮泥的高温耐压强度在 10~20MPa 左右，高质量的炮泥耐压强度可以达到 30MPa 以上。

（3）高温蠕变性。高温蠕变性是指炮泥在高温下承受小于其极限强度的某一恒定荷重时，产生塑性变形的变形量会随时间的增长而逐渐增加，甚至会使其使用性能遭到破坏。根据生产实际，要求炮泥的高温蠕变率应控制在 1% 以内。

（4）抗折强度。高炉出铁时，高速的铁液冲刷泥包，机械冲刷和剪切破坏是炮泥损坏的重要机理之一，因此为增强抵抗高速、高温渣铁的冲刷作用，保证出铁口的深度及出铁时间，就必须保证炮泥具有足够的抗折强度，建议炮泥的抗折强度控制值为 2MPa 以上。

C　炮泥质量要求

炮泥在生产中起着重要的作用：第一，要很好地堵住铁口；第二，由它形成的铁口通道要保证铁口孔径稳定，平稳出铁，不能跑大流；第三，要能保持出铁口有足够的深度来保护炉缸。任何一项功能完成得不好，都将影响高炉正常生产，打破钢铁联合企业的生产节奏，甚至酿成生产事故。因此，优质炮泥对高炉炼铁生产起着至关重要的作用。

炮泥受熔渣化学侵蚀主要是由于熔渣中的 $SiO_2$、$CaO$、$MgO$、$FeO$ 等高温下与炮泥发生化学反应生成铁橄榄石 $2FeO \cdot SiO_2$ 及铁堇青石 $2FeO \cdot Al_2O_3 \cdot SiO_2$ 等低熔物，出铁过程中变成渣液流失。高炉炮泥质量若不好，则会出现潮铁口、断铁口、开口难、铁口浅、工况恶化等现象，影响正常生产。因此，使用的炮泥应具有如下性能要求：

（1）良好的塑性，能顺利地从泥炮中推入铁口，填满铁口通道。

（2）具有快干、速硬性能，能在较短的时间内硬化，且具有高强度，这决定着两次出铁的最短时间间隔（对强化只有一个铁口的高炉来说有着重要的意义）和堵口后允许的最短退炮时间（对保护泥炮嘴有重要的意义）。

（3）较好的开口性能，开口性能决定了炮泥填入后，再次出铁时能不能顺利打开铁口。

（4）炮泥承受高温渣铁溶液的化学腐蚀，应有较强的抵抗高温、高压铁渣机械冲刷的能力，且出铁过程中铁口口径侵蚀小且均匀，渣铁流稳定，流动速度无明显变化。

（5）体积稳定性好且具有一定的气孔率，保证堵入铁口通道后，在升温过程中不出现过大的收缩而造成断裂，适宜的气孔率使炮泥中的挥发分能顺利地外逸而不出现裂缝，总之要保证铁口密封好。

（6）对环境不产生污染，要求炮泥在使用过程中不产生有毒物质，为炉前工作创造良好的工作环境。

#### 7.4.1.2 铁口维护过程中炮泥的侵蚀原因及建议

**A 高炉炮泥侵蚀破坏原因**

高炉炮泥工作位置在炉缸中部，和炮泥接触的主要是高温、高压、流动的渣铁。炮泥在堵住铁口的同时还要承受铁液、炉渣的流动冲刷，焦炭等固体物料运动的机械冲刷以及铁液、炉渣中化学物质的渣蚀作用，因此炮泥的存在环境是极其恶劣的。高炉炮泥主要受到的侵蚀破坏包括以下几个方面：

（1）出铁冲刷。打开铁口后渣铁液在炉内高压力的作用下，以极大的流速（4~5m/s）流入铁口孔道，冲刷着铁口孔道和泥包。由于受到铁口孔道截面面积的限制，高速流动的渣铁液在炉墙和泥包处形成"涡流"，对泥包形成更大的冲刷、磨损，最后将铁口炉墙端的炮泥冲刷成喇叭形。

（2）渣铁机械冲刷。在高温高强度、大风量和鼓风动能的条件下，炉缸铁口区的渣铁受到风口循环区的直接影响，呈现出"搅动"状态，对突出炉墙上的泥包造成冲刷和磨损，且循环区越靠近炉墙，冲刷破坏的作用就越大。

（3）机械摩擦。随着炉缸内渣铁量的减少，风口区的焦炭逐渐下降填充下部的空间。堵口后，随着炉缸内渣铁液的增加，渣铁液面上升，夹杂的焦炭从下而上向风口区方向浮起，在循环区的作用下，炉缸内的渣铁与运动中的焦炭块对在炉墙上突出的泥包造成相当大的磨损和冲刷。

（4）热应力作用。铁口孔道和泥包在承受液态渣铁高温加热（温度可达到1500℃）下，如果炮泥的热导率和透气性不良，就会使孔道内外的温差应力增大，受热膨胀不均，导致泥包和铁口孔道产生断裂和变形，失去结构强度和完整性。

（5）炮泥渣化侵蚀。炉渣中的碱性氧化物例如 $CaO$、$MgO$ 与炮泥中的酸性氧化物 $Al_2O_3$、$SiO_2$ 和 $Fe_2O_3$ 在高温条件下发生反应，生成低熔点的化合物，使炮泥被渣化，失去结构强度而使孔道面积扩大，泥包缩小。

**B 提高高炉炮泥维护质量**

**a 炮泥成分优化**

现代高炉炮泥的质量优化在于添加碳化硅、氮化硅铁、蓝晶石、绢云母、棕刚玉等耐高温抗侵蚀原材料。添加微粉促进烧结，使用环保结合剂等技术，使得炮泥的作业性能大大改善，出铁时间延长，吨铁炮泥单耗降低，节能环保。炮泥的选择应该根据炉容大小、顶压高低、强化程度、泥炮和开口机的工作能力和炮泥的成本等因素来共同确定，而不能由某一因素决定。

**b 含钛炮泥**

随着炮泥质量的不断提高，炮泥在满足基本生产要求的条件下开始发挥更多的新功能，含钛炮泥的开发利用就是典型的例子。含钛炮泥是指在炮泥生产过程中加入含钛物料，在高炉炉缸中含钛物料被还原之后形成碳、氮和钛的高熔点物质黏附在高炉炉缸侧壁上，从而达到保护铁口附近区域炉缸侧壁的作用。含钛炮泥的使用对于增大出铁口深度、降低铁口附近炉壳温度效果明显。含钛炮泥护炉的优势主要有：（1）对高炉操作影响小；（2）用量小，经济效果好；（3）周期短，见效快；（4）针对性强，效果明显。

## 7.4.2 死料柱及铁口参数对铁液流速的影响

高炉运行过程中，炉缸中铁液的流动是常态，而炉缸铁液环流诱导剪切应力被认为是造成炉缸侧壁冲刷侵蚀、引起炉缸侧壁温度升高、影响炉缸寿命的重要原因之一。铁液的流动和剪应力对炉缸石墨碳保护层的影响包括三方面的内容：（1）铁液流速的改变将改变铁液在砖衬表面的层流热阻，影响砖衬的传热效果，进而影响耐火材料热面温度的大小，使保护层的形成条件发生改变；（2）铁液的流动改变了石墨碳保护层与铁液接触面铁液中碳饱和部分与碳不饱和部分的分布，从而加速了保护层的溶解，表现为保护层溶蚀速度加快；（3）铁液的快速流动不利于耐火材料热面保护层的形成，当耐火材料热面附着有保护层时，流动的铁液将削减既有保护层的厚度，作用在保护层表面的剪应力甚至会导致保护层层从耐火材料热面脱落。

影响铁液流动强度的因素，除了冶炼强度外，还有多个方面，包括死料柱参数和铁口参数。死料柱参数有有无死料柱、死料柱大小、浮起沉坐状态、空隙度；铁口参数有死铁层深度、铁口直径、铁口深度。

### 7.4.2.1 死料柱参数对铁液流速的影响

A 有无死料柱对铁液流场的影响

图 7-37 为有无中心死料柱条件下，过铁口中心线的铁液流场图。其中存在中心死料柱时，死料柱充满整个炉缸，并假设死料柱空隙度为 0.4，且死料柱"沉坐"炉底。对比发现，炉缸中存在中心死料柱情况下，通过中心死料柱区域的铁液量明显减少，流速变慢，而炉缸侧壁的铁液环流明显加强，对炉底和侧壁的冲刷侵蚀较大。且越靠近出铁口处的铁液流量越大，流速越快，远离出铁口处的铁液流量则较小，流速较慢。

B 死料柱大小对铁液流场的影响

高炉生产中，炉缸中是存在死料柱的，死料柱直径分别为炉缸直径的50%、70%、90%时的铁液流场如图 7-38 所示。可以看出，中心死料柱直径越大，炉底的铁液流速越大。在实际生产条件下，如果焦炭强度低、休风时间长等，将会导致死料柱体积增大，且空隙度减小，使得大量铁液靠近侧壁和炉缸底部无焦区流动，从而加重了炉缸炉底的侵蚀。

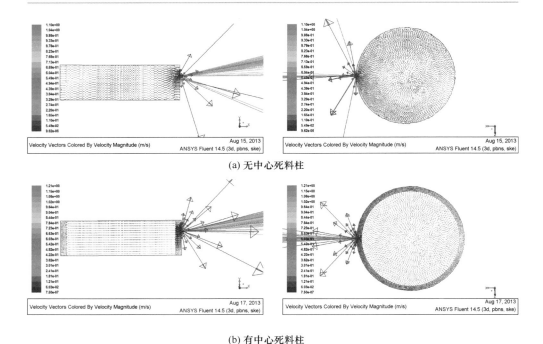

(a) 无中心死料柱

(b) 有中心死料柱

图 7-37　有无中心死料柱的铁液流场(垂直切面、水平切面)

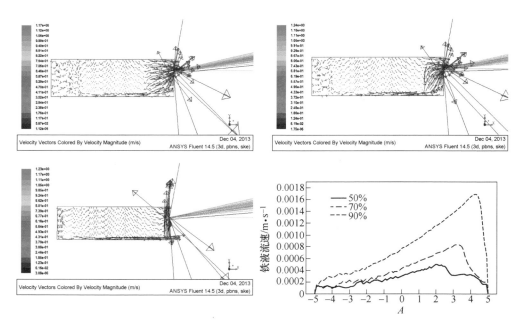

图 7-38　死料柱直径为炉缸直径的 50%、70%、90% 时的铁液流速(垂直切面)

C　死料柱"浮起"与"沉坐"炉底对铁液流场的影响

死料柱在炉缸内的存在状态是不同的，受炉缸活跃状况影响，死料柱可能"沉坐"于炉底，也可能"浮起"，即死料柱与炉底形成没有焦炭的自由空间。图 7-39 显示了死料柱在铁液中浮起时（浮起高度为 0.3m）的铁液流场与铁液流速。其中死料柱空隙度为 0.4，死铁层深度为 2.0m，死料柱浮起时的炉底铁液流速明显大于死料柱沉坐。当死料柱浮起时，铁液的流动路线发生改变，铁液向下通过没有焦炭的自由空间，从铁口流出，导致通过狭小空间的铁液流量明显增大，流速较快，从而炉底受到的冲刷侵蚀比较严重，在炉底处会出现高温。

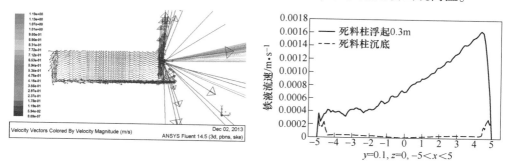

图 7-39　死料柱浮起 0.3m 时的铁液流速（垂直切面）

D　死料柱空隙度对铁液流场的影响

死料柱中焦炭间的空隙是渣铁流动的通道，死料柱空隙度为 0.3 和 0.5 时的铁液流场如图 7-40 所示。对比图 7-39，随着死料柱空隙度增大，通过中心死料柱的铁液流量增加，铁液流速提高。死料柱空隙度越大，铁液在其内部流动遇到的阻力越小，流动越块，流量越大。

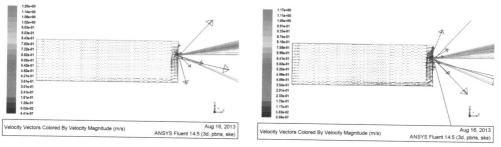

图 7-40　死料柱空隙度为 0.3、0.5 时炉缸内的铁液流场（垂直切面）

### 7.4.2.2　铁口参数对铁液流速的影响

A　死铁层深度（铁口高度）对铁液流场的影响

死铁层作为高炉炉缸设计的一个重要参数，随着高炉服役时间的增加，炉底将会受到不同程度的侵蚀，导致死铁层深度有所增加。图 7-41 显示了死铁层深度为 1.5m、2.5m 时的铁液流场。其中死料柱空隙度为 0.4 时，与图 7-39 对比发现，炉缸死铁层加深后，通过炉底处的铁液流量变少，流速变慢，铁液环流量减少，铁液对炉底的冲刷侵蚀减弱。由图 7-42 也可知，适当加深死铁层深度，能够起到保护炉缸炉底的作用。因此，当炉底侵蚀到一定程度，且达到合适的死铁层深度后，炉底的侵蚀将会减缓。

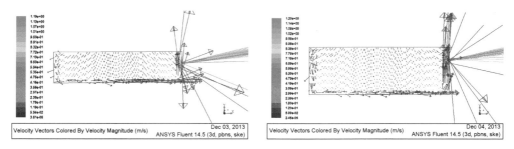

图 7-41  死铁层深度为 1.5m、2.5m 时的铁液流场(垂直切面)

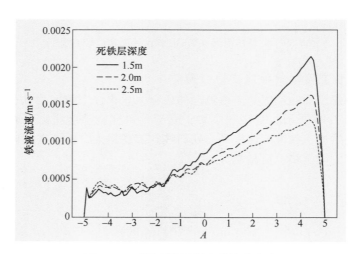

图 7-42  不同死铁层深度的铁液流速

**B  铁口直径（出铁流量）对铁液流场的影响**

不同铁口直径的出铁流量不同，直径越大，铁液质量流量越大。假设铁口直径为 0.055m 时的出铁质量流量为 200t/h，而铁口直径为 0.07m 时的出铁质量流量为 300t/h。对比图 7-43 与图 7-39，较大的铁口直径增加了铁液排放速率，出铁速度增大，铁液环流速度增大，对炉底的冲刷侵蚀增加。

出铁过程中，铁口直径过大易造成流量过大，引起渣铁溢出主沟（非贮铁

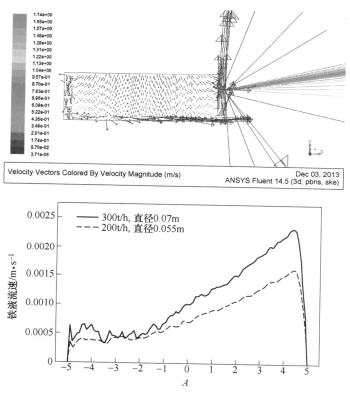

图 7-43　铁口直径为 0.07m 的铁液流场（垂直切面）

式主沟）或下渣过铁等事故，而且过早地结束出铁工序，将会造成出铁间隔延长，影响炉况的稳定。对于铁口直径的大小，当炉顶压力高时，铁口直径应小些；炉顶压力低时，铁口直径应大些；当铁口过深或炉温较低，渣铁流动性不佳时，应扩大铁口直径，相反，铁口浅或炉温高及渣铁流动性好时则要缩小铁口直径。

C　铁口深度对铁液流场的影响

铁口深度是指从铁口保护板到红点（与液态渣铁接触的硬壳）间的长度。不同容积的高炉，对铁口深度的要求不同。根据铁口的构造，正常的铁口深度应稍大于铁口区炉衬的厚度。在固定的铁口角度下，铁口越深，就越能把炉缸的渣铁出净。铁口浅，炉缸中的渣铁液面较高，由于炉内的压力大，铁口浅时通常控制不住铁流，就会出现跑大流、过早喷炉现象。图 7-44 显示了铁口深度为 2.8m 时的铁液流场，以及与铁口深度为 2.2m 的炉底铁液流速对比，加深铁口深度后，铁液流速有所增大。

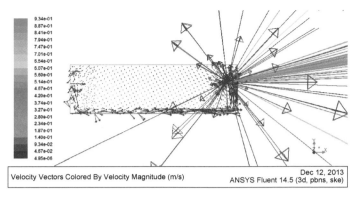

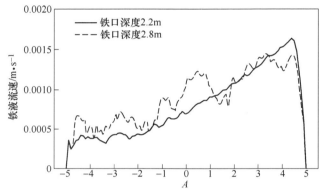

图 7-44  铁口深度加深 0.6m 时的铁液流场图

## 7.5  高炉炉缸含钛物料高效维护技术

钛原子与碳原子可以结合形成固相质点，而固相质点的存在为石墨碳的异质形核提供了条件，利于石墨碳析出。在必要条件下可以加入少量含钛物料，所带入的钛也可促进石墨碳的析出，合理调控铁液中的钛含量，促进石墨碳析出形成石墨碳保护层。

### 7.5.1  高炉炉缸渣铁有效钛含量控制模型

向炉内加入适量的含钛物料促进石墨碳析出过程中，存在一个有效的钛含量，恰好达到强化石墨碳析出的目的。当钛含量低于有效钛含量时，所加入的含钛物料全部用于强化石墨碳的析出。而当钛含量高于有效钛含量时，含钛物料的加入相当于直接对高炉进行含钛物料护炉，相应的成本增加。渣铁中钛含量随生产条件改变而发生改变，基于高炉炉缸 Ti（C，N）生成热力学分析，建立含钛物料护炉渣铁有效钛含量控制模型，如图 7-45 所示。

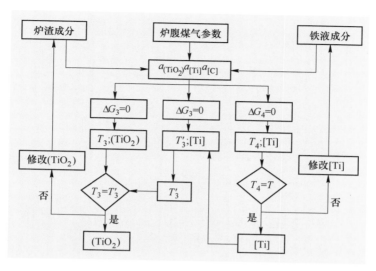

图 7-45　渣铁有效钛含量控制模型

模型以高炉炉渣成分、铁液成分、煤气参数为输入量，通过热力学计算，得出炉渣中 $TiO_2$ 还原生成钛的临界温度与 $TiO_2$ 含量的关系，$TiO_2$ 还原生成钛的临界温度与铁液中钛含量的关系，铁液中溶解的钛和碳生成 TiC 与温度的关系。然后比较 TiC 析出温度与耐火材料热面温度 $T$，如两者相等，则该温度条件下的铁液中钛含量即为铁液有效钛含量。而该铁液钛含量与炉渣中 $TiO_2$ 还原生成钛的临界温度有关，由此可计算出对应的炉渣温度，最后计算得出炉渣中临界 $TiO_2$ 含量。

A　渣铁中有效钛含量

由 Ti-Fe 相图可知，钛在铁液中有一定的溶解度，但在实际高炉生产中，生铁成分对钛溶解度有很大影响。当铁液中钛浓度达到一定值时，便会有含钛化合物析出。图 7-46 为铁液中 $Ti_溶$ 含量随温度的变化。$Ti_溶$ 为铁液中析出 TiC 平衡时的浓度，即不同炉况状态下钛的溶解度。TiC 临界析出温度随铁液中钛含量增加而升高。在一定温度条件下，当［Ti］<$Ti_溶$ 时，$TiO_2$ 还原生成的钛含量小于钛在铁液中的溶解度，达不到促进石墨碳析出的效果；当［Ti］>$Ti_溶$ 时，$TiO_2$ 还原生成的钛含量大于钛在铁液中的溶解度，便会有 TiC 固体颗粒析出，降低铁液环流强度，促进石墨碳的析出，减缓铁液对砖衬的侵蚀。

图 7-47 为铁液中不同钛含量条件，$TiO_2$ 还原的临界温度和高炉炉渣中不同 $TiO_2$ 含量条件下钛生成的临界温度。在同一温度下，随着 $TiO_2$ 含量的增加，铁液中钛含量增加。铁液中钛含量增加，对应的炉渣中临界的 $TiO_2$ 含量增加。当铁液中临界钛含量为 0.1% 时，则炉渣中不同 $TiO_2$ 含量（2%、1.5%、1%）条件下对应的铁液温度分别为 1478℃、1489℃ 和 1505℃。当炉渣中 $TiO_2$ 含量为

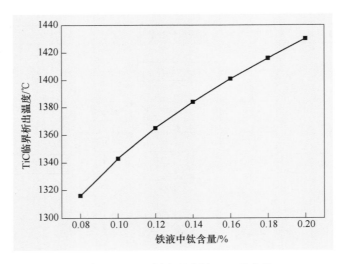

图 7-46  TiC 析出温度随 Ti$_溶$ 的变化

1.5%时，铁液中钛含量分别为 0.1%、0.12%、0.14%时的铁液温度分别为1489℃、1496℃和 1503℃。由此，可以计算得出不同炉况状态条件下有效的铁液钛含量和临界的炉渣 TiO$_2$ 含量。

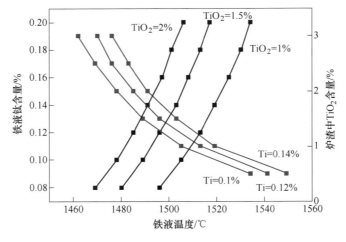

图 7-47  [Ti]、(TiO$_2$)与铁液温度的关系

B  铁液中碳、硅含量对 TiC 析出温度的影响

铁液成分影响溶解在铁液中碳、钛的活度系数，图 7-48 为铁液中 TiC 析出温度随铁液中碳、硅含量的变化。铁液析出 TiC 固体颗粒的温度与铁液中碳、硅含量几乎呈线性关系，且促进 TiC 析出程度相当。随着铁液中碳、硅含量的增大，TiC

越易析出。这是因为碳、硅对碳、钛的相互作用系数均为正值，可增大铁液中碳、钛的活度系数，提高活度，促进 TiC 的析出，从而促进石墨碳的析出。在铁液正常的成分范围内，提高硅含量，铁液中 TiC 的析出温度较高，比碳更易促进 TiC 的析出。

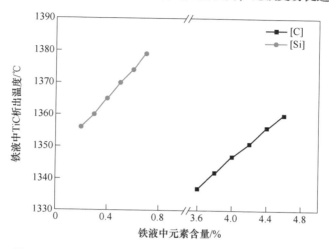

图 7-48　铁液中 TiC 析出温度随铁液中碳、硅含量的变化

### 7.5.2　含钛物料护炉经济性评价模型

为达到强化石墨碳析出的目的而使用的含钛物料会相应增加成本，含钛物料护炉经济性评价模型为选择经济高效的护炉原料提供指导，对于降低护炉成本意义重大。

含钛物料护炉经济性评价模型建立过程如图 7-49 所示。

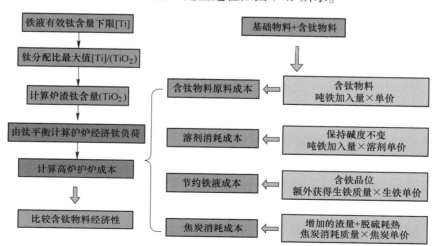

图 7-49　含钛物料护炉经济性评价模型建立过程

（1）根据高炉护炉时热电偶温度与铁液［Ti］的匹配关系，得到护炉时铁液中［Ti］的范围，取有效［Ti］的下限。

（2）统计高炉现有操作条件下钛分配比情况，取钛分配比的最大值，即钛由炉渣最大程度进入铁液时的情况。

（3）利用第一步得到的有效［Ti］的下限及第二步得到的最大钛分配比，利用下式计算得到炉渣中的钛含量：

$$\gamma = [Ti]/(TiO_2) \tag{7-35}$$

式中，$\gamma$ 为钛分配比；［Ti］为铁液钛质量分数，%；（$TiO_2$）为炉渣钛质量分数，%。

（4）根据炉渣中的钛含量和铁液中的［Ti］，由钛平衡计算此时护炉经济钛负荷：

$$吨铁炉渣钛负荷(kg/t) = 渣比 \times 炉渣钛含量/100$$
$$吨铁液钛负荷(kg/t) = 铁液[Ti]/100 \times (80/48) \times 1000 \tag{7-36}$$
$$护炉经济钛负荷(kg/t) = 吨铁炉渣钛负荷 + 吨铁液钛负荷$$

（5）保证高炉炉料结构烧结矿+球团+块矿基础原料用量不变，分别分析烧结矿+球团+块矿+含钛物料的成本，包括含钛物料原料成本、熔剂消耗成本、铁液成本、焦炭消耗成本。

1）由经济钛负荷结合钛平衡计算使用不同含钛物料时吨铁加入量，计算成本：

$$P_1 = m_1 p_1 \tag{7-37}$$

式中，$P_1$ 为含钛物料的原料成本，元/t；$m_1$ 为含钛物料吨铁加入量，kg/t；$p_1$ 为含钛物料单价，元/kg。

2）结合含钛物料成分与炉渣碱度，计算需要加入熔剂成本。在保证炉渣碱度不变的前提下，计算加入含钛物料后导致 CaO 质量的变化量，可以计算 CaO 的成本：

$$(m_{P-CaO} + \Delta m_{CaO})/m_{P-SiO_2} = R \tag{7-38}$$
$$P_2 = \Delta m_{CaO} p_2 \tag{7-39}$$

式中，$m_{P-CaO}$ 为护炉时原料中 CaO 的质量，kg/t；$\Delta m_{CaO}$ 为加入含钛物料后 CaO 质量的变化量，kg/t；$m_{P-SiO_2}$ 为护炉时原料中 $SiO_2$ 的质量，kg/t；$R$ 为炉渣碱度；$P_2$ 为熔剂成本，元/t；$p_2$ 为 CaO 的单价，元/kg。

3）结合含钛物料品位，计算产铁量可节约的成本。由于含钛物料本身含铁，由含钛物料的品位，可以计算额外获得生铁质量，计算节约的成本：

$$m_1 TFe/100 = m_{iron} \tag{7-40}$$
$$P_3 = m_{iron} p_3 \tag{7-41}$$

式中，TFe 为含钛物料含铁品位，%；$m_{iron}$ 为吨铁含钛物料加入后增加的铁产量，

kg/t；$P_3$ 为节省的铁液成本，元/t；$p_3$ 为单位生铁成本，元/kg。

4）结合加入含钛物料成分，计算由渣量及脱硫带来的焦炭消耗成本。含钛物料的加入带来的杂质会增加渣量，脱硫也会消耗热量，而消耗的热量由焦炭提供，生成 CO 和 $CO_2$ 的比例按照 0.47：0.53 计算。由含钛物料的加入量可计算消耗的热量：

$$Q = \sum c_i m_i \Delta T + Q_S \qquad (7-42)$$

$$C_{(s)} + O_{2(g)} =\!=\!= CO_{2(g)} \quad \Delta G = -396kJ/mol \qquad (7-43)$$

$$C_{(s)} + \frac{1}{2}O_{2(g)} =\!=\!= CO_{(g)} \quad \Delta G = -281kJ/mol \qquad (7-44)$$

$$P_4 = m_{coke} p_4 \qquad (7-45)$$

式中，$Q$ 为增加的渣量消耗的热量，kJ；$c_i$ 为增加渣量中纯物质的比热容，kJ/(kg·K)；$m_i$ 增加渣量中纯物质的质量，kg；$\Delta T$ 为炉渣从室温被加热至冶炼时的温度差，K；$Q_S$ 为脱硫消耗热量，kJ；$P_4$ 为渣量增加后增加的成本，元/t；$m_{coke}$ 为渣量增加后多消耗焦炭的质量，kg/t；$p_4$ 为焦炭的单价，元/kg。

（6）计算以上四个部分成本，得到每种含钛物料的总成本，比较经济性：

$$P = P_1 + P_2 + P_3 + P_4 \qquad (7-46)$$

该模型考虑因素全面，综合考虑了炉料结构、含钛物料的成分、含钛物料的单价、炉渣碱度、渣量、护炉效果等因素，建立了系统的评价指标。模型是基于高炉实际操作的条件下建立的，考虑了钛分配比等操作因素的影响，贴近实际生产，实用性强。模型可以科学的评价含钛物料的经济性，方法简单，对炼铁操作者选择经济高效的含钛物料具有指导意义，以降低高炉护炉成本。

### 7.5.3 含钛物料护炉效果评价模型

高炉加入含钛物料后，要及时掌握含钛物料促进石墨碳析出所达到的护炉效果。如图 7-50 所示，利用钛平衡计算，建立基于补炉率的护炉效果评价模型，利用护炉时原料及渣铁成分判断高炉护炉效果，模型建立过程如下：

（1）钛收入项：

$$m_{i-TiO_2} = \sum m_i (TiO_2)_i \qquad (7-47)$$

式中，$m_{i-TiO_2}$ 为钛总收入项，kg/t；$m_i$ 为不同原料的吨铁入炉量，kg/t；$(TiO_2)_i$ 为不同原料的钛质量百分数，%。

（2）钛支出项：

$$m_{o-TiO_2} = \sum m_o (TiO_2)_o \qquad (7-48)$$

式中，$m_{o-TiO_2}$ 为钛总支出项，kg/t；$m_o$ 为吨铁不同产物的质量，kg/t；$(TiO_2)_o$ 为不同产物的钛质量百分数，铁液 [Ti] 折合成 $(TiO_2)$ 计算，%。

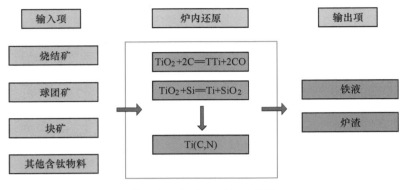

图 7-50  高炉钛平衡示意图

（3）补炉率：

$$m_{r-TiO_2} = m_{i-TiO_2} - m_{o-TiO_2} \tag{7-49}$$

$$\Psi = \frac{m_{r-TiO_2}}{m_{i-TiO_2}} \times 100\% \tag{7-50}$$

式中，$m_{r-TiO_2}$ 为钛炉内残留量，kg/t；$\Psi$ 为补炉率，%。

对于处于护炉中的高炉，可以通过补炉率判断护炉效果，如表 7-7 所示。

表 7-7  护炉效果判断

| 补炉率 | 护炉效果 |
| --- | --- |
| $\Psi \gg 0$ | 快速补炉 |
| $\Psi > 0$ | 缓慢补炉 |
| $\Psi \approx 0$ | 炭砖保持厚度 |
| $\Psi < 0$ | 炭砖缓慢侵蚀 |
| $\Psi \ll 0$ | 炭砖快速侵蚀 |

基于模型计算了某高炉补炉率的变化趋势。补炉率与热电偶温度变化的匹配关系如图 7-51 所示，补炉率能够及时反映高炉护炉效果。当补炉率波动时，热电偶温度也产生波动。当补炉率较低时，尤其是补炉率为负值时，热电偶温度上升明显。当补炉率持续稳定至 30% 时，热电偶温度才趋于平稳。因此，可以利用基于补炉率的含钛物料护炉效果评价模型针对不同高炉进行护炉效果评价，以保证含钛物料强化石墨碳析出护炉的有效性。

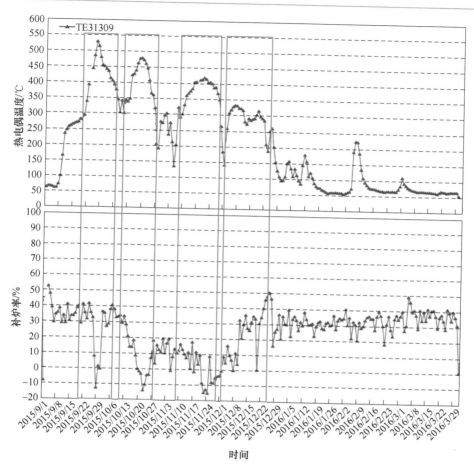

图 7-51　补炉率与热电偶温度的匹配关系

# 7.6　高炉有害元素管控技术

　　高炉内循环富集的有害元素会破坏焦炭质量，催化焦炭的气化反应，加剧烧结矿还原粉化，减小焦炭粒度，引起球团矿异常膨胀，导致死料柱透气透液性降低，铁液环流加剧。同时还会促使砖衬脆化层的形成，破坏高炉内衬，导致炭砖断裂，造成断裂式侵蚀，给高炉的安全长寿带来不利的影响。

## 7.6.1　高炉内有害元素平衡计算

### 7.6.1.1　高炉碱负荷及碱平衡

　　对高炉冶炼有重要影响的碱金属元素为钾和钠，它们是非常活泼的元素，极易被氧化，均以复杂化合物的形式出现在自然界中。碱金属通常以复杂硅铝酸盐的形式赋存于各种矿石中,这些复杂化合物在铁矿石中的含量通常不高,但是通过一般的选矿过程很难将它们脱除,而且常规的烧结和球团工艺脱除的碱金属量也很少,很难将矿石中的碱金属量降低到不危害高炉冶炼的程度。

高炉内的碱负荷越高,给高炉冶炼带来的危害也越严重。碱平衡则是高炉冶炼过程中入炉的碱负荷和排除的碱金属量的明细表。经计算某高炉的碱金属负荷为 7.45kg/t,总排出量为 5.071kg/t,排出率为 68.07%,其中炉渣排碱率为 67.48%。这意味着每生产 1t 铁液,有 2.38kg 的碱金属在炉内循环富集,富集率为 31.92%。高炉中的碱金属主要由铁矿石和焦炭带入,碱金属的排出主要是通过炉渣。但是炉渣的排碱能力受多方面的限制,如炉渣碱度、渣中 $SiO_2$ 含量及 MgO 含量等。炉渣排碱能力好的时候可以排出入炉碱量的 95%,差的时候却只有 65%~80%。而从炉顶煤气及炉尘排出的碱金属量少且波动很小,波动一般小于 5%。当炉渣的排碱能力降低时,剩余的碱金属将会在高炉内循环富集,给高炉冶炼带来种种问题。

### 7.6.1.2 高炉锌负荷及锌平衡

锌在铁矿石中一般以氧化物或硫化物的形式存在,其含量一般较少,在烧结中则以铁酸锌的形式存在。高炉锌负荷是指生产每吨铁由原燃料带入的锌的总量,锌负荷的计算式如下:

$$X_{Zn} = \sum x_i \tag{7-51}$$

式中,$X_{Zn}$ 为锌负荷,kg/t;$x_i$ 为各入炉原、燃料带入高炉的锌含量。

某高炉的锌负荷为 1.847kg/t,锌排出量为 1.481kg/t,排出率为 80.18%,其中布袋灰排锌率为 77.82%。每生产 1t 铁液,有 0.366kg/t 的锌在炉内循环富集,富集率为 19.82%,锌在高炉内形成了富集,且富集量比较大。未能排出的锌在高炉内一部分会冷凝黏结在煤气上升管、炉喉和炉身上部砖衬,氧化成锌瘤,另外一部分锌沉积在高炉上部砖衬缝隙或墙面上,被氧化后体积膨胀损坏炉衬或造成结瘤,影响高炉的稳定和顺行。

### 7.6.2 有害元素高炉循环富集模型

高炉本身有一定的有害元素排出能力,有害元素在控制范围内对高炉影响不大。但是入炉有害元素含量如果太多,超过了高炉排出能力,就会形成有害元素富集,导致高炉中有害元素含量大大超过入炉原始水平,即有害元素的危害取决于滞留在高炉内有害元素的循环富集量。高炉解剖证明,焦炭是碱金属富集的最主要载体,在碱金属富集严重区域,焦炭中碱金属的含量可达原始入炉含量的 50 倍。对于锌负荷,《高炉炼铁工艺设计规范》中提出将入炉锌负荷控制在 0.150kg/t 以下的标准,但一般企业很难达到该标准。国内钢铁企业普遍认为,虽然各个企业的锌负荷差别很大，但当高炉锌负荷超过 0.500kg/t 时，会严重影响高炉冶炼。有效地排出高炉内的有害元素，尽量地控制好自身的有害元素平衡，对每一座高炉冶炼而言是至关重要的。

### 7.6.2.1　碱金属循环富集模型

碱金属在炉缸区域主要以硅酸盐形式存在，在炉腹炉腰及炉身下部主要以单质蒸气和少量氰化物的形式存在，炉身中上部主要以碳酸盐形式存在。高炉内碱金属循环富集的示意图如图 7-52 所示。

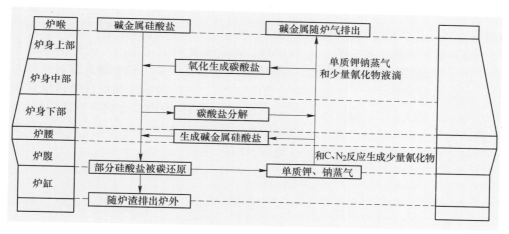

图 7-52　碱金属在高炉内循环富集示意图

碱金属在高炉原燃料中主要以云母长石等复杂硅酸盐及硅铝酸盐形式存在，这些含碱矿物入炉后最终以碱金属硅酸盐的形式在高温区被还原。碱金属以硅酸盐形式进入高炉后，由于其热力学氧位势比 FeO 低，在软熔带以下初渣中只有 FeO 基本被还原完毕后，碱金属硅酸盐才能较多地被碳还原。碱金属硅酸盐成为熔渣后才会和焦炭充分的接触，加速还原反应的进行，因此，碱金属硅酸盐在炉腹至炉缸区域才显著被还原。

高炉炉腹和炉缸区域的温度在 1300～1600℃之间，其温度远高于碱金属的沸点，因此，该区域碱金属单质以蒸气的形式存在，并随煤气流逐渐上升，当碱金属蒸气上升到炉腰及以上部位时，将会和 $SiO_2$ 和 FeO 反应重新生成碱金属硅酸盐，生成的碱金属硅酸盐下降到炉腹及炉缸区域，再次被还原生成碱金属蒸气，形成了碱金属蒸气和碱金属硅酸盐在炉腰和炉缸之间的小循环。

炉缸内 $N_2$ 的分压较高，碱金属蒸气在炉腹炉缸区域可与 C、$N_2$ 生成氰化物，KCN 和 NaCN 的生成反应为放热反应，温度越高，反应越难发生。氰化物的生成量很少，即在炉腹和炉缸区域，碱金属大部分仍以单质蒸气的形式存在，少部分以氰化物蒸气的形式存在。携带少量碱金属氰化物的单质碱金属蒸气上升的过程中，在炉腹和炉腰区域会被氧化，生成碱金属氧化物或者碱金属碳酸盐。

在高炉大于900℃的炉身下部及炉腹炉腰区域很难形成碱金属氧化物，而在高炉炉身中上部才会形成碱金属氧化物。碱金属单质蒸气和碱金属氰化物可被炉气中的$CO_2$氧化，生成碱金属碳酸盐。在高炉实际生产条件下，钾、钠蒸气的分压远小于标准大气压，在炉身下部、炉腰和炉腹的高温区域碱金属单质很难被氧化形成碱金属碳酸盐；对于碱金属氰化物，在温度低于1100℃的区域才能形成碱金属碳酸盐，因此，碱金属碳酸盐主要在高炉炉身的中上部形成。炉身中上部形成的碱金属碳酸盐会沉积在炉料上，随炉料往下运动，在升温过程中被焦炭和CO还原重新生成碱金属单质。

高炉解剖表明，高炉炉身上部焦炭中碱金属含量变化很小，从炉身下部开始，焦炭中碱金属含量逐渐增加，至炉腹的下部，焦炭中的碱金属含量达到最大值，其碱金属含量可达入炉原料碱金属的50倍。高炉内碱金属的富集区域自炉腰开始直至炉腹下沿，温度区间为900~1500℃，该区域内碱金属含量逐渐增加。以高炉内碱金属富集最严重的区域作为切入点，研究高炉碱金属的入炉上限。高炉内碱金属循环富集模型如图7-53所示。

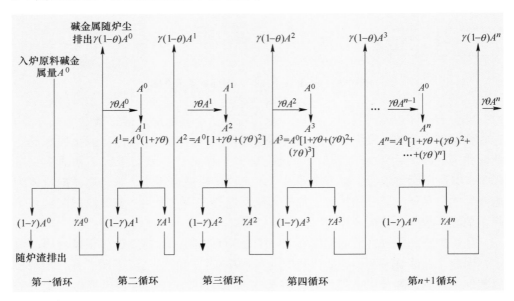

图7-53　高炉内碱金属循环富集模型

假设：

$A^0$——每吨铁液用炉料带入高炉的碱金属氧化物，kg/t；

$\gamma$——炉渣中还原出的碱金属占原碱金属总量的比例；

$\theta$——上升煤气流携带的总碱量被炉料吸收（沉淀）的比例；

$C_i$——初成渣平均碱金属氧化物浓度,%；

$C_e$——放出炉外终渣碱金属氧化物浓度,%；

$S$——渣量，kg/t。

由图 7-53 所示的碱金属循环富集模型可得到碱金属在高炉内循环 $n$ 次时的碱金属富集量：

$$A^n = A^0 [ 1 + \gamma\theta + (\gamma\theta)^2 + (\gamma\theta)^3 + (\gamma\theta)^4 + \cdots + (\gamma\theta)^n ] \tag{7-52}$$

当 $n$ 趋近于无穷大时，所对应的 $A^n$ 即为高炉内碱金属的最大富集量：

$$\lim_{n\to\infty} A^n = \lim_{n\to\infty} A^0 [ 1 + \gamma\theta + (\gamma\theta)^2 + (\gamma\theta)^3 + (\gamma\theta)^4 + \cdots + (\gamma\theta)^n ]$$

$$= \lim_{n\to\infty} \frac{A^0 [ 1 - (\gamma\theta)^{n+1} ]}{1 - \gamma\theta}$$

$$= \frac{A^0}{1 - \gamma\theta} \tag{7-53}$$

另一方面，当炉渣和炉顶煤气从炉内带出的碱金属含量与炉料带入的碱金属含量处于动态的平衡，碱金属富集量达到最大，富集将停止，则有：

$$A^n(1 - \gamma) + A^n\gamma(1 - \theta) = A^0 \tag{7-54}$$

$$A^n = \frac{A^0}{1 - \gamma\theta} \tag{7-55}$$

炉渣中碱金属还原为一级反应，所以：

$$-\frac{\mathrm{d}C}{\mathrm{d}t} = kC \tag{7-56}$$

其中，$k$ 为反应速率常数，是炉渣温度和成分的函数，可以由实验数据求得。当 $t=0$ 时，$C=C_i$；当 $t=$ 高炉两次出渣间隔时，$C=C_e$，由此得出：

$$\frac{C_e}{C_i} = \mathrm{e}^{-kt} \tag{7-57}$$

假定初成渣量与终渣量相等，则：

$$\gamma = \frac{C_i - C_e}{C_i} = 1 - \mathrm{e}^{-kt} \tag{7-58}$$

高炉生产稳定顺行时，炉渣平均成分、温度和两次放渣时间间隔可以视为常数，因而 $k$ 和 $t$ 是常数，从而 $\gamma$ 也可视为常数。而 $\theta$ 与煤气中碱金属浓度、炉料比表面积、成渣带以上炉料总体积以及炉料和煤气的氧化能力等因素相关。当高炉碱金属循环富集达到稳定时，$\theta$ 也可以视为常数。

假设：

$p$——高炉铁液产量，t/d；

$\tau$——炉料平均停留时间，h；

$\sum A$——炉内炉渣熔化温度以上循环富集的总碱量，kg。

则：

$$\sum A = \frac{p\tau}{24} \frac{A^0}{1 - \gamma\theta} \tag{7-59}$$

初成渣中最大碱金属浓度为：

$$\lim_{x \to \infty} C_i = \frac{A^0 \times 100}{(1 - \gamma\theta)S} \quad (\%) \tag{7-60}$$

终渣中最大碱金属浓度为：

$$\lim_{x \to \infty} C_e = \frac{(1 - \gamma)A^0 \times 100}{(1 - \gamma\theta)S} \quad (\%) \tag{7-61}$$

只要通过实验先确定相应的 $\gamma$，则可以算出相应的 $\theta$。根据碱金属循环富集模型就可以计算出高炉碱金属循环富集的最大量。高炉内碱金属的最大富集量是与高炉的入炉碱负荷 $A^0$、碱金属在炉渣中还原气化的比率 $\gamma$ 以及碱金属在煤气中被上部炉料吸收的比率 $\theta$ 紧密相关。在高炉碱金属富集区域，钾、钠在焦炭中的吸附量及对焦炭的破坏性存在很大差别，分别计算钾、钠富集量。

$$\lim_{n \to \infty} A_K^n = \frac{A_K^0}{1 - \gamma_K \theta_K} \tag{7-62}$$

$$\lim_{n \to \infty} A_{Na}^n = \frac{A_{Na}^0}{1 - \gamma_{Na} \theta_{Na}} \tag{7-63}$$

式中，$A_K^n$、$A_{Na}^n$ 分别为高炉中 $K_2O$、$Na_2O$ 的最大富集量，kg/t；$A_K^0$、$A_{Na}^0$ 分别为高炉吨铁入炉钾、钠负荷，kg/t；$\gamma_K$、$\gamma_{Na}$ 分别为炉渣中钾、钠被还原气化的比例；$\theta_K$、$\theta_{Na}$ 分别为煤气中钾、钠被炉料吸收的比例。

已知某高炉的碱负荷为 3.72kg/t，其中钾负荷为 1.61kg/t，钠负荷为 2.11kg/t，渣量为 313kg/t，焦比为 357.4kg/t，铁液温度为 1520℃。高炉炉渣碱度为 1.19 的条件下，$K_2O$ 还原的反应速率常数 $k_K = 0.0184$。由于钾和钠的性质类似，因此 $k_{Na} = 0.0184$。

碱金属在炉渣中的还原比例可以用下式描述：

$$\gamma = 1 - e^{-kt} \tag{7-64}$$

高炉平均一天出铁 11 次，出铁和出渣间隔约为 130min。当 $t = 130min$ 时，可以求得：

$$\gamma_K = 0.909$$

$$\gamma_{Na} = 0.909$$

根据上文分析过程，反推出碱金属蒸气在上升过程中被炉料吸收的比例 $\theta$：

$$\theta = \frac{1}{\gamma} - \frac{(1 - \gamma)A^0 \times 100}{\gamma C_e S} \tag{7-65}$$

已知炉渣中的 $K_2O$ 和 $Na_2O$ 含量分别为 0.44% 和 0.61%，可得到渣带走的 $K_2O$ 和 $Na_2O$ 的量分别为 1.38kg/t 和 1.91kg/t。另外，炉前灰中的碱金属也是由炉渣中逸出的，因此炉渣及炉前灰共同带出的 $K_2O$ 和 $Na_2O$ 的量分别为 1.46kg/t 和 1.96kg/t，小于碱金属负荷，由于计算公式所假定的是高炉中的碱金属处于动态平衡，所以这里计算采用 $K_2O$ 和 $Na_2O$ 的量分别为较大的收入项的总 $K_2O$ 和 $Na_2O$ 量，即 1.61kg/t 和 2.11kg/t，则：

$$\theta_K = 0.983$$

$$\theta_{Na} = 0.989$$

因此，高炉中碱金属钾、钠的最大富集量为：

$$A_K^n = \frac{A_K^0}{1 - \gamma_K \theta_K} = 15.13\text{kg/t}$$

$$A_{Na}^n = \frac{A_{Na}^0}{1 - \gamma_{Na} \theta_{Na}} = 20.98\text{kg/t}$$

碱金属 $K_2O$ 和 $Na_2O$ 最终能在高炉内达到的最大富集量分别为 15.13kg/t 和 20.98kg/t。为了稳定炉况，减少焦炭在高炉内的劣化，必须减少炉内碱金属的含量，即控制钾、钠在高炉内的最大富集量。$\gamma$ 和 $\theta$ 主要由碱金属还原的速率常数和碱金属蒸气在料层上的吸附能力决定，不如控制入炉碱金属上限方便、有效。

当焦炭中的钾、钠蒸气量超过 3% 时，焦炭的反应后强度劣化程度加剧；当吸附总量相等时，钾钠比（K/Na）为 3/7 时焦炭反应性达最大，反应后强度达最小。因此，取明显加剧碳溶反应的钾、钠质量分数 3% 进行碱金属的上限量计算。钾入炉上限为：

$$\frac{39A_K^n}{47R_{coke}} \leqslant V_K \tag{7-66}$$

$$\frac{39}{47R_{coke}} \cdot \frac{A_K^{max}}{1 - \gamma_K \theta_K} \leqslant V_K \tag{7-67}$$

$$A_K^{max} \leqslant \frac{47}{39} V_K R_{coke}(1 - \gamma_K \theta_K) \tag{7-68}$$

式中，$A_K^{max}$ 为入炉钾负荷上限，kg/t；$R_{coke}$ 为焦比，kg/t；$V_K$ 为碳溶反应明显加剧时钾的质量分数，%。

将 $\gamma_K = 0.909$，$\theta_K = 0.983$，$R_{coke} = 357.4\text{kg/t}$，$V_K = 3\%$ 代入上式，可得到：

$$A_K^{max} \leqslant 1.834\text{kg/t}$$

钠入炉上限为：

$$\frac{23A_{Na}^n}{31R_{coke}} \leq V_{Na} \tag{7-69}$$

$$\frac{23}{31R_{coke}} \cdot \frac{A_{Na}^{max}}{1 - \gamma_{Na}\theta_{Na}} \leq V_{Na} \tag{7-70}$$

$$A_{Na}^{max} \leq \frac{31}{23}V_{Na} \cdot R_{coke}(1 - \gamma_{Na}\theta_{Na}) \tag{7-71}$$

式中，$A_{Na}^{max}$ 为入炉钠负荷上限，kg/t；$R_{coke}$ 为焦比，kg/t；$V_{Na}$ 为碳溶反应明显加剧时钠的质量分数，%。

将 $\gamma_{Na} = 0.909$，$\theta_{Na} = 0.989$，$R_{coke} = 357.4$kg/t 代入上式，并取 $V_{Na} = 3\%$，可以得到：

$$A_{Na}^{max} \leq 1.453\text{kg/t}$$

因此，高炉碱金属入炉上限值为 2.83kg/t，而碱金属负荷为 3.72kg/t，大于计算的碱金属入炉上限，为避免碱金属富集率的增加，在保证经济指标的同时，可适当增加渣量。

### 7.6.2.2 锌循环富集模型

锌在高炉中的循环富集示意图如图 7-54 所示。锌的化合物进入高炉后，在高温区被还原成金属锌，还原后的金属锌以锌蒸气的形式随煤气上升，当温度较低时，锌又被氧化，一部分随煤气溢出，一部分随炉料下降，如此周而复始，也就形成了高炉内锌的循环富集。随煤气及其他废气排出的锌大部分又会被煤气清洗系统收集，存在于污泥或粉尘中，这些污泥或者粉尘中除了含有一定量的锌外，一般还含有一定量的铁、碳等元素，为了回收有价元素，国内许多钢厂将这

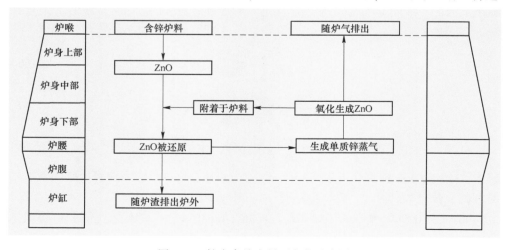

图 7-54　锌在高炉内循环富集示意图

些含锌粉尘、污泥直接以烧结配料的形式加入烧结系统中，而烧结过程难以有效脱除锌元素，因此大部分锌元素又因存在于烧结矿中而被返回带入高炉，这就形成了锌在高炉—烧结系统中的循环。

与碱金属富集模型类似，锌在高炉内的循环富集模型也可用式（7-52）表示，即：

$$\lim_{n \to \infty} A_{Zn}^n = \frac{A_{Zn}^0}{1 - \gamma_{Zn}\theta_{Zn}} \tag{7-72}$$

式中，$A_{Zn}^n$ 为高炉中锌的最大富集量，kg/t；$A_{Zn}^0$ 为高炉吨铁入炉锌负荷，kg/t；$\gamma_{Zn}$ 为炉渣中锌被还原气化的比例；$\theta_{Zn}$ 为煤气中锌被炉料吸收的比例。

以某高炉为例，锌入炉负荷为 0.208kg/t，排出量为 0.147kg/t，锌在高炉内已经形成了循环富集，根据锌循环富集模型可计算高炉内锌的最大富集量。当焦炭中的锌含量低于 0.2% 时，对焦炭的反应性和反应后强度影响较小，而当焦炭中的锌含量大于 0.2%，焦炭的反应性将显著提高，反应后强度也会大幅度降低。因此，将焦炭中锌含量安全值定为 0.2%，作为计算高炉锌负荷的依据。结果表明，高炉锌入炉上限值为 0.185kg/t，而入炉锌负荷为 0.208kg/t，应控制入炉锌负荷。

### 7.6.3 有害元素对高炉冶炼的影响

#### 7.6.3.1 有害元素对焦炭冶金性能的影响

焦炭在高炉炼铁过程中起着发热剂、还原剂、渗碳剂和料柱骨架四个重要的作用，对于高炉冶炼过程有着非常关键的影响。随着现代大型高炉煤比的增加和焦炭负荷的提高，焦炭作为高炉料柱的骨架作用愈发突出，在加剧高炉内焦炭劣化的众多因素中，碱金属的作用尤为显著。进入高炉的碱金属在高炉下部高温区挥发成碱蒸气，随煤气向上运动，当煤气通过焦炭时，焦炭会吸附煤气中的碱金属。碱金属的吸附首先从焦炭的气孔开始，而后逐渐向焦炭内部的基质扩散。随着焦炭在碱蒸气环境中暴露时间的延长，碱金属的吸附量逐渐增多，焦炭基质部分的碱金属会侵蚀到石墨晶体内部，破坏了原有层状结构，生成层间化合物，从而产生比较大的体积膨胀，使焦炭产生裂纹，进而使焦炭崩裂。此外，碱金属是焦炭溶损反应的催化剂，焦炭中碱金属含量增加，其反应性增大。研究表明，焦炭中 $K_2O$ 含量每增加 1%，焦炭的反应性增大 8%，而焦炭的反应性每提高 1%，高炉焦比将上升 3kg/t，故焦炭中 $K_2O$ 含量每增加 1%，高炉焦比将上升 24kg/t。

对于高炉内的锌蒸气，渗入焦炭孔隙中沉积氧化成氧化锌后，一方面由于体积的膨胀（锌的密度为 $7.13 \times 10^3 kg/m^3$，氧化锌的密度为 $5.78 \times 10^3 kg/m^3$）会增加焦炭的热应力，破坏焦炭的热态强度，主要表现在焦炭的反应后强度（CSR）有所降低。同时也会堵塞焦炭的孔隙，恶化高炉料柱的透气性，给高炉冶炼带来不利的影响。研究表明，焦炭中的锌含量每增加 0.1%，焦炭的反应后强度降低 2%，而焦炭的反应后强度每降低 1%，焦比将上升 6kg/t，故焦炭中的锌含量每增加 0.1%，焦比将上升 12kg/t。

### 7.6.3.2 有害元素对铁矿石冶金性能的影响

A 有害元素对铁矿石还原粉化性能的影响

含碱烧结矿在 550℃ 还原后，低温还原粉化率随着烧结矿含碱量的增加而增大，但是增加的幅度很小。而含碱量对烧结矿的中温还原粉化率则影响显著，随着碱金属含量的增加，烧结矿的中温还原粉化率大幅度增加，并发现渗碱烧结矿试样还原后出现体积膨胀和裂纹，且质地疏松。在还原过程中，碱金属会逐渐进入氧化铁的晶格，当还原到 FeO 时，碱金属大量进入 FeO 晶格，由于碱金属对还原反应的催化作用，使得该区域的金属铁晶体生长较快，在相界面上产生应力，当应力积累到一定程度时，便会产生大量的裂纹，导致粉化率升高。同时碱金属和碱金属氧化物会与烧结矿中的 Si、Al 矿物相结合，形成新的硅酸盐矿物。新形成的硅酸盐矿物析晶困难，往往会形成一些超显微的集晶，即微晶集合体，这种集晶随着还原反应的持续，会进一步晶化，温度越高，晶化越强，结构也会更加疏松，从而使含碱烧结矿的中温还原粉化率增加。因此，碱金属对烧结矿还原粉化率的影响并不是在较低的温度和较低的还原度下发生的，而是在较高的温度和较高的还原度下才发生。

另外，渗入铁矿石孔隙中锌蒸气沉积氧化成氧化锌后，由于体积膨胀会增加铁矿石的热应力，破坏铁矿石热态强度，主要表现在烧结矿和球团矿的低温还原粉化指数（$RDI_{+3.15}$）有所提高，也会堵塞铁矿石的孔隙，恶化高炉料柱的透气性，给高炉冶炼带来不利的影响。

B 有害元素对铁矿石还原性的影响

铁矿石中铁氧化物与气体还原剂 CO、$H_2$ 之间的反应难易程度称为铁矿石的还原性。还原性是评价含铁物料的一个非常重要的指标，还原性的好坏很大程度上影响矿石还原的速率，能够改善高炉煤气的利用率，从而影响高炉冶炼的技术经济指标。铁矿石的还原性分为中温还原性和高温还原性，一般情况下，更多关注铁矿石的中温还原性。还原性好的矿石，在中温区被气体还原剂还原出的铁就多，间接还原得到充分的发展，这不仅可以减少高温区的热量消耗，有利于降低焦比，而且还可以改善造渣过程，促进高炉稳定顺行，使高炉冶炼高产、高效和优质。

### 7.6.3.3 有害元素对高炉内热状态的影响

在高炉下部高温区，含碱矿物入炉后以碱金属硅酸盐的形式在高炉炉腹以下部位被碳还原，含锌化合物入炉后在高炉炉腰部位被还原成金属锌。还原反应均为吸热反应，温度越高，反应越容易发生。

$$K_2SiO_3 + C \Longrightarrow 2K_{(g)} + SiO_2 + CO_{(g)} \quad \Delta G = 649427.4 - 343.242T, \; J/mol$$

$$\tag{7-73}$$

$$Na_2SiO_3 + C \Longrightarrow 2Na_{(g)} + SiO_2 + CO_{(g)} \quad \Delta G = 634048.8 - 328.596T, \; J/mol$$

$$\tag{7-74}$$

$$ZnO + C \Longrightarrow Zn + CO \quad \Delta G = 356374.7 - 291.098T, \; J/mol \tag{7-75}$$

而在高炉上部，碱金属单质蒸气和碱金属氰化物可被煤气中的 $CO_2$ 氧化，生成碱金属碳酸盐，锌蒸气在炉身中上部被氧化生成 $ZnO$。氧化反应均为放热反应，温度越高，反应越难发生。

$$2K_{(g)} + 2CO_2 \Longrightarrow K_2CO_3 + CO \quad \Delta G = -152475 + 87.90T, \; J/mol \tag{7-76}$$

$$2Na_{(g)} + 2CO_2 \Longrightarrow Na_2CO_3 + CO \quad \Delta G = -103605 + 43.05T, \; J/mol$$

$$\tag{7-77}$$

$$2KCN + 4CO_2 \Longrightarrow K_2CO_3 + 5CO + N_2 \quad \Delta G = -312680 + 220.93T, \; J/mol$$

$$\tag{7-78}$$

$$2NaCN + 4CO_2 \Longrightarrow Na_2CO_3 + 5CO + N_2 \quad \Delta G = -278340 + 188.05T, \; J/mol$$

$$\tag{7-79}$$

$$Zn + CO_2 \Longrightarrow ZnO + CO \quad \Delta G = -183683.1 + 114.993T, \; J/mol \tag{7-80}$$

含碱化合物和含锌化合物在高炉下部的还原消耗了发挥骨架作用的焦炭和宝贵的热量，而在高炉上部氧化放出热量，减少了 $CO_2$ 含量，降低了煤气利用率。1kg 锌在高温区被还原将吸热 3600kJ，而在低温区氧化将放出 1000kJ 的热量，因此，有害元素在高炉内"还原—氧化—再还原"的循环过程会将高温区的 CO 转移到低温区，降低煤气利用率，同时消耗了高温区大量热量，使得里斯特操作线上 $x_A$ 值减小，$Q$ 值增加。

图 7-55 显示了有害元素对里斯特操作线的影响。线段 $AE$ 表示存在有害元素条件下的里斯特操作线，线段 $A'E'$ 表示不受有害元素影响的里斯特操作线。受有害元素影响后，操作线上 $A'$ 点向左移动，$P'$ 点向下移动，从而使操作线斜率增大，焦比升高。通过下式可以计算出，在没有有害元素进入高炉的情况下，$A$ 点和 $P$ 点的位置变化。

$$x_{A'} = \frac{n(O)}{n(C)} = \frac{2V(CO_2) + V(CO) - \dfrac{X_iY_i}{M_i}V_m}{V(CO_2) + V(CO)} \tag{7-81}$$

$$y_{P'} = y_f + x_P \left( \frac{Q + \dfrac{X_iY_i \Delta H_i^{\ominus}/M_i}{1000w[Fe]/56}}{q_d} - y_f \right) \tag{7-82}$$

式中，$X_i$ 表示有害元素入炉负荷，kg/t；$Y_i$ 表示有害元素循环富集倍数；$M_i$ 表示有害元素摩尔质量，g/mol；$V(CO_2)$、$V(CO)$ 表示炉顶煤气中 $CO_2$、$CO$ 的体积分数，%；$y_f$ 为生产 1mol Fe 从 $SiO_2$、$MnO$、$P_2O_5$ 及脱硫夺取氧的摩尔数，mol；$q_d$ 为 1kg FeO 直接还原消耗的热量，一般为 153200kJ/kg；$Q$ 为其他有效消耗热量，kJ/mol。

计算理想状态下（没有碱金属入炉）某高炉焦比，与入炉焦比对比发现，在高炉最大富集量的条件下，K、Na 和 Zn 导致焦比分别增加了 4.22kg/t、9.27kg/t 和 0.36kg/t，与理想状态下（位置 $A'$）相比，焦比增加了 13.85kg/t，很显然，有害元素的入炉量和富集量显著影响高炉焦比。

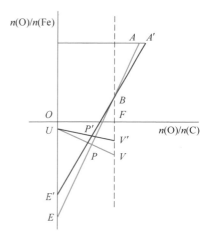

图 7-55 有害元素对里斯特操作线的影响

### 7.6.4 有害元素管控及排出措施

#### 7.6.4.1 排碱依据及排碱措施

（1）从源头上控制碱负荷。高炉碱金属 90%以上来源于烧结矿、球团矿、焦炭和煤粉，减少烧结矿、球团矿、焦炭和煤粉带入的碱金属量是降低高炉碱负荷的主要途径。需严格制定烧结矿、球团矿、焦炭和煤粉的碱金属入炉标准，尤其是烧结矿和球团矿，需要对烧结、球团工艺进行合理的配矿，从根本上控制碱金属的来源。高炉中的除尘灰的碱金属含量比较高，当它返回到烧结厂重新进行烧结、球团厂重新进行造球时，碱金属重新进入烧结矿和球团矿，在高炉-烧结/球团之间形成碱金属大循环。所以在烧结、球团过程中应降低碱金属含量高的物料的配加量，控制除尘灰在烧结、球团系统中的添加比例，同时在高炉冶炼过程中通过配加低碱金属含量的焦炭，喷吹低碱金属含量的煤粉来限制碱金属的入炉负荷。

（2）定期做碱金属平衡计算。应用碱金属循环富集模型及上限量化控制模型来计算碱金属的上限值，若碱金属负荷超过了上限值，说明碱金属在高炉中的循环富集会对高炉产生一定的危害，因此可以采取措施进行排碱操作，排出高炉中富集的碱金属。

（3）提高炉渣的排碱能力。高炉内碱金属主要通过高炉渣排出炉外，提高炉渣的排碱能力是减轻高炉碱金属危害的有效方法。在保证高炉正常生产的情况下，应尽量保持低炉温、低碱度操作，降低炉渣碱度，使 $SiO_2$ 和 $TiO_2$ 的活度增大，从而抑制了碱金属硅钛酸盐的高温还原，使渣的溶碱能力提高。在降低炉渣碱度的同时提高渣中 MgO 含量以同时满足排碱脱硫的要求，即在三元碱度 $m(CaO+MgO)/m(SiO_2)$ 保持不变时用部分 MgO 代替 CaO，可提高炉渣排碱能力。其次，可以通过增加炉渣渣量来增加炉渣的排碱能力，但渣量的增加势必带来一定的经济损失，增加渣量可在碱金属负荷超出标准较多时采取。最后，可以考虑在炉料中加入硅石，改善 K、Na 与 SiO_2 的反应条件，生成比较稳定且容易溶入渣中的 $K_2SiO_3$ 和 $Na_2SiO_3$，使炉渣带走更多的碱金属。

（4）合理控制煤气流分布。煤气流分布不合理，不仅会造成炉况不顺不稳，降低煤气利用率，而且会造成炉墙结厚等状况。因此，应该合理控制煤气流分布，根据炉衬温度的变化情况及炉况表现，通过疏松边缘等措施，防止炉墙结厚，同时及时调整负荷，减少黏结物对高炉生产的影响。

（5）优化高炉操作。强化筛分管理，在改善原料的冶金性能的同时，减少入炉粉末。运用上下部调剂，形成合理煤气流分布。控制冷却强度，避免边缘堆积或炉墙结厚。

（6）周期性洗炉。少量碱金属对高炉无害，只要在碱金属循环富集严重时周期性地洗炉就能基本控制碱害，洗炉时应酸碱适当，配入锰矿或 CaCl_2，但不宜多用萤石，因为碱金属与萤石的综合作用会严重侵蚀硅铝质内衬。

### 7.6.4.2　排锌依据及排锌措施

（1）从源头上控制锌负荷。烧结矿是高炉锌的主要来源，而导致烧结矿锌含量高的主要原因是除尘灰等高锌含铁物料的使用，停止或减少使用除尘灰等高锌含铁物料，可大幅度降低高炉的锌负荷。只要能控制住锌的主要来源，高炉自身的循环富集程度就会大大减轻，高炉除尘灰中的锌含量就会降下来，从而避免给高炉造成严重危害。而除尘灰和炼钢产生的污泥等，可通过冷固处理作为炼钢的冷却剂使用，使锌等在炼钢过程循环富集，当富集到一定程度，可卖给电炉厂作为生产锌的原料使用，从而降低成本。还应稳定球团工序所用物料锌含量的稳定性，避免因球团矿锌含量的较大波动造成高炉锌负荷的升高。同时，对其他如焦炭、喷吹用煤等的质量严格把关，在原料的采购过程中，应按供货质量标准要求对原料中的锌含量进行严格控制，以降低进厂原料中的锌含量。

（2）定期做锌平衡计算。应用锌循环富集模型及上限量化控制模型来计算锌的上限值，若锌负荷超过了上限值，说明锌在高炉中的循环富集会对高炉产生一定的危害，因此可以采取措施进行排锌操作，排出高炉中富集的锌。

（3）优化高炉操作。强化筛分管理，在改善原料的冶金性能的同时，减少入炉粉末。稳定炉况、避免炉温剧烈波动，运用上下部调剂，形成合理煤气流分布。控制冷却强度，避免边缘堆积或炉墙结厚。加强对铁口和出铁沟的维护，及时出尽渣铁，提高出铁均匀率，减少锌在炉内的滞留时间，减少锌还原。

（4）减少 ZnO 在炉内沉积。保持炉缸工作活跃，炉温充足，保持较高的铁液温度，使得 ZnO 不能沉积。因为 ZnO 在 1030℃ 以上温度被还原气化，不会沉积，所以炉缸热量充沛，铁液温度较高，不利于 ZnO 沉积，或不会沉积，可增大锌的排出量。

（5）合理控制煤气流分布。煤气流分布不合理，不仅会造成炉况不顺不稳，降低煤气利用率，而且会造成炉墙结厚等状况。因此应该合理控制煤气流分布，根据炉衬温度的变化情况及炉况表现，通过疏松边缘等措施，防止炉墙结厚，同时及时调整负荷，减少黏结物对高炉生产的影响。

## 7.7　小结

本章介绍了不同高炉炉缸保护层类型的形成特点，从石墨碳保护层形成途径与控制角度，介绍了高炉炉缸保护层析出诊断技术、高炉炉缸铁液碳饱和度调控技术、高炉炉缸气隙量化评估与治理技术、高炉炉缸铁口维护技术、高炉炉缸含钛物料高效维护技术以及高炉有害元素管控技术，全面论述了保护层的析出诊断、形成调控、稳定存在、强化形成及有害元素的影响。

（1）不同类型的高炉炉缸保护层有着不同的形成特点，通过保护层析出势指数表征保护层在高炉炉缸耐火材料热面形成能力，对保护层析出状态进行诊断。从保护层形成特点和高炉炉缸维护角度出发，控制石墨碳保护层的形成稳定，更容易实现高炉炉缸的安全长寿。高炉炉缸铁液碳含量达到饱和及炉缸耐火材料热面温度低于石墨碳形成温度是石墨碳保护层形成的两个必要条件，高炉实际生产中可通过活跃炉缸状态促进铁液渗碳调控铁液碳饱和度，以及对气隙进行量化评估和灌浆治理降低耐火材料热面温度促进铁液析碳，促进石墨碳保护层的形成，必要时加入含钛物料强化石墨碳析出。

（2）适当提高炉缸铁液碳含量是石墨碳保护层形成的必要条件之一，通过原燃料粒级及质量管控技术、适度提高风速加大鼓风动能操作技术和渣铁流动性能调控技术调控炉缸活跃状态，从而控制铁液碳饱和度。高炉冶炼过程中可通过增加焦炭中碱性物质含量，降低酸性氧化物含量及硫含量，提高焦炭中液相比例，增大铁碳接触面积，促进铁液渗碳以提高碳饱和度。从原子尺度探究了微量元素 Si、Mn、P、S、Ti 对铁液渗碳的影响机制：Si、P、S、Ti 促进石墨碳析出，Mn 抑制石墨碳析出，其中钛原子会与碳原子形成团簇核心，降低石墨碳的体积分数，但钛化物团簇为石墨碳提供异质形核核心。

（3）耐火材料热面温度低于石墨碳保护层析出温度是石墨碳保护层形成的必要条件之二。建立了高炉炉缸气隙评估模型对炉缸传热体系影响最大的气隙进行量化评估，以高炉灌浆模型为依据进行合理的灌浆操作治理气隙，有效控制耐火材料热面温度。进行灌浆治理时，炉衬所受到的应力主要集中于灌浆孔位置，灌浆压力对炉衬应力分布影响较小，增大灌浆面积将会导致应力集中区域由炉缸外侧向炉缸热面迁移。在灌浆操作中，应尽可能减小灌浆压力，避免在炉缸最薄弱位置打孔，防止炉衬局部应力值过于集中。同时，应尽可能使单孔的灌浆面积减小，防止应力穿透造成安全事故。

（4）铁口区域侵蚀严重，加强铁口维护有利于石墨碳保护层的稳定。炮泥在生产中的作用主要是堵住铁口、保证铁口孔径稳定及保持足够的铁口深度保护炉缸。高炉炮泥根据结合剂不同可分为有水炮泥和无水炮泥两类，其中有水炮泥通常用于低压的中小高炉，无水炮泥广泛应用于强化冶炼的大中型高炉。炮泥的马夏值是衡量炮泥质量的关键指标之一，优质炮泥的马夏值在 0.45~0.55MPa 之间。针对炮泥破坏原因，可适当添加碳化硅、氮化硅铁、蓝晶石、绢云母、棕刚玉等耐高温抗侵蚀原材料对高炉炮泥进行成分优化，以及使用对高炉操作影响小、见效快的含钛炮泥。炉缸铁液流动是常态，铁液流动和剪应力会影响炉缸石墨碳保护层的形成稳定、碳组元分布。而影响铁液流动强度的因素，除了冶炼强度外，还包括死料柱的大小、浮起沉坐状态和空隙度，以及死铁层深度、铁口直径和铁口深度。

（5）加入含钛物料可强化石墨碳析出，钛与碳原子可以结合形成固相质点，为石墨碳的异质形核提供了条件。建立了高炉炉缸渣铁有效钛含量控制模型、含钛物料护炉经济性评价模型和含钛物料护炉效果评价模型对含钛物料强化石墨碳析出的有效钛含量、经济性和效果进行评价。当钛含量低于有效钛含量时，所加入的含钛物料可全部用于强化石墨碳的析出。

（6）高炉有害元素的危害取决于滞留在高炉内有害元素的循环富集量，因此建立了高炉有害元素循环富集模型。高炉内循环富集的有害元素会减小焦炭粒度，催化焦炭的气化反应，加剧烧结矿还原粉化、引起球团矿异常膨胀、导致料柱透气性变差，同时还会破坏高炉内衬，导致炭砖断裂，造成断裂式侵蚀。另外，有害元素在高炉内"还原—氧化—再还原"的循环过程将高温区的 CO 转移到低温区，降低煤气利用率，同时消耗了高温区大量热量，增加焦比。可通过从源头上控制碱负荷和锌负荷、定期做碱金属和锌平衡计算、合理控制煤气流分布、优化高炉操作、提高炉渣的排碱能力、减少 ZnO 在炉内沉积等措施控制炉内有害元素含量。

## 参 考 文 献

[1] 焦克新，张建良，刘征建，等. 关于高炉炉缸长寿的关键问题解析 [J]. 钢铁，2020，55（8）：193-198.

[2] 张建良，焦克新，刘征建，等. 长寿高炉炉缸保护层综合调控技术 [J]. 钢铁，2017，52

（12）：1-7.

［3］　许俊，邹忠平，胡显波．高炉炉缸渣铁凝固壳凝固和熔化过程分析［A］.2012年全国炼铁生产技术会议暨炼铁学术年会［C］.无锡，2012.

［4］　常治宇，焦克新，宁晓钧，等．基于钛矿护炉条件下的钛分配比分析［J］.钢铁钒钛，2018，39（4）：114-121.

［5］　Cai Q Y, Zhang J L, Jiao K X, et al. Progress on protection of titanium-bearing materials in chinese blast furnace［A］. 6th International Symposium on High-Temperature Metallurgical Processing［C］. 2015：43-49.

［6］　Ma H X, Jiao K X, Zhang J L, et al. Application and analysis of slag holdup model in bf deadman［J］. Canadian Metallurgical Quarterly, 2019, 58（3）：325-334.

［7］　胡翔宇，张建良，刘征建，等．渣相组分对高炉炉缸死焦堆滞留率的影响［J］.钢铁，2020，55（10）：15-20.

［8］　代兵，梁科，王学军．高炉合理鼓风动能与炉缸活性的关系［A］.2016年第四届炼铁对标、节能降本及相关技术研讨会［C］.马鞍山，2016.

［9］　Ye L, Jiao K X, Zhang J L, et al. Model and application of hearth activity in a commercial blast furnace［J］. Ironmak. Steelmak., 2021, 48（6）：742-748.

［10］　杨天钧，张建良，刘征建，等．持续改进原燃料质量提高 精细化操作水平努力实现绿色高效炼铁生产［J］.炼铁，2018，37（3）：1-11.

［11］　代兵，姜曦，王运国，等．浅谈高炉热制度与炉缸活性的关系［A］.第十一届中国钢铁年会［C］.北京，2017.

［12］　常治宇，张建良，宁晓钧，等．MgO对低铝渣流动性的影响机理及热力学分析［J］.钢铁，2018，53（7）：10-15，37.

［13］　Feng G X, Jiao K X, Zhang J L, et al. High-temperature viscosity of iron-carbon melts based on liquid structure：The effect of carbon content and temperature［J］. Journal of Molecular Liquids, 2021, 330：115603.

［14］　焦克新，张建良，左海滨，等．长寿高炉炉缸冷却系统的深入探讨［J］.中国冶金，2014，24（4）：16-21.

［15］　唐维康，姜华，邹忠平，等．气隙对高炉炉缸凝铁层的影响［J］.钢铁研究学报，2020，32（8）：700-704.

［16］　姜华，金觉森，傅思荣，等．解决传热问题是高炉炉缸实现稳定长寿的核心［J］.炼铁，2017，36（6）：16-21.

［17］　邹忠平，许俊，陈敏．高炉炉缸气隙若干问题探析［J］.炼铁，2019，38（5）：11-15.

［18］　邹忠平，郭宪臻．高炉炉缸气隙的危害及防治［J］.钢铁，2012，47（6）：9-13.

［19］　李峰光，张建良，左海滨，等．高炉灌浆过程炉衬应力分布规律［J］.工程科学学报，2015，37（2）：225-230.

［20］　邹忠平，项钟庸．高炉操作维护与炉缸长寿的探讨［J］.中国冶金，2013，23（7）：17-20.

［21］　国宏伟，刘一力，陈伟伟，等．高炉死料柱孔隙度变化对炉缸炉底流场的影响［A］.2010年全国炼铁生产技术会议暨炼铁学术年会［C］.北京，2009.

［22］焦克新，张建良，左海滨，等．含钛物料中护炉有效钛含量的控制模型［J］．东北大学学报（自然科学版），2014，35（8）：1160-1164.

［23］Yong D，Zhang J L，Jiao K X．Economical and efficient protection for blast furnace hearth［J］．ISIJ International，2018，58（7）：1198-1203.

［24］Chang Z Y，Jiao K X，Zhang J L，et al．Insights into accumulation behavior of harmful elements in cohesive zone with reference to its influence on coke［J］．ISIJ International，2019，59（10）：1796-1800.

［25］Chang Z Y，Jiao K X，Ning X J，et al．Behavior of alkali accumulation of coke in the cohesive zone［J］．Energy & Fuels，2018，32（8）：8383-8391.

［26］柏凌，张建良，郭豪，等．高炉内碱金属的富集循环［J］．钢铁研究学报，2008（9）：5-8.

［27］王一杰，宁晓钧，张建良，等．基于里斯特操作线解析有害元素对高炉焦比的影响［J］．工程科学学报，2018，40（9）：1058-1064.

［28］马金芳，张建良，路飞．迁钢高炉排碱排 Zn 生产实践［J］．炼铁，2013，32（4）：6-8.

# 8 高炉炉缸保护层三维监控预警平台

保证高炉的安全运行，可以延长高炉的寿命，从而推动炼铁工序的节能降耗，促进钢铁工业的可持续发展。高炉炉缸炉底区域工作条件恶劣，开发高炉炉缸数学模型，监测、反馈及调控高炉炉缸侵蚀状态尤为重要。本章综述了高炉炉缸炉底监控技术研究进展和高炉炉缸侵蚀可视化技术，对建立的高炉炉缸保护层三维监控预警平台进行了系统介绍。

## 8.1 高炉炉缸监控技术

### 8.1.1 炉缸炉底常用监控技术发展现状

高炉炉缸炉底区域长期受到高温铁液的机械冲刷，工作条件恶劣，热流强度高，是高炉全炉的薄弱环节[1-3]。对于已经投产的高炉，加强对炉缸炉底侵蚀情况的监测，实时掌握炉衬剩余厚度，结合热流强度对炉缸炉底安全状况做出评估，并采取相应操作调控措施，是避免炉缸炉底烧穿事故发生、延长炉缸炉底寿命的有效手段。在实际生产过程中，需要时刻掌握运行高炉的炉缸炉底耐火材料剩余厚度及耐火材料与保护层的动态变化趋势。基于高炉炉缸炉底热电偶温度与冷却壁热流强度监测，相关学者采用不同的构建方法开发了多种形式的数学模型，实时监测和反馈高炉炉缸炉底侵蚀状态[4-9]。当前，高炉炉缸炉底侵蚀模型以对监测数据的分析计算为基础，结合人工智能算法进行构建[10-12]。根据采用的导热微分方程维数及人机交互展示形式，可分为一维、二维和三维侵蚀模型[13]，其常用的构建方法有：有限差分法[14]、有限元法[15]、边界元法[16-18]、遗传算法及神经网络法[19]等。

随着计算机计算能力的提高，有限元法与离散元法得到广泛应用，炉缸内部热量传输模型也由简单的流场、温度场模拟转向多模型耦合计算的模式。同时，基于传热模型的"正问题"模型及"反问题"模型，实现了采用一维传热预测炉缸内衬侵蚀形貌的功能。此外，计算机算力的大步提升，使得二维、三维法预测与计算炉缸内衬侵蚀形貌与残余厚度的精度大幅提高，对炉缸操作维护提供了极大的便利。然而，传统预测模型也存在较多难以解决的问题，如由于炉缸热电偶等硬件元器件的布置密度、检测精度等存在局限性，数学模型及预测结果的精度得不到保证；影响模型的参数不够全面、数据量不足及存在时滞性、非线性和不确定的特点，炉缸内衬侵蚀预测模型有待进一步完善。随着信息化技术的不断发展，大数据和智能化技术应运而生，为解决这些难题提供了途径。

早些年，解析炉缸内特殊现象和规律多是采用高炉冶炼机理和数理统计数学模型。随着计算机技术的发展，已陆续开发出更多的智能化模型，如炉缸侵蚀模型、热负荷监测模型、热平衡计算模型等，模型从一维逐渐发展到二维和三维模型。经过不断地发展和完善，数学模型已逐步融入到专家系统中，但与人工智能技术融合较少，智能化水平相对较低。因此，炼铁工作者建立了基于遗传算法的神经网络高炉专家系统，对炉缸炉底的侵蚀程度进行预报，在当时取得了良好的预报效果。专家系统代表了早期人工智能技术在钢铁行业的应用，但由于高炉冶炼过程的复杂性和人工依赖性，导致应用效果并不理想。

近年来，国内外学者采用了一系列智能算法对高炉热状态进行分析，如采用改进粒子群 BP 神经网络算法建立炉温预测模型，并结合炉缸水温差对炉体热状态进行判断；采用基于时间序列的高炉水温差综合评判模型，解决了传统模型水温差滞后的弊端。随着大数据技术的发展，高炉黑箱可视化也成为了可能。大数据智能互联平台将大数据、冶炼机理数学模型、人工智能、专家经验、知识库等多学科技术进行交叉，应用于实际生产操作中，真正实现了人机一体化。当前大数据预测模型的应用主要是将传统的统计学和机器学习等手段充分融合，机器学习是指利用计算机预先设定好的算法，反复训练输入变量与输出变量之间建立好的某种匹配关系，主要包括决策树、支持向量机、遗传算法、人工神经网络等。

## 8.1.2 高炉炉缸监控模型的开发

在高炉强化冶炼的情况下，炉缸安全隐患凸显，一旦出现安全问题，会造成重大损失，甚至严重威胁人身安全，因此建立全面高效的全自动化高炉炉缸维护监测系统是非常必要的。随着技术的不断发展，大数据分析技术已经在钢铁行业得到了广泛应用，特别是对高炉炉缸数据集的挖掘，将数据转化为可视化图像等直观形式，使得炉缸监测技术不断提升。数据可视化可分为三个层次：原始数据的可视化；数据挖掘过程的可视化；数据结果的可视化。数据结果的可视化可以方便地将数据转化为一维、二维图像，因而在高炉监测方面受到更多的关注。

### 8.1.2.1 炉缸监测参数可视化

炉缸参数可视化是指将炉缸监测元件收集到的数据进行分类展示，从而帮助操作者及时发现炉缸异常状态，并做出调整。参数可视化中最主要的是对炉缸、炉底的耐火材料温度及炉缸冷却壁的热流强度进行实时监控，这也是分析炉缸侵蚀状况的主要参数。

A 热电偶温度监测

图 8-1 为国内某高炉炉缸侧壁热电偶温度情况。随着高炉标高的升高，温度

不断升高。不同标高处炉缸区域的热电偶平均温度为220℃，铁口中心线下方1m处热电偶的温度较高。东西铁口分别位于80°和280°左右，其中铁口30°夹角内属于铁口区域，对于炉缸侧壁与炉底交界处周向热电偶温度情况，铁口区域温度明显高于非铁口区域温度。

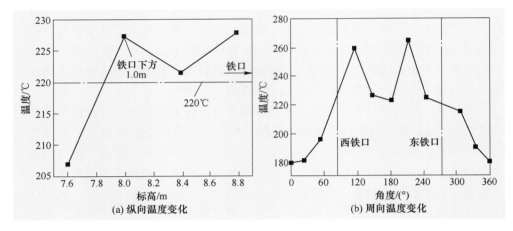

图 8-1　炉缸热电偶纵向及周向变化

图8-2所示为国内某高炉炉缸状态的监控参数评价示意图。1、2、3区分别为正常、警告和变坏，根据不同区域的多少，评价炉缸状态。

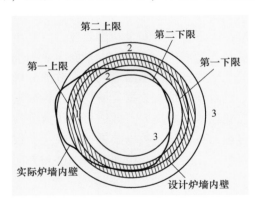

图 8-2　炉缸状态同类型的多个参数评价示意图

**B　热流强度监测**

处于炉役末期的高炉往往热电偶损坏较严重，热电偶数据不能反映真实炉缸侵蚀状况，因此应考虑结合热流强度对炉缸侵蚀状况进行判断。早期炉缸监控模型采用有限元法中的二维传热模型进行计算，并结合冷却壁热流强度数据对炉缸炉底温度场分布进行分析。通过对比热电偶与热流强度两种情况的侵蚀状况，以及对数据进行处理可得到较为准确的炉缸侵蚀轮廓。随着冷却壁水温测量技术的发展，冷却壁进出口温度得以准确测量，这为冷却壁热负荷计算提供了更准确的数据支撑，使得炉缸侵蚀模型准确性得到进一步加强。

然而，由于炉缸周向热电偶数量较少，温度监控存在盲区，二维传热模型始终不能准确反应炉缸盲区侵蚀状况。因此，冷却壁采用水温差、热流强度三维监测系统实时监控进出水温度和流量，及时直观地掌握冷却壁的工作状态，实时监控热流强度的强弱或者异常波动，实现全面直观的监测效果。利用热电偶温度和冷却壁热流强度相结合的方式分析炉缸炉底的侵蚀情况，具有很好的应用前景，为高炉安全生产、延长高炉寿命提供有力的技术保障。

### 8.1.2.2 炉缸内衬截面可视化

从高炉炉缸可视化的角度来看，侵蚀不仅在高度方向上存在扩展性，在圆周和径向方向上也都具有扩展性，炉缸状态在空间和时间序列上时刻都在变化，因此，可获得二维或三维扩展的且在时间上连续的信息，并以该信息为基础进行可视化。高炉投产后，炉缸内衬侵蚀变化的监控是实现高炉炉缸安全长寿的重要因素。目前，炉缸内衬截面可视化多集中在对炉缸纵向剖面温度及横向剖面温度进行展示，示意如图8-3。图8-4所示为高炉横截面侵蚀形貌，可直观观察到炉缸圆周方向侵蚀存在一定的差异，1号冷却壁位置的炉缸侵蚀量最大，炭砖剩余厚度最小。在一些炉缸侵蚀模型中，可显示炉缸侧壁剩余厚度，从而判断炉缸是否仍处于安全期。炉缸侵蚀模型计算涉及热电偶温度，因此监控模型温度场的计算精度在一定程度上取决于热电偶布置密度，提高热电偶布置密度可进一步提高可视化炉缸侵蚀三维数字化系统计算精度。

### 8.1.2.3 三维数字化炉缸侵蚀可视化系统

早期研究人员利用程序开发工具 C++Builder 研发出直观、通用的程序，能够快速绘制出类旋转柱面，其可用于炉缸内衬侵蚀形貌的显示系统，类旋转柱面即为炉缸的侵蚀形貌。系统构造思想是由点生成线，线生成面，即用离散的点计算求出自由曲面即类旋转柱面，同时也可采用 DirectX 进行切割的方法，展示高炉三维断面温度分布，大幅度降低了断面绘制所需的时间，这也是目前炉缸侵蚀预测系统中的关键部分。

通过应用二维传热模型和神经网络模型，根据现场采集数据计算各个节点温度，采用切片合成法构造炉缸内衬侵蚀曲面。采用开发炉缸炉底二维温度场软件及 Matlab 编制的可视化软件绘制出的炉缸炉底仿真侵蚀形状，实现了复杂条件和不充分条件下的炉缸内衬侵蚀三维可视化监控，诊断和评估了各个炉役阶段炉缸

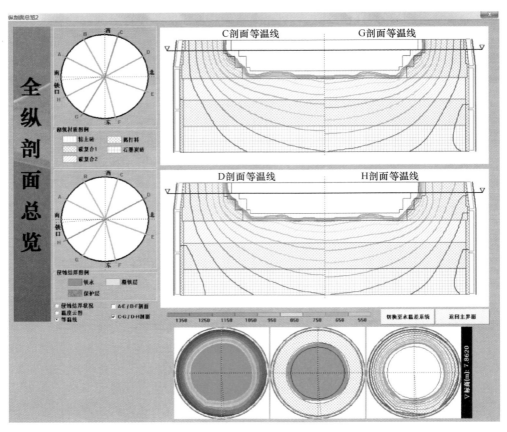

图 8-3　炉缸纵剖面及横剖面温度分布

的三维方位侵蚀情况，确定了炉缸内衬的安全厚度和预警线，制定了炉缸安全维护方案，保证了高炉的安全状态受控。

#### 8.1.2.4　基于大数据的炉缸侵蚀模型

炉缸侵蚀预测问题属于复杂的非线性问题，神经网络恰能处理此类问题，且有自学习、自组织、自适应的特性，以及具有联想存储和高速寻找优化解的能力。但是神经网络存在一些自身无法克服的缺陷，如输入参数的选取没有较为有效的办法，输入数据集特征较多时，会使其学习不稳定。同时，若初始权重值选取不当，神经网络容易陷入局部极小值，不能得到全局最优解。因此，一种以炉缸内衬剩余厚度为目标，基于决策树、遗传算法、BP 神经网络组合预测模型，利

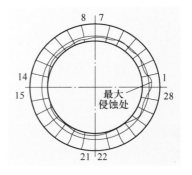

图 8-4　高炉炉缸横截面侵蚀形貌

用决策树分类模型特征优先选择的方法解决了输入参数难选的问题，并且基于遗传算法全局择优的性能，改进了易陷入局部极小值的缺陷。通过将决策树、遗传算法、BP 神经网络相结合，组成了可用于预测炉缸侵蚀程度的神经网络预测模型。

A 基于信息增益的决策树特征选择

由于高炉冶炼是多系统协作的连续性工作过程，参数之间存在强耦合性和不确定性，因此需要对参数进行筛选，选择合适的特征变量，确定神经网络的输入参数。在此通过计算每个特征的信息增益，选出信息增益较大的特征集合，信息增益的计算方法如下：

输入：足够时间跨度内数据库中与高炉操作相关的训练参数数据集和选取出的模型特征参数集合。首先，计算数据库中训练参数数据集的经验熵；然后，遍历所有特征，依次计算每个特征对数据集的条件熵；最后，计算特征集合中所有特征的信息增益。

输出：每个特征参数对数据集的信息增益，将计算完成的信息增益进行从大到小排序，选出最优特征组合，作为其输入参数。

B 遗传算法对神经网络的优化

遗传算法对神经网络的优化主要从网络结构和网络初始权值及阈值两方面进行，以下利用遗传算法对神经网络权值阈值进行优化。由于神经网络是以随机的方式对初始权值和阈值进行赋值，缺乏依据且容易陷入局部最小值，而遗传算法所具有的全局择优特性恰好可对其进行优化，具体优化流程如下：

（1）随机初始化权值阈值，采用编码机制对其进行编码，生成初始群体；

（2）计算网格的误差确定种群适应度，其中误差和适应度成反比，选择适应度大的个体；

（3）进行交叉和进行变异操作，至此产生新一代群体；

（4）重复进行，直到结果满足要求，获取最优网络权值和阈值。

C 基于决策树和遗传算法的 BP 神经网络

BP 神经网络是目前应用最成熟的神经网络之一，本质上是通过计算得到误差函数的最小值，其计算量小、并行性强并且简单易行。BP 神经网络应用过程为：

（1）从炉缸横截面和侧壁纵截面角度建立炉缸侵蚀训练样本，并确定 BP 网络拓扑结构和训练样本网络结构；

（2）获取经遗传算法所得的最优网络权值和阈值，并计算网络误差；

（3）利用神经网络算法再次更新权值和阈值；

（4）重新计算网络误差，并更新权值和阈值，直至仿真侵蚀边界和实际侵蚀边界误差达到要求。

通过神经网络训练可以建立一种特征参数与侵蚀边界线离散点坐标对应的数值模型，因此，利用训练好的神经网络可以预测炉缸内衬侵蚀边界，不仅解决了数据中的时间序列波动性与随机干扰项的问题，并且充分结合决策树和遗传算法的优点，克服了 BP 神经网络的局限性，能够有效预测炉缸内衬剩余厚度，从而有效分析炉缸内衬的侵蚀情况。

### 8.1.3　高炉炉缸侵蚀模型的应用

以某 2500m³ 高炉为例，从模型系统功能方面介绍高炉炉缸侵蚀模型的应用。使用者进入炉缸炉底侵蚀系统运行管理模块，可在此界面重启系统、运行客户端、数据备份、运行采集程序及通信检查。

#### 8.1.3.1　截面侵蚀分析

##### A　纵剖面侵蚀

纵剖总览如图 8-5 所示，界面可操作全纵剖面、纵剖总览及纵剖侵蚀汇总。全纵剖面可显示 A~L 剖面的全纵剖面的侵蚀结厚图、温度云图、等温线图，以条形图的形式展示 A~L 剖面炉缸炉底的最大和最小结厚厚度。此外，使用者可勾选显示炉缸炉底的最大和最小结厚厚度，方便使用者更直观地了解各切面的炉缸炉底侵蚀结厚总体状况，并能直观地进行对比。在侵蚀结厚图中能直观体现铁液和黏结层，在温度云图或等温线图中用不同的颜色展现不同的温度。

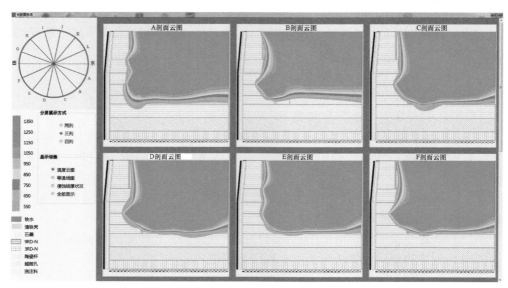

图 8-5　监测系统纵剖面总览界面

B 横剖面侵蚀

监测系统横剖面总览界面如图8-6所示,可显示各标高处横剖面的侵蚀结厚图、温度云图、等温线图,实时监控炉缸炉底横剖面侵蚀状况。标高位置可由使用者进入横剖面设置界面进行任意设置,使用者添加标高只需点击添加并输入标高即可,系统将自动匹配出砌筑材料列表和位置。横剖面总览可根据个人需求勾选分屏展示方式,以两列、三列或四列的形式展示所有标高的温度云图、等温线图和侵蚀结厚图,从而更加全面地展示不同方位的横剖面侵蚀情况。

图8-6 监测系统横剖面总览界面

C 分层展开图

炉缸侧壁温度较高热电偶的位置与冷却壁的对应关系对于实际生产过程较为重要,高炉工作者需要迅速掌握温度较高区域的冷却壁编号。分层展开图模块如图8-7所示,可观测热电偶温度及其所对应的冷却壁信息,当热电偶出现异常时,可进一步观测对应冷却壁的其他物理情况。同时,根据用户设置的告警标准进行在线监测,在此界面鼠标右击将出现保存图片和复制图片的功能按钮,可根据需求保存图片,从而帮助高炉操作者迅速定位热电偶温度异常区域的冷却壁位置。

8.1.3.2 热电偶温度数据采集及处理

A 热电偶剖面显示

界面可通过选择显示纵剖图、横剖图的热电偶温度及热电偶名称,展示热电偶的数据及安装位置,如图8-8所示。用户可通过选择不同标高、纵剖方向,展

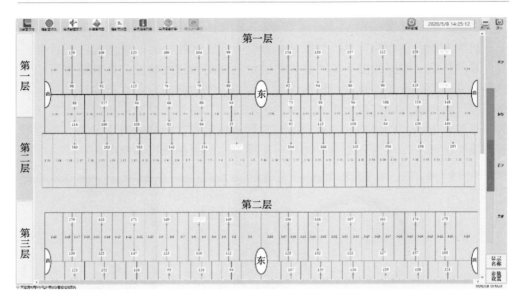

图 8-7 监测系统分层展开图

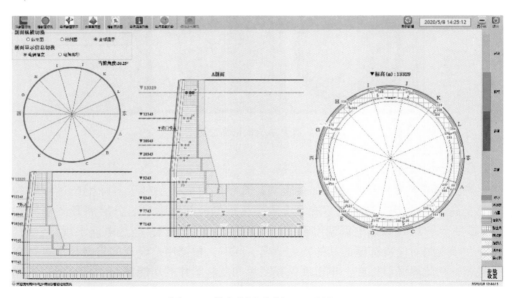

图 8-8 热电偶温度剖面显示界面

示所选标高的热电偶详细信息。该界面具有拾点功能，点击分层的热电偶数据点，将显示该点的详细信息，包括热电偶名称、标高、半径、安装角度、实时温度、热电偶状态。另外，使用者可设定显示范围、数据频率以折线图的形式展现该热电偶近期的温度情况，从而有助于快速了解特定位置热电偶温度的近期变化情况。

B 热电偶温度分布

热电偶温度分布查看界面如图 8-9 所示，此界面展示热电偶的名称、插入角度、半径及实时温度，且显示设定标高中热电偶的数量。界面中可以直观区分热电偶温度是否异常，以便使用者通过该界面直观地监测炉缸炉底侵蚀状况，该界面可查询历史数据（图 8-10）、数据导出以及对阈值进行参数设定。

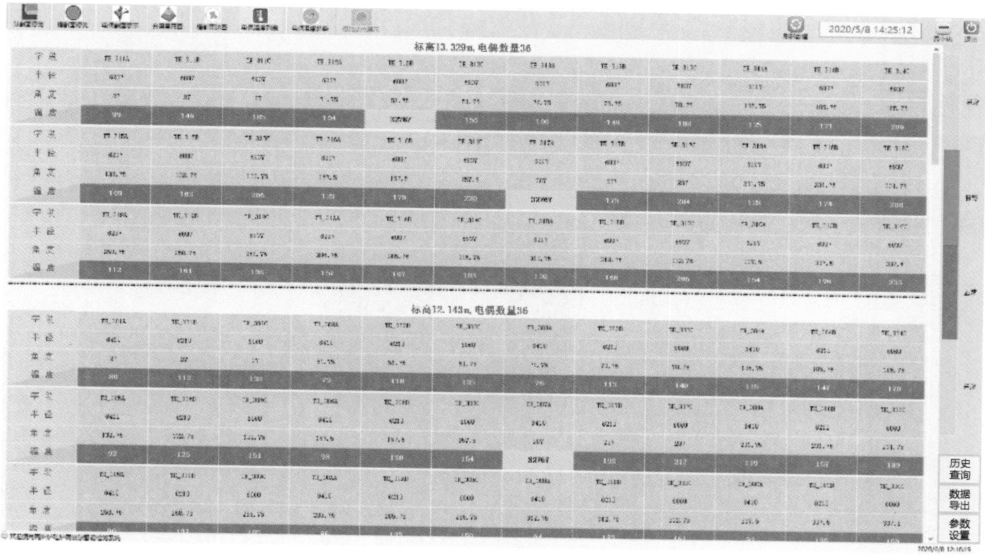

图 8-9 热电偶温度分布查看界面

图 8-10 热电偶温度列表

C　横剖雷达图

炉缸炉底热电偶温度的变化趋势对于了解炉缸炉底侵蚀与结厚变化趋势至关重要，图 8-11 所示为不同标高条件下的横剖雷达图，可显示指定标高、指定半径中的最高温度。此外，使用者可以选择任意时间范围内，以视频形式展示该时间段内温度的变化情况，从对比变化中了解炉缸炉底的侵蚀结厚状况，更加直观地看出炉缸炉底的侵蚀结厚变化。

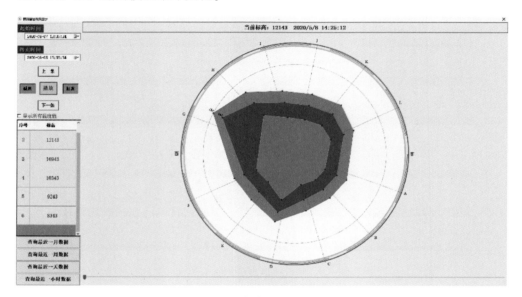

图 8-11　视频回放雷达图

D　实时温度趋势

系统可由使用者自主设定标高、角度和半径位置，实时温度趋势曲线服务程序会根据设定值监测纵剖热电偶、横剖热电偶、横剖与纵剖热电偶及全部热电偶的实时温度，并生成设定时间内的监测曲线，更加直观地监测炉缸炉底热电偶温度并判断是否异常。双击趋势曲线的某个时间点，主界面出现如图 8-12 所示的画面，以条形图的形式显示出该时间点所选的所有热电偶实时温度，并用不同颜色区分，从而快速判断出某个特定方向上温度较高的热电偶。

E　历史温度趋势

历史温度趋势界面如图 8-13 所示，可查询热电偶的历史温度趋势，选择开始时间、终止时间，即可查询设定的标高、角度、半径位置的监测曲线，更加直观地监测炉缸炉底热电偶温度的变化。

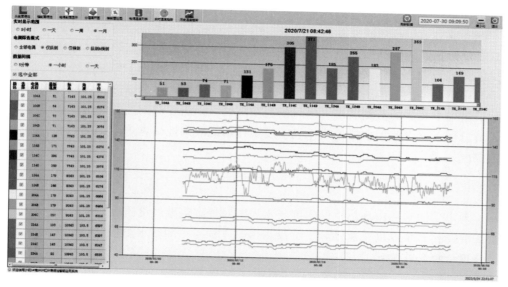

图 8-12 实时温度趋势界面

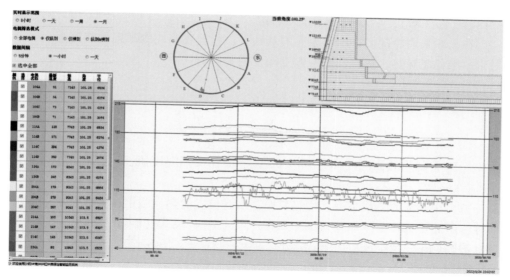

图 8-13 历史温度趋势界面

## 8.2 高炉炉缸炭砖残厚常用计算方法

高炉炉缸炉底侵蚀状态和砖衬剩余厚度是决定高炉一代寿命的关键因素，对高炉安全长寿有着非常重要的意义。长久以来，国内外的炼铁工作者一直致力于准确计算高炉炉缸炉底砖衬残余厚度，从而判断炉缸炉底侵蚀状态，同时也开发了许多成熟的炉缸炉底侵蚀监测模型。然而，这些侵蚀模型均需要在炉缸炉底布置一定数量的热电偶测温点作为基础，对于建设较早或中小高炉等热电偶布置较少的高炉来说，这些侵蚀模型的开发应用相对困难。在热电偶布置较少的情况下，采用一维稳态传热及冷却水温差计算炉缸炉底砖衬残余厚度，可以简单有效地满足中小高炉的监测需求。但对于大型高炉，则需要利用高炉热电偶历史数据进行分析，仅仅使用水温差热流强度模型并不能准确地计算炉缸炉底耐火材料侵蚀厚度。

### 8.2.1　单电偶法

单电偶法采用内环热电偶温度与水温差对炉缸侧壁厚度进行计算，为计算炉缸炉底砖衬残余厚度，需推导一维稳态传热方程与冷却壁水温差之间的关系。热流强度计算公式为：

$$q = \frac{w\Delta t c}{A} \times 1000 \tag{8-1}$$

式中，$q$ 为热流强度，$W/m^2$；$\Delta t$ 为冷却壁进出水温差，$℃$；$c$ 为水的比热容，取 $4.18kJ/(kg \cdot ℃)$；$A$ 为冷却壁面积，$m^2$。

在已知某块冷却壁进出水温差的基础上，可计算该块冷却壁的热流强度，而对于一维稳态导热，热流强度与温度梯度的关系为：

$$q = -\lambda \frac{\partial T}{\partial x} \tag{8-2}$$

$$q = -\lambda \frac{\Delta t}{\Delta x} = \lambda \frac{T_2 - T_1}{\Delta x} \tag{8-3}$$

式中，$T_2$ 为材质热面温度，$℃$；$T_1$ 为材质冷面的实测温度值，$℃$；$\Delta x$ 为砖衬残余厚度，$mm$。

由于在一维传热状态下，传热路径上所有位置的热流强度相等，即沿 $x$ 方向所有传出的热量均由冷却壁带走，因此，式（8-1）及式（8-3）中 $q$ 值相同，则炉缸炉底炉衬残余厚度可由下式求出：

$$q = \frac{T_{HM} - T_W}{\dfrac{1}{\alpha_1} + \sum \dfrac{L_i}{\lambda_i} + \dfrac{1}{\alpha_2}} \tag{8-4}$$

式中，$T_{HM}$、$T_W$ 分别为铁液温度、冷却水温度，$℃$；$\alpha_1$ 为铁液与壁面对流换热系数，$W/(m^2 \cdot ℃)$；$L_i$ 分别为管壁、冷却壁、捣打料、炭砖、陶瓷杯等材质的径向长度，$m$；$\lambda_i$ 分别为管壁、冷却壁、捣打料、炭砖、陶瓷杯等材质导热系数，$W/(m \cdot ℃)$；$\alpha_2$ 为冷却水与管壁对流换热系数，$W/(m^2 \cdot ℃)$。

## 8.2.2 双电偶法

双电偶法采用内环热电偶、外环或中环热电偶温度对炉缸侧壁厚度进行计算。在有热电偶监测的情况下，利用同一高度不同深度的热电偶的温差即可得到炉衬残余厚度：

$$\Delta x = \frac{(T_i - T_B)\Delta L}{T_B - T_A} + L \tag{8-5}$$

式中，$\Delta L$ 为同一高度内、外（中）环热电偶插入深度之差，mm；$T_i$ 为计算材质热面温度，℃；$L$ 为内环热电偶插入深度，mm。

## 8.2.3 热流强度法

高炉生产过程中，一般均会出现部分热电偶的失效，此时假设炉缸侧壁热面温度为1150℃铁液凝固等温线，从而可根据冷却壁参数进行传热计算。

冷却水与水管间对流（对流换热也是阻值）根据如下所示的 Dittus-Boelter 公式进行推导，计算出冷却水与冷却水管内表面间的对流换热系数，再根据式（8-4）求得残余厚度。

$$Nu = \frac{\alpha_1 d_1}{\lambda_w} = 0.023 \left(\frac{vd_1}{\nu}\right)^{0.8} \left(\frac{v}{\alpha_1}\right)^{0.4} \tag{8-6}$$

式中，$v$ 为冷却水流速，m/s；$\lambda_w$ 为冷却水导热系数，0.6W/(m·K)；$d_1$ 为水管内径，m；$\nu$ 为冷却水运动黏度，$0.8948 \times 10^{-6} m^2/s$；$\alpha_1$ 为对流换热系数，W/($m^2$·K)。

# 8.3 高炉炉缸活性监控系统

高炉炉缸保护层三维监控预警平台主要分为三个系统，分别为高炉炉缸活性监控系统、高炉炉缸耐火材料热面温度监控系统和高炉炉缸保护层监控预警系统。

## 8.3.1 高炉炉缸活性监控系统设计原理

A 炉缸渣铁滞留模型

第7章中基于高炉炉渣参数、焦炭参数、铁液参数三大类数据，通过渣铁流动阻力理论、渣铁穿焦高温动力学及死料柱体积计算分析，得出高炉炉缸渣铁滞留率和滞留量分别为：

$$h = 65.8 \times \frac{\mu}{\mu_0} \times \frac{1500 - T_r}{T - T_r} \times C_{pm}^{-0.562} \tag{8-7}$$

$$V_s = \frac{h}{100}\left[\frac{\pi r_d^2 h_{du}}{3} + \frac{\pi h_{dd}(r_d^2 + r_{du}r_d + r_{dd}^2)}{3}\right] \tag{8-8}$$

式中，$h$ 为高炉炉缸渣铁滞留率，%；$V_s$ 为高炉炉缸渣铁滞留量，$m^3$；$\mu$ 为炉渣黏度，$Pa \cdot s$；$\mu_0$ 为 1550℃的炉渣黏度，$Pa \cdot s$。

由滞留率和滞留量模型可知，渣铁滞留率主要与炉渣碱度、炉渣镁铝比、焦炭粒度、焦炭 CRI、焦炭 CSR、铁液温度、炉渣钛含量有关，渣铁滞留量除受滞留率的影响外，还主要与风量、氧气量、风温、风压及喷煤量有关，基于此形成高炉炉缸活性监控系统。

B  炉缸死料柱活性指数

为监控炉缸状况，澳大利亚堪培拉钢厂和韩国浦项高炉建立死料柱活性指数（或炉缸净化指数）来预测和管理炉缸操作，其中死料柱活性指数（DCI）的定义为：

$$DCI = HMT + 1/(2.57 \times 10^{-3})\Delta C - [1430 - 190 \times (1.23 - C/S)] \quad (8-9)$$

式中，HMT 为铁液温度，℃；$\Delta C$ 为实际铁液碳含量与饱和碳浓度的差；C/S 为炉渣碱度 $CaO/SiO_2$；常数 $2.57 \times 10^{-3}$ 为单位温度下单位碳浓度的变化因子；C/S 为 1.23 时的炉渣温度为 1430℃。

### 8.3.2  系统程序设计及功能实现

计算思路：

（1）对高炉炉渣成分、铁液成分、铁液温度、鼓风参数、焦炭性能等参数进行过滤，对有效数据进行筛选，为模型计算提供良好的数据基础。

（2）结合高炉相关设计图纸，完成铁口、风口等高炉基础参数配置。

（3）以渣铁流动阻力为基础，依据渣铁滞留率模型和渣铁滞留量模型，实时提取生产实际相关数据，绘制时间–滞留率、时间–滞留量，并预测铁液碳含量，建立高炉炉缸监测系统。

（4）基于公式推导，计算高炉生产参数对渣铁滞留率、渣铁滞留量的影响潜能，绘制参数–滞留率、参数–滞留量的相关性分析曲线，从理论推导角度明确参数对滞留率（量）的影响关系；提取实际生产数据与对应的滞留率及滞留量值，绘制参数–时间–滞留率（量）的分布占比的散点图，从生产应用角度明确参数对滞留率（量）的影响关系。

（5）绘制参数–时间曲线，对比滞留率–时间曲线，结合参数对滞留率（量）的影响潜能，明确高炉当前炉缸活跃状态的最大影响环节。依据相关性分析趋势，对限制性环节进行有效调节，为促进铁液渗碳、减少铁液环流冲刷，为炉缸边缘析出保护层提供有利环境。系统程序设计思路如图 8-14 所示。

输入参数：高炉炉缸活性监控系统输入参数主要包括渣铁参数、焦炭参数、鼓风参数及设计参数，具体输入参数如表 8-1 所示。

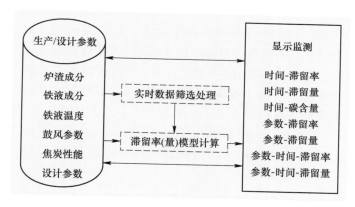

图 8-14 系统程序设计思路

**表 8-1 系统程序设计输入参数**

| 序号 | 渣铁参数 | 焦炭参数 | 鼓风参数 | 设计参数 |
|---|---|---|---|---|
| 1 | 炉渣 MgO 含量 | 焦炭粒度 | 风量 | 炉缸直径 |
| 2 | 炉渣 $Al_2O_3$ 含量 | 焦炭 CSR | 风温 | 炉缸高度 |
| 3 | 炉渣 CaO 含量 | 焦炭 CRI | 风口面积 | 炉腰直径 |
| 4 | 炉渣 $SiO_2$ 含量 | | 风速 | 炉腰高度 |
| 5 | 炉渣 $TiO_2$ 含量 | | 鼓风动能 | 热电偶插入位置及标高 |
| 6 | 铁液温度 | | 风压 | 铁口标高 |
| 7 | 铁液碳含量 | | 氧气量 | 风口标高 |
| 8 | 铁液钛含量 | | 喷煤量 | 风口长度 |
| 9 | | | 风口数量 | 铁口深度 |

输出参数：高炉炉缸活性监控系统输出参数为滞留率、滞留量、铁液碳含量及相关参数对滞留率（量）的贡献度，主要以滞留率、滞留量、输入参数与时间的曲线图，滞留率（量）与相关参数的相关性曲线图、散点图形式呈现。

### 8.3.3 系统界面及操作展示

高炉炉缸活性监控系统主界面主要分为渣铁滞留监控、相关性分析、相关性取样、参数查询和历史查询五个功能。

（1）渣铁滞留监控。该模块能够实时监测并分析高炉运行时的炉缸活性。通过高炉的工作参数即可计算出每个时刻的滞留率和滞留量，据此反映出高炉在不同时刻时的运行状态。

渣铁滞留监控界面可查看滞留率、滞留量及铁液碳含量随时间的变化，如图

8-15 所示。模型实时计算滞留率和滞留量，结果以点线图的形式进行显示，拖动时间–滞留率、时间–滞留量图片下方的滚动条，可以查看不同时间段内相应的滞留率和滞留量变化，用红色气泡标注出了相应时间段内的最高值，用绿色气泡标注出了最低值，用虚线标注出了平均值。点击图中的数据点可以查看相应时间对应的所有参数信息（时间、滞留率、滞留量、鼓风温度、鼓风压力、氧气量、喷煤量、铁液碳含量、碱度、镁铝比、焦炭粒径、CSR、CRI、铁液温度、燃料比），同时给出了铁液碳含量预测值，方便为调控炉缸活性以促进铁液渗碳提供参考。此外，点击每张图片右上角的保存图标可以将当前所示时间段的图片保存。

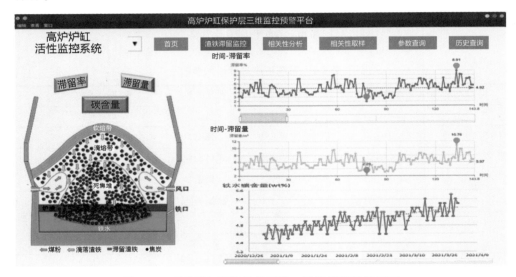

图 8-15　高炉炉缸活性监控系统—渣铁滞留监控界面

（2）炉缸活性相关性分析模块。该模块能够分析操作参数与炉缸活性的相关性，如图 8-16 所示。在相关性分析界面，可以看到不同参数变化分别对高炉炉缸渣铁滞留率和滞留量的影响程度，以此为高炉操作提供参考。相关参数主要有炉渣碱度、镁铝比、焦炭粒度、焦炭 CRI、焦炭 CSR、铁液温度、炉渣钛含量、风量、风温、风压、富氧量、喷煤量及铁口深度，点击"下一页"可进行翻页。

（3）炉缸活性相关性取样模块。在相关性取样界面，可以明确当前时间段参数与时间的占比情况，以及随着滞留率（滞留量）与时间的占比情况，如图 8-17 所示。参数主要有炉渣碱度、镁铝比、焦炭粒度、焦炭 CRI、焦炭 CSR、铁液温度、炉渣钛含量、风量、风温、风压、富氧量、喷煤量及铁口深度。参数–时间–滞留率（量）占比分布情况以散点图的形式呈现，依据相关性分析计算的参数对滞留率和滞留量的影响潜力，确定当前炉况条件下炉缸活性调控方案。

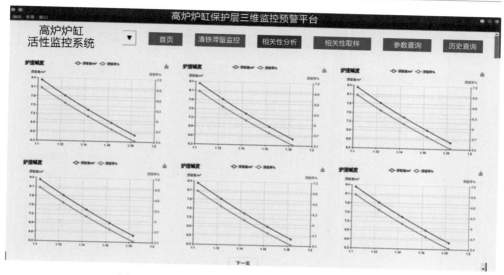

图 8-16 高炉炉缸活性监控系统—相关性分析界面

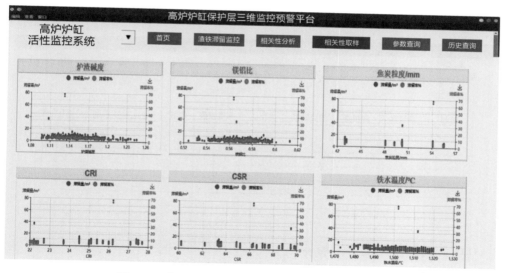

图 8-17 高炉炉缸活性监控系统—相关性取样界面

（4）参数查询。该模块可以查询指定时间范围内参数的变动情况，利用上述参数绘制随时间变化的折线图，并与滞留率（量）变化的曲线做比较，可以用此功能查询任意时刻的参数并观察其对滞留率（量）变动趋势的影响。如图 8-18 所示，进入参数查询界面后，界面主要呈现参数-时间的点线图，可以看到高炉不同参数随时间的变化情况，且界面上标注出了该参数对滞留率或滞留量的贡献度（根据相关性分析计算而出），其中贡献度底色呈现红色为正相关，绿色为负相关。

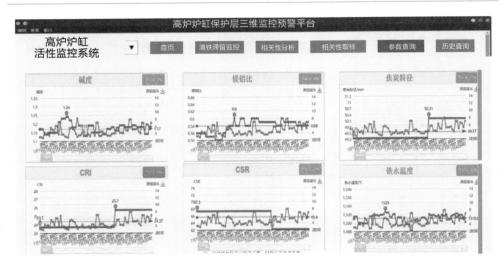

图 8-18　高炉炉缸活性监控系统—参数查询界面

（5）历史记录。该模块可以将计算过的结果保存下来，供以后查询使用，选择所需时间段即可查询，界面如图 8-19 所示。

| 日期 | 滞留率 | 滞留量 | 炉渣碱度 | 镁铝比 | 焦炭粒度 | CSR | CRI | 铁水温度 | 炉渣Ti含量 |
|------|--------|--------|----------|--------|----------|-----|-----|----------|------------|
|  |  |  |  |  |  |  |  |  |  |
|  |  |  |  |  |  |  |  |  |  |
|  |  |  |  |  |  |  |  |  |  |
|  |  |  |  |  |  |  |  |  |  |
|  |  |  |  |  |  |  |  |  |  |
|  |  |  |  |  |  |  |  |  |  |
|  |  |  |  |  |  |  |  |  |  |
|  |  |  |  |  |  |  |  |  |  |
|  |  |  |  |  |  |  |  |  |  |
|  |  |  |  |  |  |  |  |  |  |

图 8-19　高炉炉缸活性监控系统—历史记录界面

## 8.4　高炉炉缸耐火材料热面温度监控系统

### 8.4.1　高炉炉缸耐火材料热面温度监控系统设计原理

在建立高炉炉缸炉底温度场计算模型时，对高炉过程做如下的简化和假设：

（1）通过计算炉缸炉底温度场反映炉缸炉底的侵蚀状况，其中1150℃等温线即为侵蚀参考线；（2）将高炉看作一个轴对称容器，炉缸炉底的侵蚀状况沿高炉中心线呈轴对称分布，故炉缸炉底的传热过程是二维的；（3）视炉缸炉底的传热过程为非稳态过程，忽略炉缸内进行的化学反应及辐射换热。高炉炉缸炉底温度场计算物理模型如图8-20所示。

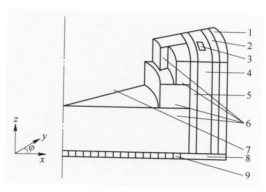

图8-20 高炉炉缸炉底温度场计算物理模型

1—炉壳；2—外填料层；3—冷却壁水管；4—冷却壁本体；5—内填料层；6—耐火材料；
7—铁液；8—耐火混凝土；9—炉底冷却水管

模型采用差分法求解温度场分布，根据壳体的能量平衡原理建立控制微分方程，在柱坐标系下，其控制方程见式（8-10）。考虑到炉缸的对称性，采用二维情况计算，二维情况下控制方程见式（8-11）。

$$\rho C_p \frac{\partial T}{\partial t} = \frac{\partial}{\partial z}\left(k \frac{\partial T}{\partial z}\right) + \frac{1}{r}\frac{\partial}{\partial r}\left(kr \frac{\partial T}{\partial r}\right) + \frac{1}{r}\frac{\partial}{\partial \theta}\left(\frac{k}{r} \frac{\partial T}{\partial \theta}\right) + s \qquad (8\text{-}10)$$

$$\rho C_p \frac{\partial T}{\partial t} = \frac{\partial}{\partial z}\left(k \frac{\partial T}{\partial z}\right) + \frac{1}{r}\frac{\partial}{\partial r}\left(kr \frac{\partial T}{\partial r}\right) + s \qquad (8\text{-}11)$$

式中，$\rho$ 为控制单元体的密度；$C_p$ 为控制单元体的等压热容；$T$ 为控制单元体的温度；$k$ 为控制单元体的导热系数；$s$ 为控制单元体内的源项；$t$ 为时间。

柱坐标系下非稳态计算方程的离散化，其控制方程为：

$$\frac{\partial}{\partial t}(\rho H) = \frac{\partial}{\partial z}\left(k \frac{\partial T}{\partial z}\right) + \frac{1}{r}\frac{\partial}{\partial r}\left(kr \frac{\partial T}{\partial r}\right), \quad H = LS + C_p' T \qquad (8\text{-}12)$$

式中，$L$ 为铁液的相变热；$S$ 为凝固率；$C_p'$ 为铁液的等压热容；$H$ 为铁液热焓。

对式（8-12）的时间项，即等号左边进行离散得：

$$\int_{\tau}^{\tau+\Delta\tau}\int_{w}^{e}\int_{s}^{n} \rho \frac{\partial H}{\partial \tau} r \mathrm{d}r\mathrm{d}z\mathrm{d}\tau = -\rho\Delta V L\Delta S + \rho C_p \Delta V (T_P^1 - T_P^0) \qquad (8\text{-}13)$$

式中，若不包括凝固潜热，则 $-\rho\Delta V L\Delta S = 0$，若包括凝固潜热，则 $-\rho\Delta V L\Delta S \neq 0$。

计算中，由于不考虑内热源产生的热量，因此整理可得到下式：

$$a_p T_P = a_E T_E + a_W T_W + a_S T_S + a_N T_N + b \tag{8-14}$$

$$a_E = \frac{r_e \Delta z}{\dfrac{(\delta r)_e}{k_e}} \quad a_W = \frac{r_w \Delta z}{\dfrac{(\delta r)_w}{k_w}} \tag{8-15}$$

$$a_N = \frac{r_P \Delta r}{\dfrac{(\delta z)_n}{k_n}} \tag{8-16}$$

$$a_S = \frac{r_P \Delta r}{\dfrac{(\delta z)_s}{k_s}} \tag{8-17}$$

$$a_p = a_E + a_W + a_S + a_N + \frac{\rho C_p \Delta V}{\Delta \tau} \tag{8-18}$$

$$b = \frac{\rho \Delta V L \Delta S + \rho C_p \Delta V T_P^0}{\Delta \tau} \tag{8-19}$$

式中，$L$ 为铁液的结晶潜热，kJ/kg；$\Delta S$ 为固相增量，%。

针对包括凝固潜热的非稳态计算模型，对方程的时间项，即等号的左边进行差分，其离散结果见式（8-20）。计算中，不考虑内热源产生的热量，则整理后可得到式（8-21）。

$$\int_{\tau}^{\tau+\Delta\tau} \int_w^e \int_s^n \rho \frac{\partial H}{\partial \tau} r \mathrm{d}r \mathrm{d}z \mathrm{d}\tau = -\rho \Delta V l \Delta S + \rho C_p \Delta V (T_P^1 - T_P^0) \tag{8-20}$$

$$S = \frac{\rho \Delta V l \Delta S}{\Delta \tau} = \frac{\rho l}{\Delta \tau} \Delta V \Delta S = \rho l \frac{\Delta f_s}{\Delta \tau} \tag{8-21}$$

式中，$f_s$ 为相变率；$l$ 为相变潜热。

将相变热构成的源项作为求解对象，直接进行差分计算，具体处理过程如下：

$$S = \rho l \frac{f_s^1 - f_s^0}{\Delta \tau}, \quad f_s = f(T) = \frac{T_1 - T}{T_1 - T_s} \tag{8-22}$$

$$f_s = \begin{cases} 0, & T^1 > T_1 \\ f(T^1), & T_s \leqslant T^1 \leqslant T_1 \\ 1, & T^1 < T_s \end{cases} \tag{8-23}$$

式中，$T_1$ 为液相线温度；$T_s$ 为固相线温度。本计算中，$T_1 = 1200℃$，$T_s = 1150℃$；$l$ 为相变潜热，计算中取值为 56kJ/kg。

边界条件是决定一个方程有唯一解的必要条件，在非稳态求解过程中需要再加上初始条件才能获得唯一解。炉缸的边界条件有 3 种，分别为绝热边界、恒温边界、对流边界。由于将炉缸视为对称结构，因此炉缸中心线边界可视为绝热边界，炉缸壁上沿是从整个高炉上切下来的。由于热流主要沿径向（$r$ 方向）流转，因此沿炉缸壁面方向（$z$方向）也可看作为绝热，铁液的上表面看作是恒温边界，冷却壁与冷却水、炉壳与空气之间为对流边界。当炉缸外边界倾斜时，需进行特殊处理，用边界控制容积的热平衡来建立边界节点的离散化方程。此外，初始条件的影响较大，但随时间的推移，其影响将逐渐减弱，并最终达到一个新的稳定状态。在最终稳定状态的解中再也找不到初始条件的影响痕迹，此时主要由边界条件决定。计算中，将铁液瞬间滴落，充满炉缸作为初始条件。

### 8.4.2 系统程序设计及功能实现

计算思路：

（1）对炉缸冷却参数进行收集，根据传热学理论计算炉缸冷却效率及冷却强度，判定冷却壁是否发生膜态沸腾，并通过调整水量、水速及水温差提高炉缸冷却强度，消除冷却壁膜态沸腾。

（2）对炉缸冷却水管路供水状态进行跟踪，根据水动力学基础判定炉缸冷却水均匀性，并通过控制阀门大小实现冷却水的均匀调控。

（3）对炉缸炉底的热电偶数据进行过滤，对有效数据进行筛选，为模型计算提供良好的数据基础。结合高炉相关设计图纸，系统分析高炉缸炉底砌筑结构、耐火材料种类及性能、热电偶布置方案，建立高炉缸炉底物理模型（尺寸结构等比例），并合理划分计算剖面。对异常温度进行跟踪记录、报警及处理，帮助了解设备运行状况。

（4）对炉缸气隙水平进行跟踪，通过计算设计热阻与实际热阻值对气隙进行量化评估，同时根据灌浆模型提供安全合理的灌浆参数。

系统程序设计思路如图8-21所示。

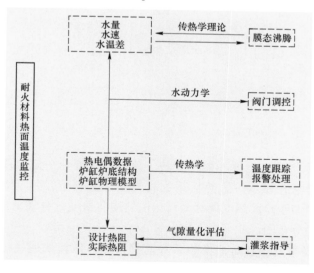

图 8-21　系统程序设计思路

输入参数：系统需输入炉缸每根冷却支管的冷却水流速、水量、水温差、进出水温度、炉缸配置结构、耐火材料导热系数、管壁与冷却水的对流换热系数、热电偶温度等参数。

输出参数：炉缸冷却效率、炉缸冷却能力变化曲线；供水均匀性及冷却支管水量均匀分布趋势曲线；炉缸温度场分布、侧壁厚度、炉缸最薄位置厚度；实际热阻与设计热阻比值、安全灌浆参数，如灌浆压力、灌浆面积、灌浆量等。

### 8.4.3　系统界面及操作展示

高炉炉缸耐火材料热面温度监控系统主要分为冷却能力监控模块、温度场监控模块、气隙及对流换热系数监控模块等。图 8-22 为冷却能力监控模块。该模块主要功能为对炉缸冷却能力进行监控及调整，实时显示炉缸冷却体系的冷却强度和冷却效率。同时对炉缸周向冷却均匀性进行监控，实时显示炉缸每块冷却壁水量和水温差。

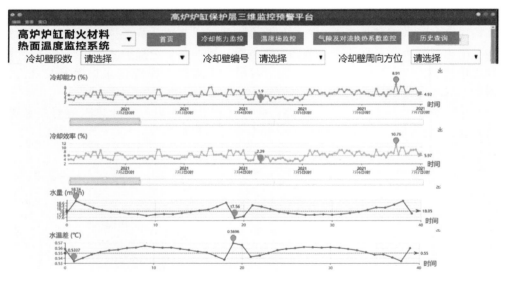

图 8-22　高炉炉缸耐火材料热面温度监控系统—冷却能力监控界面

图 8-23 为高炉炉缸温度场监控模块。该模块主要对炉缸温度场分布进行监控，同时实时计算并显示炉缸热面耐火材料热面温度值，判定炉缸残余厚度情况。通过选定冷却壁热面热电偶标高和热电偶周向角度，可确定该方向纵向温度场及横向温度场分布图。

图 8-24 为炉缸气隙及对流换热系数监控模块。该模块通过炉缸设计热阻及实际热阻对炉缸气隙进行量化评估，实时显示气隙指数随时间的变化趋势，提出

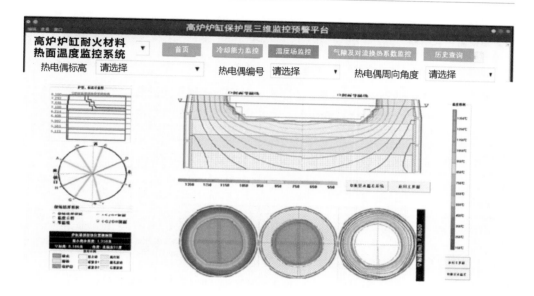

图 8-23　高炉炉缸耐火材料热面温度监控系统—温度场监控界面

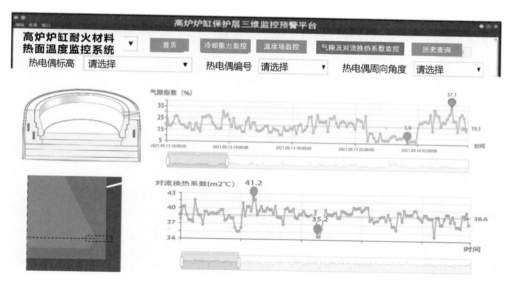

图 8-24　高炉炉缸耐火材料热面温度监控系统—气隙及对流换热系数监控界面

适合的安全灌浆参数进行参考。同时，可实时查看不同高度的铁液对流换热系数，为其他模块的监测提供基础。

图 8-25 为高炉炉缸耐火材料热面温度监控系统中的历史查询界面。查询界面可获取炉缸冷却强度、冷却效率、冷却水量等信息，便于导出数据。

图 8-25　高炉炉缸耐火材料热面温度监控系统—历史查询界面

## 8.5　高炉炉缸保护层监控预警系统

### 8.5.1　高炉炉缸保护层监控预警系统设计原理

基于传热学理论，推导高炉炉缸耐火材料保护层计算公式为：

$$d_{保护层} = \lambda_{保护层}\left(\frac{T_{HM} - T_{水}}{\dfrac{\Delta T \lambda}{\Delta L}} - \frac{1}{h_1} - \frac{1}{h_2} - \frac{l_1}{\lambda_1} - \frac{l_2}{\lambda_2} - \frac{l_3}{\lambda_3} - \frac{l_4}{\lambda_4}\right) \quad (8\text{-}24)$$

式中，$\lambda_{保护层}$、$\lambda_1$、$\lambda_2$、$\lambda_3$、$\lambda_4$ 分别为保护层、耐火材料、捣打料、冷却壁和冷却水管壁导热系数，$W/(m \cdot K)$；$l_1$、$l_2$、$l_3$、$l_4$ 分别为耐火材料、捣打料、冷却壁和冷却水管壁厚度，m；$T_{HM}$ 为铁液温度，℃；$T_{水}$ 为冷却水进水温度，℃；$h_1$ 和 $h_2$ 为铁液对流换热系数和冷却水对流换热系数，$W/(m^2 \cdot ℃)$；$\Delta T$ 为炉缸内外环热电偶温差，℃；$\Delta L$ 为炉缸内外环热电偶插入深度之差，m。

### 8.5.2　系统程序设计及功能实现

计算思路：

（1）基于高炉炉缸活性监控系统和高炉炉缸耐火材料热面温度监控系统提取的耐火材料残厚分布和热电偶温度数据，使用高炉炉缸铁液对流换热模型计算铁液流动速度和铁液对流换热系数。

（2）基于高炉侧壁冷却水至炭砖的设计，计算冷却水管至耐火材料热面的整体热阻分布与变化区间，同时根据实际热电偶的位置距离及温度信息，计算实际生产情况下的热流强度。

（3）在高炉炉缸保护层厚度监控模块下，根据输入的铁液成分信息，利用实际热流强度、炭砖残厚下的热阻分布计算得到耐火材料热面温度，并与之前得到的保护层析出温度计算保护层析出势，确定保护层析出状态。满足保护层析出条件情况下，利用已知的温度梯度（耐火材料热面温度、铁液对流换热后保护层热面温度）和保护层导热系数等参数计算得到当前状态保护层厚度，并整理保护层整体情况绘制炉缸保护层分布图。

（4）在高炉炉缸保护层厚度预警模块下，选取热电偶温度作为未知量，基于保护层消蚀及耐火材料微裂纹机制，根据铁液温度和炭砖可承受热震温差，计算获得耐火材料理想热面温度作为已知量，并以理想热面温度和实际冷却水温度作为温度梯度，计算当前残厚下的理想热流强度。之后，基于此热流强度，结合保护层温度梯度与保护层导热系数求得理想保护层厚度。最后，反推炉缸热电偶预警温度值，超过预警值时即发出预警信号。

输入参数：如表 8-2 所示，高炉炉缸保护层监控预警系统的输入参数主要包括冷却壁进出水温度、铁液温度、水管外径、水管内径、冷却水管宽度、管壁厚度、涂层厚度、气隙宽度、冷却壁厚度、捣打料厚度等，以及各种材料的导热系数参数，包括冷却水管、气泡、水垢、管壁、涂层、气隙、冷却壁、捣打料、保护层和耐火材料在不同温度下的导热信息。此外，还包括不同耐火材料可承受热震温差、铁液的成分等参数。

表 8-2　系统程序设计输入参数

| 序号 | 冷却壁参数 | 边界条件 | 材料物性 | 其　他 |
|---|---|---|---|---|
| 1 | 水管外径 | 进出水温度 | 冷却水管导热系数 | 耐火材料可承受热震温差 |
| 2 | 水管内径 | 铁液温度 | 气泡水垢导热系数 | 铁液成分 |
| 3 | 冷却水管宽度 | | 管壁导热系数 | |
| 4 | 管壁厚度 | | 涂层导热系数 | |
| 5 | 涂层厚度 | | 气隙导热系数 | |
| 6 | 气隙宽度 | | 冷却壁导热系数 | |
| 7 | 冷却壁厚度 | | 捣打料导热系数 | |
| 8 | 捣打料厚度 | | 不同种类保护层导热系数 | |
| 9 | | | 不同种类耐火材料导热系数 | |

输出参数：高炉炉缸保护层监控预警系统的输出参数为耐火材料实际厚度、炉缸保护层实际厚度、炉缸保护层纵剖及横剖面等分布图。

### 8.5.3　系统界面及操作展示

高炉炉缸保护层监控预警系统可实时监测炉缸保护层形成稳定情况，当保护层厚度超过合理厚度或保护层脱落时，可发出预警信号，采取相应手段进行调控。

如图 8-26 所示，在已知铁液温度、铁液流速、铁液成分、耐火材料导热系数及热阻信息条件下，绘制保护层厚度分布图。基于保护层析出势计算，耐火材料热面温度若满足析出势条件，则认为该部分耐火材料可以形成保护层，将数据标绿，且绘制保护层厚度线；若无法满足析出势，则无法形成保护层，将数据标红。高炉炉缸保护层监控预警系统还可以对保护层历史数据进行储存、重现及导出。系统可记录同一周向剖面，不同标高的耐火材料厚度、保护层厚度。

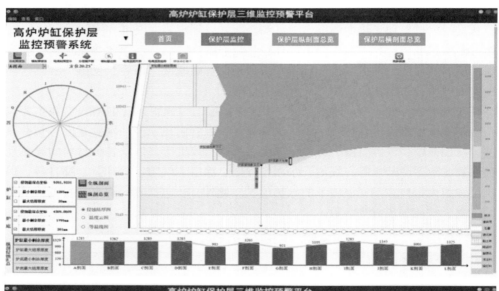

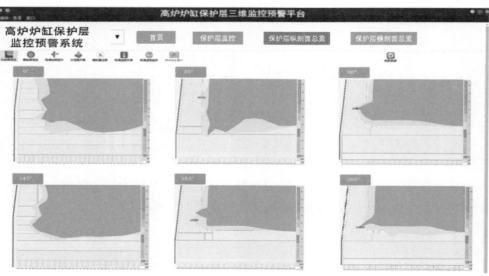

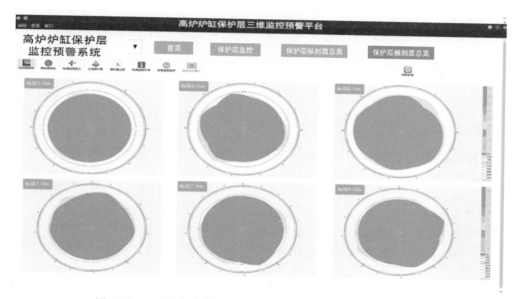

图 8-26 高炉炉缸保护层监控预警系统—保护层厚度监测界面

## 8.6 小结

本章针对高炉炉缸侵蚀问题，通过列举炉缸可视化案例，介绍了高炉炉缸智能技术的研究进展，以及由高炉炉缸活性监控系统、炉缸耐火材料热面温度监控系统及炉缸保护层监控预警系统组成的高炉炉缸保护层三维监控预警平台，可以更加直观、全面地掌控炉缸炉底侵蚀状态的变化趋势，从而有针对性地做出调控举措。

（1）综述了炉缸侵蚀模型的研究现状及发展趋势，介绍了可视化技术在炉缸监测参数、内衬截面和三维可视化系统的应用及取得的成果。高炉炉缸监控技术由最初的一维、二维技术逐步发展为三维可视化技术，通过采用有限元法、有限体积法（FVM）及边界元法等实现对高炉炉缸的安全有效监控。大数据技术的发展为开发预测炉缸侵蚀程度的新模型提供了新的思路。

（2）随着冶金技术的发展，可供判定炉缸生产状态的参数不断增加，温度监控及侵蚀监控已较为单一。基于高炉运行过程中的生产数据，开发了高炉炉缸保护层三维监控预警平台。高炉炉缸保护层三维监控预警平台将实际生产与理论计算相结合，基于现场实际生产数据，提供科学宏观的依据，起到实时监测和预测炉缸侵蚀趋势的作用，从而降低生产风险，为高炉炉缸顺行提供理论支撑和实践应用。

（3）高炉炉缸保护层三维监控预警平台由三大系统组成，其中炉缸活性监控系统用于生产中判断炉缸工作状态，对调整高炉操作提供重要信息。新系统不再集中于测量炉缸侧壁厚度等单一功能，而是旨在通过监控高炉炉缸保护层状态，进而指导高炉操作，从而实现高炉炉缸的安全长寿。

## 参 考 文 献

［1］雷鸣，杜屏，周夏芝，等.沙钢3号高炉炉缸炉底侵蚀结厚智能监测系统［J］.冶金自动化，2021，45（5）：13-22.

［2］吴迪，金峰，刘勇，等.炉缸内流动传热特性与侵蚀监测模型［J］.钢铁，2021，56（5）：23-30.

［3］Bol'shakov V I，Chaika A L，Sushchev S P，et al. New methods for monitoring the technical state of blast furnace enclosure without stopping the technological process［J］. Refractories and Industrial Ceramics，2007，48（3）：178-182.

［4］纪冬丽.高炉炉缸温度动态监测及自动预警系统的开发与应用［J］.电子测试，2017（1）：21-23.

［5］张发辉.武钢4号高炉炉缸炉底侵蚀在线监测系统开发与应用［D］.武汉：武汉科技大学，2015.

［6］王天球，朱怀宇，居勤章，等.宝钢高炉炉缸侵蚀的监测和控制［J］.炼铁，2012，31（3）：27-29.

［7］常治宇，张建良，宁晓钧，等.柳钢4号高炉侧壁温度升高与侵蚀状态分析［J］.中国冶金，2018，28（6）：13-18.

［8］Torrkulla J，Saxen H. Model of the state of the blast furnace hearth［J］. Transactions of the Iron & Steel Institute of Japan，2000，40（5）：438-447.

［9］许俊，邹忠平，胡显波.炉缸侵蚀模型的应用［J］.钢铁研究学报，2011，23（3）：15-16.

［10］马富涛.炉缸侵蚀结厚监测模型的研发与应用［J］.钢铁研究，2013，41（4）：9-14.

［11］Zagaria M，Dimastromatteo V，Colla V. Monitoring erosion and skull profile in blast furnace hearth［J］. Ironmaking & Steelmaking，2010，37（3）：229-234.

［12］李家新，苏宇，唐成润.高炉炉底侵蚀状况动态监测模型的开发［J］.炼铁，2001（2）：28-30.

［13］赵宏博，霍守锋，郝经伟，等.高炉炉缸的安全预警机制［J］.钢铁，2013，48（4）：24-29.

［14］徐万仁.肯布拉港厂高炉炉缸过程监控技术的发展［J］.世界钢铁，2002，2（5）：41-47.

［15］黄永东.基于有限元法的高炉炉缸炉底侵蚀模型的研究及应用［J］.冶金自动化，2010，34（3）：30-33.

［16］吴俐俊，程惠尔，马晓东，等.基于边界元法的高炉炉底炉缸侵蚀模型［J］.上海交通

大学学报，2004（10）：1733-1736.

［17］ 李强，冯明霞，储文，等 . 基于边界移动法的高炉炉缸侵蚀监测模型［J］. 东北大学学报（自然科学版），2015，36（1）：57-62.

［18］ 杨小运，陈和平，顾进广，等 . 约束 Delaunay 三角网生成算法的研究与应用［J］. 计算机工程与设计，2012，33（5）：1842-1846.

［19］ 韩帅 . 基于 BP 神经网络的高炉炉缸内衬侵蚀识别［D］. 沈阳：东北大学，2010.

# 9 高炉炉缸安全长寿技术系统论

系统论是研究系统的结构、特点、行为、动态、原则、规律及系统间的联系，并对其功能进行数学描述的新兴学科[1]，其基本思想是以系统为对象，从整体出发来研究系统整体和组成系统整体各要素的相互关系，从本质上说明其结构、功能、行为和动态规律，以把握系统整体，达到最优的目标。系统论基本原理的发现一开始便提到了内环境稳定这一观念，美国生理学家坎农（Walter Bradford Cannon）曾提出任何生命组织都存在一种"内稳态"的基本性质，这同时也是一种能力，也是医学史上常有不治而愈的奇迹事件发生的原因。反观高炉冶炼，也曾出现过高炉在发生异常预警时，未采用针对维护而正常完成长时间服役的案例。长期以来，高炉的稳定顺行一直是长寿发展的重要环节，不论是高炉顺行还是出现异常，其最基础的单元均是稳态。既然高炉是一个复杂多元的体系，且该体系运转出现异常时，能够依靠自身内稳机制进行调整，那么在实际生产维护中便可以利用这一特点，指导高炉生产。综上可知，高炉工作者可以利用高炉自身的生命强度，提高其自修复的能力和自愈功能，从而实现对高炉生命周期的把控，这与中医对人体的保健与治疗极为相似。

## 9.1 高炉炉缸安全长寿自修复

### 9.1.1 高炉炉缸内稳机制

如今对高炉炉缸的研究和认识已进入到微观层面，更有甚者已从分子、原子尺度进行研究[2]，最典型的例证就是冶金熔体领域的研究，主要包括炉渣分子理论、离子理论，以及铁液结构分析等方面[3,4]。随着炼铁科技工作者对高炉认知逐渐聚焦化、分析问题逐渐具有针对性之后，当高炉运行不畅时，所需关注的角度和问题也变得更加复杂。在探索高炉现象背后机理的同时，也应回视整座高炉系统本身的状态，回到整体上关注和维护高炉运行，即"由俭入奢易，由奢入俭难"。

因此，如果把高炉看作如人类一样的生命个体，那对高炉微观的理解可以看作医学上对细胞神经的解析，不断推动对高炉的认知。但在真正回归治疗时，又需要关注整个高炉的状态，从实际角度出发治疗高炉的异常病症。此外，高炉与人体具有许多相同之处，高炉需要不断补充能源物质，才能正常运转，而在运转过程中会产生煤气、渣、铁液等产物，类似于人体的各种代谢产物。因此，可将高炉炉体外形比作人体系统、高炉消耗物料过程类比于消化系统、高炉的内稳机制比作内分泌系统、鼓风与排出煤气相当于呼吸系统、渣铁排出对应于泌尿系统、耐火材料冷却装置就如人体的免疫系统，高炉的操作控制相当于人体的神经系统。显然，高炉和人体的各个系统均拥有各自对应的关键组织和器官，且系统之间仍然相互关联。

金观涛等人[5]曾将系统论由生物学拓展至医学，并提出"系统医学"概念，更好地理解人体生理功能和人体疾病。既然高炉与人类有如此多相似之处，同样可以将系统论引入冶金领域，更有利于全面地理解高炉的生命周期，指导高炉长寿。

## 9.1.2　高炉炉缸稳态自耦合

自耦合系统是维持高炉稳态最基础的单元，高炉如人一样存在自愈般的自我纠偏能力。整体稳态的表象下，是多个指标共同发挥作用的结果，类似人体生理方面的共同调节机制。而且每一个参数也存在自身的纠偏机制，即稳定范围。另外，参数之间是相互耦合的，一个参数变动，其他参数也随之变动，参数间的自恰耦合及相互影响会给判断带来误导，此时需要确定一些主要参数，例如理论燃烧温度、炉缸热状态等。

高炉炼铁是一个复杂多变的物理化学过程，不同高炉、不同服役时期，其冶炼特点各不相同，现有的技术也没有完全明晰高炉炉况的演变机理，科学、准确及客观研判炉况的方法是炼铁工作者迫切需要解决的课题。由于稳态可以靠自耦合系统来描述，且通过医学体检能够科学、客观的判断人体健康状态，提前发现人体的患病风险，并对应采取的预防及应对措施进行指导，防患于未然。以此类之，高炉体检对炉况的研判也能实现以数据化代替经验化的转变。高炉生产过程包括众多的子工序，包括配料、上料、布料、鼓风、富氧、喷吹及渣铁处理等，同时产生大量的生产参数，如指标参数、操作参数和状态参数等，构成一个非稳态、自耦合、多时变的复杂系统。分析这些参数的变化，有利于对高炉炉况的研判。

高炉体检参数是各高炉根据实际选取的一些重要参数，以此对当前的运行状态进行评分。通过设置权重和优化完善的方法，不断修正体检模型，可以实现对自耦合系统的准确把控[6]。整体参数通常可分为：指标参数、煤气流参数、送风参数、炉体温度参数、铁液炉渣参数、原燃料质量参数及其他体检参数等。

（1）指标参数。指标参数是一些重要的高炉炼铁经济技术指标。高炉体检选取的指标参数一般有 3~4 个，包括日产量（t/d）、燃料比（kg/t）、煤比（kg/t）和全焦负荷（t/t）等。

（2）煤气流参数。煤气流参数是一些高炉监控和分析煤气流分布状况的重要参数。高炉体检选取的煤气流参数包括：炉顶温度（℃）、顶温极差（℃）、炉喉钢砖温度（℃）、炉喉钢砖温度极差（℃）、封罩温度（℃）、十字测温中心温度（℃）、十字测温边缘温度（℃）、中心流指数 $Z$ 值、边缘流指数 $W$ 值、$Z/W$、煤气利用率（%）、探尺差（m）、瓦斯灰比（kg/t）等。

（3）送风参数。选取的送风参数包括：日减风次数（次）、实际炉腹煤气量（$m^3/min$）、压差（kPa）、透气性指数（风量/压差：（$m^3/min$）/kPa）、实际风速（m/s）、鼓风动能（kJ/s）及理论燃烧温度 $T_f$（℃）等。

（4）炉体温度参数。选取各段炉体冷却壁温度以及冷却制度相关参数，包括：炉身炉体温度（℃）、炉腰温度（℃）、炉腹温度（℃）、炉缸侧壁温度（℃）、炉芯温度（℃）、炉体热负荷（kJ/h）、全炉水温差（℃）及炉缸水温差（℃）等。

（5）铁液炉渣参数。选取的铁液炉渣参数包括：硅偏差（%）、日均铁液温度（℃）、渣中 $Al_2O_3$（%）、镁铝比、日出铁次数（次）、铁液流速（t/s）及来渣时间（min）等。

（6）原燃料质量参数。选取的原燃料质量参数包括：焦炭 $M_{40}$（%）、焦炭 $M_{10}$（%）、焦炭反应性 CRI（%）、焦炭反应后强度 CSR（%）、焦炭灰分（%）、入炉粒度（mm）、焦粉比例（定义高炉日焦粉量之和与日使用焦炭总量的比值，反应焦炭现场实物质量,%）、矿粉比例（定义高炉日返矿粉量与日使用矿石总量的比值，主要反应烧结矿现场实物质量,%）、焦丁率（高炉日焦丁量/日焦炭,%）、球团抗压强度（N/个）、球团 FeO>1.0% 批数（次/日）、槽位管理（次/日）、有害元素等。

（7）其他体检参数。高炉体检还需要考虑一些其他体检参数，常见的有：高炉日补水量（t/d）、崩料次数（次/日）等。

依据高炉自身特点，在以上各类体检参数中选取与之相应的体检参数，对高炉运行情况进行跟踪。表 9-1 所示的体检表分为顺行和保障两个体系，顺行体系主要考察生产的经济技术指标和操作指标等情况，而保障体系的得分则主要根据原燃料的质量情况评判。体系中各参数的上下限由理论计算、历史数据回归等方式确定，体检表以日为单位，对每日的体检参数进行持续跟踪统计，并统计记录每周、每月的平均数据及偏离次数。

**表 9-1　高炉日体检表**

| 项　　目 | 序号 | 指标名称 | 单位 | 下限值<br>（中心值） | 上限值<br>（偏差） | 1 | … | 31 | 偏离<br>频次 |
|---|---|---|---|---|---|---|---|---|---|
| 指标检查 | 1 | 负荷 | t/t | 4.6 | — | | | | |
| | 2 | 煤比 | kg/t | 116 | 180 | | | | |
| | 3 | 燃料比 | kg/t | 490 | 550 | | | | |
| | 4 | 利用系数 | t/($m^3 \cdot d$) | 1.8 | 2.3 | | | | |

| 项　目 | | 序号 | 指标名称 | 单位 | 下限值（中心值） | 上限值（偏差） | 1 | … | 31 | 偏离频次 |
|---|---|---|---|---|---|---|---|---|---|---|
| 煤气流检查 | | 5 | 煤气利用率 | % | 40 | 50 | | | | |
| | | 6 | 顶温 | ℃ | 150 | 50 | | | | |
| | | 7 | 煤气氢含量 | % | 3 | 5 | | | | |
| | | 8 | 瓦斯灰比 | kg/t | 15 | 20 | | | | |
| 铁液炉渣检查 | | 9 | $\delta[Si]$ | % | — | 0.15 | | | | |
| | | 10 | [S] 最低 | % | 0.03 | 0.07 | | | | |
| | | 11 | 日均铁液温度 | ℃ | 1490 | 1520 | | | | |
| | | 12 | 炉渣碱度 | | 1.2 | 0.05 | | | | |
| | | 13 | 渣比 | kg/t | 250 | 355 | | | | |
| | | 14 | 日均镁铝比 | | 0.48 | 0.58 | | | | |
| 送风系统检查 | | 15 | 风量 | $m^3/min$ | 6400 | 6600 | | | | |
| | | 16 | 风温 | ℃ | 1160 | 1240 | | | | |
| | | 17 | 富氧率 | % | — | 5 | | | | |
| | | 18 | 吨铁耗风 | $m^3/t$ | 1000 | 1300 | | | | |
| | | 19 | 炉腹煤气量 | $m^3/min$ | 8500 | 9000 | | | | |
| | | 20 | 鼓风动能 | kg·m/s | 12500 | 14500 | | | | |
| | | 21 | 透气性指数 | | 3700 | 4200 | | | | |
| | | 22 | 压差 | $kg/cm^2$ | 1.57 | 1.73 | | | | |
| 其他检查 | | 23 | 悬料 | 次/日 | 0 | 1 | | | | |
| | | 24 | 管道 | 次/日 | 0 | 1 | | | | |
| | | 25 | 慢风次数 | 次/日 | 0 | 1 | | | | |
| | | 26 | 慢风时间 | h | 0 | 1 | | | | |
| 原燃料质量检查 | 焦炭 | 27 | $M_{40}$ | % | 86 | 92 | | | | |
| | | 28 | $M_{10}$ | % | 4 | 6 | | | | |
| | | 29 | CRI | % | 19 | 24 | | | | |
| | | 30 | CSR | % | 65 | 71 | | | | |
| | | 31 | 灰分 | % | 11 | 12 | | | | |
| | | 32 | 硫分 | % | 0.6 | 0.85 | | | | |
| | | 33 | 水分 | % | 0.2 | 0.5 | | | | |
| | | 34 | 入炉粒度 | mm | 48 | 54 | | | | |
| | 煤粉 | 35 | 灰分 | % | 8.5 | 11 | | | | |
| | | 36 | 挥发分 | % | 18 | 21 | | | | |

| 项　目 | | 序号 | 指标名称 | 单位 | 下限值<br>（中心值） | 上限值<br>（偏差） | 1 | … | 31 | 偏离频次 |
|---|---|---|---|---|---|---|---|---|---|---|
| 原燃料质量检查 | 煤粉 | 37 | 硫分 | % | 0.4 | 0.3 | | | | |
| | | 38 | 水分 | % | 0 | 3 | | | | |
| | 烧结矿 | 39 | 烧结 TFe | % | 56.6 | 58.3 | | | | |
| | | 40 | 烧结 SiO$_2$ | % | 4.7 | 5.4 | | | | |
| | | 41 | 碱度 | | 1.9 | 2.3 | | | | |
| | | 42 | FeO | % | 9 | 0.5 | | | | |
| | | 43 | 平均粒径 | mm | 18 | 24 | | | | |
| | | 44 | 粒径<10mm | % | — | 22 | | | | |
| | | 45 | 低粉要求 | | 75 | 80 | | | | |
| | 球团矿 | 46 | 球团 TFe | % | 65 | 66 | | | | |
| | | 47 | 球团 SiO$_2$ | % | 3 | 5.5 | | | | |
| | | 48 | 抗压强度 | | 2550 | — | | | | |
| | | 49 | 还原膨胀率 | | — | 15 | | | | |
| | 综合 | 50 | 矿耗 | kg/t | 1573 | 1688 | | | | |
| | | 51 | 入炉品位 | % | 57.9 | 60.4 | | | | |
| | | 52 | K、Na 负荷 | % | 2 | 3.5 | | | | |
| | | 53 | Zn 负荷 | % | 0.15 | 0.35 | | | | |

以上体检方式的确立是通过建立数学评价模型，将以往经验性、主观性的高炉顺行评估进行量化和客观化的处理，为高炉操作者提供更加直观的判断依据。同时，在实践过程中不断进行调整优化，通过对每一日的评价评判，不断改进评价策略，优化参数、模块的选择与权重，明确每个高炉的稳态自耦合系统情况，最终可使体检结论与高炉实践更加相符，准确地表征高炉运行状况。

### 9.1.3 高炉经受扰动的稳态偏移

生理学家坎农曾认为在内稳机制下，一旦体系偏离了稳态的恒定值，将会引发一系列反应，使机体重新回到新的恒定值。在自耦合系统下对高炉进行体检评价，关注各项指标的纠偏能力，并对高炉进行评分，能够有效分析高炉的稳定状态。更重要的是，当稳态发生偏移时，可以用统一的数学模型进行评价，方便操作者更加准确地把握高炉运行状态，进而实现对高炉的诊断和治疗做到精确化。

将前文提到的所有参数视为一个整体，高炉的稳态维持和结构稳定性可用式（9-1）所示的模型进行评价，从而分析高炉稳态的偏移状态。式（9-1）对高炉寿命和稳定的影响因素划分为内因和外因，其中对高炉的维护和操作变化可看做外因，而高炉在当前状态下的运行能力则可归结于内因。

$$s = \frac{b}{1 - (k + a)} \tag{9-1}$$

式中，$s$ 为高炉稳态的偏移，当 $s$ 不等于 0 时，高炉处于稳态偏移的状态；$a$ 和 $b$ 为引发稳态偏移的原因，其中 $b$ 为外在因素，$a$ 为内部因素；$k$ 为稳态系数，$1 - (k+a)$ 代表高炉维持稳态能力的强弱。

当 $s$ 过大时，将会引起其他稳态的不利偏移，便会导致炉况失常。此前高炉维持稳态能力仅凭高炉操作者的经验判断，而公式则利用数学的简洁，解释了稳态和内因、外因的影响过程，当系统稳态发生偏移时，能够及时分辨其为内因，或是外因导致，该系统即为维持内稳态存在的自耦合系统。

另外，当高炉对外因进行调整，即使外因到达合理状态，但高炉自身的内因由于受到影响而发生变化，也会导致稳态偏移，从而引发高炉失常。因此，在对高炉进行外因维护时，也应该考虑维持和强化高炉的承受能力，保证内因的稳定。一般情况下，高炉长寿维护过程可分为四个基本环节：

第一环节为稳态偏移的测定，即评价高炉状况，将实际值和代表健康的值进行比较；

第二环节为炉况的分析，这是根据稳态偏移找到相应的诱因；

第三环节为护炉方法和自耦合机制方案的确立，除了根据问题确定维护方法外，还需要利用自耦合机制提高高炉生命强度，高炉恢复稳定后，能够承受一定程度的扰动；

第四环节为方案的实施，将专业知识和技术应用到实践，保证实施过程中炉况的稳定性。

综上可知，实际生产中，需提高高炉自身的生存能力，提高自修复性和稳态范围。由于不可避免地会有如炉料结构、送风、有害元素和湿度、渣铁等外因变化，每一个参数变动都会作为外因导致评价模型变化。高炉受扰动，将会导致稳态偏移，但如果高炉自身内因较好，偏移之后，仍会处在稳定范围内偏移波动，即偏移后从稳态 1 进入稳态 2，犹如人的体重和体脂比发生变化时，自身仍处于健康状态。当遇到较大问题时，高炉也更有可能获取自身修复的机会，操作者在稳态和自修复能力基础上的维护过程实现高炉自愈。

## 9.2 高炉炉缸安全长寿维护原则

### 9.2.1 常规护炉：高炉长寿通用维护方法

含钛物料护炉是保障高炉炉役末期安全生产，延长高炉寿命的有效措施之一，其良好的护炉效果已成为高炉操作者的共识[7]。早在 20 世纪 50 年代，日本在烧结矿中配加钛磁铁矿，取得了一定的护炉成果之后，又通过提高 $TiO_2$ 装入量，同时增加炉渣碱度，提高硅含量等一系列措施，解决了部分高炉炉缸温度异常现象，进一步证明了钛沉积物对高炉炉缸的保护作用。20世纪60年代中后期，国内开始对钒钛物料护炉进行研究，实际应用始于柳钢、湘钢，之后武钢、首钢、本钢、重钢、酒钢、马钢、宝钢、太钢、杭钢等一大批大中型高炉及小高炉均采用含钛物料进行护炉，得出了有效护炉经验数据：吨铁 $TiO_2$ 的加入量为 5 ~ 20kg；炉渣中 $TiO_2$ 含量为 2% ~ 4%；铁液中 ［Ti］为 0.10% ~ 0.20%。含钛物料护炉的形成机理如图9-1所示。

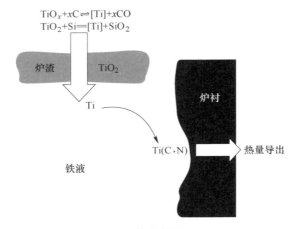

图 9-1　含钛物料护炉机理

通过提高炉缸侧壁冷却强度、减缓铁液对炉缸侧壁的冲刷、优化渣铁组分及促进高熔点固相在炉缸薄弱区域析出形成黏滞层或保护层等措施减缓炉缸侵蚀，从而保证高炉的安全冶炼是当前最为常规的护炉措施。

### 9.2.2　精准护炉：典型高炉长寿维护技术

国内大部分企业根据自身高炉的稳态状况，从原燃料质量管理、高炉操作等方面对高炉进行安全长寿维护，如下为国内高炉精准护炉的几个案例：

沙钢3号高炉（2680m³）运行3年后开始出现炉缸侧壁温度持续升高现象，前期采用含钛物料护炉后炉缸侧壁温度出现频繁波动，护炉成本明显增加。因此，在保障高炉安全状态下，沙钢开展护炉技术实践探索，通过缩小送风面积，提高鼓风动能，减小炉缸死料柱体积，从而吹透炉缸中心改善炉缸活跃性。同时，提升铁液温度与渗碳效率，使得铁液碳含量基本处在 4.7% ~ 5.2% 之间，有利于促进石墨碳保护层的形成，从而对炉缸耐火材料形成保护作用。

太钢5号高炉实际容积为4350m³，炉役中后期曾出现炉缸侧壁温度升高现象，通过大幅降产稳定了炉缸侧壁温度。炉役末期通过提高风速和鼓风动能，活跃炉缸状态；加强原燃料筛分，保障高炉死料柱透气透液性；强化炉缸炉底冷却，减缓炉缸炉底耐火材料侵蚀；加强铁前维护及完善炉缸监测等操作，高炉利用系数从 $1.81t/(m^3 \cdot d)$ 增加至 $2.12t/(m^3 \cdot d)$，燃料比从 530kg/t 降低到 495kg/t。

首钢京唐 2 号高炉实际容积为 5500m³，在开炉 2 年左右出现炉缸侧壁局部温度升高现象，主要采用含钛物料进行炉缸维护，同时配合强冷技术进行处理。对钛的加入量进行科学控制，在炉缸局部点温度很高的情况下，提高钛加入量，在温度降至安全范围后，适当减钛。与此同时，通过加大冷却水流量、降低供水温度，降低高温区域的炉衬表面温度，以利于形成 $Ti(C,N)$ 的结晶物。另外，高炉还适当降低产量，减少渣铁生成量和排放次数，以及控制入炉有害元素含量。2013 年 6 月至 2016 年 2 月，首钢京唐高炉碱金属含量基本控制在 4kg/t 以下，2014 年 9 月把入炉锌负荷控制在 0.25kg/t 以下。为加强炉缸炉底区域的监控，首钢京唐高炉在炉底、炉缸共布置了 12 层 548 点热电偶测温，在四个铁口各有测温点 6 个，共计 24 个测温点。在一段和六段两层水箱出水处（炉缸区域）设有水温测量点，每块水箱设测温点一个，共计每层 72 个测温点，并在高炉专家系统上设立炉缸侵蚀模型及报警，以便及时发现异常现象。

综上可以看出，高炉在添加含钛物料护炉生产的同时，也可通过上下部调剂、加强重点区域的维护及调节生产操作等方法来进行炉缸维护，主要措施如下：

（1）降低产量。在高炉炉役末期，为维持高炉顺行，减少炉况波动，适当降低高炉产量，减少渣铁生成量、出铁次数和出铁时间，有利于降低铁液环流。

（2）加强炉缸监测。增加炉缸侧壁、铁口区域热电偶数量，加强水温差、热负荷的监控，强化炉缸状态监控，为炉役末期高炉安全生产奠定基础。

（3）提高冷却强度。高炉炉役末期，炉缸侧壁变薄，提高冷却水流速和水量，提高炉缸冷却强度，以减缓砖衬侵蚀。

（4）加强铁口区域维护。炉缸铁口区耐火材料主要靠打入的炮泥形成蘑菇状泥包进行保护，维护好铁口状况，保证打泥量和维持合理的铁口深度，是确保炉缸安全长寿的关键技术。此外，适当地减少出铁次数和出铁时间，可以减少铁液环流对铁口的冲刷侵蚀。

（5）调整工艺制度。炉役末期，保持稳定充沛的炉缸热量、合适的送风制度与装料制度，有利于稳定炉况。另外，针对高炉炉缸薄弱区域，可缩小对应区域上方风口面积，并提高铁液中硅含量和碳含量，增加铁液碳饱和度，进而减少砖衬侵蚀。

### 9.2.3 护炉负反馈：失常高炉的稳态自耦合

1948 年，维纳最早提出了负反馈机制，其本质在于因果关系组成封闭的回路，构成一个自耦合系统[8]。其中，引导体系接近内稳态称为负反馈（Negative Feedback），而远离内稳态为正反馈（Positive Feedback）。负反馈调节的关键在于高炉炉况的监测、炉缸自修复作用的发挥及系统状态的变化，三者组成一个封闭的环路。这种利用负反馈实现高炉安全长寿的现象，如同医学史上的不治而愈或中医调理，高炉工作者利用自耦合关系，在不采用含钛物料护炉的情况下，通过调整高炉状态进入稳态而实现高炉的自修复。如国内的宝钢、武钢和韶钢曾不使用含钛物料护炉操作，通过保证原燃料质量，稳定高炉顺行，提高炉缸活性，保证高炉利用自耦合机制在稳态内运行，最终实现了高炉的安全长寿。

韶钢 7 号高炉炉容为 2500m³，高炉运行 14 年未采用含钛物料护炉，运行指标良好。在高炉炉役后期采用的护炉措施和强化冶炼措施中，首先是改善原燃料质量，同时严格控制入炉料中铅、锌的含量，从而改善高炉炉内料柱透气性，减少碱金属在高炉内的循环富集造成的危害，之后在保证较强且稳定的中心气流条件下，逐步提高炉顶压力，其布料矩阵如表 9-2 所示。

表 9-2　韶钢 7 号高炉布料制度

| 项　目 | 布料矩阵 | 料线/m | 圈　数 |
|---|---|---|---|
| 矿石 | $O_2^{37°\ 35°\ 32.5°\ 29.5°}_{\ \ \ 3\ \ \ 3\ \ \ \ 3\ \ \ \ \ 3}$ | 1.5 | 11 |
| 焦炭 | $C_3^{37°\ 35°\ 32.5°\ 29.5°\ 13.5°}_{\ \ \ 3\ \ \ 3\ \ \ \ 3\ \ \ \ \ 2\ \ \ \ \ 4}$ | 1.5 | 15 |

同时为配合上部调整，韶钢 7 号高炉下部积极优化风口布局，提出"大风量低富氧"的操作理念，确保吹透中心，活跃炉缸。采取上述措施后，炉内初始煤气流分布趋于均匀，获得了适宜的回旋区深度，高炉总体压差下降，炉况稳定性得以增强。此外，高炉还提高冷却强度，并建立炉缸炭砖残厚专项管理机制，每半月对炉缸工作状态进行分析总结，主要包括炉缸区域炭砖温度、炭砖残厚、炉缸区域冷却系统水温差等参数的监控分析。最终 2018 年韶钢 7 号高炉利用系数达到 2.6t/（m³·d），产量维持在（6400±200）t/d，短时间内可以达到 6900t/d，渣量处于 310~320kg/t，铁液温度维持在 1520~1530℃。

## 9.3　中医思维在高炉维护中的应用

系统论作为西方提出的哲学观点，直指事物本质，如同分子、细胞、组织、器官及系统等生理概念，且西医的理念均具有较强的操作性，因此衍生出解剖学、外科手术等领域。高炉是一个"黑匣子"，操作者是无法直观地看到高炉内部的运作方式，因此更符合中国传统哲学的思维特质，正如张岱年先生所说"中国哲学中，讲直觉最多""中国哲学只重内心之神秘的冥证，而不重逻辑的论证"。平日里，对于有着卓越经验的高炉专家，常有"高炉良医"的美称[9]，而中医对于疾病的诊断也是对客观事物的直观反应进行分析，依托于"象"而不过于追其本质，这与日常高炉运行的判断方法，乃至工程学科的指导实践理念十分贴合。在中医从实践到理论的升华中，理论框架来自于《周易》取象比类的辩证逻辑思维，进而融汇天人合一的思想，阐述世间人和事的根本特征。因此，利用以中国传统哲学为母体的中医思维来看待高炉冶炼将更加贴切和便于理解。

### 9.3.1　中医思维下的高炉长寿系统论

中医理论体系中最常见的概念是意象概念，即阴阳、五行、气、经络、精、神等，中医思维下的系统论是基于这些意象概念进行阐述。

阴阳作为中医思维的重要概念，而高炉稳定顺行同样涉及阴阳平衡问题。阴代表高炉内部矿石的还原吸热及其他冷却制度，而阳则代表了高炉内部的氧化放热能力。高炉生产时，矿石自上而下运动，而高温气流自下产生而上升，便为阴阳交汇，代表了高炉的内稳机制，只有阴阳平衡才能使得高炉稳定顺行，保障系统提绩增效。

五行则分别对应高炉的五大操作制度，彼此相生相克。五行也有其内涵，分别为润下、炎上、曲直、从革、稼穑[10]。水之润下，表示滋润降势，正是冷却制度的作用；火之炎上，表示燃烧上升的特性，对应于炉缸热制度；木之曲直，是舒展增长，对应于送风制度；土之稼穑，表示收获，与高炉造渣制度相近；金之从革，意味着多变，对应装料制度。五种操作制度之间关系紧密，相互协作达到了高炉的稳定顺行，这与相生相克的五行关系十分相似，高炉五行的属性定义及相互关系如图 9-2 所示。

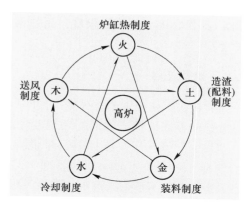

图 9-2　高炉五行的属性定义及相互关系图[11]

气在中医和高炉中都有着非常重要的地位，中医的气意义抽象，是构成人体和推动人体生命活动的最基本元素，气为血帅，血为气母，气行血行，气滞血瘀。而在高炉中同样也存在一个非常重要的气——煤气。无论是上部装料，还是下部送风，高炉运行的核心均是保证煤气的充分利用和合理分布，同时还要保证炉缸热制度稳定，防止炉温波动。由此可以看出，与人体一样，气顺是炉顺的必要条件。

在诊断与治疗方面，中医看病常有"望、闻、问、切"四诊，分别对应于系统论中高炉维护过程的四个基本环节。望便是观察对象的形态变化，即为第一环节评价高炉状况；闻是进一步通过感官判定异常，类似于炉况分析；问即询问，即了解过程和病史，等同于第三个环节明确合适护炉方法和高炉本身的自耦合机制；切诊是正式进行诊断，即为第四个环节方案实施。

### 9.3.2 高炉全生命周期管控三大中医思维

#### 9.3.2.1 辩证论治，阴阳平衡

"阴阳平衡"是炼铁过程中非常重要的原则，在生产操作中需要把握好装料、送风、造渣、炉热、冷却等制度的平衡，同时把握好炉内横向气流及纵向气流的平衡，以及其他方面的局部平衡，以维护炼铁系统生产的平衡。中医诊病要先分辨阴阳，辨别是阴虚或阳虚，还是阴阳两虚，不论哪个都会打破平衡而出现问题。类比高炉进行强化冶炼时，不能一味追求提高煤比、富氧率。若煤比增加，焦比将降低，焦炭层厚度减薄，焦窗面积减少，将会恶化料柱透气性，如果把握不好煤气流的平衡，将出现悬料等异常炉况。若富氧率提高，理论燃烧温度上升，阳胜发热，炉况将会发生波动。因此，要从局部和总体阴阳平衡相互影响综合考虑，通过科学的定量分析计算，对度量进行精准把控。在一定原燃料条件和炉型前提下，煤比和富氧率均有一合理的限度，超过该限度将会导致阴阳失衡，炉况异常，甚至失常。

#### 9.3.2.2 五行生克，元气充盈

五行间关系紧密，相辅相成。如土生金，火生土，即对应着炉渣受高炉装料制度影响，而同时因为渣铁的存在，炉缸内部的热制度才能发挥效果。《难经》所谓"生我"者为母，"我生"者为子，根据五行学说理念，若想改变"子"，则应先调整"母"因。同样，在高炉生命周期的管理中，遇到问题应追其诱导变因，从源头解决，把握整体，而不是头痛医头，脚痛医脚的片面手段，这也与中医通过观其形而治其病的方法十分相似。

从中医气血说方面与高炉炉况的对比可以看出，高炉的阴阳失衡、煤气分布异常、煤气利用率低下，如同人类生病一样。因此，对于高炉工作者来说，要保证高炉"元气充盈""气血旺盛"，不能单从优化煤气指标着手，还应包括炉芯温度、炉顶温度、炉缸壁面温度、渣铁温度等温度参数指标，综合管理高炉炉况发展趋势，实现保证良好的炉缸热状态下，煤气流的合理分布，死料柱置换顺

畅，可以显著提高高炉代谢能力，中医称之为舒筋活气。

### 9.3.2.3 忧盛危明，未病先防

做到细节管理不或缺，波动征兆不放过，在早期采取适当补救措施，避免更严重问题出现。《黄帝内经·素问·四气调神大论》说："圣人不治已病治未病，不治已乱治未乱……夫病已成而后药之，乱已成而后治之，譬犹渴而穿井，斗而铸锥，不亦晚乎！"[12]。

预防包括未病先防和既病防变两个方面：未病先防是指在疾病发生前采取措施防止疾病发生，主要原则是"养生以增正气"和"防止病邪侵害"；而既病防变是指在疾病发生初期，力求早期诊断和早期治疗，防止疾病发展和转变。另外，疾病在发展过程中，可能会出现由浅入深、由轻到重、由单一到复杂的变化，如能早期诊治，可阻断病情进一步发展，否则容易贻误病情，甚至丧失最佳治疗时机。

在高炉炼铁生产过程中，也要及时排查预防，做到"未雨绸缪，未病先防，既病防变"。操作人员要苦练基本功，确保每一个环节的工艺稳定。就高炉炉况而言，可能一开始只是炉温波动，然后慢慢发展到悬料崩料、炉凉，甚至是炉缸冻结，因此，要做到细节管理不或缺，波动征兆不放过，"未雨绸缪，未病先防"，从而实现并保障高炉的稳产顺行。

## 9.3.3 中医调和下的高炉维护多元性

中医思维认为，人体各个器官是个有机整体，人体五行之间相互影响、相互关联。炼铁工作者认为：高炉也是个有机整体，上料系统、炉顶系统、水系统、送风系统及煤气系统均会相互影响、相互关联；送风制度、热制度、装料制度、造渣制度、冷却制度之间亦会相互影响、相互关联；产量、消耗、长寿之间同样也会相互影响、相互关联。因此，在观察和分析有关高炉炼铁过程中出现的问题时，必须注重高炉炼铁系统的整体性及各个生产环节制度之间的统一性和联系性。

中医讲究内服外用，更有食补一说，从高炉冶炼方面来看，高炉通过布料制度装入不同种类的含铁原料和焦炭，可以类比于人体进食，由于人体摄入食物的种类不同，会给人的身体机能带来不同的影响。如果人体摄入不健康的食物，则会导致肠胃功能受损，从而造成疾病的发生。高炉和人一样（图9-3），如果给

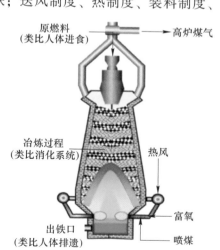

图 9-3 高炉冶炼和人体功能对比

高炉"吃"品位和质量较差的原燃料，会给高炉的冶炼带来困难，严重时甚至会造成高炉炉况出现波动，导致高炉顺行出现问题[13]。

除了精料管控，当高炉自身处于亚健康状态时，既需要对症下药，及时抑制急性症状，同时也需要维护多个系统，进行多元维护，确保高炉在正常运转过程中不断自愈。孔子提出的"中庸之道"，即尽量公平地站在矛盾双方中间，既不偏左，也不偏右，使矛盾双方趋向和谐，协调化解双方矛盾以达到中和适度的一种平衡。对于高炉而言，炉温向凉、向热如同人体寒热、阴阳失衡导致生病，是高炉炉况波动的重要标志，因此需要密切关注炉温，以及炉顶温度、炉体温度、炉缸温度、渣铁温度等参数波动是否超过允许范围，以此判断炉况发展趋势。高炉中阴阳失调的表现及治疗原则如图9-4所示。

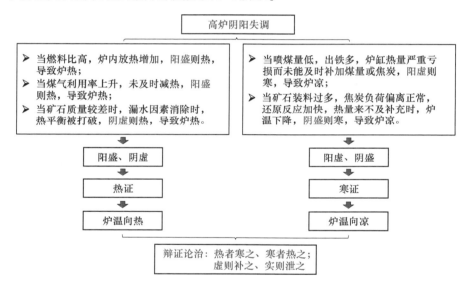

图9-4　高炉中阴阳失调的表现及治疗原则

当喷煤量低，出铁多，炉缸热量严重亏损而未能及时补加煤量或焦炭，导致炉凉，即阳虚则寒。因原燃料质量变化导致悬料而引发连续塌料时，大量的生料进入炉缸，导致炉凉，甚至大凉，即阴盛则寒。阳虚则寒、阴盛则寒均为高炉寒证的表现。对于阴盛则寒，还包括：当矿石装料过多，焦炭负荷偏离正常，还原反应加快，热量来不及补充时，炉温下降，导致炉凉；因炉体冷却器漏水，消耗大量热量。

当燃料比高，炉内放热增加，或煤气利用率上升，未及时减热，导致炉热，即阳盛则热。当矿石质量差，漏水因素消除时，热平衡被打破，导致炉热，即阴虚则热。阳盛则热、阴虚则热均为高炉热证的表现。

因此，高炉炉况出现异常时同样应该遵循辨证论治的原则，分辨炉况异常是阴虚、阳虚，还是阴阳两虚导致的，辨别是阴虚还是阳盛引起的热证（炉热），是阳虚还是阴盛导致的寒证（炉凉），最后根据"热者寒之、寒者热之、虚则补之、实则泄之"的治疗原则进行对证施策。

"气"的协调平衡对于高炉同样重要，如图 9-5 所示。高炉需要有合理的煤气流和煤气分布才能顺行，一旦偏离正常状态将会造成高炉炉况异常。软熔带的状态、高度和形状分布直接影响高炉的透气性，软熔带透气性好可增加风量和喷煤量，保证高炉稳产高产，透气性不好则会导致高炉出现"气不通、气不顺"的异常症状。"堵则瘀，瘀则乱，放则通，通则顺"是解决此类炉况问题的原则，如高炉出现管道行程时，如果强行压制，压住后又可能形成悬料，压不住则仍是管道，不如减少风量，多加焦炭疏松料，放煤气一条"生路"，则管道自除。

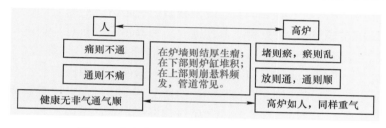

图 9-5　气机协调在人体和高炉中的作用对比

针对高炉出现煤比低，边缘冷却壁温度波动大，水温差高，炉温波动大，高炉炉况稳定性较差的情况，可在高炉操作上借鉴中医气血论思维。中医调理气血的原则是：一调脾胃，二养肝血，三食药膳，四远寒邪。对于调理阳气（中心气流）不足，可通过虚则补之，结合上下部调剂，调整装料、送风制度（调脾胃），中心加焦（食药膳），保持炉缸热制度（养肝血），保证稳定的原燃料条件，改善料柱透气性（远寒邪）。通过几个阶段调理，边缘冷却壁温度趋于稳定，水温差下降明显，炉温稳定性大幅上升，煤比也随之提升，进而实现长时间稳定。

## 9.4　小结

本章重点介绍了高炉安全长寿技术的系统论概念和中医思维在高炉维护中的应用，利用医学中的内稳机制、自耦合机制以及稳态偏移概念解读高炉运行生产中的系列问题，结合系统论概念以案例的形式解释说明了三种高炉炉缸安全长寿维护的护炉类型，同时结合中医思维模式中的意象概念理解高炉系统论，提出了高炉全生命周期管控的三大中医思维，以及中医调和下的高炉维护多元性理论。

（1）高炉与人体有许多相同之处，将系统论引入冶金领域，高炉炉体外形可类比于人体系统、消耗物料过程类比于消化系统、高炉内稳机制比作内分泌系统、鼓风与排出煤气比作呼吸系统、渣铁排出对应泌尿系统、耐材冷却装置就如免疫系统、高炉操作控制相当于神经系统。类比人体体检，选取高炉冶炼过程产生的重要参数作为高炉体检参数，通过设置权重和优化完善的方法，不断修正体检模型，实现对高炉稳态自耦合系统的准确把控。高炉受扰动导致稳态偏移时，可以用统一的数学模型评价高炉的稳态维持和结构稳定性，若高炉自身内因较好，偏移之后，仍会处在稳定范围内偏移波动。当遇到较大问题时，高炉也更有可能获取自身修复的机会，操作者在稳态和自修复能力基础上的维护过程实现高炉自愈。

（2）提高炉缸侧壁冷却强度、减缓铁液对炉缸侧壁的冲刷、优化渣铁组分以及促进高熔点固相在炉缸薄弱区域析出形成黏滞层或保护层等措施减缓炉缸侵蚀，从而保证高炉的安全冶炼是当前最为典型的护炉措施。同时国内大部分企业根据自身高炉稳态状况，从原料质量管理、高炉操作等方面对高炉进行安全长寿维护，主要包括降低产量、加强炉缸检测、提高冷却强度、加强铁口区域维护、调整工艺制度等措施。此外，如同医学史上的不治而愈或中医调理，高炉工作者利用自耦合关系，在不适用含钛物料护炉的情况下，通过保证原燃料质量、稳定高炉顺行、提高炉缸活性，保证高炉利用自耦合机制在稳态内运行，调整高炉状态进入稳态而实现高炉的自修复，最终实现高炉的安全长寿。

（3）中医思维下的系统论是基于阴阳、五行、气、经络、精、神等意象概念进行阐述的。阴代表高炉内部矿石的还原吸热及其他冷却制度，阳则代表高炉内部的氧化放热能力高炉生产时，矿石与煤气的作用便为阴阳交汇，只有阴阳平衡才能使得高炉稳定顺行。五行对应高炉五大操作制度，水正是冷却制度的作用，木对应送风制度，金类似装料制度下的矿石添加，土与高炉造渣制度相近，火对应炉缸热制度。气顺是炉顺的必要条件，高炉运行的核心是保证煤气的充分利用和合理分布。

（4）提出了高炉全生命周期管控的三大中医思维：辩证论治，阴阳平衡；五行生尅，元气充盈；忧盛危明，未病先防。高炉亦是个有机整体，高炉系统、操作制度、生产指标间均相互影响、相互关联。高炉炉况出现异常时也遵循辨证论治的原则，分辨炉况异常是阴虚、阳虚，还是阴阳两虚导致的，辨别是阴虚还是阳胜引起的热证（炉热），是阳虚还是阴胜导致的寒证（炉凉），根据"热者寒之、寒者热之、虚则补之、实则泄之"的治疗原则进行对证施策。

**参 考 文 献**

［1］祝世讷．中医系统论基本原理阐释［J］．山东中医药大学学报，2021，45（1）：7-21.

［2］ Jiang C H, Li K J, Zhang J L, et al. Structural characteristics of liquid iron with various carbon contents based on atomic simulation ［J］. Journal of Molecular Liquids, 2021: 116957.

［3］ 吴胜利, 王筱留. 钢铁冶金学（炼铁部分）［M］. 北京: 冶金工业出版社, 2019.

［4］ Deng Y, Jiao K X, Zhang J L. Liquid structure evolution of molten iron in blast furnace hearth ［J］. Metallurgical Research & Technology, 2019, 116 (6): 601-606.

［5］ 金观涛, 凌锋. 破解现代医学的观念困境 ［J］. 文化纵横, 2018 (2): 56-66.

［6］ 陈光伟, 王阿朋. 马钢4000m³ B 高炉体检体系应用实践 ［J］. 安徽冶金科技职业学院学报, 2016, 26 (S1): 45-49.

［7］ Gao L Z, Ma T X, Hu M, et al. Effect of titanium content on the precipitation behavior of carbon-saturated molten pig iron ［J］. International Journal of Minerals, Metallurgy, and Materials, 2019, 26 (4): 483-492.

［8］ Jin G T, Ling F, Bao Y, et al. The Principles of Systems Medicine ［J］. Xi'an: World Publishing Corporation, 2019.

［9］ 司成钢. "高炉良医" 赵长忠 ［N］. 辽宁日报, 2008-01-04.

［10］ 桂炎香, 李青松, 赵黎, 等. 中医药的取类比象法 ［J］. 中国中医药现代远程教育, 2019, 17 (13): 70-72.

［11］ 宫彦岭, 赵武. 用中医理论谈对高炉稳定顺行的认识 ［J］. 河北冶金, 2019 (2): 1-5.

［12］ 陈涤平. 中医治未病理论的民族文化溯源 ［J］. 中医杂志, 2017, 58 (7): 548-551.

［13］ 张伟, 王再义, 张立国, 等. 高炉中碱金属和锌的循环及危害控制 ［J］. 鞍钢技术, 2016 (6): 9-14.

# 10 长寿高炉炉缸典型案例

本章基于国内外不同高炉的设计与长寿理念、操作与维护措施、破损调查结果分析等典型案例，系统地对长寿高炉进行剖析，结合各高炉自身冶炼特点，围绕原燃料质量管理、冷却制度优化、送风制度、铁口区维护及铁前作业制度等方面展开分析及总结，为实现高炉安全长寿提供理论与实践指导。

## 10.1 国外高炉长寿技术应用实践

### 10.1.1 日本鹿岛3号高炉

#### 10.1.1.1 高炉设计及长寿理念

日本住友公司鹿岛厂3号高炉，于1976年9月9日开炉投产，有效容积为5050m³，是当时世界上容积最大的高炉。该高炉于1990年1月31日停炉大修，一代炉役长达13年5个月，累计产铁量4815万吨，单位炉容产铁量达到9535t/m³。

鹿岛3号高炉设计寿命为6~7年。高炉一代炉役期间，在高产和冶炼低硅生铁的情况下，不断改善高炉操作，加强炉体维护，实现了高炉生产的稳定顺行和长寿[1]。通过采用炉墙热负荷控制技术，减少炉衬侵蚀和破损。同时采用了降低料面修补的升降料面操作技术，开发了更换冷却壁、安装小型冷却器的炉衬修补技术。鹿岛3号高炉主要技术特征如表10-1所示。

表10-1 鹿岛3号高炉主要技术特征

| 项　目 | 参数及性能 |
| --- | --- |
| 高炉容积/m³ | 5050 |
| 炉缸直径/m | 15.0 |
| 炉腰直径/m | 16.3 |
| 铁口数量/个 | 4 |
| 风口数量/个 | 40 |
| 炉底耐火材料 | 综合炉底结构，上部为黏土砖，下部为炭砖 |
| 炉缸侧壁耐火材料 | 炭砖 |

### 10.1.1.2 长寿高炉操作措施

鹿岛 3 号高炉服役期间，根据不同炉役时期的炉况特点，高炉操作分为以下四个阶段：

第一阶段：在高炉投产后的最初 5 年中，通过控制煤气流分布，采用高风温和脱湿鼓风，取得了高产和低燃料比的结果。采用炉料分布控制技术，维持合理的煤气流分布，从而使得高炉维持稳定顺行，并实现了燃料比稳定低于 450kg/t 的成绩。

第二阶段：1981 年前后由于炉身上部砖衬开始损坏，炉料下降和料柱透气性变得不稳定，高炉利用系数降低至 1.8t/($m^3$·d)。通过改善炉料透气性，并对炉身上部砖衬进行喷涂、修复及研究适宜的布料技术，解决了炉身上部砖衬破损带来的停炉问题。由于全厂煤气平衡的需要，高炉操作由低燃料比改为高燃料比，通过控制布料、降低风温、降低风口理论燃烧温度，使生铁含硅量降低到 0.2%~0.3%。

第三阶段：自 1985 年起，炉腹部位出现炉壳发红现象，通过采用炉壳喷水、灌浆、安装小型冷却壁及更换冷却壁等多种措施，使得炉体冷却壁不再成为高炉生产的制约环节。同时为了延缓炉身下部至炉腹区域砖衬的破损，改善了炉料性能，增加了鼓风湿度。

第四阶段：自 1986 年开始，鹿岛 3 号高炉的炉缸侧壁温度开始上升。对此采取了强化外部冷却、灌浆、炉料中加入 $TiO_2$ 护炉等技术措施，通过增加热电偶数量，加强对炉缸炉底的监控。从炉缸侧壁温度推断，炉缸内衬的残余厚度最小不足 400mm。由于当时炉缸炉底侵蚀机理尚不清晰，又缺乏抑制炉缸进一步侵蚀的有效措施，同时经过各方面综合判断，鹿岛 3 号高炉最终于 1990 年 1 月 31 日休风停炉，开始进行大修改造。

鹿岛 3 号高炉经过 206 天的大修改造，于 1990 年 8 月 24 日送风投产。这次大修改造，炉缸侧壁采用了具有抗铁水渗透的石墨-碳化硅砖，增加了死铁层深度，将炉缸侧壁砌筑成锅底状，以控制炉缸炉底耐火材料的侵蚀。炉缸炉底的温度监控系统，采用了分布式光纤热电偶，以进行炉衬侵蚀的高精度监控。

### 10.1.1.3 炉缸长寿维护措施

根据温度分布推断，炉底残留着黏土砖，炉底耐火砖侵蚀情况并无特别问题。而从开炉后的 8~9 年开始，炉缸侧壁炭砖温度有局部上升趋势，为此采取了加含钛物料、冲洗炉缸部位的炉壳和灌浆等措施。冲洗炉壳的目的是增强散热、提高冷却能力，以保护炉役末期的炉缸炭砖。添加含钛物料是为了促使炉缸侧壁表面形成富钛保护层，以降低炉缸侧壁温度[2,3]。图 10-1 为鹿岛 3 号高炉增加含钛物料后的操作结果，结果显示距炉底 5m 的炉缸侧壁温度为 230℃（炉壁厚度估计为 400mm）。$TiO_2$ 加入量从 5kg/t 增至 9kg/t，最后加到 18kg/t。加入量增至 9kg/t 一周后，热电偶的温度降至最初的 100℃。在钛加入量增至 18kg/t 期间铁水和炉渣的流动性并没有恶化到影响高炉操作的程度。

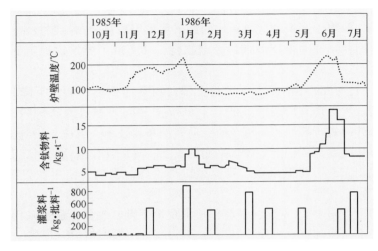

图 10-1　鹿岛 3 号高炉增加含钛物料的操作结果

除含钛物料护炉外，炭砖质量也影响着炉缸寿命[4,5]，图 10-2 为日本新日铁公司炭砖的发展进程[6]。新日铁公司以炭砖更强的耐侵蚀性和更好的导热性为目标，相继开发了 BC-5、CBD-1、CBD-2、CBD-2RG、CBD-3RG、CBD-GT1 等

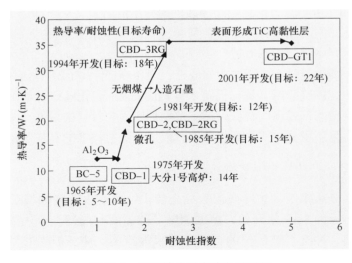

图 10-2　新日铁公司炭砖发展历程

多种炭砖，其中最新的 CBD-GT1 是一种具有优异耐侵蚀性能的炭块，它的研发是基于炭块表面直接与铁水接触形成保护层的新概念。为了在炭块表面形成高黏性层，在炭块中加入钛，以增加铁水的黏度。

鹿岛 3 号高炉炉缸压浆修补的实绩如图 10-3 所示。起初炉缸使用的是"重油+F·C"系压浆料，后改用"树脂+F·C"系压浆料。鹿岛 3 号高炉对于炉缸炉底的维护对策有以下 4 点：（1）采用耐蚀的砖衬材料和结构；（2）采用能抑制侵蚀的高炉操作方法；（3）建立侵蚀监测系统；（4）对侵蚀部位采取保护措施。

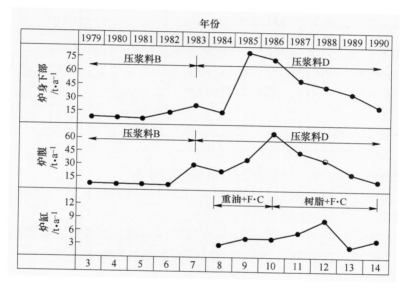

图 10-3　鹿岛 3 号高炉炉缸压浆修补实绩

## 10.1.2　日本千叶 6 号高炉

### 10.1.2.1　高炉设计及长寿理念

日本川崎制铁公司（现为 JFE）千叶厂 6 号高炉，有效容积为 4500m³，于 1977 年 6 月 17 日开炉投产。该高炉于 1997 年停炉大修，一代炉役长达 20 年 9 个月，累计产铁量 4820 万吨，单位炉容产铁量达到 10700t/m³，创造了当时高炉长寿的世界纪录。千叶 6 号高炉的操作者注重采用以保护炉体为目的的高炉稳定操作技术、设备诊断技术及修补维护技术，使千叶 6 号高炉实现了长寿[7]。

图 10-4 为千叶 6 号高炉的炉体结构图。该高炉是当时川崎公司最大的一座高炉。设计寿命比当时高炉的平均寿命长 8~10 年，高炉日产铁量为 10000t/d。高炉炉缸直径为 14.1m，炉腰直径 15.5m，炉喉直径为 10.5m，并含有 4 个铁口，

40 个风口。

通过调查千叶 6 号高炉上一代炉役炉底破损结果，确认了炉底的侵蚀一般出现在炭砖的最上层。千叶 6 号高炉采用了全炭砖的炉底结构，为了防止炉缸炉底交界部位的侵蚀，减少了陶瓷质耐火砖的使用面积，相应加厚炉缸环形炭砖的厚度。另外，为了抑制炉缸铁水环流，死铁层深度增加到 2m。

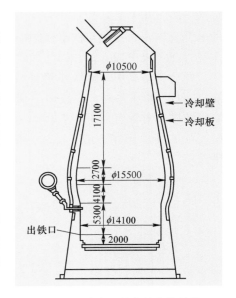

图 10-4　千叶 6 号高炉炉体结构

### 10.1.2.2　长寿高炉操作措施

图 10-5 表示千叶 6 号高炉从开炉到停炉的一代炉役操作变化过程，一代炉役的生产操作大致分为六个阶段。各阶段的高炉操作特点如下：

第一阶段（1977 年 6 月～1980 年 11 月）——高利用系数、低燃料比操作。期间采用喷吹重油操作，月平均最低燃料比达到 418kg/t。

第二阶段（1980 年 12 月～1983 年 6 月）——低利用系数、低燃料比操作。期间停喷重油，改为全焦操作。

第三阶段（1983 年 7 月～1987 年 9 月）——高利用系数、高燃料比操作。发电站投产以后，为使炼铁厂能源平衡，实行高燃料比操作。

第四阶段（1987 年 10 月～1991 年 5 月）——低利用系数、高燃料比操作。由于千叶炼铁厂采取集约化生产，而进行减产操作。

第五阶段（1991 年 6 月～1991 年 12 月）——高利用系数操作。千叶 5 号高炉大修后，为了保证生产平衡，6 号高炉采用高利用系数操作，期间喷煤设备投产后，采取喷煤操作。

第六阶段（1992 年 1 月～1997 年 12 月）——低利用系数、超高燃料比操作。为保持炼铁厂的能源平衡，而采取超高燃料比操作，燃料比不小于 530kg/t。

从高炉投产以后开始的喷吹重油操作，石油危机后的全焦操作，到钢铁厂发电站投产后的高燃料比操作，1991 年以后的喷煤操作，1992 年以后的超高燃料比操作，随着时间推移，操作状态也随之改变。尤其高炉燃料比变化很大，从第一阶段 418kg/t 的最低燃料比到全焦操作时大于 530kg/t 的最高燃料比。

### 10.1.2.3　炉缸长寿维护措施

炉缸炉底部位的破损、炉缸和炉底交界处的象脚状异常侵蚀一直是影响高炉

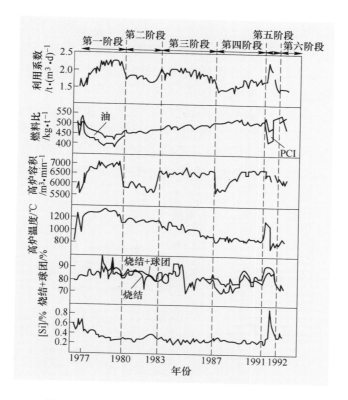

图 10-5　千叶 6 号高炉一代炉役的生产操作演变

安全长寿的技术难题，在当时普遍认为炉缸炉底异常侵蚀是由于炉缸铁水环流的冲刷侵蚀而引起的[8]。日本千叶 6 号高炉（第一代）炉缸侧壁侵蚀速度的变化如图 10-6 所示。从开炉第三年起炉缸侧壁侵蚀速度急剧上升，因此在千叶 6 号高炉上，采取了含钛物料护炉等技术措施[9]。

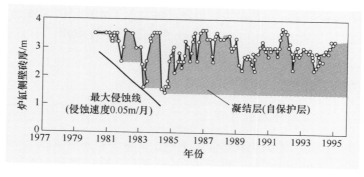

图 10-6　千叶 6 号高炉炉缸侧壁侵蚀速度及形成的凝结层

炉底中心部位温度差的下降是指炉底中心部位的热流强度的下降，一般认为这是由于在炉底中央部位形成了凝结层，从而促成了炉缸铁水环流的发展所造成的[10]。为了防止高炉炉芯死料柱的惰性，解决炉底中心温度降低、炉缸铁水环流加剧的问题，对炉底中心部位高度方向上的温度差（$\Delta T$）进行了管理，并且实施了炉料分布控制技术，以确保稳定中心煤气流。

另外，定量控制炉缸炉底砖衬的破损状况也是千叶 6 号高炉达到安全长寿的关键技术之一。在 1977 年高炉建设时，千叶 6 号高炉把原有 14 个炉缸炉底测温热电偶增加到 81 个，强化了炉缸炉底砖衬的温度管理。图 10-7 为炉缸炉底增加热电偶的安装情况。圆周方向 8 个断面，在炉缸侧壁高度方向第 5 层，增加了热电偶。

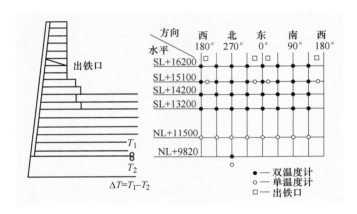

图 10-7　炉缸炉底热电偶布置

利用炉缸炉底温度检测数据，根据有限元法定期地推测出最大炉缸炉底砖衬侵蚀线及死铁层，再根据各测温点温度变化的最高温度，推测其最大侵蚀线。根据其温度变化来推断死铁层线，采用以上方法每月输出一次推断结果，进行炉缸炉底死铁层的管理。图 10-8 为千叶 6 号高炉最大侵蚀线的推断结果，高炉持续运行 16 年以后，仍未发现炉底砖衬的异常侵蚀。因此，认为炉底没有较大异常破损的主要原因有两个：一是高炉炉型设计时加深了死铁层的深度；二是由于对炉底中心高度方向的温度差（$\Delta T$）进行了管理，有效抑制了炉缸铁水环流的发生。

### 10.1.3　康力斯艾默伊登厂高炉

#### 10.1.3.1　高炉设计及长寿理念

艾默伊登厂中不同的高炉其寿命也不同，其寿命在多数情况下受耐火材料侵蚀程度的限制。从 60 年代到 20 世纪最后 10 年，艾默伊登高炉在长寿技术上取得了显著进步[11]，高炉寿命示意图如图 10-9 所示。

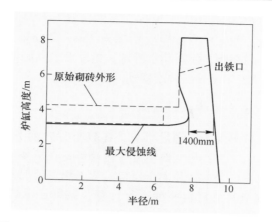

图 10-8　采用有限元模型计算的炉缸炉底最大侵蚀线

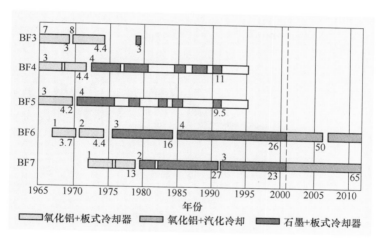

图 10-9　Corus 高炉寿命示意图

在 20 世纪 60 年代，添加黏土熟料的耐火材料炉衬被非常普遍地使用，康力斯也同样结合铜板冷却器使用了这种材质的耐火砖。炉身下部和炉腹寿命可以达到 4 年，日利用系数可达 1.2～1.4t/(m³·d)。黏土砖被镶嵌在板式冷却器上，使用三氧化二铝砖结合铜板冷却器没有取得真正的成功，而后转向设计密排铜板冷却器结合高导热性石墨/半石墨砖。

艾默伊登 6 号高炉上一代炉役出现"蒜头状"侵蚀。因此除了采取加深死铁层深度措施外，在铁口以下的关键区域采用微孔半石墨炭砖。艾默伊登 7 号高炉于新炉役中，炉缸大部分区域也采用微孔半石墨炭砖，其炉缸侧壁紧贴炉皮的区域使用厚约 150mm 的石墨块作为安全石墨，其次是大块石墨块，在石墨与半石墨之间有 50mm 的缝隙，填以石墨捣打料，仅铁口下的半石墨块为微孔，其余半石墨块不是微孔，约5%的孔隙大于1μm。艾默伊登6号高炉于2002年大修时，采用类似的炉缸结构，但安全石墨厚度增加为250~420mm。艾默伊登高炉在炉皮处使用石墨有很好的经验，使用喷水冷却，借助石墨良好的导热能力能够使少量铁水凝固，这在1991年4号高炉维修期间得到证实。

### 10.1.3.2  炉缸长寿操作维护措施

艾默伊登7号高炉出现5次温度事故，在数小时内创下高温纪录。图10-10为高炉侧壁标高2600mm位置热电偶温度变化趋势。在第4次和第5次温度升高期间，多数情况下北铁口上方堵住4个风口。考虑到下部的温度异常，对第5次温度事故后炉缸的剩余耐火材料厚度进行计算，结果显示剩余耐火材料厚度仅200mm。因此，当温度趋缓后决定进行炉缸修复。

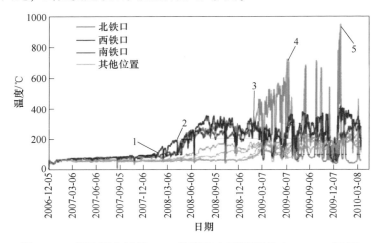

图10-10  侧壁耐火材料10cm深度安全石墨温度（2600mm标高）

高炉炉缸大修时对炉缸进行破损调查，图10-11（a）为标高2600mm和3100mm侵蚀线，图10-11（b）为去除剩余和周边砖衬后，呈现凸出的渣铁壳。由图可知，炉缸出现了典型的"象脚状"侵蚀。将凸出部位渣铁壳移除后，发现凝壳接近100%是铁，几乎没有任何渣或焦炭。同时在破损调查清理时发现大量炭粉，主要出现在凝固壳与砖的热面之间，经分析炭粉是由于CO分解反应产生的。

### 10.1.4  德国高炉

#### 10.1.4.1  高炉炉缸设计及长寿理念

德国高炉长寿理念为：（1）确保在一代炉役中高炉的可靠生产，以及早期采取的措施来提前避免发生事故，影响高炉效率；（2）随高炉寿命从10年延长到20年以上，从技术及经济的角度考虑，必须对高炉系统进行局部维修；

(a) 侵蚀线　　　　　　　　　　(b) "象脚状" 侵蚀

图 10-11　标高 2600mm、3100mm 发现的侵蚀和 "象脚状" 侵蚀

（3）维修不仅局限于高炉本体，还要包括相关的附属设备。以德国 Salzgitter Flachstahl 厂 A 高炉和 B 高炉为例。两座高炉的不同内衬设计对比如图 10-12 所示，不同冷却技术与耐火材料对比如表 10-2 所示。两座高炉在炉底铺设冷却水管的方式也不相同，炉缸部位 A 高炉采用双壳冷却，B 高炉采用喷水冷却。此外，A 高炉炉底砌筑 2 层炭砖和 1 层高铝砖，炉缸侧壁为超微孔复合材料炉衬；B 高炉炉底砌筑 3 层炭砖，侧壁为 3 层热压小炭砖。

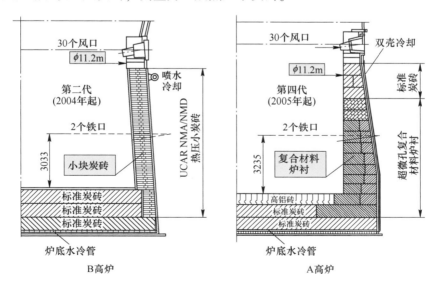

图 10-12　炉缸内衬设计对比

**表 10-2　A 高炉与 B 高炉不同冷却技术对比**

| 冷却技术 | A 高炉 | B 高炉 |
|---|---|---|
| 炉底冷却 | 冷却水管 | 冷却水管 |
| 炉缸冷却 | 双壳冷却 | 喷水冷却 |
| 耐火材料 | A 高炉 | B 高炉 |
| 炉底 | 石墨层水冷管<br>2 层标准炭砖<br>1 层高铝砖 | 石墨层水冷管<br>3 层标准炭砖 |
| 炉缸侧壁 | 超微孔复合材料炉衬<br>（由两种不同等级的大炭砖结合而成） | 3 层热压小炭砖<br>（两个铁口进行加固砌筑，均采用了<br>炭砖及半石墨砖组合式结构） |
| 炉缸上部 | 2 层大块微孔炭砖和 3 层标准炭砖 | |

#### 10.1.4.2　炉缸长寿状况

图 10-13 为 A、B 高炉分别运行 5.5 年和 6.5 年后炉缸侵蚀状况剖面。B 高炉在 900mm 厚的区域磨损 0~167mm，在两个铁口区域磨损 600mm；A 高炉炉衬侵蚀 0~409mm。B 高炉铁口深度减少，最终维持在 2.5m；A 高炉自投产后铁口深度一直维持 2.7m 不变。

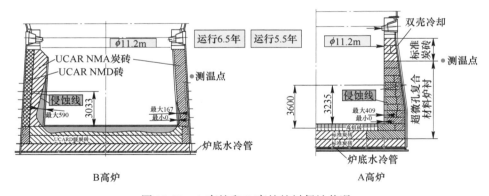

图 10-13　A 高炉和 B 高炉炉衬侵蚀状况

B 高炉在 3 年后，观察到炉缸传热热阻大大超过许可值。高炉炉缸内衬不同热阻形成的原因主要有：（1）凝固壳的生成和消失；（2）连接缝扩展，出现缝隙；（3）裂缝带，脆化层；（4）热导率的变化（由化学反应引起）；（5）矿物沉积在水冷炉壳上。为了防止高炉运行中发生操作变化，从而导致小块炭砖和炉壳失去接触，经过压浆处理后，成功填充了小块炭砖和炉壳间的缝隙。

### 10.1.5　巴西高炉

图 10-14 为巴西某高炉炉缸内衬结构。该高炉在 2008 年清理炉缸时，发现炭砖上有铁液的渗透。图 10-15 显示了高炉维修时炉缸内衬结构的形貌。炉缸内衬存在明显的磨损和强烈的裂纹扩展，共有 160 块炭砖被替换。

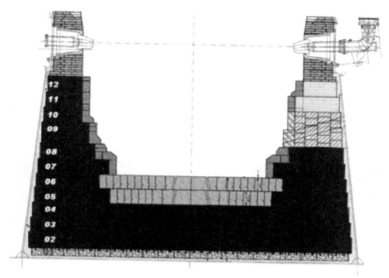

图 10-14　高炉炉缸耐火材料原始剖面

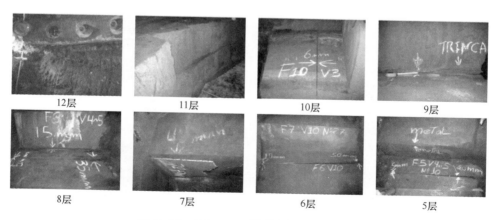

图 10-15　炉缸 12~5 层耐火材料宏观样貌

对炉缸的进一步研究发现，炭砖发生了横向和垂直方向的位移以及铁液渗透，特别是在第 5 层至第 7 层间的炭砖上居多。当时分析认为：（1）12 层的炭砖磨损明显，破坏了下层的结构平衡，导致结构紧密的炭砖之间产生松动，松动后炭砖之间的缝隙增大，为铁水渗透提供了空间；（2）在拆除炉缸过程中采用了爆炸物，产生的冲击可能导致了炭砖的位移，特别是坡道区域炭砖产生位移的可能性大大增加；（3）上述原因和其他可能影响炉缸耐火材料结构安全的意外事件的结合，均可能促进炭砖位移的发生。

为了将炉缸的使用寿命再延长 5 年，对炉缸进行了彻底的修复工作。如图 10-16（a）所示，在风口区 5~7 层、出铁口等部位炭块和耐火材料磨损情况明显。图 10-16（b）突出显示了用于支撑风口以上耐火材料的结构，在炉缸中对耐火材料进行更换。由于出铁口区域严重侵蚀，使用了混凝土进行修复。图 10-17 为高炉修复后的炉缸剖面。

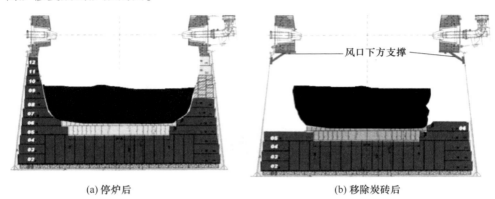

(a) 停炉后　　　　　　　　　　　　(b) 移除炭砖后

图 10-16　炉缸侵蚀状况示意图

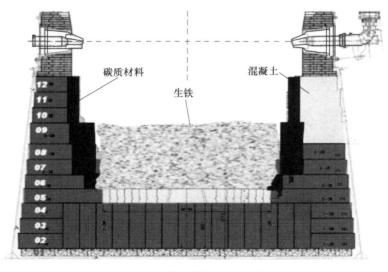

图 10-17　高炉修复后炉缸剖面

2008 年发现高炉耐火材料的性能保持不变，说明炭砖间渗铁和炭砖位置异常的情况与耐火材料的质量无关。通过采用合理的炭砖安装方法与施工质量的控制，验证了炉缸修复的可行性。2010~2015 年，高炉运行情况良好，过程中没有发生重大危险事件。

## 10.2 国内高炉长寿技术应用实践

### 10.2.1 宝钢 3 号高炉

#### 10.2.1.1 高炉设计及长寿理念

宝钢 3 号高炉于 1994 年 9 月 20 日投产，2013 年 9 月高炉停炉大修，一代炉役寿命 19 年，有效容积为 4350$m^3$，单位炉容产铁量 1.57 万吨/立方米，平均利用系数达到 2.27t/($m^3 \cdot$ d)。如表 10-3 所示，宝钢 3 号高炉内型设计在原宝钢 1 号、2 号高炉内型尺寸基础上进行了大量改进。高炉容积虽然从 4063$m^3$ 增加到 4350$m^3$，但有效高度降低了 600mm，高径比从 2.199 降低到 2.072，属矮胖型高炉，这为大型高炉料柱透气性的改善提供了条件。3 号高炉的死铁层深度为 2985mm，占炉缸直径的 21.3%，较 1 号、2 号高炉有较大幅度的提高，从理论上推测，这有利于增加炉缸内铁水的对流，降低铁水环流对炉缸侧壁的机械冲刷，从而减缓炉缸侧壁炭砖的侵蚀，有利于炉缸的长寿[12]。

表 10-3 宝钢高炉内型设计的主要参数

| 项 目 | 1 号高炉<br>（第一代） | 2 号高炉<br>（第二代） | 3 号高炉<br>（第三代） |
|---|---|---|---|
| 投产日期 | 1985-08-15 | 1991-06-29 | 1994-09-20 |
| 有效容积/$m^3$ | 4063 | 4063 | 4350 |
| 炉缸直径/mm | 13400 | 13400 | 14000 |
| 有效高度/mm | 32100 | 32100 | 31500 |
| 死铁层深度/mm | 1800 | 1800 | 2985 |
| 炉腹角/(°) | 81.47 | 81.47 | 81.47 |
| 炉身角/(°) | 81.98 | 81.98 | 81.71 |
| 高径比 | 2.199 | 2.199 | 2.072 |

宝钢 3 号高炉炉缸炉底内衬设计采用了热压小块炭砖结构，如图 10-18（a）所示，是国内最早采用小块炭砖结构的高炉之一。砌筑过程中，采用炭砖紧贴炉缸冷却壁砌筑，炭砖与冷却壁之间没有捣打料进行填充，减少了炭砖与冷却壁间的气隙，提高了炉缸侧壁的整体导热效果。铁口孔道采用砌筑成型，孔道为 300mm×300mm，孔道断面尺寸较大，有利于提高孔道炮泥的结构稳定性。

宝钢 3 号高炉设计时，为了保护炉底炭砖，在炉底炭砖表面砌筑了两层 500mm 厚的黏土砖，炉缸解剖时，发现部分黏土砖依然完好，如图 10-18（b）所示。从炉缸的解剖调查结果来看，炉缸小块炭砖的结合程度仍非常紧密，这说明砌筑工艺和质量是可靠的，且日常的炉缸安全维护对减少炉缸侵蚀有重要影响。

图 10-18　宝钢 3 号高炉炉缸炉底内衬设计（a）和炉缸解剖调查结果（b）

从宝钢历代高炉的破损调查结果来看，在铁口下方 1~1.5m 区域是炉缸侵蚀最严重的区域。与此相比，3 号高炉铁口下方的炉缸侧壁侵蚀有所缓和，这主要得益于 3 号高炉铁口下方四段的冷却壁采用了独特的卧式结构。卧式冷却壁内设置水管间距为 130mm、内径为 47.7mm 的 10 根水管，上下冷却壁间的水管间距为 230mm。当炉缸水量为 1380m³/h 时，其水流速达到了 2.72m/s，水流密度为 119t/（m·h），比表面积为 1.19。与常规的 4 根水管排布的立式冷却壁相比，卧式冷却壁炉缸冷却的均匀性明显提高，在相同的水量和水管内径情况下，其水流速度增加了 3 倍多。3 号高炉炉缸的"宏观低水量、微观高水速"的冷却器设计，提高了炉缸的冷却强度，有利于炭砖热量的有效导出，有助于高炉炉缸的长寿生产。

### 10.2.1.2　炉缸长寿维护措施

宝钢 3 号高炉（1994~2013 年）在投产后很长一段时间内炉缸状态一直保持良好，即使投产 13 年以后炉缸侧壁温度都在 100℃ 左右，这与高炉的设计、施工、操作和维护是分不开的[13]。然而随着炉役时间的延长，炉缸炭砖的侵蚀不可避免，尤其是炉役后期仍然保持长时间的强化冶炼（2003~2011 年平均利用系数为 2.42t/（m³·d）），导致炉缸侧壁温度呈现逐步上升趋势，因此，宝钢 3 号高炉在炉役后期加强了炉缸的安全长寿维护。

（1）炉缸冷却强度。宝钢 3 号高炉炉缸为卧式冷却壁，如图 10-19 所示。与通常的炉缸立式冷却壁相比（表 10-4），卧式冷却壁不仅比表面积相对较大，而且在较低水量的条件下，可以达到较高的水速，更高的冷却效果。投产初期，炉缸给水量为 680$m^3$/h，冷却强度不足。1996 年，将炉缸给水量提高到 1100$m^3$/h，水速由 1.3m/s 提高到 2.3m/s，炉缸冷却强度得到明显提高。炉役后期，进一步提高炉缸水量至 1380$m^3$/h，其中 H1~H4 段水速达 2.68m/s，铁口冷却壁水速达 3.07m/s，炉缸冷却强度进一步提高。

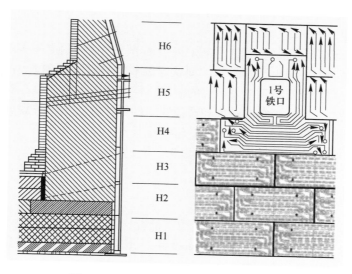

图 10-19　宝钢 3 号高炉炉缸冷却壁结构

表 10-4　卧式冷却壁与立式冷却壁比较

| 冷却壁 | 炉缸水量/t·$h^{-1}$ | 水管流速/m·$s^{-1}$ | 水流密度[①]/t·(m·h)$^{-1}$ | 比表面积 |
|---|---|---|---|---|
| 卧式冷却壁 | 1380 | 2.72 | 119 | 1.19 |
| 立式冷却壁 | 4250 | 2.72 | 81 | 0.75 |
| 立式冷却壁 | 6250 | 4.00 | 119 | 0.75 |

①水流密度指与水流方向垂直的方向上单位长度所通过的水流量。

（2）加强铁口区域维护。宝钢 3 号高炉通过选择合理的出渣铁制度，根据产量、炉温、铁口深度选用开口钻杆钻头大小，日均出铁 12 次左右，控制每次出铁时间在 140min 左右。通过使用具有抗冲刷能力的炮泥，提高一次开口成功率，加强泥炮、泥套维护，保证打泥量等措施将铁口深度稳定在（3.8±0.2）m，维护好铁口状态，从而保证高炉炉缸的安全长寿。

（3）加强和完善炉缸状态监控。开炉初期宝钢 3 号高炉炉缸电偶设置少（炉缸加上炉底电偶共 155 个），成对电偶更少（仅有 12 对），而且水系统测温电偶精度低，显然对炉役后期的炉缸状态监控极为不利。为了弥补设计上的缺陷，在铁口下方 H3~H4 段冷却壁横缝上钻孔加装 12 对双电偶，在炉缸水系统安装 58 支高精度测温热电偶,并单独设立炉缸水温差、热负荷、热流强度监视系统。建立和完善炉缸炉底侵蚀模型、残厚计算模型,为炉役后期炉缸安全状态的强化监控奠定基础。

(4)减少炉缸气隙,提高炉缸传热。宝钢 3 号高炉通过定修期间有计划地更换铁口保护砖和铁口压浆,减少铁口区域煤气泄漏,将铁口煤气火压到最小,有效控制了铁口的喷溅。同时,尝试在大套下、炉缸位置开孔进行适当压浆以提高炉缸的有效传热。

(5)提高鼓风动能。宝钢 3 号高炉通过调节下部送风制度来实现高炉炉缸安全长寿,根据高炉不同生产阶段的炉型状况调节炉腹煤气量和鼓风动能等参数,保证煤气流的初始分布满足高炉冶炼的需求,径向分布均匀,中心吹透,使死料柱保持较高温度,维持一定的透气和透液性,确保炉缸活跃,减缓炉缸周向铁水环流对炉缸侧壁的冲刷侵蚀,有利于炉缸安全长寿。

### 10.2.2 武钢 1 号高炉

#### 10.2.2.1 高炉设计及长寿理念

武钢 1 号高炉(三代)按照"优质、低耗、高效、长寿、环保"等炼铁方针,在设计时采用了一系列新技术、新设备、新工艺。其采用的新技术有:无料钟炉顶技术,矮胖型、大炉缸、深死铁层的高炉内型,砖壁合一的薄炉衬结构,铜冷却壁联合软水密闭循环冷却系统等,直接改善了高炉寿命,最终炉役寿命达到 18.5 年(2001~2019 年)。

武钢 1 号高炉(三代)炉容大小为 $2200m^3$,炉缸直径 10.7m,有 26 个风口和 2 个铁口,采用水冷碳质炉底,其总厚度为 3207mm。炉底中心砌 2 层 1200mm 半石墨炭砖,该砖导热性能好,利于炉底传热,边缘环砌 5 层 400mm×400mm 的半石墨炭砖,在易形成异常侵蚀的部位环砌 9 层 400mm×400mm 德国进口的微孔炭砖,在其上又环砌 3 层 400mm×400mm 的半石墨炭砖。在炉底炭砖上面立砌 2 层 400mm×400mm 高铝砖,炉缸内侧砌 1 环高铝砖保护层,可有效减缓炉底、炉缸的侵蚀速度。炉底密封板设置在炉底水冷管下面,炉底与炉缸结构如图 10-20 所示。

武钢 1 号高炉在设计时采用新的炉底与炉缸长寿技术措施,如:(1)选用新型高炉炭砖:根据炉底、炉缸破损的特点,选择适宜耐火材料,满足炉底、炉缸长寿的需求,用国产半石墨炭砖取代以往的炭砖,新增加德国微孔炭砖,该砖具有气孔率低、致密度高、导热性能好等特点,以解决"蒜头状"侵蚀。(2)增大炉缸容积:炉缸高度由 3.2m 增加到 4.5m,炉缸直径由 8.2m 扩大至 10.7m,炉缸容积增大 $235.6m^3$。(3)适当加深死铁层:死铁层深度由 1.11m 加深到 2.00m,适当加深死铁层深度,防止铁水环流对炉缸砖衬的冲刷磨损,避免异常

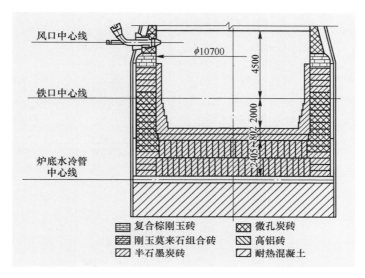

图 10-20 武钢 1 号高炉炉缸炉底结构

侵蚀。（4）改进冷却水质，提高冷却强度：将原工业水开路冷却改为软水密闭循环，且对软水质量进行控制。

#### 10.2.2.2 炉缸长寿维护措施

武钢 1 号高炉存在炉体冷却壁破损、炉缸监控难度大、原燃料条件复杂多变和设备系统老化等问题，在确保高炉安全生产的同时，通过采取改进设计、强化管理、精细操作、优化布料制度等措施，取得了良好的技术经济指标[14,15]。在高炉炉役末期，利用系数达到 2.23t/($m^3 \cdot d$)，接近一代炉役最好水平，燃料比由 499.6kg/t 降至 491.9kg/t，单月最低燃料比达 477.5kg/t，实现了炉役末期的安全低耗运行。

（1）合理控制冶炼强度。采取控制冶炼强度是炉役后期护炉最安全有效的手段。壁体温度及水温差与冶炼强度有着很好的对应关系，随着冶炼强度的提高，壁体温度及水温差也随着上升。因此，高炉后期严格控制冶炼强度，利用系数控制在 2.0~2.2t/($m^3 \cdot d$)，氧量由 14000$m^3$/h 限制到不大于 13000$m^3$/h。

（2）稳定原燃料，加强粒度筛分。在 2018 年 9~12 月，入炉小粒度烧结矿增加，返矿中>4.0mm 粒度利用率也增加，烧结碱度控制范围明显增宽，由±0.05 增加至±0.16，烧结矿情况如图 10-21 所示。此外，加强了焦炭筛分参数，将焦炭筛网间距由 23mm 改为 25mm，正常筛速控制在 2.0t/min 以内，当湿焦比例大于 30%时，筛速控制在 1.8~2.0t/min。

（3）提高鼓风动能。2018 年 1 月起，进风面积由 0.2941$m^2$ 逐步调整至

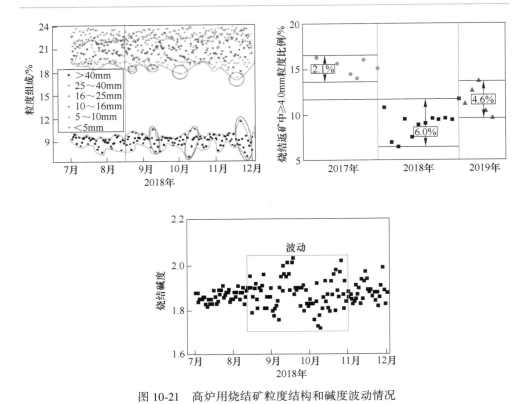

图 10-21　高炉用烧结矿粒度结构和碱度波动情况

0.2827m²，长风口（643mm）逐步使用到 20 个。通过缩小进风面积，保证风速不小于 230m/s（图 10-22），配合使用长风口，强化中心气流，驱动大粒级焦炭在回旋区向炉缸中心移动，加快中心焦堆消耗和更新。送风温度控制在 1150℃，合理控制喷煤量，保障料柱透气性。

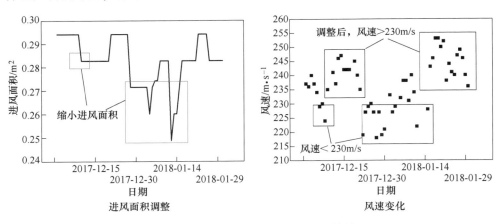

图 10-22　武钢 1 号高炉风口调整及效果

（4）炉内和炉前标准化作业：1）全风温操作；2）稳定负荷，用煤来调剂炉温；3）控制炉渣碱度在 1.16~1.22，既要保证生铁质量，又要确保渣铁流动性；4）实行休送风的标准化作业，尽快将风量恢复至正常风量，避免恢复过程中出现大的崩料；5）改善炮泥质量，探索出了适合 1 号高炉生产的炮泥；6）量化打泥量，确保铁口质量；7）强化出铁管理，做到均匀出铁。

### 10.2.3　首钢 2 号高炉

#### 10.2.3.1　高炉设计及长寿理念

首钢 2 号高炉于 2002 年 5 月开炉投产，有效容积 1780m³，设计 24 个风口和 2 个铁口。炉缸部位采用美国热压小块炭砖，炉底采用法国莫来石质陶瓷垫，风口采用法国大型组合砖，炉底采用国产大型微孔炭砖和半石墨炭砖，炉底采用水冷。炉腹 6 段至炉身 15 段冷却壁为软水密闭循环系统，1、4、5 段冷却壁和 16、17 段冷却壁通常压工业水，2、3 段冷却壁通高压工业水，其中，7、8、9 段为铜冷却壁。

2 号高炉切实贯彻精料方针，抓好炉前出铁，炉内操作规范化、标准化，各岗位结合实际，高标准、精细化操作，取得了焦比 280kg/t、煤比 170kg/t、利用系数 2.5t/（m³·d）的技术经济指标，在高煤比下的高产低耗方面取得突破[16]。在此过程中，2 号高炉的炉体、炉底测温电偶温度与炉缸冷却壁水温差均匀、稳定，高炉炉型控制合理，为技术经济指标的提高奠定了基础。2 号高炉采用薄炉衬全冷却壁结构，高径比 2.461，开炉即可形成操作炉型，有利于强化冶炼。2 号高炉设计炉型参数如表 10-5 所示。

**表 10-5　首钢 2 号高炉设计炉型参数**

| 部位 | 炉喉 | 炉身 | 炉腰 | 炉腹 | 炉缸 | 死铁层 |
|------|------|------|------|------|------|--------|
| 高/mm | 2000 | 15600 | 2000 | 3100 | 4000 | 1800 |
| 直径/mm | 6800 | | 10850 | | 9700 | |
| 角度 | | 82°36′14″ | | 79°29′31″ | | |

#### 10.2.3.2　炉缸长寿维护措施

2004 年炉缸 2、3 段冷却壁水温差升高之后，在坚持高炉强化冶炼的基础上，2 号高炉在 2004 年及时采取压入硬质料、提高冷却水压力、堵风口、控制炉前出铁、钛矿护炉等护炉措施。2005 年开始重视通过控制初始煤气流来达到护炉的目的，同时放弃了堵风口等不利于高炉强化冶炼的措施。

（1）压入硬质料。利用高炉休风，采用 20MPa 的高压泵，于 2004 年 4~7 月分别进行了 3 次压入硬质料，对炉缸进行修补，压入孔主要集中在冷却壁热流强度高的炉缸 2、3 段东南和北偏西方向，压入量在 12t 左右。压入硬质料后，炉缸 2、3 段冷却壁水温差稍有缓和。

（2）提高冷却水压力。2004 年 4 月针对热流强度高的炉缸 2、3 段部分冷却壁，采取提高冷却水压力的措施，将这部分冷却壁进水管与风口水包相连，使其冷却水压力由 0.72MPa 提高到 1.35MPa，提高了冷却强度，对控制炉缸 2、3 段冷却壁水温差起到了一定的效果。

（3）堵风口。为了制止炉缸 2、3 段冷却壁水温差的上升趋势，采取了临时堵水温差高的冷却壁上方风口的措施，及时制止了水温差的上升，取得了很好的效果。但堵风口后，高炉风口送风面积减小，改变了高炉下部送风制度，送风不均匀。

（4）控制炉前出铁。炉前出铁严格确保铁口深度达到 2.8m，铁口过浅时，及时采取措施使铁口达到正常深度。确保铁口深度对维护出铁口侧壁的内衬起了重要作用，减少了铁水环流对炉缸侧壁的冲刷。

（5）钛矿护炉。为了更有效地保护炉缸，延缓炉缸的侵蚀，延长一代高炉的寿命，采用在炉料中加入钛矿的方式，并起到了一定的护炉作用。在钛矿护炉过程中，根据炉缸 2、3 段冷却壁水温差变化情况，以及炉缸砖衬温度水平和温度变化速率，及时确定 $TiO_2$ 加入量。

（6）控制初始煤气流。2 号高炉通过调整高炉装料制度和送风制度，控制高炉初始煤气流，开放中心，稳定边缘，来控制炉缸 2、3 段冷却壁水温差。

### 10.2.4 沙钢 3 号高炉

#### 10.2.4.1 高炉设计及长寿理念

沙钢 3 号高炉于 2013 年 1 月投产开炉，有效容积为 2680m³，设计炉役寿命为 15 年。如图 10-23 所示，炉缸炉底内衬采用炭砖-陶瓷垫组合结构，炉底采用石墨砖、超微孔炭砖、9RDN 炭砖和陶瓷垫组合结构，风口、铁口采用组合砖结构。为实现高炉长寿，在炉缸第 2 段和铁口区采用铜冷却壁。第 5~8 段采用铜冷却壁，其中第 6 段采用钻复合孔 4 通道铜冷却壁，其余均为钻孔 4 通道铜冷却壁。第 9~13 段采用水冷镶砖球墨铸铁冷却壁，其中又分为单层与双层水冷冷却壁。第 13 段为倒扣式镶砖球墨铸铁冷却壁。

沙钢 2680m³ 高炉针对不同热流强度区域及炉料冲击区域采用了不同的冷却壁配置，后期可根据炉役期间冷却壁损坏情况、操作情况及渣皮脱落情况对冷却壁配置进行调整。高炉本体炉底、冷却壁、风口全部采用纯水密闭循环冷却系统为后续高炉生产的稳定顺行、长寿高效奠定了坚实基础。

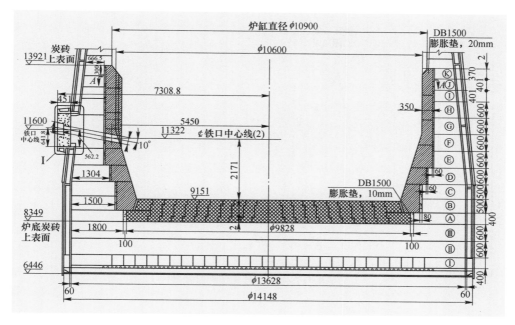

图 10-23　沙钢 3 号高炉炉缸炉底结构

### 10.2.4.2　炉缸长寿维护措施

沙钢 3 号高炉运行 3 年后开始出现炉缸侧壁温度持续升高现象，前期采用钛矿护炉后炉缸侧壁温度出现频繁波动，护炉成本明显增加。在保障高炉安全状态下，沙钢 3 号高炉展开了安全低碳冶炼技术实践探索[17]。

（1）缩小送风面积，提高鼓风动能。2020 年 12 月沙钢 3 号高炉在保障焦炭质量稳定的条件下，将风口送风面积从 0.3421m² 减小至 0.3363m²，鼓风动能从 104kJ/s 提高至 115kJ/s，相应的实际风速从 236m/s 提升至 248m/s，护炉期间鼓风动能和风速如图 10-24 所示。鼓风动能及风速的提升，有助于增大风口回旋区深度，减小死料柱体积，从而吹透炉缸中心改善炉缸活跃性。

（2）保障炉缸热量充沛。如图 10-25 所示，从 2019 年 1 月至 2021 年 3 月期间，铁水温度从 1495℃ 逐步提升至 1505℃，同时铁水硅含量由 0.42% 逐步提高并稳定在 0.52% 的水平。沙钢 3 号高炉铁水碳含量基本处在 4.7%~5.2% 之间，且整体呈现上升趋势，铁水中碳含量的增加有利于石墨碳的析出，而持续的高碳铁水生产有利于促进石墨碳保护层的形成，从而对炉缸耐火材料形成保护作用。

（3）钛物料护炉。2018 年 4 月沙钢 3 号高炉炉缸侧壁温度异常升高，热电偶最高温度达到 700℃ 以上，严重影响高炉正常运行。通过对炉缸侧壁炭砖残厚的计算，发现炉缸西铁口下方 1m 处的炭砖厚度仅为 517mm，严重降低炉缸寿命。为了缓解炉缸侵蚀，适当提高铁水硅含量和碳含量、降低硫含量，并控制铁

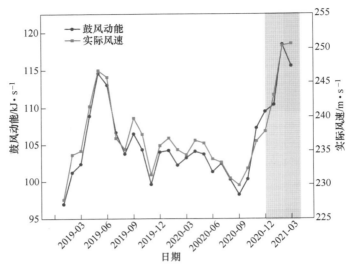

图 10-24　沙钢 3 号高炉鼓风动能

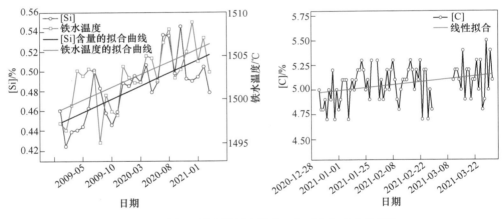

图 10-25　沙钢 3 号高炉铁水温度、[Si]和[C]含量变化

水温度在 1495~1505℃，同时采取加含钛物料护炉措施，以降低炉缸侵蚀速率，取得了良好效果。

## 10.3　高炉炉缸破损调查实践

### 10.3.1　鞍钢新 3 号高炉炉缸破损调查

#### 10.3.1.1　高炉概况

鞍钢新 3 号高炉（3200m³）于 2005 年 12 月 28 日投产，炉缸采用 UCAR 小块炭砖及5段光面铸铁冷却壁,但在每个铁口区域采用6块异形铜冷却壁,四个铁口共24块铜冷却壁。根据高炉生产实践和国内外高炉炉型设计发展趋势,对炉型进行了优化,死铁层深度增加到2801mm,以减轻铁水环流对炭砖的冲刷侵蚀。炉腹下层采用4层铜冷却板、炉腹上层到炉身下部使用3段铜冷却壁,缩小炉身角、炉腹角,以满足高炉大喷煤操作、优化煤气流分布与长寿要求[18],炉体结构参数如表10-6所示。

表 10-6 高炉内型尺寸

| 有效容积 /m³ | 炉缸直径 /mm | 炉腰直径 /mm | 炉喉直径 /mm | 死铁层深度 /mm | 风口中心线高 /mm | 炉缸高 /mm |
|---|---|---|---|---|---|---|
| 3200 | 12400 | 14200 | 9000 | 2801 | 4400 | 4900 |
| 炉腹高 /mm | 炉腰高 /mm | 炉身高 /mm | 炉喉高 /mm | 有效高度 /mm | 炉腹角/(°) | 炉身角/(°) |
| 3700 | 1800 | 17800 | 2000 | 30200 | 76.3287 | 81.6897 |

新3号高炉底共有5层炭砖,从下至上第1层为满铺高导热石墨炭砖,第2~3层为满铺半石墨炭砖,第4~5层最外环为UCAR公司小块炭砖,其余区域为微孔炭砖,在第5层炭砖之上砌筑厚度为800mm陶瓷垫。从炉底第5层炭砖上表面到铁口上部共砌筑第52层UCAR小块炭砖,除铁口区域全部采用NMD砖外,其余区域外侧为NMD、内侧为NMA,铁口侧砖墙厚度1914mm,非铁口侧砖墙厚度999.8mm,从第53层到第62层环炭为国产SiC砖,在炉缸内侧砌筑1层厚度为360mm陶瓷杯。

由于煤粉喷吹系统工程滞后,新3号高炉在2006年5月23日以前实行全焦冶炼,之后开始喷吹煤粉,高炉顺行状态一直良好。2008年8月25日发生炉缸烧穿事故,造成巨大经济损失。经过抢修后采取长期使用钒钛矿护炉和提高炉缸冷却水流量加强冷却等措施以保证高炉安全运行。然而由于炉缸砖衬温度持续上升,为防止再次发生安全事故,新3号高炉于2010年3月12日实施停炉抢修,实际生产4年零3个月。

### 10.3.1.2 高炉炉缸破损状况

#### A 炉缸破损调查

在新3号高炉破损调查过程中发现炉缸炭砖侵蚀程度极其不均匀,所有非铁口侧炭砖几乎没有侵蚀,测量炭砖剩余厚度1000mm,陶瓷杯依然存在,剩余厚度150~170mm,外表面凸凹不平。侵蚀重点都在铁口侧,以下对铁口侧炭砖侵蚀情况加以介绍:

(1) 仅在1号和4号铁口上方存在部分侵蚀,其余方向炭砖基本保持完整。

（2）铁口区域全部使用 NMD 小块炭砖，1 号铁口区域炭砖剩余厚度最薄约为 850mm 左右，炭砖外侧包裹很厚的炮泥和炉渣，厚度 9000～1000mm；4 号铁口炭砖剩余厚度最薄约为 750mm 左右，同样包裹很厚的炮泥和炉渣，厚度 1000～1200mm；3 号铁口区域的炭砖剩余厚度为 1500～1600mm，侵蚀程度相对较轻。

（3）铁口下沿 2 段冷却壁区域为侵蚀最严重区域，炉缸圆周方向炭砖侵蚀程度极其不均匀。1 号铁口偏西方向的炭砖剩余厚度最薄处仅为 500mm。3 号铁口方向炭砖残存厚度 1870mm，很多部位炭砖环缝致密。在 4 号铁口偏南侧，在发生烧穿事故后抢修过程中炭砖砌筑厚度为 1000mm，本次破损调查发现炭砖剩余厚度最薄处仅为 460mm，在 18 月内侵蚀掉 540mm，侵蚀速度很快。1 号铁口至 3 号铁口剖面侵蚀轮廓图见图 10-26（a），4 号铁口剖面侵蚀轮廓图见图 10-26（b）。

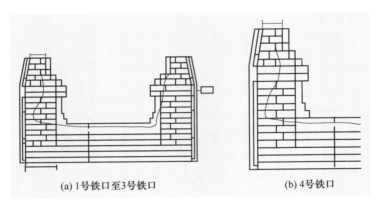

(a) 1号铁口至 3号铁口　　　　　　　(b) 4号铁口

图 10-26　1 号铁口至 3 号铁口剖面和 4 号铁口剖面侵蚀轮廓图

B　炉底破损调查

破损调查结果显示炉底侵蚀线基本呈平底形。炭砖上层的陶瓷垫残存厚度为 170～420mm，但残余的陶瓷垫出现不规则裂纹，陶瓷垫被侵蚀深度最大为 630mm，第 5 层炭砖保持完整。大型高炉炉底都在距冷却壁 2.5～3m 的环形区域内侵蚀较深，炉底侵蚀线呈反锅底形，是铁水环流侵蚀的特征，但新 3 号高炉没有出现这一现象，从测量数据看，中心和环带区侵蚀深度相差不大，只有边缘局部侵蚀较重，大约侵蚀 400～630mm，其余部位侵蚀较轻，原因是死铁层较深，铁水环流已影响不到炉底。

C　碱金属在炉缸内分布

新 3 号高炉中的钾、钠、铅、锌负荷不高，其中锌负荷为 0.277kg/t，在国内高炉中处于中等水平，铅负荷极低，钾、钠负荷也处于国内高炉中等水平，碱金属综合负荷为 2.153kg/t。

碱金属在炉缸内不同部位分布结果如表 10-7 所示。Pb 在炉内各位置的渣皮、砖衬内含量都不高，因此对内衬侵蚀作用很小。锌、钾在炉内各位置的沉积物、渣皮、砖衬中分布极其不均匀，主要分布在铁口上部渣皮和被铁水熔蚀 NMD 砖前端脆化层中，在很多渣皮中凭肉眼就可见遍布白色和淡黄色的锌、钾，说明有富积现象存在。但是在炉底陶瓷垫内、第 2 段冷却壁炭砖和陶瓷杯外表面钾、钠、锌和铅含量都不高，因此，认为锌、钾等不是铁口下部炭砖侵蚀的主要原因。

表 10-7　碱金属在炉缸内分布检验结果　　　　　　　（%）

| 项　目 | Pb | Na | K | MFe | C | FeO | Zn | TiO$_2$ |
|---|---|---|---|---|---|---|---|---|
| 炉缸陶瓷杯黏结物 | 0.002 | 0.210 | 0.68 | | 1.13 | 1.09 | 1.60 | 1.14 |
| NMA 前端黏结物 | 0.008 | 0.084 | 0.82 | | 0.28 | 0.54 | 0.038 | 2.78 |
| NMD 前端黏结物 | 0.007 | 0.100 | 0.75 | | 56.28 | 2.18 | 11.50 | 0.39 |
| 炉缸 NMD 砖疏松层 | 0.050 | 1.540 | 15.4 | | 19.20 | 0.36 | 24.00 | 0.47 |
| 4 段冷却壁渣皮 | 1.200 | 0.370 | 4.49 | 1.20 | 25.62 | 1.81 | 41.10 | 0.14 |
| 3 段冷却壁渣皮 | 0.016 | 0.640 | 1.93 | 6.38 | 55.65 | 8.36 | 0.65 | 0.14 |
| 2 段冷却壁渣皮 | | 0.054 | 0.19 | 42.80 | 0.62 | 22.37 | 0.056 | 0.15 |
| 炉底上表面渣皮 | 0.002 | 0.068 | 0.14 | | 68.97 | 21.24 | 0.042 | 0.12 |

### 10.3.1.3　高炉炉缸不均匀侵蚀原因

（1）小块炭砖结构疏松、小于 1μm 气孔容积比指标低。在发生炉缸烧穿事故后，鞍钢对 NMA 和 NMD 砖（包括一块已经被铁水熔蚀的 NMD 砖）性能进行综合检测。检测结果表明，显气孔率、体积密度、抗折强度、透气度、抗碱性和重烧线变化率等性能指标均好，但 NMD 砖耐压强度与微孔炭砖相比明显偏低，NMA 室温和 600℃ 的导热系数非常高，NMD 的室温导热系数比 600℃ 的导热系数还高，表明 NMD 具有石墨特性。NMA 和 NMD 均不是微孔砖，小于 1μm 容积比指标太低，并且抗铁水熔蚀性能差，在 28.45% ~ 32.31% 之间（高质量炭砖该指标为 26% 以下），抗氧化性能差，氧化率在 9.97% ~ 14.52% 之间（该指标应该小于 8%），渗铁后 NMD 砖灰分增加较多。

（2）炉缸结构不合理、炉缸冷却水量偏少。炉缸结构形式为高导热小块炭砖加优质陶瓷杯。高导热系数小块炭砖目的是高效传热，而优质陶瓷杯目的是保温，减少炉缸热量损失，因此该结构形式导热与保温理论发生冲突，甚至由于陶瓷材料与小块炭砖膨胀系数之间差异大，二者之间存在间隙，由于间隙热阻最大，局部炭砖不能快速升温，一旦陶瓷杯局部出现裂纹，铁水渗入后造成胶泥粉化和挥发，造成砖缝进一步扩大。又因为冷却水流量严重不足，因此，热量不能通过冷却水有效地传导出去，炭砖没有得到有效冷却，前端不能形成有效凝固层，在熔融铁水静压力和铁水环流作用下促使炭砖在最薄弱环节"象脚状"侵蚀加剧。

### 10.3.2 本钢 7 号高炉炉缸破损调查

#### 10.3.2.1 高炉概况

本钢 7 号高炉（2850m³）于 2005 年 9 月 5 日投产。在炉役后期，因炉缸 2 段冷却壁热流强度过高及炉体 7~10 段铜冷却壁破损漏水，严重影响生产安全[19]，于 2017 年 8 月 1 日进行大修，一代炉役寿命 11 年 11 个月，单位炉容产铁量 9350t/m³。

7 号高炉采用全冷却壁元件，从炉底到炉喉钢砖下沿共 16 段冷却壁。如表 10-8 所示，炉缸 1~4 段采用光面灰铸铁冷却壁，风口区 5 段采用光面异形灰铸铁冷却壁，在炉腹下部 6 段采用异形铁素体球墨铸铁冷却壁，冷却强度大，能抵抗局部强大热流，加速炉腹冷却，由于铜冷却壁具有良好的导热性，能够稳定渣皮，适合高热负荷区域，在炉腹 7 段、炉腰 8 段、炉身下部 9、10 段采用铜冷却壁。

**表 10-8 本钢 7 号高炉冷却壁材质**

| 应 用 部 位 | 材 质 |
|---|---|
| 炉底、炉缸（1~4 段） | 灰铸铁 |
| 风口区（5 段） | 灰铸铁 |
| 炉腹下部（6 段） | 异形铁素体球墨铸铁 |
| 炉腹上部、炉腰、炉身下部（7~10 段） | 铜 |
| 炉身中部（11~13 段） | 铁素体球墨铸铁 |
| 炉身上部（14~16 段） | 铁素体球墨铸铁 |
| 炉喉钢砖 | 铸钢 |

炉缸采用"国产陶瓷杯+UCAR 小块炭砖水冷炉底"复合结构。炉底共 5 层国产大块炭砖，从下到上满铺 2 层石墨砖及 3 层半石墨炭砖。炉缸环砌 43 层 UCAR 热压小块炭砖，上部采用 17 层国产 $SiN_4$-SiC 砖和 2 层刚玉砖。陶瓷杯杯底采用 2 层刚玉莫来石砖，杯壁由 1 层刚玉莫来石组合砖构成，从而在炉底炉缸内侧形成陶瓷质杯体。

#### 10.3.2.2 高炉炉缸破损状况

A 炉缸破损调查

经破损调查发现，铁口以下区域受渣铁冲刷侵蚀影响，破损情况较为严重。图 10-27 为 7 号高炉各个风口下炉缸炭砖最小残余厚度。由图 10-27 可以看出，由于铁水环流冲刷侵蚀，各风口下 2 段冷却壁区域炭砖最小残余厚度均比 3 段冷却壁处要低。炉缸侵蚀最严重的位置为 2 段冷却壁中部，UCAR 炭砖的第 4~13 层，即陶瓷垫与陶瓷杯拐角处的"象脚状"区域。各风口下 2 段炭砖侵蚀最小残余厚度、停炉前 2 段冷却壁最大热流强度在圆周方向分布如图 10-28 所示。炭砖最小残余厚度和最大热流强度基本吻合，但因水温差测量系统取点局限性和各风口下侵蚀最薄弱位置高低不同，侵蚀最严重区域并非热流强度最高点。经现场实测，侵蚀最严重的区域为 2~5 号风口下方，热流强度 114.6MJ/($m^2$·h)，最小残余厚度 340mm。

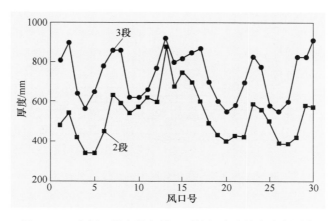

图 10-27　本钢 7 号高炉各风口下炉缸炭砖最小残余厚度

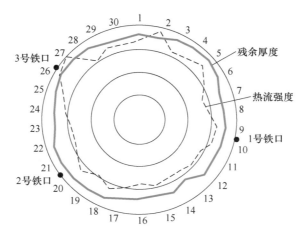

图 10-28　本钢 7 号高炉炉缸炭砖周向最小残余厚度与最大热流强度

**B　炉底破损调查**

7 号高炉为水冷炉底，一代炉役累计生产铁水 2691 万吨。经停炉后观测，炉底沿2号铁口的炉缸纵剖面侵蚀状况如图10-29所示。高炉炉底呈平缓"锅底形"侵蚀，受2号和3号铁口相对集中影响，锅底中心向2号和3号铁口方向偏移，侵蚀最严重的锅底中心距离炉墙5m（炉缸直径11.6m），第5层炉底石墨砖剩余厚度250mm，侵蚀非严重区域部分陶瓷垫残存，是第一代炉役的非限制性环节。

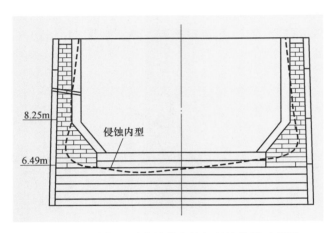

图10-29　本钢7号高炉炉底炉缸侵蚀状况示意图

在破损调查中发现，在炉底凝结层下的大块半石墨砖因渣铁溶蚀固结成一个整体，而1号铁口方向残余的部分陶瓷垫没有固结。在凝结层下的炉底大块炭砖缝隙中有片状物质存在，炭砖凝结层和缝隙中物质取样分析如表10-9所示，表明热应力和渣铁对炉底炭砖的渗透侵蚀仍然是炉底破损的首要因素。

表10-9　本钢7号高炉炉底凝结层和缝隙物的化学成分　　　　　　（%）

| 项目 | C | TFe | MFe | $SiO_2$ | $Al_2O_3$ | CaO | MgO | $K_2O$ | $Na_2O$ | Zn |
|---|---|---|---|---|---|---|---|---|---|---|
| 凝结层 | 33.63 | 14.14 | 14.0 | 18.78 | 9.13 | 18.45 | 4.45 | 0.47 | 0.20 | ≤0.01 |
| 缝隙物 | 21.66 | 8.40 | 8.37 | 21.04 | 29.79 | 14.15 | 3.22 | 0.68 | 0.25 | ≤0.01 |

C　存在问题

（1）铁口处侵蚀问题。铁口为炉缸铁水环流的终点，越靠近铁口处铁水环流速度越大，侵蚀越严重，且出铁时铁口两侧铁水环流在泥包根部变向，冲刷力较大，侵蚀严重。因此，铁口下方区域2段炭砖侵蚀相对严重，且薄弱位置偏上。经统计，1号铁口累计出铁量899万吨，2号铁口累计出铁量880万吨，3号铁口累计出铁量910万吨，各铁口出铁情况相对平均。但因2号、3号铁口夹角72°，距离较近，出铁时互相影响，侵蚀情况较1号铁口严重。

（2）炭砖环裂问题。破损调查过程中发现，由于热应力作用，在2号和3号铁口之间，第 7 层 UCAR 炭砖处存在环裂现象。环裂长度 2300mm，裂缝宽度 15mm，距冷却壁 650~800mm，裂缝内有金属锌。环裂导致炭砖传热效果差，温度场不均匀，侵蚀反应剧烈，侵蚀速度加快。

（3）局部严重破损问题。在破损调查过程中发现，因砌筑和炭砖质量等原因，在 29 号风口下方，炉底大块炭砖与第 1 层 UCAR 炭砖交界处存在"钻铁"现象，造成第 1 段冷却壁上部烧损，烧损区域直径 200mm，虽未烧坏冷却水管，但严重威胁到炉壳的安全，存在重大安全隐患。

### 10.3.2.3 高炉炉缸侵蚀特征及原因

通过破损调查发现，本钢 7 号高炉炉缸铁口以下区域侵蚀严重，属于典型的"象脚状"侵蚀，导致炉缸"象脚状"侵蚀的原因主要有以下几个方面：

（1）7 号高炉第一代炉役寿命 11 年 11 个月，铁口下方铁水环流对炉缸侧壁造成冲刷侵蚀，导致炉衬被破坏，局部热流强度过高，冷却壁漏水；

（2）冷却壁漏水严重，炉缸炭砖被渗透的水氧化而在表面形成热阻较大的氧化层，降低了炉缸传热效果，炭砖侵蚀加速；后通过"中心加焦"模式改善了顺行状态，但引起中心死料柱增大，铁水环流强度增加，"象脚状"侵蚀加剧；

（3）原燃料质量下降引起中心死料柱透液性变差，加剧铁水环流；

（4）7 号高炉炉缸冷却壁比表面积与冷却水速均较小，导致炉缸冷却强度偏低，影响了炉缸传热，加剧了铁水环流冲刷侵蚀。

## 10.3.3 宝钢 2 号高炉炉缸破损调查

### 10.3.3.1 高炉概况

宝钢 2 号高炉于 1991 年 6 月开炉，炉容 4063m³，一代炉龄（无中修）达到了 15 年 2 个月，单位炉容产铁 11612.4t/m³，远远超过了 10 年的设计炉龄，是我国特大型高炉中一代炉龄最长寿的高炉之一[20]。

宝钢 2 号高炉炉缸炭砖采用的是日本大块炭砖，共 18 层，其中炉底 1~5 层为满铺炭砖，炉缸侧壁 6~18 层为环形炭砖，11~13 层为铁口区域，每层炭砖的高度为 500mm。炉缸有 4 个铁口，其中 1 号铁口在 70°方向，2 号铁口在 110°方向，3 号铁口在 250°方向，4 号铁口在 290°方向。

### 10.3.3.2 高炉炉缸破损状况

#### A 炉缸炉底破损调查

高炉在空料线、放残铁和灌水停炉后被切割成 3 段，旧炉体整体平移，高炉的结构比较完整地保留，对炉缸每段残留的炭砖进行测量，其数据如表 10-10 所示，其中侵蚀比例是指已被侵蚀的炭砖厚度占原炭砖厚度的百分比。

**表 10-10  炉缸 6~18 层环形炭砖破损调查数据**

| 炭砖层数 | 最大侵蚀比例和方向 | | 最小侵蚀比例和方向 | |
|---|---|---|---|---|
| | 比例/% | 方向/(°) | 比例/% | 方向/(°) |
| 18 | 45.58 | 270 | 36.7 | 180 |
| 17 | 44.88 | 90 | 31.1 | 225 |
| 16 | 42.60 | 90 | 32.6 | 225 |
| 15 | 46.86 | 90 | 31.6 | 60 |
| 14 | 45.40 | 90 | 28.2 | 45 |
| 13 | 61.42 | 3 号铁口 | 8.5 | 180 |
| 12 | 47.87 | 90 | 11.9 | 180 |
| 11 | 47.26 | 270 | 14.5 | 223 |
| 10 | 65.00 | 270 | 25.0 | 180 |
| 9 | 67.81 | 1 号铁口 | 62.8 | 180 |
| 8 | 63.91 | 4 号铁口 | 51.6 | 180 |
| 7 | 51.41 | 270 | 48.3 | 180 |
| 6 | 44.32 | 90 | 41.3 | 180 |

由表 10-10 可以看出在铁口下方的 8、9、10 层炭砖侵蚀最为严重。从圆周方向，铁口区域以及铁口夹角之间（即 90°和 270°方向）侵蚀最为严重，而远离铁口区域的方向（即 0°和 180°方向）则侵蚀相对较小。此外，铁口区域炉缸圆周方向侵蚀非常不均匀，而离铁口区域越远，则炉缸圆周方向侵蚀的也越均匀。图 10-30 为炉缸侵蚀线，炉缸整体呈典型的"锅底形"侵蚀。

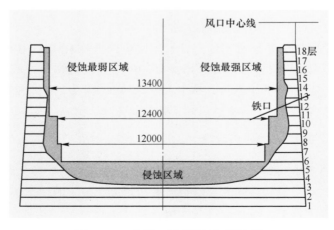

图 10-30  宝钢 2 号高炉炉缸侵蚀线

经破损调查发现，在炉缸铁口以下的区域，炭砖热面存在 $200\sim500mm$ 的脆化层，脆化层缝隙中留存有片状金属，靠近铁水的炭砖脆化层越明显，脆化层厚度越大。在脆化层前端发现 $300\sim700mm$ 的凝铁层，从铁口到炉底区域，凝铁层出现逐渐增厚的趋势。

B　炉缸残留物调查与分析

风口上部区域渣皮结构松散，主要由 ZnO 和少量 ZnS 组成，并含有少量沉积碳。风口区域的渣皮主要由 ZnO、沉积碳等组成，ZnO 呈六方柱或小六方片状，整体结构松散。在风口砖渣的试样主要由 $K_2S$、碳沉积物组成，并有少量金属铁球和 ZnO 等组成，主要的组成如表 10-11 所示。

表 10-11　风口砖渣试样的成分　（%）

| 成分 | Al | Si | C | O | S | K | Fe | Zn |
|------|------|------|------|------|------|------|------|------|
| 试样 1 | 0.50 | 0.63 | 43.35 | 17.04 | 8.19 | 21.13 | 4.00 | 5.15 |
| 试样 2 | 0.48 | 0.65 | 47.60 | 16.71 | 6.95 | 18.18 | 4.05 | 5.39 |

从 2 号铁口区域取出的大块沉积物，分析表明主要的成分有氧化锌、沉积碳（包括焦炭屑）等。4 号铁口区域的混合料中分析有氧化锌、焦炭、氧化铁，氧化钙和氧化硅形成的硅酸盐矿物，还有少量金属铁及未完全反应的焦炭、高炉渣，以及还原过程中的铁矿石。

炉底区域取自 $0°$ 方向第 6 层炭砖附近的渣，主要矿物为硫化钙（并有少量硫酸钙）、黄长石、氧化铁等。试样组成如表 10-12 所示。

表 10-12　炉底区域渣成分　（%）

| 成分 | $Na_2O$ | MgO | $Al_2O_3$ | $SiO_2$ | $SO_3$ | $K_2O$ | CaO | FeO |
|------|------|------|------|------|------|------|------|------|
| 试样 1 | 0.90 | 1.06 | 3.35 | 5.56 | 21.87 | 1.35 | 15.47 | 50.45 |
| 试样 2 | 1.11 | 1.80 | 5.07 | 6.81 | 35.28 | 1.64 | 21.07 | 27.22 |

### 10.3.3.3　高炉炉缸侵蚀特征及原因

（1）热应力导致炭砖脆化层产生。宝钢 2 号高炉炉缸炭砖热面普遍存在着脆化层，形成脆化层的主要原因是炉缸内渣铁冲刷带来的热负荷使炭砖长期承受不稳定热应力而产生热膨胀。

（2）铁水对炭砖的侵蚀。通过破损调查发现，在脆化层缝隙、炭砖砖缝中发现了片状金属，取样分析结果显示，其主要成分为铁，但其碳含量要远远高于铁水中的碳含量，这说明铁水渗透到脆化层和砖缝中，并与炭砖接触发生了化学反应，而这种反应对炭砖的破坏程度与温度、铁水与炭砖的接触面积有关。

（3）碱金属侵蚀。破损调查结果显示，炉缸底部存在碱金属钾和钠，而在铁口区域并未发现，说明钾和钠经过长期的作用已侵入炉底炭砖，而在铁口区域由于铁水的流动，很难沉积钾和钠。锌由于形成高熔点氧化物，沉积在炉缸后对炉缸长寿有利，但过多锌会循环累积导致炉体结瘤。

（4）铁水的机械冲刷。国内外实验与生产实践证明，铁水与高炉炉缸炭砖表面直接接触，机械冲刷将会加速炭砖的损坏。炭砖表面凝铁层的形成，将炭砖与铁水分隔，能够减弱机械冲刷的影响，延缓炭砖侵蚀的过程。

### 10.3.4　包钢 3 号高炉炉缸破损调查

#### 10.3.4.1　高炉概况

包钢 3 号高炉（2200m$^3$，第三代）于 1994 年 6 月 1 日开炉，2015 年 10 月 17 日，受炉缸和炉体设备破损严重而停炉，一代炉役寿命 21 年零 4 个月，单位炉容产铁量 14834t/m$^3$，达到了大型高炉长寿的先进水平[21]。

3 号高炉采用大炭砖水冷综合炉缸炉底结构，如图 10-31 所示。炉底下层采用 10 组共 40 根管径 100mm 并列式水冷管，炉底保留原有 4 层大炭砖及 4 层综合炉底砖。炉缸侧壁铁口以下除第 5 层为大炭砖外，其余采用进口热压小块炭砖，铁口以上采用大炭砖。炉缸采用光面冷却壁，其中 1~3 段为单联冷却形式。

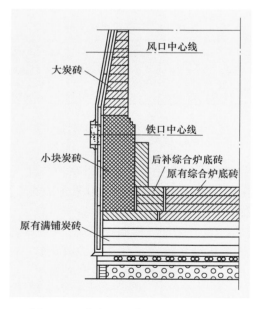

图 10-31　包钢 3 号高炉炉缸炉底结构

### 10.3.4.2　高炉炉缸破损状况

A　炉缸炉底破损调查

从 3 号高炉实际破损调查情况来看，风口以下炭砖侵蚀逐步加剧，7~10 号风口、18~23 号风口区域的炉缸侵蚀最严重，如图 10-32 所示。风口下方 6 层大炭砖环裂较为明显，主要形式是炭砖的环裂和靠近渣铁区域的脆化和侵蚀，炭砖层层剥落，造成炉缸炭砖残余厚度逐渐减薄，8 号风口下方区域炭砖接触部位侵蚀厚度 650mm，同时受高炉停炉打水冷却的影响，炭砖脆化层将近 150mm。停炉之后炉内残留少量渣铁，主要位于象脚侵蚀区，多数残余物主要为渣和焦炭的混合物，炭砖内表面受停炉打水冷却的冲刷，炭砖疏松层分布明显，实际清理炉缸过程中疏松层下部有大量硬壳物质。

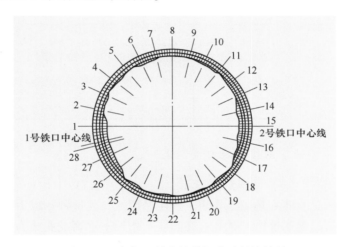

图 10-32　包钢 3 号高炉炉缸炭砖侵蚀情况

铁口上方大炭砖侵蚀同 18~23 号风口对应区域较为相似，炭砖出现较为明显的环裂破坏，但铁口附近炭砖因为有泥包的保护，铁口炭砖侵蚀较小。炉缸周向距离 2 号铁口 2m 左右，对应的 18 号风口下部区域，自上而下炭砖侵蚀严重，同时形成明显的"象脚状"侵蚀，侵蚀部位在炉缸炉底交界处，侵蚀深度 800mm。侵蚀从铁口中心线以下开始，环裂现象开始减少，炭砖破损的主要方式以表面疏松脆化造成的炭砖剥落和破坏为主。

B　炉缸取样化学分析

从表 10-13 中可看出，黏结物中 $K_2O$ 和 Zn 的含量均较高，而且现场取样发现黏结物前端砖衬有亮晶晶的灰色和银白色沉淀物，有的部位还夹杂黑色致密块状物，分析结果鉴定银白色亮物以 ZnO 为主体，含量最高达到 40.09%，含有

7.77%$K_2O$。其余大部分黏结物为渣铁焦的混合物，分布沿周向和纵向薄厚不均匀，集中在铁口附近。炉底黏结物中发现铅含量达 0.24%，同时黏结物中均含 $TiO_2$，这与包钢高炉炉役后期采用含钛炉料护炉有关系。这说明氮化钛和碳化钛在炉缸、炉底生成集结，附着在离冷却壁较近的被侵蚀严重的炉缸、炉底的砖缝和内衬表面，进而对炉缸、炉底内衬起到保护作用。

**表 10-13　包钢 3 号高炉黏结物化学分析结果**　　　　（%）

| 部位 | TFe | $SiO_2$ | $Al_2O_3$ | CaO | MgO | Pb | Zn | $TiO_2$ | C | Cu | $K_2O$ | $Na_2O$ |
|---|---|---|---|---|---|---|---|---|---|---|---|---|
| 炉缸 3 段 | 1.400 | 0.490 | 0.110 | 0.380 | 25.280 | 0.038 | 40.090 | 0.007 | 40.110 | 0.010 | 1.363 | 0.070 |
| 炉缸 2 段 | 54.200 | 5.090 | 1.740 | 7.560 | 0.940 | 0.013 | 8.016 | 3.170 | 10.360 | 0.014 | 2.700 | 0.255 |
| 残铁口 | 31.400 | 17.570 | 6.820 | 19.980 | 5.400 | 0.013 | 5.061 | 3.060 | 8.900 | 0.013 | 5.510 | 0.872 |
| 炉缸 1 段中部 | 6.900 | 16.610 | 11.620 | 29.160 | 6.980 | 0.005 | 5.027 | 1.230 | 6.580 | 0.005 | 7.770 | 1.540 |
| 炉缸 1 段下部 | 7.400 | 19.220 | 7.440 | 19.170 | 6.950 | 0.008 | 3.030 | 0.590 | 30.030 | 0.004 | 5.190 | 1.010 |
| 炉底 | 1.500 | 16.40 | 0.260 | 15.660 | 6.980 | 0.240 | 30.750 | 2.430 | 47.630 | 0.005 | 2.510 | 0.610 |

### 10.3.4.3　高炉炉缸侵蚀特征及原因

（1）炭砖环裂。破损调查结果显示，3 号高炉风口以下出现炭砖环裂现象，环裂产生的原因是炭砖在热应力作用下产生微裂纹，且这种热应力的作用是不可避免的。随着高温铁水冲刷，微裂纹在热应力作用下逐渐发展成为宏观上的炭砖环裂现象。

（2）有害元素的侵蚀。3 号高炉在炉役期间，入炉有害元素偏高，碱负荷 5.970kg/t，锌负荷含量在 0.942kg/t 左右，最高达 1.688kg/t，已经严重超标准。碱金属蒸气渗入大炭砖，并在大炭砖内部沉积，体积膨胀造成细小裂缝，随着冶炼持续，形成炉缸窜煤气和渗渣铁，由此造成炭砖损坏日益严重。后续检验黏结物内存在较高含量的钾、钠等碱金属。而锌主要以氧化物（ZnO）、铁酸盐（$ZnO \cdot Fe_2O_3$）、硅酸盐（$2ZnO \cdot SiO_2$）及硫化物（ZnS）的形式进入高炉，在高炉内被 CO、$H_2$、C 还原，高炉下部的温度远远高于锌的沸点温度（907℃），且高炉下部主要为还原性气氛，因此高炉下部锌主要以锌蒸气的形式存在。锌在高温下具有较大的动量和穿透力，在炉缸内压差作用下更容易从炭砖气孔中渗透入炭砖内部，从而破坏炉缸砖衬。

（3）铁水的渗入溶蚀。破损调查结果显示，局部炭砖存在少量溶蚀现象。当炭砖长时间与铁水直接接触，铁水会沿着炭砖气孔和裂缝向炭砖内部渗透，渗入炭砖的铁水停留在炭砖的气孔和裂纹中，经过长期浸泡和化学侵蚀，当达到一定程度后炭砖的结构遭到破坏，相当于形成无数小块，处于被铁水的包围之中，这些小块炭砖最终被铁水溶蚀，造成炭砖损坏。

## 10.4 小结

本章阐述了国内外高炉长寿炉缸典型案例，重点介绍了国内外高炉长寿炉缸设计、操作、维护的特点，给出了国内典型高炉炉缸破损调查实践。

（1）国外高炉长寿水平较高，炉缸寿命主要受耐火材料侵蚀状况的影响。为了延长高炉炉缸寿命，国外高炉从设计、操作和维护等方面做出了努力：日本新日铁公司开发具有高耐侵蚀性、高导热性炭砖，以阻碍炭砖表面脆化层形成；千叶6号高炉为了解决铁水环流加剧的问题，利用炉料分布控制技术确保稳定中心煤气流，促进凝铁层的形成；德国某高炉经压浆处理填充了小块炭砖和炉壳间的缝隙，防止气隙产生。

（2）国内长寿高炉与国外先进水平尚有差距，但随着合理炉缸结构的设计实现、先进耐火材料的研发选用与操作维护技术的推陈出新，国内高炉炉缸长寿也步入了崭新的阶段。如宝钢3号高炉改善死铁层深度，从而减小铁水环流的冲刷侵蚀，保护炉缸侧壁；武钢1号高炉选用新型高炉炭砖，解决高炉"蒜头状"侵蚀；沙钢3号高炉从提高鼓风动能、保障炉缸热量和钛矿护炉等方面入手，展开安全低碳冶炼技术实践探索。

（3）破损调查结果显示，铁水渗透、碱金属和锌侵蚀以及热面脆化层的形成，是炭砖损坏的主要原因，制约着高炉炉缸寿命。炉缸长寿的关键是在炭砖热面凝结一层保护层，隔离炙热铁水与炭砖的直接接触。

（4）高炉炉缸长寿需要高炉全流程环环相扣、相互配合，通过精料、优化设计、装备改进、合理操作、及时维护等，以高炉稳定、顺行为前提，实现高炉炉缸寿命的提高。随着国内外护炉理念的共享，先进装备的共研，将迎来高炉炉缸寿命的共进，高炉安全长寿冶炼技术发展的共赢。

**参 考 文 献**

［1］ 小岛政辉，陈德启. 鹿岛3号高炉操作状况 ［J］. 武钢技术，1990（4）：9-16.

［2］ 汤清华. 关于延长高炉炉缸寿命的若干问题 ［J］. 炼铁，2014，33（5）：7-11.

［3］ Kurunov I F, Loginov V N, Tikhonov D N. Methods of extending a blast-furnace campaign ［J］. Metallurgist, 2006, 50（11）：605-613.

［4］ Uenaka T, Shimomura K, Kuwano K, et al. Refractory technology for extending the life of blast furnaces ［A］. Ironmaking Proceedings ［C］. 1986, 45：185-191.

［5］ 项钟庸. 国外高炉炉缸长寿技术研究［J］. 中国冶金，2013，23（7）：1-10.

［6］ Nitta M，Nakamura H. Investigation of used carbon blocks for blast furnace hearth and development of carbon blocks with high thermal conductivity and high corrosion resistance［J］. Shinnittetsu Giho，2006，384：111.

［7］ Matsumoto T. 川崎千叶6号高炉的长寿技术［A］. 中国金属学会. 1999中国钢铁年会论文集（上）［C］. 北京：冶金工业出版社，1999：137.

［8］ 张福明，程树森. 现代高炉长寿技术［M］. 北京：冶金工业出版社，2012.

［9］ 错野秀行，后藤滋明，西村博文，等，高炉长寿命化技术の实绩今後の展望［J］. CAMP-ISJ，2001（14）：746-749.

［10］ 项钟庸. 国外高炉炉缸长寿技术述评［J］. 炼铁，2013，32（5）：53-59.

［11］ Stokman R，冯根生. 提高高炉性能的CORUS高炉技术［A］. 中国金属学会. 2001中国钢铁年会论文集（上）［C］. 北京：冶金工业出版社，2001：5.

［12］ 梁利生，陈永明，魏国，等. 宝钢3号高炉长寿设计与操作维护实践［J］. 中国冶金，2013，23（6）：14-20.

［13］ 王天球，林成城，焦兵，等. 宝钢3号高炉长寿诊断及维护经验［J］. 炼铁，2014，33（1）：13-16.

［14］ 杨志泉. 武钢1号高炉大修破损调查及技术改造［J］. 炼铁，2000（6）：5-9.

［15］ 黄珂，李向伟，贾斌，等. 武钢1号高炉护炉生产实践［J］. 武钢技术，2016，54（2）：11-14.

［16］ 张福明，毛庆武，姚轼，等. 首钢2号高炉长寿技术设计［A］. 2005中国钢铁年会论文集（第2卷）［C］. 北京：冶金工业出版社，2005：339-343.

［17］ 雷鸣，杜屏，周夏芝，等. 沙钢高炉钛矿经济护炉技术研究［J］. 上海金属，2022，44（1）：93-98.

［18］ 王宝海，谢明辉，车玉满. 鞍钢新3号高炉炉缸炉底破损调查［J］. 炼铁，2012，31（6）：20-24.

［19］ 李永强，秦希黎，丁洪海，等. 本钢7号高炉炉缸破损调查分析［J］. 炼铁，2018，37（6）：6-9.

［20］ 王训富，刘振均，孙国军. 宝钢2号高炉炉缸破损调查及机理研究［J］. 钢铁，2009，44（9）：7-10.

［21］ 黄雅彬，席军，韩磊，等. 包钢3号高炉炉缸炉底破损调查［J］. 炼铁，2019，38（1）：14-17.